"十二五"职业教育国家规划教材
经全国职业教育教材审定委员会审定

果树生产技术

主　编　张同舍　肖宁月
副主编　贾生平　竹常青
参　编　樊存虎　胡建芳　戈慧敏
　　　　王惠利　杨麦生　张晋昌
　　　　卫永乐
主　审　解思敏

机　械　工　业　出　版　社

本书主要介绍果树生产基础知识、果树育苗、果园的建立、果园土肥水管理、果树整形修剪、果树花果管理、果树病虫害防治、果树设施生产等实用技术。每一任务均附有知识目标、能力目标、基础知识，每一项目均设有实训。通过理论与实践教学，培养学生掌握技术与创新能力，为后续学习及从事果树生产打下必要的基础。本书在选取已有教材精华的基础上，打破以往的编写框架，渗透最新技术，进行知识整合，内容先进实用，通俗易懂，可操作性强，可作为高职高专园林技术、园艺技术专业的核心教材，也可作为该专业远程教育、果树生产技术培训及广大果农学习的参考用书。

图书在版编目（CIP）数据

果树生产技术/张同舍，肖宁月主编．—北京：机械工业出版社，2016.11（2022.6 重印）
“十二五”职业教育国家规划教材
ISBN 978-7-111-55011-2

Ⅰ.①果…　Ⅱ.①张…②肖…　Ⅲ.①果树园艺—高等职业教育—教材　Ⅳ.①S66

中国版本图书馆 CIP 数据核字（2016）第 238168 号

机械工业出版社（北京市百万庄大街 22 号　邮政编码 100037）
策划编辑：王靖辉　责任编辑：王靖辉
责任校对：陈延翔　封面设计：马精明
责任印制：郜　敏
北京盛通商印快线网络科技有限公司印刷
2022 年 6 月第 1 版第 6 次印刷
184mm×260mm · 20.25 印张 · 496 千字
标准书号：ISBN 978-7-111-55011-2
定价：49.00 元

电话服务	网络服务
客服电话：010-88361066	机　工　官　网：www.cmpbook.com
010-88379833	机　工　官　博：weibo.com/cmp1952
010-68326294	金　　书　　网：www.golden-book.com
封底无防伪标均为盗版	机工教育服务网：www.cmpedu.com

前　言

本书是面向21世纪农林类高职高专院校的统编教材，是根据农业部农业职业教育重点建设专业——园艺专业教学指导方案及“果树生产技术教学大纲”的要求而编写的。

本书对基础理论部分主要以应用为目的，以够用为度；删除陈旧、重复的知识块，减少与专业知识和技能培养等方面无关的内容，增加应用性知识；贯穿以职业能力为本位、生产过程为导向的原则，打破原有教材的编写框架，进行相同知识点整合，并且渗透最新技术，突出内容的先进性和针对性，以掌握果树生产实践中正在使用的技术及即将有可能推广的技术为宗旨。本书每一任务均附有知识目标、能力目标、基础知识，每一项目后均附有实训，内容既体现了果树知识的共性化，又体现了不同树种的个性化，以激发学生学习兴趣为目的，拓展学生思维及创新能力。

由于果树生产技术具有很强的实践性、季节性和地域性，各院校应根据当地果树生产结构来取舍、更新和补充教材内容。在教学安排上，应按照果园生产管理的季节顺序，围绕综合生产技术组织教学，做到学中干、干中学，使学生能熟练掌握专业理论和专业技能，形成综合能力。同时，尽量采用现场讲授、观察辨认、问题讨论、典型剖析、顶岗实践等教学方法，并通过多媒体课件、影像资料、网络信息等现代化教学手段，优化教学内容，提高教学效果。书中所提及的农药、化肥的使用种类、施用浓度和施用量，会因果树种类和品种、物候期及产地生态环境条件的差异而千变万化，故仅供参考，实际应用时要以所购产品使用说明书为准。

本书由山西运城农业职业技术学院张同舍、山西运城农业职业技术学院肖宁月任主编，由山西运城农业职业技术学院贾生平、山西运城农业职业技术学院竹常青任副主编，由山西农业大学解思敏任主审，具体编写分工如下：项目1由张同舍、山西运城农业职业技术学院戈慧敏编写；项目2由临汾职业技术学院杨麦生编写；项目3由肖宁月、山西运城农业职业技术学院张晋昌编写；项目4由山西运城农业职业技术学院樊存虎编写；项目5由竹常青、山西运城农业职业技术学院卫永乐编写；项目6由山西运城农业职业技术学院贾生平、戈慧敏编写；项目7由山西运城农业职业技术学院胡建芳、山西运城农业职业技术学院王惠利编写；项目8由竹常青编写，最后由张同舍、肖宁月统稿。

为方便学生更直观地看到彩色图片，书中插入了二维码，读者可通过扫码软件扫描二维码，即可在手机、IPAD等设备上读取相关彩色图片。本书配有电子课件，凡使用本书作为教材的教师可登录机械工业出版社教育服务网 www. cmpedu. com 下载。咨询邮箱：cmpgaozhi@ sina. com。咨询电话：010-88379375。

本书编写中参考有关单位和学者的文献资料，在此一并致谢。由于编者水平有限，书中难免存在问题和不足，希望各校师生及广大果农在使用过程中批评指正，以便进一步修改和完善。

编　者

目　录

前言

项目1　果树生产基础知识 ………… 1

任务1　果树生产概述 ……………… 1
任务2　果树的类型与基本结构 …… 5
任务3　果树的生长发育（一） … 10
任务4　果树的生长发育（二） … 19
任务5　北方主要果树的种类和品种 ……………………… 23
【实训1】果树树种识别 …………… 31
【实训2】果树树体结构观察 ……… 33
【实训3】果树根系分布特点观察 ………………………… 34
【实训4】果树物候期观察 ………… 35

项目2　果树育苗 ………………… 37

任务1　育苗基础知识 …………… 37
任务2　实生苗生产 ……………… 41
任务3　自根苗生产技术 ………… 45
任务4　无病毒苗木生产 ………… 51
任务5　嫁接苗生产 ……………… 53
任务6　苗木出圃 ………………… 59
【实训5】果树砧木种子的采集与储藏 ………………………… 60
【实训6】种子的层积处理 ………… 61
【实训7】果树砧木种子播种 ……… 62
【实训8】扦插繁殖 ………………… 64
【实训9】苗木出圃 ………………… 65

项目3　果园的建立 ……………… 67

任务1　园地的选择 ……………… 67
任务2　总体规划设计（一） …… 72
任务3　总体规划设计（二） …… 76
任务4　山地、丘陵地果园水土保持工程 ………………… 82
任务5　果树栽植 ………………… 85
任务6　特殊栽植 ………………… 94
【实训10】果园规划的实施 ……… 101
【实训11】果树栽植技术 ………… 103

项目4　果园土肥水管理 ……… 105

任务1　土壤管理 ………………… 105
任务2　施肥（一） ……………… 113
任务3　施肥（二） ……………… 120
任务4　果园灌水与排水 ………… 126
【实训12】果树土肥水管理 ……… 130

项目5　果树整形修剪 ………… 133

任务1　整形修剪的基础知识 …… 133
任务2　修剪的基本方法与反应 ……………………… 137
任务3　果树主要丰产树形及整形过程 ……………………… 141
任务4　修剪技术的综合运用 …… 153
任务5　苹果不同年龄时期及不同品种的修剪 ……………… 158
任务6　梨不同年龄时期及不同品种的修剪 ……………… 162
任务7　桃不同年龄时期的修剪 ……………………… 164
任务8　葡萄的冬剪、夏剪 ……… 168
任务9　枣的冬剪、夏剪 ………… 176
【实训13】果树枝接 ……………… 180
【实训14】果树芽接 ……………… 181
【实训15】果树树形的观察 ……… 182
【实训16】苹果、梨夏季修剪 …… 183

【实训17】桃夏季修剪 …………… 185
【实训18】葡萄树体结构观察和夏季修剪 …………… 186
【实训19】葡萄冬季修剪 …………… 187

项目6 果树花果管理 …………… 190

任务1 保花保果 …………… 190
任务2 疏花疏果 …………… 195
任务3 果实的人工增色 …………… 199
任务4 植物生长调节剂在果树上的应用 …………… 202
任务5 稀土的应用 …………… 213
任务6 果实采收、分级、包装、运输 …………… 216
【实训20】果树人工辅助授粉 …………… 219
【实训21】疏花疏果与果实套袋 …………… 220
【实训22】生长调节剂的配制和应用 …………… 221

项目7 果树病虫害防治 …………… 223

任务1 果树病虫害基本知识 …………… 223
任务2 安全科学使用农药 …………… 229
任务3 苹果主要病虫害及其防治 …………… 234
任务4 梨主要病虫害及其防治 …………… 245
任务5 桃主要病虫害及其防治 …………… 251
任务6 葡萄主要病虫害及其防治 …………… 259
任务7 枣主要病虫害及其防治 …………… 269
任务8 果树生理病害及其防治 …………… 278
任务9 果树自然灾害及其防治 …………… 281
【实训23】常用农药理化性状与检测 …………… 285
【实训24】石硫合剂的熬制 …………… 286
【实训25】果树主要生理病害发生及防治情况调查 …………… 287
【实训26】果树主要自然灾害发生及预防情况调查 …………… 287
【实训27】果树主要病虫害的识别 …………… 288

项目8 果树设施生产 …………… 289

任务1 设施生产基本知识 …………… 289
任务2 设施类型与建造 …………… 292
任务3 果树设施生产概述 …………… 298
任务4 葡萄设施生产 …………… 302
任务5 桃设施生产 …………… 306
任务6 枣设施生产 …………… 311
【实训28】设施类型及结构的调查 …………… 315
【实训29】桃设施栽培采后修剪 …………… 316

参考文献 …………… 318

果树生产基础知识

任务1　果树生产概述

【知识目标】

熟悉果树生产特点；了解生产发展趋势。

【能力目标】

通过了解果树发展趋势，确定当地果树发展规划。

【基本知识】

一、果树与果树生产的概念

果树是指能生产人类食用的果实、种子及其衍生物的多年生植物及其砧木的总称。果树生产是人们为获得优质果品，按照科学的管理方式，对果树及其环境采用各种技术措施的过程，它包括苗木培育、果园建立、病虫害防治、栽培管理直至果实采收的整个过程。果树产业是指开发利用能提供干鲜果品的多年生木本和草本果树进行商品生产的产业，它包括果树生产、育种，果品的储藏、加工、运输，以及生产资料供应、信息技术服务、市场营销网络等所有生产要素的集合，是由多领域、多行业、多学科共同参与的系统化综合产业。只有达到从生产到消费整个过程的相互衔接，果树生产才能获得最佳效益。

果树生产的任务是生产高产、优质、低成本和高效益的各种果品，以满足国内外消费者的需求。随着社会的进步和人民生活水平的提高，果树生产目前的状况是：由单纯追求高产向优质丰产迈进，由偏重果品经济效益向生产绿色无公害果品发展。

二、果树生产在社会主义市场经济中的作用

果树是一种高产值、多用途的园艺植物，是农业生产中多种经营的重要组成部分，具有较高的经济效益、生态效益和社会效益。

1. 果树生产在社会主义市场经济中的地位

第一，果树生产是社会主义市场经济中处于基础地位的农业的重要组成部分，在北方地

区的农业经济结构中占有重要地位，随着农村产业结构的调整和农产品市场的开放，已成为部分地区经济收入的支柱。第二，果树生产在我国食品工业中具有不可替代的地位，起着繁荣市场、拉动经济的作用，如果酒、果汁、果脯、果茶、果干等加工业，均以果树生产作为基础和原料供应基地。第三，果树生产在我国外贸经济中占有特殊地位，果品作为劳动密集型产品，在我国加入 WTO（世界贸易组织）后有很强的国际市场竞争力，将成为农产品出口创汇的重要来源。我国目前已成为浓缩苹果汁生产和出口第一大国，2010 年出口量达 78.84 万吨。

2. 果品的营养医疗价值

果品有供给营养（表 1-1）、保健预防、治疗疾病的作用。果品富含人体必需的碳水化合物、矿物质、脂肪、蛋白质、维生素和水六大营养素，并且不同种类的果品各有特色。例如，核桃的脂肪含量为 63%，杏仁的蛋白质含量为 23% ~25%，干枣的含糖量为 50% ~87%，每 100 g 鲜枣的维生素 C 含量为 540 mg，葡萄的含糖量为 8% ~12% 等。这些都是人体生长发育和营养必需的物质。据营养专家研究，每人每年需食用 70 ~80 kg 果品才能满足人体正常需要。

表 1-1 各种鲜果每 100 g 可食部分的营养成分含量

果品名称	水分/g	蛋白质/g	脂肪/g	碳水化合物/g	钙/mg	磷/mg	铁/mg	胡萝卜素/mg	硫胺素/mg	核黄素/mg	烟酸/mg	维生素 C/mg
苹果	84.6	0.4	0.5	13.0	11.0	9.0	0.3	0.08	0.01	0.01	0.1	微量
梨	89.3	0.1	0.1	9.0	5.0	6.0	0.2	0.01	0.02	0.01	0.1	4.0
葡萄	87.9	0.4	0.6	8.2	58.0	15.0	0.2	0.11	0.08	0.03	0.2	微量
桃	87.5	0.8	0.1	10.7	8.0	20.0	1.2	0.06	0.01	0.02	0.7	6.0
杏	85.0	1.2	0	11.1	26.0	24.0	0.8	1.79	0.02	0.03	0.6	7.0
李	90.0	0.5	0.2	8.8	17.0	20.0	0.5	0.11	0.01	0.02	0.3	1.0
樱桃	89.2	1.2	0.3	7.9	6.0	31.0	5.9	0.33	0.02	0.04	0.7	11.0
枣	73.4	1.2	0.2	23.2	14.0	23.0	0.5	0.11	0.06	0.04	0.6	540.0
柿	82.4	0.7	0.1	10.8	10.0	19.0	0.2	0.15	0.01	0.02	0.3	11.0
石榴	76.8	1.5	1.6	16.8	11.0	105.0	0.4	—	—	—	—	11.0
无花果	83.6	1.0	0.4	12.6	49.0	23.0	0.4	0.05	0.04	0.03	0.3	1.0
草莓	90.7	1.0	0.6	5.7	32.0	41.0	1.0	0.01	0.02	0.02	0.3	35.0
核桃	3.6	15.4	63.0	10.7	108.0	329.0	3.2	0.17	0.32	0.11	1.0	—
栗	53.0	4.0	1.1	39.9	15.0	77.0	1.5	0.02	0.07	0.15	1.0	60.0

注：1. 表中“—”为未测值。
2. 本表摘自中国医学科学院《食物成分表》。

3. 果树对生态环境的作用

果树根深叶茂、花果飘香，有较强的环境适应性，既可绿化荒山、保持水土、改善丘陵山区的生态环境及增加果农的经济收入，又可充分利用土地，改善平原滩地及城郊的生态农业，还可美化环境、净化空气，实现人与自然的和谐发展。

4. 果树产业的其他社会功能

例如，教育培训功能、观光旅游功能、吸纳富余劳动力功能等，这些均具有潜在的开发

价值。

三、果树生产的特点

由于果树为多年生植物，长期在同一地点生长结果，其生命周期和年周期受环境条件和栽培管理措施的影响，表现出既统一、又略有不同的生长发育特点，故与一般的经济作物相比具有以下三大特点：

1. 生产目标以多年生植物的管理贯穿始终

果树不仅具有春华秋实的年周期变化，还受生命周期中较长的各个生育阶段规律的支配，同时具备经济效益期长、投资报酬高的特点。果树生产对环境条件和栽培技术的反应有时效性和持续性的累积效应，要求栽培技术、土肥水管理、病虫害防治水平均较高。

2. 产品销售以供应市场鲜食果品为主线

由于鲜食是目前我国果品消费的主要方式，故果树生产技术必须适应鲜食消费的需求。第一，必须以果品安全无公害作为生产的基本目标，并进一步发展为绿色果品和有机果品的生产。第二，必须做到以周年供应市场鲜果为目标，进行设施生产和提高储运技术。第三，由于果品质量档次的高低由市场需求定位，故生产中要充分考虑到供应时间、消费对象及果品质量档次等因素。

3. 果品生产以精细管理为技术特色

果树种类繁多，种间差异很大。只有针对不同树种采取与之适应的精细管理技术，才能生产出适应市场需求的多种优质果品，取得更高的经济效益。

四、我国果树生产的历史和现状简介

我国果树生产具有悠久的历史。早在公元前4000年，我们的祖先就食用果品，以后随着社会和农业生产的发展，逐渐走向人工栽培。原产我国的桃、李、梅、梨、枣等十几种果树已有3000多年的栽培历史。秦汉时期，果树出现了较大规模的商品性生产，同时葡萄、石榴、核桃等果树则由中亚地区引入。魏晋南北朝时期，《齐民要术》详细论述了果树繁殖、栽植、管理、虫害防治等技术。宋代出现了果树专著《橘录》。明清时期果树生产也得到了进一步发展。特别是新中国成立以来的60余年间，随着社会主义市场经济体制的建立，我国果树生产的发展更加迅速，截至目前，已经实现了规模扩大、结构优化和技术创新三大目标。

1. 截至2011年，我国各种果树的栽植面积及产量

据统计，2011年，我国水果栽培面积达1100万hm^2，占世界水果栽培总面积的20%；总产量达9400万吨，占世界总产量的15%。水果总产量及其中苹果、梨、桃、李、柿的产量均居世界首位。葡萄和猕猴桃的产量也进入世界前5位。

2. 果树生产结构的调整趋势

1）在区域布局上，已形成了果树树种、品种向优势产区集中的格局，从而出现了优质果品规模化生产的地方特色，如渤海湾、西北黄土高原、中部黄河故道及西南高地四大集中产区。果树面积和产量分别占到全国的95%和97%，西北黄土高原产区成为最重要的外销苹果产区。

2）在品种结构上，形成了少数最优品种当家，其他特色品种为辅的局面。例如，着色富士系苹果已占到目前苹果总产量的60.4%以上。

3）当前，在我国矮化密植已取代乔化稀植，设施生产规模不断扩大已成为生产主流。此外，高效生态果园也已不断建立，很有可能成为今后果树生产的崭新模式。

4）在产业链条中为适应买方市场及国际市场的需要，许多地方已由过去单纯生产型向储藏、加工、营销领域延伸，出现了果树生产的产业化经营，如公司加农户的模式。

3. 各种高新技术的大量应用

目前，已被广泛采用的果树生产新技术有无病毒苗木培育、无公害生产、设施栽培、平衡施肥、节水灌溉、果实套袋、化学调控、采后保鲜等高新技术。此外，果树生产及质量控制标准的颁布执行，果树计算机专家系统的应用，果品市场信息网络的建立和大量名、优、新品种的推广，都将使今后果树生产技术的发展日新月异。

五、果树生产存在的问题及解决途径

1. 存在的问题及产生原因

目前，虽然我国果树生产发展形势喜人，但存在的问题也不容乐观，特别是果品市场由卖方市场转化为买方市场以后，部分果区已经出现了严重的卖果摊、滞销、跌价现象，极大地影响了广大果农的经济收入和生产积极性，这种情况出现的主要原因如下：

（1）只求发展，不注重树种、品种的选择　例如，一些地方只顾发展，不顾市场需求和本地实际，讲形式不求实效，盲目引进水果中一些已大量发展的树种和品种，造成季节性和区域性产品过剩。

（2）生产意识模糊，只求产量，不重品质，效益低下　在某些产区，由于生产制度粗放，缺乏新优品种和出现普遍早采现象，使得果品外观和内在品质均差。我国的优质果品仅占水果总产量的30%，而其中高档绿色果品又仅占5%。因此，在国际市场上，我国的果品由于品质参差不齐，特别是部分有害物质残留量超标，达不到要求，价格仅为美国、日本、澳大利亚、以色列等先进国家果品价格的1/5～1/3。

（3）只注重生产，忽略了产后的商品化处理　我国99%的果品以初级产品投入市场，包装相当原始。目前，我国果品储藏量仅为产量的15.2%，果品加工能力约为总产量的5%，而美国则高达45%，日本也为25%。

（4）产前、产中及产后的系列化社会服务体系不完善　高效益的果树生产必须有配套的专业化服务体系，而我国目前的服务体系尚未达到果树规模化生产的需求，主要表现为：营销体系不完整；供需信息闭塞；为生产服务的技术体系和产业严重不足；风险保障机制缺乏；果树教育、科研与技术推广滞后；高素质技术工人缺乏等。这些都严重制约着果树产业的可持续发展。

2. 解决问题的途径

鉴于目前我国果树生产的现状及存在的问题，面对国内外果品市场的需求，今后我国果树生产应坚持因地制宜、安全优质、规模效益相对特色的原则，采取以下解决途径以加快发展：

（1）大力发展绿色果品生产　绿色果品是果树生产未来发展的方向，故应在当前生产无公害果品的基础上采取国家强制标准和市场调节双管齐下的方法，进一步制定和推进以绿色果品生产为核心的技术规程来逐步改善果园的生态环境，严格按照生产技术规程进行果园

的肥水管理和病虫害防治，生产出有利于保护消费者健康、有利于保证果品质量、有利于出口创汇的各类绿色果品，占领市场。

（2）进一步调整产品结构，实现区域特色化生产　各产区应因地制宜，减少产品过剩树种的种植规模，发展地方特有树种；在品种上，由集中上市单一品种向早、中、晚次序上市多个品种的均匀排开的系列品种转化，并进一步加大设施型、加工型或兼用型新品种；在果品质量档次上大力发展高档外销型、特级特供型及地方名牌型各类优质果品。

（3）建立优质高效的产业化生产模式　建立以提高果品质量为中心的专业化生产模式，大力推广产后分级、包装处理、果品储藏及以初加工、深加工为核心的产后增值技术。果品增值的主要途径包括：新优品种的选育和引进；产后商品化处理、储藏和加工；果品生产和市场销售的信息化指导等。通过以上途径达到果树产业链条的不断延伸增效，最终形成以果品企业为龙头，基地专业化生产为基础，社会化服务为依托的终极生产流程。

任务2　果树的类型与基本结构

【知识目标】

了解果树常用的分类方法及树体基本结构；掌握主要类别及各结构的特点和作用。

【能力目标】

能运用分类方法对指定的果树进行归类；能运用树体基本结构知识对果树采取合理的管理措施。

【基本知识】

一、果树的类型

果树的种类很多，分为野生类型和栽培类型。目前，世界果树包括野生类型的约为134科、659属、2800种左右，其中最重要的约有300种，主要栽培的有70种，分布在世界各地。我国的果树（包括原产和引入的）约58科、158属、670余种。为便于研究和生产利用，必须对种类繁多的果树进行分类。常用的分类方法有：按生长习性分类，分为乔木果树、灌木果树、藤木果树和多年生草本果树；按照冬季叶幕特性分类，分为落叶果树、常绿果树和多年生果树；按果实形态结构分类，分为仁果类果树、核果类果树、坚果类果树、浆果类果树、柿枣类果树、柑果类果树等。

果树栽培学上根据果实形态结构相似、生长结果习性和栽培技术相近的原则，先将果树分为落叶果树、常绿果树和多年生草本果树，再将各类按生长结果习性、栽培技术及果实特点做如下分类：

1. 木本落叶果树

（1）仁果类果树　仁果类果树属于蔷薇科，包括苹果、梨、海棠果、山楂、木瓜等。

果实主要由子房和花托共同发育而成，为假果。果实的外层是肉质化的花托，占果实的绝大部分，内果皮骨质化，食用部分主要是花托。果实大多耐储运。

（2）核果类果树　核果类果树包括桃、李、杏、樱桃等。果实由子房外壁形成外果皮，中壁发育成果肉，内壁形成木质化的果核。果核内一般有一个种子。食用部分为中果皮。

（3）浆果类果树　浆果类果树包括猕猴桃、树莓、石榴、葡萄等。果实多浆汁，种子小而多，大多不耐储藏。该类果实因树种不同，果实构造差异较大。其代表树种葡萄，果实由子房发育而成，外果皮膜质，中内果皮柔软多汁。食用部分为中内果皮。

（4）坚果类果树　坚果类果树包括核桃、板栗、榛子、银杏等。其特点是果实外面多具有坚硬的外壳，壳内有种子。果实部分多为种子，含水分少，耐储运，俗称干果。

（5）柿枣类果树　柿枣类果树的果实的外果皮膜质，中果皮肉质。枣内果皮形成果核，食用部分是中果皮。柿内果皮肉质较韧，食用部分是中、内果皮。

2. 木本常绿果树

（1）柑果类果树　柑果类果树包括柑、橘、橙、柚等。果实由子房发育而成，外果皮革质，具有油胞，中果皮为白色海绵状，内果实发育成为多汁的囊瓣。食用部分为内果实。果实大多耐储运。

（2）其他　其他类果树包括荔枝、龙眼、枇杷、杨梅、椰子、杧果、油梨等。

（3）多年生草本果树　多年生草本果树包括香蕉、菠萝、草莓等。

二、果树树体组成剖析

果树种类繁多，不仅形态结构差异较大，树体组成差别也较大。一般来讲，果树树体分为地上部和地下部两部分。地上部包括树干和树冠，地下部为根系，其地上部和地下部的交界处称为根颈，如图 1-1 所示。

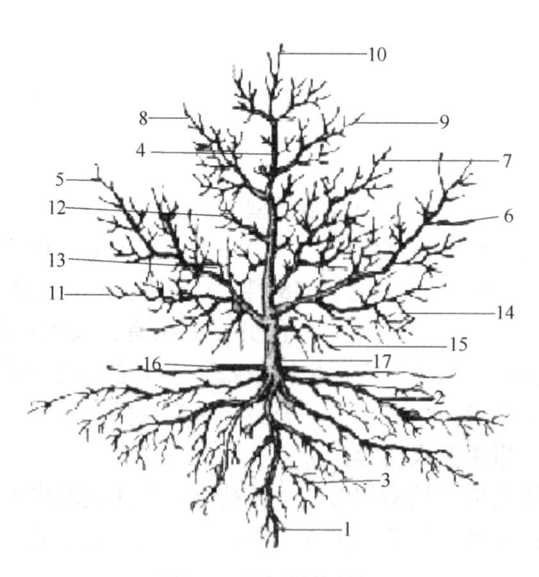

图 1-1　果树树体结构

1—主根　2—侧根　3—须根　4—中心干　5～9—第一、二、三、四、五主枝　10—中心干延长枝　11—侧枝　12—辅养枝　13—徒长枝　14—枝组　15—裙枝　16—根茎　17—主干

1. 果树的地上部

(1) 树干 树干是指树体的中轴，分为主干和中心干。主干是指地面到第一分枝之间的部分。中心干是指第一分枝到树顶之间的部分。有些树体有主干，但没有中心干。

(2) 树冠 主干以上由茎反复分枝构成骨架，由骨干枝、枝组和叶幕组成，总称为树冠。

1) 骨干枝。树冠内比较粗大而起骨干作用的永久性枝称为骨干枝。由于骨干枝的组成、数量和配置不同，从而形成不同的树形结构，这种结构对果树受光量和光合效率影响很大，是决定果树能否高产的关键。骨干枝一般由中心干、主枝和侧枝三级枝条构成。着生在中心干上的永久性骨干枝称为主枝。着生在主枝上的永久性骨干枝称为侧枝。着生在中心干和各级骨干枝先端的一年生枝叫作延长枝。随着果树矮化密植技术的推广，骨干枝的级次呈明显减少的趋势。

辅养枝是指临时性的枝。为了使果树在幼树时期能提早结果及利用辅养枝上的叶片制造养分，加速幼树生长发育，适当保留部分辅养枝是必需的，但成形后要根据其生存空间的变化进行体积缩减，改造为大型结果枝组或彻底疏除。

2) 枝组，也叫结果枝组，是指着生在各级骨干枝上、有两个以上分枝的小枝群，是构成树冠、叶幕和结果的基本单位。枝组按其体积大小分为大型枝组、中型枝组和小型枝组；按其着生部位分为直立枝组、水平枝组、斜生枝组和下垂枝组。枝组在骨干枝上配置合理与否，直接影响到光能利用率的高低及产量与品质的高低。

枝组和骨干枝是可以互相转化的，加强枝组营养，减少其结果量或不结果，就能进一步发育成为骨干枝；有些骨干枝通过增加结果量或体积缩减，也能改造成为枝组。

3) 叶幕。叶片在树冠内的集中分布称为叶幕。叶幕的形状和体积应根据果树的树种、品种、树龄、树形和栽植密度不同而异。生产上常以叶面积指数（总叶面积/单位土地面积）来表示果树叶面积。一般果树的叶面积指数以3~5比较合适，叶面积指数低于3是果树叶面积不足的标志，但过高则表明叶幕过厚，会导致树冠内光照不良，无效光合叶面积区域过大，产生果树的产量和品质下降等负面影响。

2. 果树的地下部

(1) 根系的类型 根系按其来源分为实生根系、茎源根系和根蘖根系三类，如图1-2所示。

1) 实生根系，是指由种子胚根发育形成的根系。其特点是主根发达，生命力强，入土较深，对外界环境适应能力强，但个体间差异较大。

2) 茎源根系，是指由母体茎上产生不定根形成的根系。例如，葡萄、无花果、石榴等采用扦插、压条繁殖的果树。其特点是没有主根，侧根虽发达却入土较浅，寿命较短，但地上部个体间差异较小。

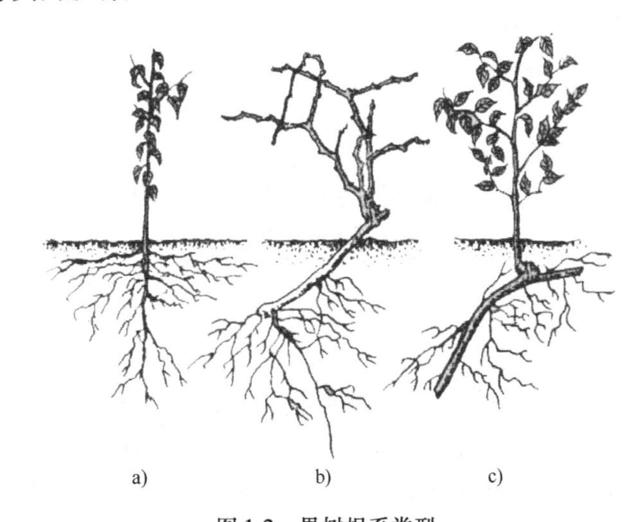

图1-2 果树根系类型

a) 实生根系 b) 茎源根系 c) 根蘖根系

3）根蘖根系，是指着生有根蘖苗的一段母体根系，与母体切离后成为独立个体而进一步发育成的根系。例如，山楂、石榴、枣等采用分株繁殖的果树。其生长发育特点与茎源根系相似。

（2）根系的结构　果树的根系主要由骨干根和须根两类根群组成。一般来说，由种子的胚根向下垂直生长先形成主根。主根分生出的侧根，称为一级根，依次再分生出各级侧根，构成全部根系。主根和各级大侧根构成根系的骨架部分，称为骨干根。骨干根粗而长，色泽深，寿命长，主要起固定、输导和储藏作用。主根和各级侧根上着生的细根统称为须根。须根细而短，大多在营养期末死亡，未死亡的进一步发育成骨干根。须根起生长、输导、合成和吸收的作用。

根系群体先端的初生根依形态、构造和功能的不同分为生长根和吸收根两类。生长根为白色，在土壤中不断向前伸展，并能继续分生新的生长根和吸收根，同时也兼备一定的吸收作用。吸收根也为白色，主要起吸收水分、矿质元素和合成（有机物和部分激素类物质）作用。吸收根数量多，生理活性强，在根系生长旺季可达总根量90%以上。生长根和吸收根主要利用先端密生的根毛来从土壤中获取养分和水分。

3. 果树的芽

芽是叶、枝、花等的原始体，是果树度过不良环境的临时性器官。芽与种子特征相似，具有遗传性，在特定条件下也可发生遗传变异而产生新品种。

（1）芽的种类

1）依芽的性质不同可分为叶芽和花芽。芽内只具有雏梢和叶原基，萌发后只发生枝叶的芽称为叶芽。而花芽指的是芽内具有雏梢、叶原基及花原基的芽，其又分为纯花芽和混合花芽两类。纯花芽只具有花原基，故萌发后只开花结果，不抽枝长叶，例如核果类果树的花芽；而混合花芽内则由于还具有雏梢、叶原基，故萌发后先长一段新梢，再在新梢上开花结果，例如仁果类果树、柿枣类果树等。顶芽是花芽的称为顶花芽，侧芽是花芽的称为腋花芽。

2）依芽的着生位置不同可分为顶芽和侧芽。着生在枝条顶端的芽称为顶芽。但柿、杏和板栗等枝梢的顶芽常自行枯死（自剪现象），以侧芽代替顶芽位置生长，这种顶芽称为伪顶芽。着生在枝条叶腋间的芽称为侧芽，也称为腋芽。

3）依芽在叶腋间的着生位置不同可分为主芽和副芽。位于叶腋中央，芽体较大且发芽充实的芽称为主芽。位于主芽上方或两侧的芽称为副芽。副芽的大小、形状和数目因树种而异。例如，核果类果树的副芽在主芽的两侧；仁果类果树的副芽则隐藏在主芽基部的芽鳞内，呈休眠状态；核桃的副芽则着生在主芽的下方。

4）依同一节上芽的着生数量可分为单芽和复芽。在一个节位上只着生一个明显芽的称为单芽，如仁果类果树。在同一节上着生两个或两个以上明显芽的称为复芽，例如核果类果树。

5）依芽的萌发特点可分为早熟性芽、晚熟性芽和潜伏芽三类。当年形成、当年萌发的芽称为早熟性芽；当年形成、第二年适时萌发的芽称为晚熟性芽；当年形成在第二年甚至以后连续多年不萌发的芽则称为潜伏芽。生产上可利用此点来加快整形和进行更新复壮。

（2）芽的特性

1）芽的异质性。在芽的发育过程中，由于营养状况和外界条件的不同，同一枝条上芽

的大小和饱满程度存在差异，这种现象称为芽的异质性。果树修剪上常利用芽的异质性，选用饱满芽或瘪芽作为剪口芽，调节树体的长势。

2）顶端优势。处于枝条顶端的芽最先萌发，长势最强，向下依次减弱的现象，称为顶端优势。顶端优势的强度与树种、品种、枝条着生的枝势等有关。

3）芽的早熟性和晚熟性。落叶果树新梢上的芽，当年再次萌发抽生二次枝或三次枝的现象叫作芽的早熟性。具有早熟性芽的树种有桃、葡萄等，一年可多次分枝，树冠扩展快、形成早，幼树进入结果期较早。芽在形成的当年一般不萌发，要到第二年春才开始萌发并抽生枝叶，这种现象叫作芽的晚熟性。具有晚熟性芽的树种有苹果、梨等。由于分枝级次少、树冠扩展慢，故结果较晚。

4）芽的潜伏力。隐芽寿命的长短称为芽的潜伏力。一般来讲，隐芽多、寿命长，树体更新容易，如苹果、梨等；隐芽少、寿命短，则不易更新复壮。

5）萌芽力和成枝力。萌芽力是指一年生枝上所有的芽萌发的能力，用萌发的芽数占枝条总芽数的百分比表示。成枝力是指一年生枝条上的芽萌发后抽生长枝的能力，用抽生长枝的数量表示，2 个以下者为弱、4 个以上者为强。萌芽力和成枝力的强弱与树种、品种的遗传特性有关，还受顶端优势、枝势和树龄影响。苹果的短枝型和梨的大多数品种萌芽力强而成枝力弱；核果类和葡萄的萌芽力和成枝力均强；杏、柿等则萌芽力和成枝力均弱。掌握各个树种、品种萌芽力和成枝力的强弱，对整形修剪具有重要的作用。一般来讲，各种果树的萌芽力和成枝力的强弱可概括为以下四种类型：萌芽力、成枝力均强，萌芽力、成枝力均弱，萌芽力强、成枝力弱，萌芽力弱、成枝力强。

4. 果树的枝

（1）枝条的种类　枝条有以下几种：

1）依枝条的性质和功能分，枝条分为生长枝、结果枝和结果母枝。枝条上仅着生叶芽，萌发后只抽生枝叶不开花结果的枝称为生长枝（营养枝）。生长枝根据生长状况又可分为普通生长枝（生长中等，组织充实）、徒长枝（生长特别旺盛，枝长而粗，节间长，不充实）、纤弱枝（生长极弱，叶小而细）和叶丛枝（极短，小于 0.5 cm）四种。枝条上着生有纯花芽或当年抽生的带果新梢称为结果枝。依其年龄分为两类：一类是花芽着生在一年枝上，而果实着生在二年生枝上，如核果类果树；另一类是花和果实着生在当年抽生的新梢上的枝，如苹果、梨、葡萄、板栗、核桃、柿、山楂等。结果母枝是指着生有混合花芽的一年生枝。

2）依枝条的年龄分，枝条分为新梢、一年生枝、二年生枝和多年生枝。当年抽生的枝条，在当年落叶之前称为新梢。按其抽生的季节不同，又可分为春梢、夏梢、秋梢和冬梢。落叶果树春梢明显，夏梢、秋梢的情况表现各异。落叶后的新梢称为一年生枝。一年生枝在春季萌芽后称为二年生枝。两年以上的枝条称为多年生枝。

3）依枝条在树体上的着生姿势分，枝条分为直立枝、斜生枝、水平枝和下垂枝。树冠内枝条的生长势以直立枝最旺，斜生枝次之，水平枝再次之，下垂枝最弱，此现象称为垂直优势。

（2）枝条的特性

1）干性和层性。中心干的强弱和维持时间的长短称为干性。中心干强、维持时间长者为干性强，反之则为干性弱。干性的强弱是由树种、品种的遗传特性决定的，也是确定树形结构的重要依据。干性强的树种，如苹果、梨、柿、板栗等多选用有中心干的树形；而干性弱的树种，如桃、杏等多选用无中心干的树体结构。由于顶端优势和芽的异质性，使一年生发育枝的着生部位多集中在母枝的先端，中部为中短枝，下部的芽呈休眠状态，这样连年重演使中心干上的主枝成层分布，形成明显的层次，称为层性。一般顶端优势明显、成枝力弱的层性明显。这种特性在幼龄树上表现明显，随着树龄的增长逐渐减弱。

2）生长量和生长势。新梢在一年内达到的长度和粗度的总和称为生长量。新梢在年生长周期中所抽生的枝条生长的快慢程度称为生长势。生长量越大，生长势越强；生长量越小，则生长势越弱。

任务3　果树的生长发育（一）

【知识目标】

了解果树一生的生长发育特点、栽培任务及北方主要果树根系的分布特点和生长动态的共性及个性知识。

【能力目标】

掌握北方主要果树芽、枝、叶生长发育的共性及个性知识。

【基本知识】

一、果树一生的生长发育

果树是多年生植物，一生经过生长、结果、衰老、更新和死亡的过程，这个过程称为生命周期。生命周期中的各个阶段称为年龄时期。

果树因繁殖方法不同可分为实生树和营养繁殖树。实生树是由种子繁殖长成的树，具有完整的发育史，但生产上应用较少。营养繁殖树是采用扦插、压条、嫁接、分株和组织培养等方法培育的果树。

为栽培管理方便，按生产实际中生长和结果的明显转化，一般把营养繁殖的乔木果树的一生划分为幼树期、初果期、盛果期和衰老期四个年龄时期。

1. 幼树期

幼树期也称为营养生长期，是指从果树定植至第一次开花结果的时期。此期的生长特点是：树体生长旺盛，年生长期长，进入休眠迟；枝条多趋于直立生长，生长量大，往往有多次生长，节间较长，组织不充实，越冬性差，长枝比例高。主要栽培任务是：促进增长，尽快扩大营养面积；选择培养好各级骨干枝，建立良好的树体结构；促控结合，促花早结果；加强树体保护。此期的苹果、梨一般为3～4年，杏、李、樱桃等为2～3年，葡萄、桃为1～2年。

2. 初果期

初果期也称为生长结果期，是指从果树第一次结果到大量结果前的时期。此期的特点是：前期营养生长仍占主导地位，树冠、根系继续扩大，但随结果量的迅速增加，离心生长趋缓，侧向生长加强，达到或接近最大营养面积；长枝比例下降，中、短枝比例增加；产量逐渐上升，品质逐渐提高。初果期的主要栽培任务是：继续完成整形任务，逐步清理和改造辅养枝，维持树体结构；缓和树势，增加花芽比例，促进果树及早转入盛果期。此期的苹果、梨为3~5年；葡萄、核果类很短，一经开花结果，很快进入盛果期。

3. 盛果期

盛果期是指从果树大量结果到产量明显下降的时期。其特点是：离心生长基本停止，树冠、产量和果实品质均达到生命周期中的最高峰；新梢生长趋于缓和，花芽大量形成，中、短枝比例增加；生长结果的平衡关系极易破坏，管理不当则出现大小年现象。主要栽培管理任务是：处理好生长与结果的关系，既保证树体健壮生长，又满足优质、高产、稳产的需要，尽量延长盛果期的时间。盛果期持续时间因树种和栽培管理水平而有差异。

4. 衰老期

衰老期是指从果树产量、品质明显下降到树体死亡的时期。此期特点是：骨干枝先端逐渐枯死，向心生长逐步加强，结果量和果实品质明显下降。栽培上应适时更新复壮。经济效益降到一定程度后则需砍伐，重新建园。

二、果树年生长发育

果树一年中随外界环境条件的变化出现一系列的生理与形态的变化并呈现一定的生长发育规律性，果树这种随气候而变化的生命活动过程称为年生长周期，简称年周期。在年周期中，果树器官随季节性气候变化而发生的外部形态规律性变化的各个时期称为生物气候学时期，简称物候期。落叶果树在一年中的生命活动表现为明显的两个阶段，即生长期和休眠期。从春季萌芽到秋季落叶为生长期；落叶后到第二年春季萌芽为休眠期。在生长期中，可明显看出树体形态上的各种变化，如萌芽、开花、枝叶生长、芽的形成与分化、果实的发育和成熟、落叶等。而常绿果树则无集中的落叶期，大多数也无明显的休眠期。

果树的物候期一般选择在形态上有明显标志的阶段来进行划分，如萌芽期、新梢生长期、开花期、果实成熟期、花芽分化期、落叶休眠期等。

果树物候期标志着果树与外界环境条件的统一，果树物候期的变化既反映果树在年生长周期中的进程，又在树体上体现出一年中气候的变化。

果树的物候期具有顺序性、重叠性和重演性。顺序性是指同一种果树的各个物候期呈现一定的顺序。例如，开花是在萌芽的基础上进行的，又为果实发育做准备。重叠性是指同一树上同时出现多个物候期的现象。例如，落叶果树的新梢生长、果实发育、花芽分化、根系活动等物候期均交错进行，而重叠性会导致营养的竞争。重演性是指同一物候期在一年中多次重复出现的现象。例如，新梢可多次生长，形成春梢、夏梢、秋梢，葡萄一年可多次开花结果等。

1. 根系的生长发育

（1）分布特点　果树实生根系在土壤中的分布一般可分为2~3层，上层根群角（主根与侧根的夹角）较大，分枝性强，受地表环境条件和肥水等的影响较大；下层根群角较小，分枝性弱，受地表环境和肥水等的影响较小。依根系在土壤中的分布与地面所形成的角度不同，根系可分为水平根和垂直根两类。与地面近于平行生长的根系称为水平根；与地面近于垂直生长的根系称为垂直根。

根系在土壤中的分布与树种、砧木、土壤、栽培管理技术等有关。水平根的分布范围一般为树冠的1～3倍，尤以树冠外缘附近较为集中。土壤肥沃、土质黏重时，水平根分布范围较小；瘠薄山地或沙地，水平根分布范围较大。垂直根的分布深度一般小于树高。例如，浅根性果树（桃、杏、李等）根系集中分布层多为10～40 cm；而深根性果树（苹果、梨、银杏、核桃、柿等）根系集中分布层多为20～60 cm。乔化砧的果树比矮化砧的果树的根系分布深而广。

（2）一年中根系生长动态　果树根系在年周期中没有自然休眠现象，只要条件适宜，根系全年均可生长。在一年中，其生长发育的动态除受环境条件（土壤温度、水分、通气性）影响外，还受树体本身（果树种类、砧穗组合、当年生长状况、产量）的相互制约及其他因素（如高温、低温、干旱、有机物质、内源激素状况等）影响，从而表现出生长快、慢或停止生长等现象。

各种果树根系在年周期中新根发生高峰的次数因树种、树龄及环境条件而不同。例如，未修剪的桃、杏、李等树种根系会在5月初至7月底出现一次生长高峰，苹果、梨和葡萄的根系一年中会出现两次生长高峰；多数落叶果树的幼树有三次生长高峰。生产中将根系一年中生长表现出的周期性变化分为单峰曲线、双峰曲线和三峰曲线三种类型。

例如，对初果期的楸子砧金冠苹果根系生长观察的结果表明，根系在一年内有三次生长高峰：第一次是从3月上旬至3月中旬达高峰，随着开花和新梢迅速生长，根的生长转入低谷；第二次是从新梢接近停止生长到花芽分化和果实迅速生长之前，一般从6月至7月初，这次生长持续时间长、长势强，也是全年发根数量最多的时期，随后由于果实加速生长和花芽大量形成而转入低潮；第三次从9月上旬至11月下旬，随着叶片养分的回流积累，出现又一次高峰，以后随土温下降而进入低潮，到12月下旬停止生长进入被迫休眠。

（3）北方主要果树根系的分布及年生长动态　苹果为深根性果树，根系在土温3～4 ℃时开始生长，7～20 ℃时旺盛生长，低于0 ℃或高于30 ℃时停止生长。根系水平分布为树冠直径的1.5～3倍，但主要吸收根群集中于树冠外缘附近及冠下。乔化砧苹果根系主要集中在20～60 cm的土层中，矮化砧苹果根系多分布在15～40 cm的土层中。一年中，苹果的根系常与地上部器官交替生长，出现2～3次生长高峰。具体时间在萌芽前、新梢停长后及果实采收后，其中以春梢停长后发根量最大、持续时间最长。

梨为深根性果树，垂直根分布可深入地下2～4 m，水平分布约为树冠直径的2倍，少数可达4～5倍，以20～60 cm深的土层中根的分布最多，80 cm以下则很少，越靠近主干根系越密集。一年中，梨的根系有两个生长高峰，第一次在新梢停止生长后，第二次在9～10月，梨根系伤断后恢复较慢。

葡萄也为深根性果树，扦插繁殖的植株根系无真根颈和主根，只有根干及根干上发出的水平根及须根。根干由扦插育苗时插入土壤中的枝条发育而来。葡萄根为肉质根，能储藏大量营养物质，并且导管粗，根压大，较耐盐碱，春季易出现伤流。根系的垂直分布为20～60 cm，水平分布随架式不同而有差异。篱架呈左右对称；棚架偏向架下方向生长，架下根量占总量的70%～80%。欧洲种的葡萄根系在土温达12～14 ℃时开始生长，20～28 ℃时生

长旺盛。全年有2~3次生长高峰，分别出现在新梢旺长后、浆果着色成熟期及采收后。

桃为浅根性果树，水平根主要分布于10~40 cm土层中，以树冠外围最为集中。垂直根分布较浅，根系分布主要集中在5~15 cm的浅层土中。在年周期中，春季当土温在0 ℃以上时，根即能顺利地吸收并同化氮素，5 ℃左右即有新根发生。桃的根系一年中会在5月下旬至7月上旬和9月下旬出现两次生长高峰。桃根系耐旱性强而耐涝性差，土壤含氧量保持在15%左右才能正常生长。

枣根系生长力很强，水平根较发达，一般为冠径的3~6倍，多为二叉分枝，以15~40 cm深的土层中最多，50 cm以下很少有水平根。垂直根分布深度与品种、土壤质地、管理水平等有关，一般为1~4 m。每年枣根系有一次生长高峰，出现在地上部停长后的7月下旬至8月中旬。枣树容易发生根蘖，以30 cm的土层内最多，生产上可用于繁殖。

2. 芽、枝、叶的生长发育

（1）芽的生长发育　芽是叶、枝、花的原始体，是临时性器官。

1）芽的形成。落叶果树芽的形成过程一般要经过芽原基出现期、鳞片分化期和雏梢分化期。

芽原基出现期：芽原基是果树萌芽前后子芽内雏梢或新梢叶腋间产生的由细胞团组成的生长点，是芽的雏形。绝大多数树种的芽原基的出现与萌芽同步，随着叶芽的萌发，由基部往上各叶腋间发生新一代芽的原基。有些树种，如板栗、柿、葡萄等则在越冬前已在芽内雏梢的叶腋间形成芽原基。

鳞片分化期：芽原基出现后，生长点由外向内分化出鳞片原基，并进一步发育成固定的鳞片。一般来讲，某节上叶片发育的过程就是该节位芽的鳞片分化期。

雏梢分化期：鳞片分化结束后，条件适宜的芽通过质变期转入花芽分化，不适宜的则进入雏梢分化期。雏梢分化期大致分为冬前雏梢分化、冬季休眠和冬后雏梢分化三个阶段。冬前雏梢分化在秋季落叶前后进行，落叶后随着气温的下降，雏梢停止分化，进入冬季休眠。通过休眠后，有的芽会继续进行分化，增加芽内雏梢节数；有的则不再增加雏梢节数，顶端分化出顶芽原基。根据芽内雏梢节数分化的多少，萌芽后便形成不同长度的新梢。叶芽萌发后，有些新梢的先端生长点仍能继续分化出新的雏梢和叶原基，增加节数，直到新梢停止生长才开始顶芽的分化，这部分分化属于芽外分化。

2）芽的萌发。萌芽是落叶果树地上部由休眠转入生长的标志。此期从芽膨大开始至花蕾伸出或幼叶分离为止。不同树种的萌芽物候期的标准不同。以叶芽为例，仁果类果树萌芽分为两个时期：芽膨大期和芽开绽期。核果类果树以延长枝上部的叶芽为标准，鳞片开裂、叶苞出现时为萌芽期。不同果树在不同环境条件下每年萌发的次数不同，有一次萌发和多次萌发之分。原产温带的落叶果树一般多为一次萌发，原产热带和亚热带的果树则呈周期性的多次萌发，但都以由休眠过渡到营养生长期的萌芽最为整齐。

萌芽期内，树体内的呼吸作用和酶的活性增强，营养物质大量水解并向地上部的生长点输送，为新梢生长和开花提供能量和物质基础。同时，芽内的雏梢和花器也迅速发育。

萌芽是果树遗传性特征和环境条件共同作用的结果。萌芽迟早与温度有密切关系，各种果树萌芽都要求一定的积温，落叶果树一般在日平均气温5 ℃以上，土温达7~8 ℃，经10~15天即可萌发。枣和柿等则要求日平均气温10 ℃以上。此外，空气湿度大、树体储藏养分充足、土壤条件良好都有利于萌芽。

3）北方主要果树芽的发育。苹果的芽依性质分为叶芽和花芽两种。叶芽外面被有鳞毛。芽鳞内有一个具有中轴的雏梢，雏梢每节上着生有生叶片原基。芽鳞数量和雏梢的节数常标志着芽的充实饱满度。一般充实饱满的芽需有鳞片6~8片，内生叶原基3~8个。苹果侧芽最外面两片鳞片腋间具有副芽原基。当侧芽萌发时，副芽原基发育为枝条基部左右两侧的副芽，多不萌发成为潜伏芽，受刺激才能萌发。当春季日平均温度达10 ℃左右时，叶芽即开始萌动。由于温度是影响萌芽早晚的主要因素，因此，不同地区、不同年份，不同苹果品种间萌芽期的先后顺序都有一定的规律，并且萌芽力也具有很大的差异。

梨芽结构大概与苹果相同，但在外观上表现为鳞片数量多、体积大、离生。梨萌芽力较强，一年生枝条上大多数的芽均可萌发。这是因为梨芽的异质性不明显，除下部有少数瘪芽外，全是饱满芽。梨隐芽多而寿命长，有利于更新复壮。

葡萄新梢的每一叶腋内有两种芽，即冬芽和夏芽。冬芽为鳞芽，芽内正中央有一个主芽，周围为3~8个预备芽。主芽发育比预备芽好，所以，春季先萌发。预备芽则很少萌发，一半多成为潜伏芽，其寿命长，有利于枝蔓更新。当主芽受到损伤或冻害后，预备芽也可萌发。故冬芽又称为芽眼，如果冬芽萌发后形成双芽及三芽并生，则需及时抹去预备芽萌发的新梢。葡萄冬芽为晚熟性芽，一般当年不萌芽，但在摘心过重、副芽全部抹去、芽眼附近伤口较大时均可当年萌发，形成二次结果。葡萄夏芽为裸芽，具早熟性，当年随新梢生长萌发为各级副梢。这为快速成型、提早结果及一年多次结果提供了基础，但副梢量过大势必消耗养分，故处理副梢是葡萄夏季修剪的一项主要任务。

桃芽按性质分为花芽与叶芽两种，花芽属纯花芽，着生于新梢叶腋间。叶芽比较瘦小、着生在枝条顶端或叶腋间。侧生的芽一般与花芽混生，也可单生。桃叶芽萌发力强，大多数萌发成枝，一年生枝上一般以上部叶芽抽枝较强，中部抽枝较弱，基部叶芽往往不能萌发，易造成结果部位上移或外移。加上桃隐芽寿命短，更新能力弱，故树冠中、下部会逐渐空虚，产生光秃现象。

枣树有主芽和副芽两种。着生在同一节间上，上下排列。主芽着生在枣头、枣股的顶端及枣头一次枝、二次枝的叶腋间。枣头顶端的主芽分化完善，萌发力强，来年常连续抽生新枣头。而枣股顶端的主芽萌发后生长很弱，年生长量仅1~2 mm，只有受到刺激时才会萌发抽生新枣头。侧生于枣头一次枝上的主芽，分化迟缓，发育不良，多数呈潜伏状态，也可在枣树生长减缓时萌发形成枣股。而侧生于枣头二次枝上的主芽，第二年大多数萌发为枣股，不萌发的主芽成为潜伏芽后，寿命可达30年之久。枣副芽为早熟性芽，着生在主芽的侧上方，枣头一次枝基部和二次枝上的副芽及枣股上的副芽，萌芽后形成枣吊。枣头一次枝中上部的副芽萌发后形成永久性二次枝，俗称“枣拐”。当春季气温达13~14 ℃时，枣股芽萌发最早，枣头的顶芽次之，其侧芽萌发最晚，前后相差3~5天。

（2）枝的生长发育　枝的生长包括加长生长和加粗生长。一年中加长生长和加粗生长，所达到的长度和粗度的总和称为生长量；在一定时间内加长生长和加粗生长的快慢称为生长势。

1）加长生长。新梢的加长生长是从叶芽萌发露出芽外的幼叶彼此分离后开始的，至新梢顶芽形成为止。加长生长是通过新梢顶端分生组织的细胞分裂、伸长实现的。细胞分裂只发生在顶端，而伸长则延续到顶端以下的几节，在细胞分裂、伸长的同时，细胞的大小和形状也发生变化，细胞壁增厚，进一步分化成表皮、皮层、出生韧皮部和木质部、中柱鞘和髓

等各种组织。

新梢的生长分三个阶段。新梢开始生长期，是指从萌芽到迅速生长的阶段。此期外界气温低，根系吸收差，生长只能依靠去年储藏的养分。此时新梢生长缓慢，节间短，叶片较小。苹果、梨开始生长期持续9~14天。新梢迅速生长期：此期随着气温的升高，根系吸收能力逐渐加强，前期依靠去年储藏的养分，后期则依靠当年叶片提高养分。此时新梢生长加快，节间较长，叶片较大，芽体大而饱满。新梢缓慢生长期，是指从生长缓慢直至停止生长阶段。此期由于温度、湿度、光周期的变化，细胞分裂变缓和停止，新梢生长也逐步停止。此时新梢节间由长变短，叶片由大变小，形成封顶。

果树新梢生长受多种因素的影响。首先是不同树种间差异较大。生长旺盛的树种如葡萄、桃等普遍发生2~3次或更多次新梢生长。核桃、板栗、枣、柿等加长生长期短，一般不发生二次枝，生长主要集中在前期，通常在6月份便停止生长。梨、苹果等一般只延伸1~2次，生长旺盛的苹果中间有一段时间停止生长，在同一枝条上有春梢和秋梢之分。其次，同一树种也会因品种、负载量、管理条件等影响有所变化。

2）加粗生长。加粗生长是形成层细胞分裂、分化、增大的结果。加粗生长比加长生长开始晚，结束也晚。形成层细胞活动是由加长生长形成的幼叶中产生的生长素和叶片光合产物共同作用的结果。在每次新梢加长生长高峰后，以靠近新梢顶端的枝条加粗生长开始最早，依次向下部发展，所以，级次越低的骨干枝，加粗高峰越晚。一年中果树加粗生长最明显的时间在8~9月，如多年生枝干加粗生长期一般要比新梢加粗生长期晚1个月左右，其停止也晚2~3个月。

3）北方主要果树枝的生长。苹果的新梢在一年中有两次明显的生长，春季生长的部分叫春梢，夏秋季延长生长的部分叫秋梢，春梢与秋梢的交界处形成明显的盲节，缺少灌溉条件的春旱秋涝地区和高温高湿的平原地区往往春梢短秋梢长，并且生长不充实，结果少。进入盛果期后，新梢一年常常只有一次春季生长，没有秋梢。苹果新梢生长一般可分为开始生长期（叶簇期）、旺盛生长期、缓慢和停止生长期及秋梢形成期四个阶段。而不同阶段停长的新梢分别形成短枝（小于5 cm）、中枝（5~30 cm）和长枝（大于30 cm）。短枝多数是在叶簇期就形成顶芽的新梢，其中具有四片以上大叶的短枝极易成花。中枝只有春季一次生长便形成明显的顶芽，有的顶芽即可当年形成花芽而转化为中果枝。长枝是在秋梢进一步生长后停长的新梢，特点是叶片数量多，光合功能强，对树体具有整体性的调控作用。

梨绝大多数新梢只有春季一次生长，无明显秋梢或秋梢很短且成熟不好，故梨新梢停长比苹果早，多数能在7月中旬以前封顶。此外，梨幼树枝条直立生长旺盛，新梢年生长量可达80~150 cm，树冠呈圆锥形，进入盛果期后枝条生长势减弱，新梢年生长量约为20 cm。加之梨骨干枝尖削度较小，结果后主枝逐渐开张，树冠呈自然半圆形。

葡萄的茎统称为枝蔓，可分为主干、主蔓、侧蔓、一年生枝（结果母枝）、新梢和副梢等。从地面发出的茎称为主干，主干上着生主蔓，埋土越冬的地区不留主干。主蔓从地表附近长出，主蔓上着生的多年生枝称为侧蔓。着生混合芽的一年生枝蔓称为结果母枝，其上的芽萌发后有花序的新梢称为结果枝，无花序的称为营养枝。新梢叶腋的夏芽和冬芽当年萌发形成的二次枝分别称为副梢和冬芽二次枝。葡萄新梢由节和节间构成，节部膨大着生叶片和芽眼，对面着生卷或花序。节的内部有横隔膜，无卷须的节或不成熟的枝条多为不完全的横隔膜，横隔膜具有坚实新梢的作用。一年中，葡萄新梢生长量大，有两次生长高峰。第一次从萌芽展叶开始到开花前，主要是主梢生长，此后，随着生长的加快，新梢生长转缓；第二次从种子中的胚珠发育结束后到果实快速生长之前，为副梢大量发生期。新梢开始生长（7～9月份）时的粗度，反映出树体储藏营养水平的高低，称为“起始粗度”。储藏营养丰富，新梢开始生长粗壮，有利于花芽分化和果实发育。葡萄新梢不形成顶芽，全年无停长现象。

桃树干性弱，枝条生长量大，幼树生长旺盛，一年中可有2～3次生长高峰，形成2～3次副梢。树冠形成快，进入盛果期后，树势缓和，短枝比例提高。桃营养枝按其生长强弱分为徒长枝、发育枝和叶丛枝。徒长枝生长虚旺，节间长，组织不充实，常发生在树冠内膛和剪锯口，长度在100 cm左右；发育枝生长强旺，长60 cm左右，粗1.5～2.5 cm，其上多为叶芽，有少量花芽和大量副梢的可培养为骨干枝或大型结果枝组；叶丛枝是只有一个顶生叶芽的极短枝，长1 cm左右，其生长势弱，寿命短，受强刺激才能发生壮枝，可用于枝组的更新。桃结果枝按长度分为徒长性结果枝、长果枝、中果枝、短果枝和花束状果枝。桃主要结果枝的种类及特性见表1-2。此外，桃叶芽萌发后，经过约1周的生长期（叶簇期）后随气温上升进入迅速生长期。弱枝停止生长早，中庸枝有1～2次生长高峰，旺长枝则有2～3次生长高峰，同时旺长枝的部分侧芽萌发形成副梢（二、三次枝），早期副梢也能形成花芽（表1-2）。

表1-2　桃主要结果枝的种类及特性

结果枝类型	长度与粗度/cm	生长及花芽特性	功　能
徒长性结果枝	长60～80，粗1.0～1.5	上部有少量副梢，花芽质量较差，坐果率低。但有的品种结果较好	培养大、中型结果枝
长果枝	长30～59，粗0.5～1.0	一般无副梢，副芽多，花芽比例高、充实，坐果能力强，是多数品种的主要结果枝	结果的同时发出的新梢能形成新的长果枝
中果枝	长15～29，粗0.3～0.5	单、复花芽混生。坐果率高，是多数品种的主要结果枝	结果的同时能发出长势中庸的结果枝
短果枝	长5～14，粗0.3～0.5	顶芽为叶芽，其余多为单花芽，为北方品种群的主要结果枝	结果后能形成新的结果枝
花束状结果枝	长度小于5	顶芽为叶芽，其余均为单花芽，结果后发枝能力差，易衰亡	结果后发枝差，易枯死

枣树的枝条分为枣头、枣股和枣吊三种。枣头为枣的发育枝，由主芽萌发而成，其中间的枝轴称为枣头一次枝，当年生枣头一次枝基部1～3节一般着生枣吊，其余各节着生二次枝，下部的二次枝常发育较差，当年冬季脱落，称为脱落性二次枝，其余各节的二次枝称为永久性二次枝。它呈之字形生长，其上着生的枣股占全树枣股总数的80%～90%，故又称为结果基枝，其停长后不形成顶芽，翌年不再向前延伸，以后随年龄增长，逐渐从先端回枯。图1-3为枣头和主芽形态。

枣股是一种短缩结果母枝，由结果基枝和枣头上的主芽萌发而成。从内部看是一个枣头的雏形。图1-4为枣头二次枝及枣股形态。枣股每年由环生于顶芽周围的副芽萌发，抽生2～7个枣吊开花结果，是枣树十分稳定的结果部位，一般以结果基枝中部生长健壮的枣股

结果能力最强。

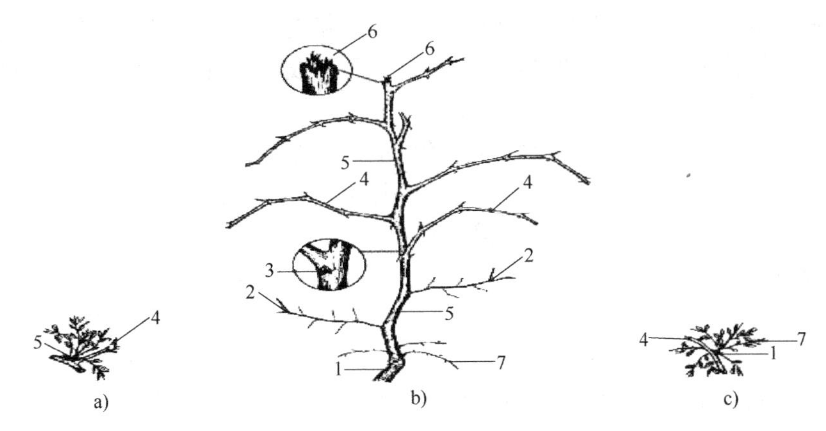

图1-3　枣头和主芽形态

a）由枝腋主芽萌发的初生枣头　b）由顶生主芽萌发的枣头　c）由枣股主芽萌发的初生枣头

1—枣头萌发处　2—脱落性二次枝　3—枣头枝腋间主芽　4—永久性二次枝

5—枣头一次枝　6—枣头顶生主芽　7—枣吊

枣吊为枣的脱落性结果枝（多由枣股的副芽发出，也可由枣头基部和当年生二次枝各节的副芽抽生），具有结果和光合作用的双重功能，而且生长、开花、结果交叉进行，即一边生长，叶腋间花序一边形成。枣吊一般长15～35 cm，有10～25节。在同一枣吊上以3～8节叶面积最大，4～7节坐果较多。

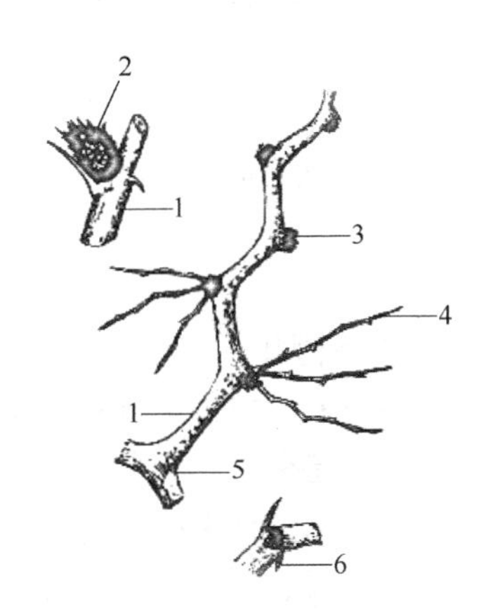

图1-4　枣头二次枝及枣股形态

1—多年生二次枝　2—老年枣股

3—中年枣股　4—枣吊（落叶后）

5—枣头一次枝叶腋腋间主芽

6——年生枣股

（3）叶和叶幕

1）叶的生长发育。果树叶的发育从叶原基出现开始，经过叶片、叶柄和托叶的分化，直到叶片展开及叶片停止增大为止，这是叶的整个发育过程。新梢不同部位的叶，开始形成的时间和生长发育的长短均不相同。新梢基部的叶，其叶原基是在叶萌发前在芽内分化形成的，称为芽内分化。而有些叶片的叶原基分化是萌发后在芽外进行的，称为芽外分化。单叶面积的大小，一般取决于叶片生长期及迅速生长期的长短。叶片生长期分为迅速生长期和缓慢生长期两个阶段，一般来讲，生长期长，迅速生长期也长，叶片就较大，反之就较小。树种、品种、枝类不同，以及叶片在新梢上着生位置的不同，叶片的生长期也不同。例如，梨需16～28天，苹果需20～30天，葡萄需15～30天。从长梢看，中下部叶片生长期较长，而中上部较短；短梢除基部小叶发育时间较短外，其余叶片都需20～30天。从着生位置来看，苹果和梨树上是新梢中部的叶片生长期最长，叶面积也最大，生长持续期长达40～50天，但以开始时的15～20天长势最旺。叶的功能期，新梢上不同部位、不同叶龄的叶片，光合能力不同。幼嫩的叶片，由于叶肉组织量少，叶绿素浓度低，光合总产量低。随着叶龄的增加，叶面颊增大，光合能力逐渐增强，直到老熟为止。葡萄的光合能力在叶片展开后30～40天最强，持续10～40天，以后随着叶片衰老而下降，直至落叶。

2）叶幕的形成。叶幕是指一个与树冠形态相一致的叶片群体。落叶果树在春季萌芽后，随着新梢的伸长、叶片不断增加而形成叶幕，在年周期中呈现明显的季节变化。一般树势强、幼年树、以抽生长枝为主的树种、品种，叶幕形成时间较长，叶片出现高峰较晚；树势弱、成年树、以抽生短枝为主的树种、品种，其叶幕形成时间短，叶片出现高峰较早。叶面积建造的速度在很大程度上依赖树体养分的供应是否充足，如储藏养分不足，会影响叶面积的前期生长；又如后期肥水供应差，则导致叶片早衰，影响营养物质的生产和积累。叶幕的厚薄是衡量果树叶面积的一种方法，但生产上一般常以叶面积指数（单位土地面积内栽培果树的株数总叶面积与单位土地面积的比值）表示。一般果树叶面积指数以 3 ~5 比较合适，耐阴树种可以稍高。对多数落叶果树而言，当叶片获得光照强度减弱至自然光强的 30% 以下时，叶片的消耗大于合成，成为寄生叶。目前，生产上采用合理的树形和适宜的修剪来增加树冠的光照强度，提高光能利用率。总之，落叶果树理想的叶幕为：在较短时间内迅速建成最大叶面积，结构合理且相互遮阴少，并且保持较长时间的稳定。

（4）落叶和休眠。

1）落叶。落叶是果树进入休眠的标志。落叶前在叶内发生的一系列生理生化变化有：叶内的营养物质逐渐转移到枝干中；叶绿素分解，叶黄素出现而使叶片变黄或花青素的出现使叶片转为红色，与此同时在叶柄基部形成离层，叶片在外力作用下脱落。

温带果树一般在日平均气温降到 15 ℃以下、日照时间少于 12 h 时开始落叶。昼夜温差大，干旱和水涝都会促进落叶。各种落叶果树对温度的敏感程度不同，枣最敏感，其次是桃、梨、苹果。而敏感性最差的葡萄和中国板栗常不能正常落叶。

果树落叶的早晚因树种、树龄树势、枝条类型等而不同。桃树在 15 ℃以下落叶，梨在 13 ℃以下落叶，苹果在 9 ℃以下开始落叶。幼树比成年树落叶迟；壮树比弱树落叶迟；在同一棵树上，长枝比短枝落叶迟，树冠外围和上部比内膛和下部落叶迟。干旱、水涝和病虫害都能引起果树落叶，生长后期高温和潮湿又会延迟落叶。过早落叶和延迟落叶对越冬和第二年的生长、结果都不利。

2）休眠。休眠是指果树落叶后至翌年萌芽前的一段时期。果树在休眠期生命活动并没有停止，树体内部仍进行着各种生理活动，如呼吸、蒸腾、根的吸收、合成、芽的进一步分化等，但这些活动比生长期微弱得多，仅能维持最基本的生命活动。果树休眠是果树在系统发育过程中为了适应不良的环境条件形成的一种特征，如低温、高温和干旱等都可引起休眠。

落叶果树的休眠期分为两个阶段，即自然休眠和被迫休眠。自然休眠是由果树本身的遗传特性和生理活动决定的，要求在一定的时间和一定程度的低温条件下才能顺利通过。此期内即使给予适宜的环境条件，也不能发芽生长。果树自然休眠取决于树种、品种特性、树龄及树体各器官种类。不同果树休眠期长短与其原产地有关。原产温带温暖地区的扁桃自然休眠期最短，11 月中旬就结束了；桃、杏较长，大约在 12 月中下旬至 1 月中旬结束；苹果更长些，要到 1 月下旬结束；核桃和板栗最长，到 2 月中下旬才能解除休眠。不同树龄的果树进入休眠期的早晚也不同。幼年树进入休眠期晚于成年树，而且解除休眠也迟。不同器官和组织进入休眠期的早晚也不一致。一般小枝、细弱枝、早形成的芽比主干、主枝休眠早；根茎进入休眠最晚，但解除休眠最早，故易受冻害。同一枝条上以皮层和木质部进入休眠期较早，形成层最迟。各种果树通过自然休眠所需要的时间，一般以芽所要的需冷量来表示，即

在7.2℃以下需要的小时数，如桃为500～1200 h，苹果、梨为900～1000 h；也可用0～7.2℃模型、0～9.8℃模型、犹他（Utah）模型表示。被迫休眠是指果树已通过自然休眠期但由于环境条件（低温、干旱等）的限制而暂时抑制了萌芽生长。一旦条件适宜，可随时解除休眠进入生长。

任务4　果树的生长发育（二）

【知识目标】

掌握果树花芽分化、开花和果发育的过程；了解花芽分化和开花的条件。

【能力目标】

能运用所学知识，制订促进花芽分化、开花和果实发育的措施。

【基本知识】

一、花芽分化

1. 花芽分化时期

大多数落叶果树一年只进行一次花芽分化，如苹果集中在6～7月，梨集中在6～8月，桃集中在7～8月，葡萄集中在5月。但有些树种，由于本身的生物学特性、环境条件变化及栽培技术的影响，一年内也能进行多次分化。例如，葡萄经摘心后，只要条件适宜，可连续分化，多次结果。

由于花芽分化需要新梢必要的生长和及时停长，不同新梢在一年中是分批分期停止生长的，而同时停止生长的新梢处于不同的营养状况和条件下，故大多数落叶果树花芽分化既相对集中又相对分散，因而花芽分化是分期分批陆续完成的。

果树花芽分化的早晚因树种和枝条类型而异。

2. 花芽分化过程

芽在经过初期的发育后进入了质变期，开始了生理分化，接着进行形态分化，随后在雌蕊和雄蕊的发育完成后进一步形成了性细胞，这个过程称为花芽分化。

（1）生理分化　生理分化过程是叶芽向花芽转化的关键时期，称为花芽分化临界期。处于此期的芽在生理生化方面必须具有一定的核酸、内源激素、营养物质和酶系统的活性；在形态上则必须完成芽鳞片的分化，芽内雏梢发育到一定的节数，花原基才开始发生。这一阶段，生长点原生质处于不稳定状态，对内外因素有高度的敏感性，易于改变代谢方向。生理分化期的长短因树种而异，苹果从形态分化前1～7周开始，多数为4周。生理分化开始的时间也因树种而异，苹果大致在5月中旬至9月下旬，桃在6月中旬至8月上旬，板栗在6月上旬至8月中旬，核桃在6月下旬至7月上旬。

（2）形态分化　花芽的形态分化是叶芽经过生理分化后在产生花原基的基础上，花器各部分分化形成的过程。形态分化的过程是按一定顺序依次进行的，花器的分化是自外向内、自下而上。例如，仁果类果树（以苹果为例）形态分化过程可分为七个时期（图1-5），依次为叶芽期（未分化期）→花序分化期（分化初期）→花蕾分化期→萼片分化期→花瓣分化期→雄蕊分化期→雌蕊分化期。其他果树花芽分化过程与苹果大同小异，差异在于花器官结构组成，如桃树花芽形态分化就无花序分化期，而直接进入萼片分化期。

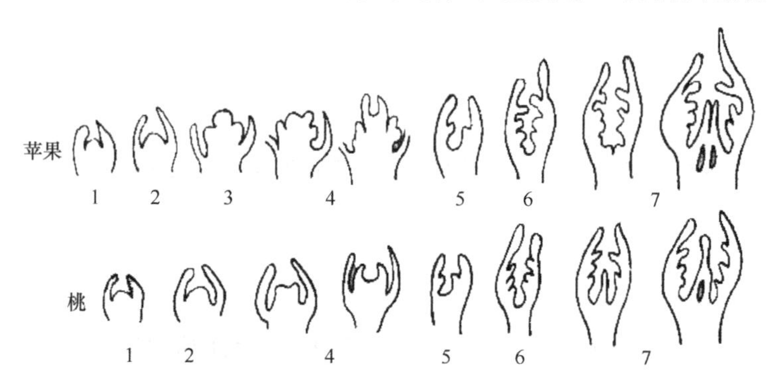

图1-5　果树花芽形态分化过程模式图

1—叶芽期　2—花序分化期　3—花蕾分化期　4—萼片分化期　5—花瓣分化期　6—雄蕊分化期　7—雌蕊分化期

1）叶芽期。叶芽期的生长点光滑。生长点内的原分生组织细胞具有体积大小一致、形态相似和排列整齐紧密的特点。

2）花序分化期（分化初期）。生长点变宽，突起，呈半球形，两侧出现尖细的突起，此突起为叶或苞片原基。

3）花蕾分化期。肥大高起的生长点呈不圆滑状，中央为中心花花蕾原基，周围有突起的侧花花蕾原基。

4）萼片分化期。花原基顶部中心向下凹陷，四周向上长出突起，即萼片原始体。

5）花瓣分化期。花萼原基伸长，内侧基部产生新的突起，即花瓣原始体。

6）雄蕊分化期。花萼进一步伸长，在花瓣原始体内侧产生新的突起（多排列为上下两层）即雄蕊原基。

7）雌蕊分化期。在花原始体中心底部发生突起（通常有5个），即雌蕊原基。

花芽一旦开始形态分化，芽的性质是不能逆转的，不能转化为叶芽。但是在形成的过程中如果条件恶化，将导致正在分化的花器官部分的败育，形成不完全花。

3. 花芽分化条件

（1）营养物质　花芽分化需要光合产物、矿质盐类、蛋白质、核酸、能量物质及转化物质等。营养物质的种类、比例关系、物质代谢方向都会影响花芽分化。只有在有足够的碳水化合物积累的基础上，保证一定的氮素营养，并且有利于趋向蛋白质合成，才有利于花芽分化。另外，钾、锌、硼、铜、钙对花芽分化也有影响。

（2）枝芽状态　花芽分化时，芽内生长点细胞必须处于缓慢分裂状态，即处于“长而不伸、停而不眠”的状态。正在进行旺盛生长的新梢，或者已进入休眠的芽是不能进行花芽分化的。

(3) 内源激素平衡 果树花芽分化是在多种激素的相互作用下发生的，需要激素的启动和促进。植物开花取决于抑花激素和促花激素的平衡。促花激素主要是指成叶中产生的脱落酸和根尖产生的细胞分裂素；抑花激素主要是指产生于种子、幼叶的赤霉素（GA）和产生于茎尖的生长素。但是，各类激素之间相互关系相当复杂，只有当其达到动态平衡时才会启动花芽分化。

(4) 环境条件 光不仅影响营养物质的合成和积累，也影响内源激素的产生和平衡，是花芽分化必不可少的因素。在强光下，特别是在紫外光照射下，赤霉素和生长素被分解或活性被抑制，减缓了新梢的生长，促进了花芽分化。温度是主要通过影响光合作用、呼吸作用和物质的转化及运输等过程，从而间接影响花芽的分化。落叶果树一般都在高温下进行花芽分化，温度过高或过低都不利于花芽分化。例如，苹果适宜温度为22～30℃，若平均温度低于10℃，花芽分化则处于停滞状态。花芽分化临界期前，适当干旱，可抑制新梢生长，有利于光合产物的积累和花芽分化。

二、开花

开花是指从花蕾的花瓣松裂时起至花瓣脱落为止。果树生产上以单棵为单位将花期分为4个时期：初花期，全树有5%的花开放；盛花期，25%～75%的花开放；终花期，全部花已开放，并且有部分花瓣开始脱落；谢花期，大量落花至落花完毕。

果树开花的早晚因树种、品种及气候条件而异。其中，以桃、杏等核果类果树开花最早，其次是苹果、梨等仁果类果树，最后是葡萄、枣、柿等果树。同一棵上不同结果枝开花先后也有差别，短果枝先开，长果枝和腋花芽后开。在平原，向北每推进110 km，果树开花期平均延迟4～6天；在山地，海拔每升高100m，开花期延迟3～4天。

果树开花持续的时间因树种而异。苹果、梨、桃等果树开花期较短，如苹果仅需5～15天，桃需7～9天；枣、板栗、柿等花期长，如枣花期为21～37天。一般来讲，树体储藏养分充足，开花整齐而单花持续时间长，坐果率高。气候凉且湿润，则花期延长。

多数果树一年只开一次花，但在遭受病虫害而落叶及夏季干旱而秋季高温多湿时，常会引起二次萌发和二次开花结果，严重影响第二年的产量。少数具有早熟性芽的果树，如葡萄等，一年可萌芽开花二次以上。生产上利用这个特性进行二次结果以提高经济效益。

三、授粉受精

果树花粉粒发育成熟后传到雌蕊柱头上的过程叫授粉。花粉粒萌发后长出花粉管将精细胞送到胚囊中与卵细胞结合，形成合子的过程叫受精。绝大多数果树必须经过授粉受精后才能形成果实。其类型大致可分为以下三种：

1. 自花授粉结实

同一品种内的授粉叫自花授粉。在自花授粉后能获得商品生产要求的产量为自花结实。落叶果树中有的能自花结实，如大多数桃和杏的品种、具有完全花的葡萄品种及部分李、樱桃品种。但自花结实的品种，异花授粉后往往产量更高。自花授粉后不能获得商品生产要求的产量为自花不实，如大部分苹果、梨的品种，几乎全部甜樱桃品种及桃、杏的部分品种，自花结实率很低，需要进行异花授粉才能提高结实率。

2. 异花授粉结实

异花授粉是指果树不同品种间的授粉。这些果树有的是雌雄异熟，如长山核桃，其花粉散发过早或过晚，不能适时授粉；有的是雌雄异株，如银杏、山葡萄；有的是自交不亲和，如欧洲李、甜樱桃和扁桃，其花粉能有效使其他品种受精结实，却不能使同品种受精结实；还有的是雌蕊与雄蕊不等长，如李、杏的某些品种。不能自花结实，只能通过异花授粉后才能获得商品生产要求的产量为异花结实。因此，建园时必须配置花粉量多、花期一致、亲和力强的品种作为授粉树，创造异花授粉的条件。

3. 单性结实

未经受精而形成果实的现象称为单性结实，通常没有种子。单性结实分为自发性单性结实和刺激性单性结实。自发性单性结实不需要任何刺激就能单性结实，如柿、山楂；刺激性单性结实则要有花粉或其他刺激才能单性结实，如洋梨的“Seckel”品种，用黄魁苹果的花粉刺激就可产生无籽果实。

四、果实发育

1. 坐果

经过授粉受精后，子房及其附属部分生长发育形成果实，称为坐果。坐果的多少常用坐果率表示，即开花数与坐果数的百分比。具体有花朵坐果率和花序坐果率两种形式。

2. 果实发育过程

果实发育所需时间的长短因树种、品种而异。草莓只需约 20 天，樱桃大约需 40 天，杏、枣、石榴等需 50 ~ 100 天，山楂、猕猴桃、柿等需 100 ~ 200 天。同一树种不同品种间差异也较大。例如，苹果的早熟品种约需 60 天，晚熟品种则约需 120 天。同一品种由于地理位置、栽培条件等的不同也有差异。

从花开以后，将果实体积、直径或鲜重在不同时期的积累值绘制成曲线，叫作果实生长曲线。果实生长曲线有 S 形和双 S 形。苹果、梨、草莓及坚果类的板栗、核桃都属于 S 形，大部分核果类果实及葡萄、无花果、猕猴桃、枣、柿等属于双 S 形。果实发育可分为以下三个时期：

（1）细胞分裂期　从受精到胚乳停止增殖为细胞分裂期。此期细胞迅速分裂，使果肉和胚乳迅速增加。主要是细胞数目的增加，从花原基发育开始一直持续到花后 3 ~ 4 周。

（2）胚发育期　从胚乳停止增殖到种子硬化为胚发育期。以苹果为例，细胞停止分裂后进行细胞分化和膨大，胚迅速发育并吸收胚乳。对核果类果树来说，此期是硬核期，内果皮革质化，胚迅速发育。同一树种不同品种成熟期就是由这个阶段的长短决定的。

（3）果实迅速生长期　从果实细胞体积迅速增大到达到本品种固有大小为果实迅速生长期。由于细胞体积和细胞间隙的增长，使果实体积迅速增长，逐渐进入成熟期。此时，果实内的大量营养物质在酶和乙烯的作用下分解和转化，呈现出该品种固有的风味。

3. 落花落果

从花蕾出现到果实成熟采收会出现花、果脱落现象，称为落花落果。落花是指未经授粉受精的子房脱落，而不是花瓣自然脱落。落果是指授粉受精后，一部分幼果因营养不良、授粉受精不充分或其他原因而脱落。落花落果是果树在系统发育过程中为适应不良环境形成的一种自疏现象，也是一种自我调节。

仁果类和核果类果树的落花落果现象一般出现三次。第一次是落花，在盛花后即有部分花开始脱落直至谢花，脱落的原因主要是没有授粉受精或花器发育不良，不能进行授粉受精。第二次是在谢花后两周左右，子房已膨大，仍有幼果脱落，原因主要是由授粉受精不充分和储藏养分不足。第三次是在开花后4~6周，这次落果主要在6月发生，习惯上常称“6月落果”，原因主要是枝叶生长和果实产生营养竞争。此次落果对生产造成的损失较大。此外，个别树种品种还有一次是采前落果，即在采收前出现果实大量脱落。苹果中的元帅、乔纳金、红星等都存在这种现象，原因主要是种子中的胚产生生长素的能力逐渐降低，同时果实成熟产生的乙烯使果柄过早形成了离层，导致脱落。

除内部因素外，外界条件如干旱、水涝、风害、霜害、病虫害、低温及其他因素都能造成落花落果，在生产上应根据落花落果发生的原因采取相应的措施来解决。

4. 果树产量和果树品质

果树单位土地上干物质的总重量为生物学产量。单位土地上人类栽培目的物的重量为经济产量，即通常所说的果树产量。果树产量由果园果树棵数、单棵果实数和平均单果重等因素构成，它实质上取决于果树光合性能和树体自身消耗。因此，提高光合性能，加速营养物质的积累、运转和有效转换，并且尽可能降低消耗，调节营养生长与生殖生长的关系，是提高果树产量的途径。

果实的品质由外观品质和内在品质构成，外观品质包括果实形状、大小、整齐度和色泽等，内在品质包括风味、质地、香气和营养。市场经济的发展，要求果实具有性状、性能和嗜好三方面品质。性状是指果实的外观，例如果形、大小、整齐度、光洁度、色泽、硬度、汁液等。性能是指与食用目的有关的特性，例如风味、糖酸比、香气、营养和食疗。嗜好因国家、地区、民族、集团乃至个人爱好而有所差异。

任务5　北方主要果树的种类和品种

【知识目标】

了解苹果、梨、桃、葡萄、枣五个主要树种的种类及品种知识。

【能力目标】

能运用所学知识，结合当地具体情况正确选择种植品种。

【基本知识】

一、苹果的主要种类和优良品种

1. 苹果的主要种类

苹果属于蔷薇科，苹果属。苹果属植物在全世界有35种，原产我国的共有22种、亚种

1个。现将其中用于栽培和砧木的主要种类介绍如下：

（1）苹果　目前，世界上栽培的苹果品种，绝大部分属于本种或该种与其他种的杂交种。我国原产的绵苹果也属于本种。本种有两个矮生型变种，即道生苹果和乐园苹果。目前，生产上应用最多的M系和MM系矮化砧中，有许多属于这两个变种。

（2）山定子　山定子别名山荆子，原产我国东北、华北与西北。乔木，果实重约1 g，果梗细长。本种抗寒力极强，有的可耐 -50 ℃，但不耐盐碱，在 pH >7.5 的土壤中易发生缺铁黄叶病。此品种是北方寒冷地区常用的苹果砧木。其他地区从中选出适用于当地的类型，如沁源山定子、蒲县山定子、黄龙山定子等。

（3）楸子　楸子别名海棠果、海红、林檎，我国西北、华北与东北地区分布。果实呈卵圆形，直径约2 cm，黄色或红色。本种根系深，适应性广，抗寒、抗旱耐涝、抗苹果绵蚜，与苹果嫁接亲和力强是生产上广泛使用的砧木。

（4）西府海棠　西府海棠别名小海棠果、海红、子母海棠，我国东北、华北、西北均有分布。果实呈扁圆形，重约10 g。本种抗性较强，耐盐碱，较抗黄叶病，与苹果嫁接亲和力好，是北方应用最广的苹果砧木之一。

生产上应用较多的砧木种类还有湖北海棠、甘肃海棠、毛山定子、扁棱海棠、花叶海棠和新疆野苹果等。

2. 苹果的优良品种

目前，全世界有苹果品种10000个以上，我国从国外引进和选育的栽培品种有250个。而生产上用于商品栽培的主要品种却只有20个左右。为了研究和应用上的方便，人们常按照成熟期、生长结果习性、色泽、亲缘关系及用途等标准将苹果分为不同类型。果园生产上使用较多的是按果实成熟期将品种分为特早熟、早熟、中熟、中晚熟和晚熟品种；按照生长结果习性不同分为普通（乔化）品种和短枝型（矮生）品种；根据亲缘关系分为富士系、元帅系、金冠系等。

（1）新嘎拉　新嘎拉原产新西兰，为嘎拉的着色系芽变，又名皇家嘎拉。中熟品种，果实生育期约为120天。该品种果实呈卵圆形或短圆锥形，单果重150 g。果面底色绿黄，果皮可全面着鲜红霞，有断续红条纹。果肉为浅黄色，肉质细脆致密，可溶性固形物含量为13%左右，有香味，品质上等，较耐储藏，货架期为25～30天。该品种萌芽率高，成枝力强分枝角度较大，结果早，丰产稳产，适应性强，抗早期落叶病、白粉病等。但结果后树势易衰弱，果实成熟期不一致，易出现采前落果。生产上注意疏花疏果，保障肥水供应，分期采收。

（2）元帅系短枝型　元帅系短枝型是指由元帅的芽变品种及其后代芽变产生的约100余个短枝型品种。通常将元帅称为元帅系的第一代。其芽变品种称为第二代，如红星、红冠等多为着色系萌芽。第二代的芽变品种称为元帅系第三代，多数为短枝型品种，如新红星、超红、艳红、顶红等。元帅系第四代和第五代品种，如首红、魁红、瓦里短枝等短枝性状更明显且着色期提前，颜色更浓。元帅系短枝型品种多数产于美国，为中晚熟品种，果实生育期为140～150天。该品种果实呈圆锥形，果顶有明显的五棱，一般单果重约250 g，成熟时果面被有鲜红霞和浓红色条纹或全面紫红色。果肉致密，味浓甜微酸，芳香浓烈，品质极上，但储藏性较差。元帅系短枝型品种树势健壮，树冠矮小紧凑，枝条节间短，萌芽力强，成枝力弱，适宜北方各个苹果产区发展。生产上注意增施有机肥，疏花疏果，防治采前

落果。

（3）着色富士系　着色富士系是指由原产日本的富士苹果选育出的一批着色芽变品种，称为红富士，包括普通型着色芽变品种（如秋富1号、长富2号、岩富10号、2001富士、乐乐富士、烟富1~5号）和短枝型芽变品种（如惠民短枝、福岛短枝、秋富39号、烟富6号）及早熟型芽变品种（如红将军、弘前富士、红王将、昌红富士、晋矮富1号、凉香）。

着色富士系苹果为中晚熟品种，果实生育期为170~175天。该类品种果实呈圆形或近圆形，单果重230 g左右。果面有鲜红条纹，或者全面鲜红或深红。果肉为黄白色，细脆多汁，酸甜适口稍有芳香，可溶性固形物含量为14%~18.5%，品质极上，极耐储藏。着色富士系萌芽率高，成枝力强，结果较早，丰产，适应性较强，适宜北方各个苹果产区发展。此品种的缺点是耐寒性稍差，对轮纹病、水心病、果实霉心病抗性较差，管理不当时易出现大小年结果。

（4）澳洲青苹　澳洲青苹原产澳大利亚，为晚熟且生食加工兼用品种，果实生育期为180~190天。该品种果实呈圆锥形或短圆锥形，单果重200 g。果面翠绿色，向阳面常带有橙红至褐红色晕。果肉为绿白色，肉质致密而硬脆，汁多，风味酸，可溶性固形物含量为12%左右，极耐储藏，储后风味转佳。该品种树势强，萌芽率高，成枝力强，较丰产，适应性强但易出现大小年结果，储藏期间易发生苦痘病。幼树注意培养骨架，早期拉枝开角；盛果期应注重疏花疏果。

二、梨的主要种类和优良品种

1. 梨的主要种类

梨为蔷薇科，梨属。世界梨属植物约有35种，其中原产我国的有13种。我国主要栽培种类有：

（1）秋子梨　秋子梨主要分布于我国东北地区，华北、西北地区也有分布。本种成枝力强，生长旺盛。老枝为灰黄色或黄褐色。叶缘有带长刺芒的锯齿。果实大多近球形，个小，果柄短，萼宿存，果肉石细胞多且粗，多数品种成熟后方可食用，部分品种有浓郁香气。本品种抗寒力强，耐旱，耐瘠薄，抗腐烂病，不耐盐碱，寒冷地区栽培表现较好。

（2）白梨　白梨主要分布于我国华北地区，西北地区、辽宁、淮河流域也有分布，是我国栽培梨中分布最广、栽培面积最大、优良品种最多的种类。二年生枝为褐色或茶褐色。叶缘有尖锐锯齿，齿芒内合。果实多为倒卵形或长圆形，个大，成熟时果皮多为黄色，果柄长，萼片多脱落，果肉细脆多汁、味甜，石细胞少，多数耐储藏。

（3）砂梨　砂梨主要分布于我国长江流域及其以南各省、自治区、直辖市，华北、东北、西北等地也有栽培。本种类成枝力弱，树冠内枝条稀疏，枝条粗壮直立，多为褐色或暗褐色。叶片先端长尖，叶缘锯齿尖锐有芒。果实多为圆形。果皮为褐色或暗褐色，萼片多脱落，肉脆味甜、汁多，果实石细胞较多。本品种喜温暖湿润气候，抗热、抗火疫病能力强，抗寒性较差。我国从日本和韩国引进的梨的优良品种多属于本种。

（4）西洋梨　西洋梨从欧洲引进。在我国栽培面积较小，主要分布于华北、西北等地区。枝条直立性强，小枝无毛有光泽，枝条为灰黄色或紫褐色。叶片小，叶缘锯齿圆钝或不明显。果实多呈葫芦形，果柄粗短，萼片多宿存，多数需后熟后方可食用。肉质细软易溶，石细胞少，常有香味，不耐储藏。此品种抗寒性弱，易染腐烂病。

（5）杜梨　杜梨别名棠梨，野生于我国华北、西北、华东各地。枝条常有刺，嫩梢密生白色茸毛。叶缘有粗锯齿。果实呈圆球形，直径为 0.5 ~ 1 cm。本品种抗寒、抗旱、抗涝、抗盐碱力均较强，与中国梨、西洋梨嫁接均生长良好，是我国北方梨区应用的主要砧木树种。

原产我国的梨属植物还有新疆梨、豆梨、褐梨、川梨、麻梨、河北梨、木梨、杏叶梨等。

2. 梨的优良品种

梨品种类型极为丰富，全世界梨品种有 7000 种以上。我国有 3500 种以上，依据形态特征、生态特征的不同可分为秋子梨系统、白梨系统、砂梨系统、西洋梨系统和新疆梨系统。生产上主要栽培的品种有 20 多个。

（1）鸭梨　鸭梨原产河北，属白梨系统。果实呈倒卵圆形，近果柄肩部常有一鸭头状的突起。单果重 125 ~ 269 g，果皮细薄而光滑，有蜡质，果皮为黄绿色，储藏后变为黄色，果柄附近有锈色斑。果肉为白色，质细而脆，石细胞少，果汁多，味甜微酸，有香气，可溶性固形物含量为 11% ~ 13.8%，品质上等。果实于 9 月中下旬成熟，可储至翌年 2 ~ 3 月。该品种植株生长势中庸。萌芽力强，成枝力弱，枝条弯曲。定植后 3 ~ 4 年结果，丰产性强。该品种抗旱，抗寒力中等，抗病虫力弱，喜沙壤土，对肥水条件要求高，适宜在渤海湾、华北平原、黄土高原，川西、滇东北，南疆及甘、宁等地区发展。

（2）砀山酥梨　砀山酥梨原产于安徽砀山，属白梨系统。果实呈长圆形，平均单果重 270 g。果品为黄绿色，储后变浅黄色。果肉为白色，果心较小，肉质较粗，松脆多汁，味甜，可溶性固形物含量为 11% ~ 14%，品质上等。果实于 9 月下旬成熟，可储至翌年 2 ~ 3 月。该品种树势中等偏强，萌芽力强，成枝力中等，适应性强。定植后 4 年结果，以短果枝结果为主，丰产稳产。此品种适宜发展地区同鸭梨。

（3）雪花梨　雪花梨原产于河北，属白梨系统。果实呈椭圆形，平均单果重 237.5 g。果皮为绿黄色，储后变为黄色，有蜡质分泌物。果肉为白色，肉质细脆，汁多味甜，果心较小，可溶性固形物含量为 11% ~ 13%，品质上等。此品种于 9 月中旬成熟，可储至翌年 2 ~ 3 月。该品种树势较强，枝条萌芽力强，成枝力中等。定植后 3 年结果，幼树以中长果枝结果为主，随树龄的增加，短果枝结果比例逐渐提高，腋花芽能结果。此品种喜深厚的沙壤土，抗旱力较强，抗寒力与鸭梨相近，抗黑星病和轮纹病的能力较强，适宜发展地区同鸭梨。

（4）七月红　七月红系我国最新选育的红皮梨新品种，由中国农科院郑州果树所选育，属砂梨系统。此品种的平均单果重 200 g，最大果重 350 g。果实呈卵圆形，形似珍珠，外观鲜红亮丽，肉质细脆，石细胞较少，汁多，果心较小，可溶性固形物含量为 12.4%，香甜适口，品质上等。果实常温下可储藏 10 ~ 15 天，冷藏条件下可储 3 ~ 4 个月。七月红梨在重庆 7 月中下旬成熟，果实发育期 120 天左右，丰产性好。

三、桃的主要种类和优良品种

1. 桃的主要种类

桃属于蔷薇科，桃属。分布于我国的桃有 6 个种，即桃、新疆桃、甘肃桃、光核桃、山桃和陕甘山桃。

（1）桃　桃又名普通桃、毛桃。世界上的栽培品种多属此种及其变种，此种还有蟠桃、油桃、寿星桃和碧桃等几个变种。

（2）山桃　山桃耐寒、耐旱、耐盐，但不耐湿。有红花和白花两个类型，可做桃的砧木。

2. 桃的品种群

在栽培上，按形态、生态和生物学特性将桃所有品种划分为五个品种群。

（1）北方品种群　树姿直立或半直立，成枝力强，中短果枝较多，单花芽多，果形大，果实顶端有突尖，缝合线深。果肉硬质、致密。此品种群较耐储运。著名的品种有肥城桃、五月鲜等。

（2）南方品种群　树姿开张或半开张，成枝力强，中、长果枝比例较大，复花芽多。果实呈圆形或长圆形，果顶呈半圆形或微凹。果肉柔软多汁，硬脆致密，如上海水蜜桃等。

（3）黄肉桃品种群　树姿较直立或半开张，生长势强，成枝力较北方品种群稍强，中、长果枝比例也较多。果实呈圆形或长圆形，果皮与果肉均为金黄色，肉质紧密强韧，适于加工制罐，如黄甘桃、晚黄金、黄露桃、郑黄2号、金童6号等。

（4）蟠桃品种群　树姿开张，成枝力强，中、短果枝多，复花芽多。果实呈扁圆形，多白肉，柔软多汁，如撒花红蟠桃、陈圃蟠桃、白芒蟠桃、早蟠桃、黄金蟠桃、早露蟠桃、早油蟠桃、瑞蟠8号、中油蟠2号等。

（5）油桃品种群　果实光滑无毛，果肉紧密、硬脆，多为黄色，离核或半离核，如新疆李光桃、甘肃紫胭桃等。目前，生产上的优良品种很多，如瑞光5号、早红2号、曙光、华光、艳光、霞光、丽春、超红珠、春光、千年红、中油4号、双喜红等。

3. 桃的品种的其他分类方法

桃的品种按果面茸毛有无，分为普通桃（有毛）和油桃（无毛）。按果实用途分为鲜食和加工品种。按果核与果肉的粘离度分为离核、粘核和半粘核品种。按肉质特性分为溶质、不溶质和硬肉桃三个类型。按果肉颜色分为白肉、黄肉、红肉三类。按果实成熟期分为极早熟（果实发育期≤60天）、早熟（61～90天）、中熟（91～120天）、晚熟（121～160天）和极晚熟（≥161天）品种。

4. 桃的优良品种

（1）沙红桃　果实发育期为78天。果实呈圆形至扁圆形，果顶凹入，平均单果重255 g。果品底色乳白，80%以上果面着红色。果肉为白色，果实硬溶质，硬度大，风味甜。自然结实率高，丰产，抗病性强，虫害少，适应范围广。

（2）曙光　早熟油桃品种，果实发育期为65天。果实呈长圆形，平均单果重125 g，果面全面为深红色。果实风味甜香，果肉硬溶质，裂果少，休眠期需冷量650～700 h。

（3）红不软　红不软是1997年平陆县张店镇卸牛坪村桃农许殿臣成功选育的芽变品种。此品种有五大特点：①个大体重，同等条件下比久宝桃大一个规格，单果重在300 g以上；②着色早，7月上旬挂红晕，8月中旬泛透红，艳丽动人；③硬度大、耐储运，成熟桃在室温下可存放20天，不软不烂；④上市售期长，8月初上市销售可延续到9月上旬；⑤早果丰产，栽植后次年挂果，4年后进入盛果期，亩产可达4000 kg，亩产值可达万余元，并且抗逆性强，适应面广，在不同海拔地域栽培均表现良好。

（4）中油4号　中油4号是中国农业科学院郑州果树研究所通过人工杂交，并且应用胚培养等技术培育而成的。该品种树势中庸，树姿半开张，发枝力和成枝力中等，各类果枝均能结果，以中、短果枝结果为主。花呈铃形，花粉多，极丰产。果实呈短椭圆形，平均单果重 148 g，最大果重 206 g。果顶圆，微凹，缝合线浅。果皮底色黄，全面着鲜红色，艳丽美观，果皮难剥离。果肉为橘黄色，硬溶质，肉质较细；风味浓甜，香气浓郁，可溶性固形物为 14% ~16%，品质优；粘核。此品种在郑州地区 3 月初萌芽，3 月下旬开花，6 月中旬成熟，果实发育期 74 天左右。

5. 桃树品种栽培区

（1）华北平原桃区　华北平原桃区包括北京、天津、河北、辽宁南部、山东、山西、河南、江苏和安徽北部，是我国北方桃树主要经济栽培区。著名品种，如肥城桃、深州蜜桃、青州蜜桃等产于本区。但这些品种的适应性较差，分布范围狭窄，只在部分地区栽培。除当地品种外，其他类型桃在该地区都可正常生长。本区可大力发展油桃、普通桃及优质蟠桃，尤其是中、晚熟品种。

（2）长江流域桃区　长江流域桃区包括江苏、安徽南部、浙江、上海、江西和湖南北部、湖北大部分及成都平原、汉中盆地的长江沿岸区域。本区是我国南方桃树的主要生产基地，栽培面积大，以发展水蜜桃、蟠桃为主，适当发展早熟油桃，限制发展中、晚熟品种。

（3）西北干旱桃区　西北干旱桃区包括新疆、陕西、甘肃、宁夏等地和我国西北部，是桃的原产地。我国著名的黄桃品种多集中于此区，如渭南甜桃、陕西眉县等地的冬桃、新疆南疆的李光桃、甜仁桃都是地方优良品种。此外，南方水蜜桃也成功引进本区，早、中、晚熟品种都有栽培，果实品质好。本区适宜发展加工用黄桃品种，如甘肃的天水、兰州，陕西省的关中、渭北等地，是桃、油桃的最适宜生产基地。

此外，还有云贵高原桃区和青藏高寒桃区。

四、葡萄的种类、品种群和优良品种

1. 葡萄的种类及品种群

葡萄在植物学分类中属于葡萄科，葡萄属。本属用于栽培的有 20 多个种，按照原产地的不同，分为欧亚、东亚、北美三个种群。

（1）欧亚种群　欧亚种群仅有欧亚种葡萄一个种，即欧亚葡萄或欧洲葡萄，为最具有栽培价值的种，已形成数千个栽培品种，其产量占世界葡萄总产量 90% 以上。该种适宜日照充足、生长期长、昼夜温差大、夏干冬湿和较温暖的生态条件。抗寒性较差，抗旱性强，对真菌性病害抗性差，不抗根瘤蚜。根据其亲缘关系和起源地的不同可分为以下三个生态地理种群：

1）东方品种群。东方品种群原产中亚和东亚各国，主要为鲜食和制干品种。特点是生长旺盛，生长期长，叶面光滑，叶背面无毛或仅有刺毛。穗大松散呈分枝形，果肉无香味，抗热、抗旱、抗盐碱，但抗寒性、抗病性较弱，适宜于雨量少、气候干燥、日照充足、有灌溉条件的地区栽培和棚架整形修剪。代表品种有无核白、无核黑、牛奶、龙眼、白鸡心、白木纳格等。

2）西欧品种群。西欧品种群原产于西欧各国，大部分属酿造品种。生长势中等或较弱，生长期短，叶背有茸毛，较抗寒。果穗较小，果粒着生紧密，果肉多汁。果枝率高，果穗多，产量中等或较高。代表品种有赤霞珠、贵人香、意斯林、雷司令、黑比塔、法国

蓝等。

3）黑海品种群。黑海品种原产于黑海沿岸和巴尔干半岛各国，是上述两个种群的中间类型。多数为鲜食、酿造兼用品种，少数为鲜食用品种，如白羽、白雅、晚红蜜等。鲜食品种有花叶白鸡心等。

（2）东亚种群　东亚种群约有40多个种，起源于我国的有27个种，不少种是优良的育种材料，生产上应用较多的是山葡萄，主要特点是抗寒力极强，根系可耐 -16 ℃，成熟枝条可抗 -40 ℃以下的低温。目前，从中选育出的优良株系有长白山9号、通化1号、通化2号、通化3号等；经杂交出的品种有北醇、北红、公酿1号、公酿2号等。

（3）北美种群　北美种群起源于美国和加拿大东部，约有28个种，在栽培上有价值的有两个种。

1）美洲葡萄。植株生长旺盛，抗寒、抗病、耐湿性强。幼叶桃红色，被毡状茸毛，卷须连续性。果肉有草莓味，与种子不易分离。巨峰、康拜尔、白香蕉等均为本种与欧亚种的杂交种。

2）河岸葡萄。此种耐热耐湿，抗寒抗旱，高抗根瘤蚜，抗真菌病害能力也强，扦插易成活，与欧洲葡萄嫁接亲和力好，一般作为抗寒、抗根瘤蚜砧木。

2. 葡萄的优良品种

（1）无核白鸡心　无核白鸡心别名世纪无核，欧亚种，属早熟品种，从萌芽到果实充分成熟的生长期为110～125天。果穗大，平均穗重620 g。果粒着生中等紧密，平均粒重4.5 g，鸡心形，绿黄色或金黄色，果皮薄而韧，果肉硬而脆，略有香味，可溶性固形物含量为16%，含酸量为0.6%，味甜，无种子，品质优良。该品种生长势强，果枝率52%，结果系数1.2，较丰产。抗病力中等，较抗霜霉病，但不抗黑痘病和白粉病。棚架栽培，中、短梢混合修剪。经赤霉素处理果粒可增大1倍。栽培中要防止生长过旺影响花芽分化和果实生长。在设施栽培中表现良好。

（2）巨峰系　巨峰系葡萄是巨峰及与巨峰有亲缘关系的一类品种，包括巨峰、峰后、京超、先锋、藤稔等系列品种，以及欧美杂交品种，多为中熟品种。巨峰系品种果穗呈圆锥形，平均穗重多在400～550 g。果粒近圆形或椭圆形，平均粒重在11 g以上，完熟时呈黑紫色或紫红色。果皮厚韧，果肉肥厚而多汁，有草莓香味，品质中上等。果枝率为65%～85%，结果系数为1.6～1.8，丰产性强。此品种适应性强、抗病、耐湿，对黑痘病、霜霉病、白粉病抵抗力均强。树势强旺，新梢粗壮，适宜于高篱架或小棚架栽培，宜中短梢修剪。有的品种落花落果重，大小粒也严重，要注意合理负载。

（3）红地球　红地球又名晚红、大红球、美国红提等，欧亚种，属晚熟品种。果穗呈长圆锥形，平均穗重700～800 g，果粒呈圆形或卵圆形，平均粒重12 g以上。果皮中厚，鲜红色，色泽艳丽，果肉硬而脆，可削成薄片，酸甜可口，可溶性固形物含量为17%，含酸量为0.5%～0.6%，品质上等，果刷粗长，不脱粒，极耐储藏和运输。植株生长势强，果枝率为70%，结果系数为1.5，丰产性强，抗病力弱，易染黑痘病、白腐病、炭疽病、霜霉病。此品种适宜小棚架或篱架栽培。幼树宜长、中、短梢混合修剪，成年树以短梢修剪为主。幼树易贪青生长，新梢成熟较晚，生产中要及时摘心和处理副梢，副梢多留叶片，严格控制产量，及早疏穗疏粒，并使结果枝与营养枝比例控制为2：1～3：1。

（4）美人指　美人指属欧亚种，为晚熟品种，从萌芽到果实充分成熟生长期为145～150天。果穗呈圆锥形，平均穗重450～800 g，果粒呈长椭圆形，着生中等紧密，平均颗粒9～10.2 g，最大可达18 g，充分成熟时果粒为紫红色。果皮薄，果粉厚，果肉脆甜，可溶性固形物含量为15%～18%，含酸量为0.5%～0.65%，品质上等。植株生长势强，易徒长。果枝率为45%，结果系数为1.1～1.3。本品种外观极美，品味极佳，但因抗病力较差，栽培时应做好病虫害防治工作和采取果实套袋、避雨栽培等技术措施。

（5）夏黑　夏黑为欧美杂交种，三倍体品种，由日本山梨县果树试验场由巨峰X二倍体无核白杂交育成，1997年8月获得品种登记，1998年引入我国。此品种香甜可口，微微发酸，皮紧粘果肉，可不吐皮，是我国市场上最为好吃的葡萄品种。该品种早熟优质，抗病，丰产，耐储运性良好。夏黑是三倍体品种，自然生长果粒较小，需用赤霉素进行处理，果粒可增大1倍以上，在处理浓度和时间上各地应进行充分的试验，从而总结出稳妥的处理浓度和方法。夏黑成熟早，不易落果，适宜在设施中进行促成栽培。

（6）克伦生　克伦生是美国加州继红提葡萄之后推出的又一无核葡萄新品种。1997年由我国农业部葡萄新品种项目课题组引进，经过4年在国内试种，我国葡萄专家在综合考察其生长状况、果实性状和市场前景后认为，该品种是目前较有发展潜力的无核葡萄品种。此品种味美色艳。果穗呈圆锥形，中等大小，果粒整齐紧凑，穗重800 g左右，最大穗重1600 g。果粒呈椭圆形且稍长，颜色鲜红透亮，果霜鲜艳，单粒重6～8 g，可溶性固形物含量为20%～25%，糖酸比为25.9∶1，果肉为浅红色，肉质脆能切片，既可鲜食又可制干。果皮脆，可以随果实一起食用。成熟期为9月下旬至10月上旬。

3. 葡萄品种的类型

全世界用于生产栽培的葡萄品种共约8000个，我国拥有600多个，除植物学分类外，生产上还按成熟期和用途的不同分为许多类型。例如，按用途可分为鲜食品种、酿造品种、制汁、制干品种等，而按品种成熟期早晚分为以下五种：

（1）极早熟品种　从萌芽到浆果成熟大约在110天以内的品种称为极早熟品种，如莎巴珍珠、早玫瑰、京早晶、早红。

（2）早熟品种　从萌芽到浆果成熟在110～125天的品种称为早熟品种，如京亚、竞秀、无核白鸡心、乍娜、凤凰51、香妃、早玛瑙、紫珍香、无核早红、粉红亚都蜜、奥古斯特、维多利亚、京玉、京优等。

（3）中熟品种　从萌芽到浆果成熟在125～145天的葡萄品种称为中熟品种，如峰后、京超、里扎马特、先锋、伊豆锦、白香蕉、红瑞宝、红富士、龙宝、黑奥林等。

（4）晚熟品种　从萌芽到浆果成熟在145～160天的品种称为极晚熟品种，如红地球、美人指、木纳格、无核白、高妻、皇家秋天、红宝石无核、科瑞森无核、黑大粒。

（5）极晚熟品种　从萌芽到浆果成熟在160天以上的品种称为极晚熟品种，如龙眼、秋红、秋黑。

五、枣的种类和优良品种

枣原产我国，至今已有3000年以上的栽培历史。枣果营养丰富，含有丰富的维生素C、维生素P和糖，是一种优良的滋补食品，也常用作中药治疗多种疾病。枣果用途广泛，既可鲜食，又可制成干枣、蜜枣、乌枣、醉枣、枣泥、枣酒和枣糕。枣树适应性很

强，分布几乎遍及全国各地，是保持水土、防护农田、果粮间作的优良树种，而且具有结果早、收益快、寿命长、易管理等特点，故有“铁杆庄稼”之称，在我国果树生产中占有重要地位。

枣为鼠李科，枣属植物。枣属植物约有50种，我国有13种。但在果树栽培上主要的种类是枣，酸枣用作砧木。

据统计，枣品种有500多个，按用途分为制干、鲜食和加工三类；按果实形状和大小分为大枣和小枣两类，大枣平均单果重8 g以上，小枣5 g左右。枣的主要优良品种如下：

1. 冬枣

冬枣主产山东、河北等地。为优良鲜食晚熟品种。果实呈圆形或扁圆形，平均单果重13 g。果皮薄而脆，果面平整光洁。果肉较厚，细嫩多汁，无渣，甜味极浓，果核较大，含糖量为34%～38%，品质极上。10月上中旬成熟，较耐储藏。该品种树势较弱，花量较多，丰产稳产。此品种适于偏碱性壤土，对气候和地下水位要求较为严格。

2. 梨枣

梨枣原产山西临猗，为鲜食品种。果实呈梨形，平均单果重30 g，大小不整齐，果皮凹凸不平，皮薄，鲜红色，富光泽。果肉厚，松脆细嫩且多汁，核大。鲜枣含糖量为27.9%，含酸量为0.37%，味极甜，品质上等。本品种于9月中下旬成熟。该品种树势中等，结果枝粗长，当年生枣头结果能力很强。此品种结果早，产量较高而稳定，适于较肥沃的土壤。缺点是成熟期不整齐，采前落果严重。

3. 木枣

木枣别名吕梁木枣，为大枣的一种，主要分布于山西省吕梁地区和陕西省榆林地区黄河沿岸，为当地主栽品种，年产枣2.5亿kg以上。栽培最多的是山西临县，年产鲜枣1亿kg以上。因黄河的洪积土壤矿物质含量极为丰富，使得吕梁木枣果大色丽，肉厚松软，香甜可口。木枣内含丰富的营养物质和生物活性成分，是一种药食两用价值很高的天然保健食品，历来深受人们喜爱。

【实训1】果树树种识别

一、实训目标

通过对主要果树树种地上部形态的观察，初步培养学生识别果树树种的能力。

二、材料与用具

材料：当地栽培的果树树种的植株和枝、叶、花、果的实物或标本。
用具：记载用具（笔记本、铅笔）等。

三、实训内容

1. 常见果树的分类方法

1）按植物学分类（科、属）。

2）按生态适应性分类（寒带果树、温带果树、亚热带果树、热带果树）。

3）按冬季是否落叶分类（常绿果树、落叶果树）。

2. 常见果树形态特征观察项目

观察比较各种果树主要器官的形态特征，记载内容如下：

（1）植株　具体记载：

1）树性：乔木、灌木、藤本、草本，常绿、落叶。

2）树形：圆头形、自然半圆形、扁圆形、阔圆锥形、圆锥形、倒圆锥形、乱头形、开心形、丛状形、攀缘或匍匐。

3）树干主干高度，树皮色泽，裂纹形态，中心干有无。

4）枝条颜色，茸毛有无、多少，刺有无、多少、长短。

（2）叶　具体记载：

1）叶型：单叶、单身复叶、三出复叶、奇数或偶数羽状复叶。

2）叶片质地：肉质、革质、纸质。

3）叶片形状：披针形、卵形、倒卵形、圆形、阔椭圆形、长椭圆形、菱形、剑形等。

4）叶缘：全缘，刺芒有无，圆钝、锯齿、锐锯齿、复锯齿、掌状裂等。

5）叶脉：羽状脉、掌状脉、平行脉。叶脉凸出、平、凹陷。

6）叶面、叶背色泽，茸毛有无。

（3）花　具体记载：

1）花或花序类型：花单生、总状花序、穗状花序、复穗状花序、柔荑花序、圆锥花序、复伞形花序、头状花序、聚伞花序、伞房花序等。

2）花或花序着生位置：顶生、腋生、顶腋生。

3）花的形态：完全花、不完全花；花苞、花萼、花瓣、雄蕊。

4）子房、花柱等的颜色和特征；子房上位、半下位、下位；心室数目等。

（4）果实　具体记载：

1）果实类型：单果、聚花果、聚合果。

2）果实形状：圆形、扁圆形、长圆形、圆筒形、卵形、倒卵形、瓢形、心脏形、方形等。

3）果实色泽：橙色、橙黄色、橙红色、红色或鲜红色、黄色或黄褐色等。

4）果皮质地：厚薄、光滑、粗糙及其他特征。

5）果肉色泽、质地及其他特征。

（5）种子　具体记载：

1）种子数目、大小、有无、多少。

2）种子形状：圆形、卵圆形、椭圆形、半圆形、三角形、肾状形、梭形、扁椭圆形、扁卵圆形等。

3）种皮色泽、厚薄及其他特征。

四、实训作业

认识当地的主要果树，比较其主要形态特征，并将实训中介绍的树种按要求填入表1-3中。

表1-3　果树地上部分形态特征

树　种	植株形态	枝　干	叶　片	花	果　实	种　子
苹果						
梨						
桃						
李						
板栗						
葡萄						
核桃						
草莓						
山楂						
杏						

【实训2】果树树体结构观察

一、实训目标

1. 掌握乔木果树地上部树体组成和各部分名称，能够准确分析并指认树体各部分。

2. 掌握果树枝芽的类型和特点，并且能在果树生长期与休眠期识别当地主要树种的枝芽类型。

3. 了解当地主要果树生长结果习性，并掌握其观察方法。

二、材料与用具

材料：当地主要树种正常生长发育的结果树植株，枝、芽实物或标本。

用具：皮尺、钢卷尺、放大镜、修枝剪、记录用具。

三、实训内容

1. 观察果树地上部的基本结构，明确主干、树干、中心干、主枝、侧枝、骨干枝、延长枝、枝组、辅养枝、叶幕。

2. 观察枝和芽的类型，明确一年生枝、二年生枝和多年生枝，新梢、副梢、春梢和秋梢，营养枝、结果枝和结果母枝，果台和果台副梢，长枝、中枝、短枝，徒长枝、叶丛枝，直立枝、斜生枝、水平枝和下垂枝，叶芽和花芽，纯花芽和混合芽，顶芽和侧芽，单芽和复芽，潜伏芽和早熟芽。

3. 观察枝芽的特性，明确顶端优势、干性、层性、分枝角度、枝条硬度和尖削度，芽的异质性、萌芽力、成枝力、早熟性和潜伏力。

4. 观察生长结果习性，包括枝芽生长特点，花芽及花的类型、着生部位、结果能力。

四、实训提示

1）实训项目基本安排在果树休眠期进行，以便于观察。生长期的观察项目可单独进行。

2）根据当地实际情况选择主要果树树种进行观察，其他树种可以结合修剪等实训，并通过与主要树种比较的方法进行。

3）生长结果习性的观察可结合每一树种的理论教学和物候期观察灵活安排。

五、实训作业

1）绘制果树地上部结构图，并标明各部分的名称。

2）比较苹果、桃的花芽和叶芽的形态特征及着生部位。

【实训3】果树根系分布特点观察

一、实训目标

通过实际操作，观察根系的形态和结构，了解根系在土壤中的分布特点，认识各种根的形态，学会观察根系的方法。

二、材料与用具

材料：当地主要果树的结果树2～3棵，具有实生根系、茎源根系和根砧根系的果树幼树各1～2棵，果树各种根系标本或图片。

用具：挖根工具、钢卷尺、线绳、小木桩、记录和绘图用具、方格绘图纸。

三、实训内容

1. 观察果树根系类型，根据根系的来源，识别实生根系、茎源根系和根砧根系。

2. 观察果树根的种类，分辨水平根和垂直根，主根、侧根和须根，以及生长根和吸收根。

3. 观察果树根的分布，采用壕沟法观察，挖掘前先用钢卷尺从树干往外拉一直线，距树干1 m处开始。每隔1 m在钢卷尺两边各30 cm处打小木桩，然后两木桩间拉一线绳，以标志挖掘剖面部位。从树冠最外围的部位（估计在水平根的尖端）开始，挖宽为60 cm的土壤剖面，剖面深度以根深为准，挖出剖面，修理平整。在其上划分出若干个10 cm×10 cm的方格。然后观察根系分布，按方格自左向右、自上向下，用各种符号逐格记在方格绘图纸的相应位置，绘制成根系分布剖面图。一般根系标记的符号为："·"表示2 mm以下的细根；"○"表示2～10 mm的根；"×"表示死根。同时，表明每一剖面中的土壤质地的差异情况。挖完最后一个剖面，就可得出水平根分布的大概情况。

四、实训提示

本实训宜安排在根系生长期进行。

五、实训作业

1）根据实地观察绘制果树根系结构图，并且标注根系各部分的名称。

2）绘制所用观察方法获得的根系分布剖面图。

【实训4】果树物候期观察

一、实训目标

通过对果树物候期的观察，使学生掌握果树物候期的观察方法，能够准确判断出年周期中不同时期果树所处的物候期。

二、材料与用具

材料：当地栽培的主要树种、主要品种的结果树。

用具：放大镜、卡尺、皮尺、标签、记载表格及工具。

三、实训内容

1. 苹果、梨物候期的观察项目和标准

（1）花芽膨大期　花芽开始膨大，鳞片开始松开，颜色开始变浅。

（2）花芽开绽期　芽顶端鳞片松开，由芽顶端露出叶尖或苞片尖等。

（3）露蕾期　花芽裂开出露出花蕾。

（4）花芽鳞片脱落期　（梨）花芽鳞片脱落。

（5）展叶期　花序下叶片开始展开，全树25%的芽第一片叶展开。

（6）花蕾分离期　花柄完全露出，花蕾彼此分离。

（7）初花期　全树5%的花开放。

（8）盛花期　全树25%的花开放为盛花始期，50%的花开放为盛花期，75%的花开放为盛花末期。

（9）谢花期　全树有5%的花瓣脱落为谢花始期，95%以上的花瓣脱落为谢花终期。

（10）落花期　从未授粉受精的花枯萎脱落开始至终止。

（11）生理落果期　落花后，已经开始发育的幼果，中途萎蔫变黄脱落的时期。此期可分别记录落果开始时间和终止时间。

（12）果实着色期　出现该品种固有的色泽。例如，苹果中的红色品种，果实开始着红色。

（13）果实成熟期　全树有3/4的果实已具有该品种成熟的特征。

（14）叶芽展叶期　叶芽新梢基部第一叶片展开，以中、短枝顶芽萌发的新梢为准。

（15）新梢生长期　观察树冠外围延长新梢。自新梢第一个长节出现为春梢生长始期，至新梢生长缓慢、节间变短或停止生长为春梢生长终期。自新梢再加速生长至最后停止生长，对苹果来说为秋梢生长期，对梨来说为夏梢生长期。

（16）叶片变色期　秋末正常生长的植株，叶片变黄或变红。

（17）落叶期　秋末全树有5%的叶片正常脱落为落叶始期，95%以上的叶片脱落为落叶终期。

2. 桃物候期的观察项目和标准

（1）花芽膨大期　春季花芽开始膨大，鳞片开始松开。

（2）露萼期、露瓣期　露萼期，花萼由鳞片顶端露出。露瓣期，花瓣由花萼中露出。

（3）初花期、盛花期　观察标准同苹果。

（4）谢花期　观察标准同苹果。

（5）落果期　记录落果从开始到基本落完的时间。

（6）硬核期　通过对果实的解剖，记录从果核开始硬化（内果皮由白色开始变黄、变硬，口嚼有木渣）到完全硬化的时间。

（7）果实成熟期　全树大部分果实成熟。

（8）新梢生长始期　新梢叶片分离，出现第一个长节。

（9）副梢生长期　一次梢上副梢叶片分离，节间开始伸长。

（10）新梢生长终期　最后一批新梢形成顶芽。

（11）落叶期　观察标准同苹果。

3. 葡萄物候期的观察项目和标准

（1）伤流期　春季萌芽前树液开始流动时，枝条新剪口流出液体呈水滴状时为准。

（2）萌芽期　芽外鳞片开始分开，鳞片下茸毛层破裂，露出带红色或绿色的嫩叶时为准。

（3）花序出现期　随结果新梢生长，露出花序。

（4）开花期　花冠呈灯罩状脱落为开花。全树有1~2个花序内有数朵花花冠脱落为初花期，全树有50%的花花冠脱落为盛花期，全树有95%以上的花花冠脱落为终花期。

（5）新梢开始成熟期　新梢（一次梢）基部四节以下的表皮变为黄褐色。

（6）果实成熟期　全树有少数果粒开始呈现出品种成熟固有的特征时为开始成熟期，每穗有90%的果粒呈现品种固有特征时为完全成熟期。

（7）落叶期　秋末全树有5%的叶片正常脱落为落叶始期，95%以上的叶片脱落为落叶终期。

四、实训提示

1）选择当地主要栽培树种中的一个树种或品种观察，挂牌标记，明确观察项目、记录和内容。

2）列表记录物候期开始的时间，要定期、定时观察。

3）学生以2~3人为小组进行观察、记录和整理。

五、实训作业

观察完所有项目后，根据记录结果写出实训报告。

果树育苗

果树苗木是发展果树生产的重要组成部分之一。良种壮苗是果树早产、丰产、优质的前提。苗木质量的好坏、品种的优劣，不仅直接影响其栽植后的成活、生长发育、产量和品质，也将影响果园的经济效益。因此，必须掌握好育苗技术，提高苗木质量，切实做到经济有效地繁殖苗木。

任务1　育苗基础知识

【知识目标】

了解和掌握果树的育苗方式、苗木的类型、苗圃地的选择与规划等知识。

【能力目标】

能结合生产实际，搞好苗圃建立及育苗方式确定工作，生产出不同类型的优质苗木。

【基本知识】

一、育苗方式

根据育苗设施的不同，果树育苗包括露地育苗、保护地育苗、容器育苗、弥雾育苗、试管育苗等方式。

1. 露地育苗

育苗的整个过程或大部分育苗过程都在露地进行的育苗方式称为露地育苗。露地育苗是广泛应用的常规育苗方式。露地育苗通常设立苗圃培育苗木，也可采用坐地育苗，即在园地直接育苗建园。

（1）圃地育苗　圃地育苗是指将繁殖材料置于苗床中，培育成果苗。对于短期性自用苗木的生产，可在果园附近选择合适地块，建立临时性苗圃培育苗木。对于长期性商业苗木生产，应建立专业化的大型苗圃培育苗木。

（2）坐地育苗　坐地育苗是将繁殖材料置于园地的定植穴内，长成果树，将育苗工作置于果园建立之中。

2. 保护地育苗

利用保护设施，在人工控制的环境条件下培育苗木的方式叫保护地育苗。常用的保护设施包括以下几种：

（1）底热装置　在苗床表土下15～25 cm处设置热源以增加地温，主要用于葡萄扦插催根，包括酿热物（如马粪）加温、火炕加温和地热（电热线）加温。

（2）地膜覆盖　将塑料薄膜直接覆盖在苗床上，保持土壤温度和水分。用深色薄膜不仅可以提高土壤温度，还可以防止杂草丛生。

（3）塑料拱棚　塑料拱棚是以塑料薄膜为覆盖材料的不加温、单跨拱屋面结构温室。利用塑料拱棚育苗，一般气温可以维持在25 ℃左右，配合铺设地膜，可提高地温。

（4）日光温室　日光温室是节能日光温室的简称，又称暖棚，是我国北方地区独有的一种温室类型。日光温室是一种在室内不加热的温室，即使在最寒冷的季节，也只依靠太阳光来维持室内一定的温度水平，以满足苗木生长的需要。

（5）地下式棚窖　苗床低于地表15～20 cm，接近地面处搭棚架，覆盖席片、苇箔等遮阴材料，降低地温，保持湿度。

（6）荫棚　荫棚是用来遮阴，从而防止强烈阳光直射和降低温度的一种措施。荫棚除棚架外，还需苇帘盖于其上。故设置荫棚时，要备有相当数量的苇帘。荫棚是为果树生长提供遮阳的栽培设施。其中一种是搭在露地苗床上方的遮阳设施，高度约为2m，支柱和横挡均用镀锌铁管搭建而成，支柱固定于地面。这种荫棚也可在温室内使用。使用时，根据植物的不同需要，覆盖不同透光率的遮阳网。另一种是搭建在温室上方的室外遮阳设施，对温室内部进行遮阳、降温。荫棚在夏季与秋季强光、高温季节，进行遮阳栽培；在早春和晚秋霜冻季节对植物起到一定的保护作用，使植物免受霜冻的危害。

3. 容器育苗

利用各种容器装入营养土进行播种或移植育苗的方法称容器育苗。苗木随根际土团栽种，起苗和栽种过程中根系受损伤少，成活率高、缓苗期短、发棵快、生长旺盛，对不耐移栽的果苗尤为适用。

容器有两种类型，一类具外壁，另一类无外壁。具外壁容器，内盛培养基质，如各种育苗钵、育苗盘、育苗箱等，以育苗钵应用更普遍。按制钵材料的不同，此种容器又可分为土钵、陶钵和草钵及近年应用较多的泥炭钵、纸钵、塑料钵和塑料袋等。此外，合成树脂及岩棉等也可用作容器材料。另一类无外壁，将腐熟厩肥或泥炭加园土，并且混合少量化学肥料压制成钵状或块状，供育苗移栽用。容器大小的选择根据树木的种类和所需苗龄的长短而定。果树苗钵的直径一般为5～10 cm，高8～20 cm。

营养土又叫培养基、培养土、混合土，它是经过选择和人工配制而成的，装在容器内，为苗木生长发育提供各种营养和水分，是容器育苗的主要组成部分。营养土的材料有沙子、圃地表土、泥炭土、水藓泥炭、堆肥、蛭石、珍珠岩、草皮土、黄心土、火烧土、森林腐殖质土、树皮粉、稻壳灰、未经耕种山地土、塘泥等。

4. 弥雾育苗

弥雾育苗是指带有喷头的双长悬臂在水的反作用力下，绕中心轴旋转喷雾，不搭荫棚，不覆盖塑料薄膜，在露地环境中进行扦插育苗的一种方法。

5. 试管育苗

科学工作者发现，植物细胞有全能性，即植物体内所有细胞，都能发育成一个完整植株，这一发现为试管育苗奠定了生物学基础。试管育苗又称植物组织培养法，即在人工控制下，用试管在室内培育各种植物苗。其培养过程与生产食用菌制菌种基本相似，工艺并不复杂。试管育苗不受季节、气候限制，不占用地，可立体生产，规模可大可小，经济效益十分显著，是一项值得普及推广的生物工程新技术。

以上各种育苗方式可以单独应用，也可以几种结合起来应用。例如，在保护设施中早春提前育小苗或催根，条件适宜后移植于露地；露地育苗结合地膜覆盖，前期加盖小拱棚，早春育砧木苗，使嫁接时间提前，当年可以培育成优质的嫁接苗；日光温室结合容器培育的葡萄苗，春季出圃后，定值于日光温室中，翌年春季即可获得高产量。

二、苗木的类型

果树苗木包括实生苗、自根苗、嫁接苗和组培苗。各种果树的育苗技术不尽相同，繁殖方法主要有两大类：

一是有性繁殖，也叫种子繁殖。利用种子繁殖的苗木称为播种苗或实生苗。实生苗繁殖简单，繁殖系数高，根系发达，对环境适应力强，生长迅速，寿命长，产量高，但变异性大。实生苗多用作嫁接苗的砧木。有的树种难用无性繁殖的，如椰子、番木瓜等可用实生苗作为果苗。为了培育新品种，常播种杂交种子，以获得杂种实生苗，作为选育新品种的材料。

二是无性繁殖，即以果树营养器官为繁殖材料培育果苗，所以又称营养繁殖，包括自根苗的培育、嫁接苗的培育和组培苗的培育。

1. 自根苗

利用果树营养器官（干、枝、根和芽等）的再生能力，用扦插、压条、分株等方法获得的果树苗木称为自根苗。自根苗大多是指从母株上分离下来的一部分营养器官，用不同的繁殖方法培育成的新的植株，其共同特点是性状变异小，能够保持母株的优良性状和特性，进入结果期较早。采用自根苗进行繁殖果树一般繁殖系数较高。绝大多数的果树都可采用自根苗进行繁殖。

2. 嫁接苗

将优良品种植株的枝或芽接到另一植株的枝干或根上，使之愈合成一个独立的新植株，这个过程称为嫁接，这样得到的苗木称为嫁接苗。用作嫁接的枝或芽称为接穗或接芽。承受接穗的部分称砧木。

嫁接苗的主要特点是：嫁接繁殖的接穗是取自阶段性成熟、性状已稳定的优良品种的植株器官，因而可使砧木的优良性状或特性得以发挥，从而增强了该种果树的某些抗逆性和适应性；嫁接苗比实生苗进入结果年龄早；可利用砧木的适应性和抗逆性，增强和扩大果树对环境条件的适应范围；可用砧木的特性控制树体大小；对于无核果树品种和采用扦插、压条、分株不易繁殖的果树品种都可以采用嫁接繁殖来大量繁殖苗木。目前，嫁接繁殖苗木是果树生产普遍采用的较广泛推广的苗木繁殖方法。

3. 组培苗

组培苗是根据植物细胞具有全能性的理论，利用植物体离体的器官（如根、茎、叶、茎尖、花、果实等）、组织（如形成层、表皮、皮层、髓部细胞、胚乳等）或细胞（如大孢子、小孢子、体细胞等）及原生质体，在无菌和适宜的人工培养基及光照、温度等人工条件下，诱导出愈伤组织、不定芽、不定根，最后形成的完整植株。

三、苗圃地的选择与规划

1. 苗圃地的选择

（1）位置　苗圃地应设在供用果树生产的中心，可以减少苗木运输费用和运输途中的损失，而且有利于苗木适应当地气候条件，栽植成活率高，生长良好。苗圃地还应靠近水源，交通方便，附近没有工厂放出大量煤烟、毒气和废水，并且注意远离有检疫性病虫害和病虫滋生的场所。大风口、灰尘多的公路边、易受人畜践踏、易受水淹的地段均不适合作为苗圃。

（2）地势　应选地面平坦、整齐开阔、背风向阳、排水良好、地下水位低的地带。一般以2°~5°的缓坡地较好。坡度大则应先修筑梯田后再建苗圃。平地需开深沟，以便排水和降低地下水。低洼谷地，一般常受冷空气聚积的影响，易发生冻害，并且受洪水的冲刷，所以不宜作为苗圃。

（3）土壤　以土层深厚、疏松肥沃、有机质丰富的沙壤土为宜。土质黏重、透气排水不良的土壤，不利于幼苗根系发育。土质过沙，保水保肥力差。土壤含盐量高，会使苗木受害。新开荒地有机质缺乏，土壤微生物少，苗木生长不良，不宜作为苗圃，改良后才可利用。

不同果树种类，对土壤酸碱度要求不同，应根据树种特点来选择土壤。一般苹果、梨、板栗、柑橘和枇杷以中性或微酸性土壤为宜。葡萄、枣则较耐碱性。此外，有线虫病或根癌肿病菌的土壤，要进行消毒，否则不能使用。

2. 苗圃地的规划

苗圃地按照其作用不同分成生产用地和非生产用地。生产用地是指直接用来生产果树苗木的圃地，包括母本园和繁殖区；非生产用地包括楼道、房屋、排灌系统、防风林等辅助性用地。

（1）生产用地　苗圃的生产用地因苗圃的种类不同而有差异，通常包括母本园区和繁殖园区。

母本园区包括砧木母本园和良种母木园。砧木母本园提供实生果苗种子和砧木繁殖材料。良种母本园提供优良品种的接穗或插条。为了保证繁殖材料的质量，砧木母本园应该选择地势平坦、土质疏松、肥沃深厚、背风向阳、无危险病虫害并有良好的排灌条件的地段。无病毒苗木的培育要求砧木母本园和良种母本园与周边生产性果园有一定的隔离。

（2）非生产用地　一般非生产用地占苗圃总面积的15%~20%。

1）道路。圃地道路要结合苗圃划区进行设置。干路为苗圃中心与外部的主要通道，宽约6m。支路可结合大区划分进行设置，大区分成若干小区，各小区设支路相连。

2）排灌系统。排灌系统应结合地形及道路统一规划设置，做到旱了能灌、涝了能排，始终能保证苗圃的正常水分供应。目前，我国常见的是地面渠道引水灌溉，今后本着节约用水的目的，应该逐步发展喷灌和滴灌。排水系统则正好相反，保证雨后能及时排除积水。

任务2　实生苗生产

【知识目标】

了解实生苗生产的种子采集、干燥、储藏及种子质量检验知识；掌握种子层积、播种及播后管理技术。

【能力目标】

能进行实生苗生产各个环节的正确技术操作。

【基本知识】

一、种子的采集、干燥和储藏

种子采集的要求是品种纯正、无病虫害、充分成熟、籽粒饱满、无混杂。大多数果树的种子从果实中取出后，需适当干燥，这样储藏时才不会发霉。通常将种子薄摊于阴凉通风处晾干，不宜曝晒。在储藏过程中，影响种子生理活动的主要条件是种子含水量、温度和通气状况。实践证明，多数果树种子储藏的安全含水量和其充分风干的含水量大致相同，如海棠果、杜梨等种子的含水量为13%～16%，李、杏、毛桃等种子含水量高达20%～24%，而板栗、银杏、柑橘、龙眼、荔枝等种子则需保持在30%～40%甚至40%以上。实生苗种子的储藏温应以0～8 ℃为宜。大量储藏种子时，还需注意堆内的通气状况，通气不良会加剧种子的无氧呼吸，积累大量的二氧化碳，使种子中毒受害。特别在温度、湿度较高的情况下更要注意通气。此外，板栗、甜樱桃、银杏和大多数常绿果树的种子，如柑橘、龙眼、荔枝、枇杷、黄皮、树菠萝、杧果、油梨等，在采收后必须立即播种或用湿沙储藏，才能保持种子的生活力，否则干燥后即丧失生活力或发芽率低。

二、种子质量的检验、层积与播种处理

1. 种子质量的检验

鉴定种子生活力对了解果树种子质量和确定播种量必不可少。下面介绍几种常用的鉴定果树种子生活力的方法：

（1）直观法　一般具有良好生活力的种子，其种皮有光泽，种仁饱满，大小均匀，千粒重大；种胚和子叶均为白色，不透明，有弹性，用手指按压不易破碎，无霉味。

（2）染色法　染色法是指根据死细胞的细胞膜失去半透性、原生质易着色的原理，进行染色观察。染色前先将种子放在清水中浸泡10～24 h使种皮软化，然后剥去种皮，浸入0.1%～0.2%靛蓝胭脂红水溶液（或5%的红墨水）中染色2～4 h，随即将染色的种子取出，用清水冲洗干净，除去浮色，观察结果。凡具有生活力的种子，种胚不被染色；完全着

色或种胚着色的种子，则表明其已失去生活力。

（3）剥胚法　用水将种子浸泡 10～24 h，剥去种皮，放入铺有吸水纸的玻璃皿中，将玻璃皿置于 20～25 ℃温箱中存放 6～10 h，凡不腐烂、各部分表现增长伸开者为有活力的种子。

（4）种子发芽实验　种子发芽实验是较科学、准确的方法，但需建立在沙藏或催芽处理的基础上。取已进行沙藏或催芽处理的种子（小粒种子 100 粒，大粒种子 50 粒），逐一放入垫有吸水纸的小盘或培养皿中，不宜堆积、叠放，上敷湿纱布，置于 25 ℃温箱内保湿 5 天左右。或者将种子置于盛有湿沙的花盆中，放于 25 ℃左右的环境下，每天观察其萌发情况，统计发芽数，等全部种子发芽结束后计算发芽率。发芽率＝(发芽种子数/供试种子数)×100%。

（5）炒种子　数出一定数目的种子，放入铁锅或铁板上爆炒，因新鲜饱满的种子胚发育完好，遇热膨胀，将种皮撑破，而发出“啪、啪”之声。因此，凡是能爆响的种子即为有活力种子，爆响越快，声音越响，活力就越强；虽能爆响，但声音弱小者为无活力种子。在因条件、时间等关系来不及做发芽实验和染色处理的情况下，可用此法粗略鉴定种子的生活力。

（6）生化法　凡具有生活力种子的种胚，在其呼吸过程中，都有氧化还原反应；而失去生活力的种胚，则没有这种反应。根据这一原理，当将 TTC（氯化三苯基四氮唑）渗入到种胚的活细胞内时，其中的脱氢辅酶上的氢原子使无色的 TTC 变成红色的 TTF（三苯基甲酯）。因此，种胚呈现红色的，即为具有生活力的种子；而未染色的，则为失去生活力的种子。应用 TTC 测定种子生活力是目前国际上承认的一种准确可靠的测定方法。首先取一定数量的种子，将待测种子在 30 ℃的温水中浸种，以增强种胚的呼吸强度，促使显色迅速。然后纵向切开胚的营养组织，打开胚腔，用0.5%～1%的 TTC 溶液放在30 ℃下染色，将染色的种子洗净后观察。凡是胚全部被染色的即为有活力的种子，统计活种子数，计算活种子率。

2. 种子层积与播种处理

（1）种子的层积处理　大部分落叶果树的种子采后处于休眠状态，要经过一段时间的低温、湿润处理才能发芽，这种处理称为种子的层积处理（表 2-1）。

表 2-1　主要果树砧木种子层积天数

种　类	层积天数/天	种　类	层积天数/天
新疆野苹果	70～90	海棠果	60～80
八棱海棠	40～50	山定子	40～45
中国李	80～120	山葡萄	90～120
枣、酸枣	60～90	扁桃（巴旦杏）	40～60
杜梨	60～80	秋子梨	40～60
毛桃、山桃	80～100	核桃、山核桃	60～80
杏、山杏	100	阿尔泰山楂	100

各地春播需层积的砧木种子，开始层积的时间，应根据果树种子完成后熟所需的天数和当地春季适宜的播种期来决定。层积的方法：冬季不太冷的地区，可进行露地沟藏或堆藏；

严寒地区，可用容器或堆放在窖内层积。露地沟藏，要选择地势较高、排水良好的背风处。沟深60～80 cm，沟的大小依种子数量而定。沟挖好后先用清洁湿润河沙铺底，厚约5 cm，然后放一层种子一层河沙，如此堆放多层。也可不分层，而将种子与湿沙混合均匀后放入，放到离地面10 cm时，用河沙覆盖成屋脊形，四周挖好排水沟，防止雨水浸入。一般落叶果树种子层积处理时种子和沙的用量比为1∶5～1∶6。层积应用洁净河沙，除去有机质和土块，以防霉烂种子。河沙的湿度以手握成团而无水滴出，放开后又能散成小块状为宜（图2-1）。沙藏时应控制温度，调剂湿度，以防种子霉烂、过干或发芽。春季种子发芽露白时及时播种。沙藏温度为2～7 ℃，时间30～300天，具体因果树种类不同而不同。

图2-1 湿沙水分检测

（2）药剂处理 无论春播还是秋播，种子都需拌药处理以防鸟、鼠及地下害虫的危害。播时用50%辛硫磷250 g，与25 kg的细土拌成毒土，播种时撒于播种沟内，既杀虫又起到保护种子的作用。

三、播种与播种后管理

1. 播种前的苗床准备

苗圃地应在秋季与冬季掘苗后捡除植物残体，平整土地，深翻熟化。耕翻不宜过深，以控制主根生长过强，促使侧根生长。播种前施足基肥，耕耘耙平，打垄筑畦。对于缺铁土壤，每亩[㊀]土壤应撒施硫酸亚铁约10 kg，可防治黄化病，并且能兼治幼苗立枯病和猝倒病。温室营养袋育苗要准备好营养土，配制营养土前，土、肥均需过筛，按4∶1的比例配制，混合均匀后装袋。土壤要求富含熟化的有机质，绝对禁用盐碱土和生土；肥料宜用腐熟的农家肥，绝对不可使用未经腐熟过的粪尿肥。营养袋可用塑料或牛皮纸制成，高12～16 cm，口径5～8 cm。

2. 播种

（1）播种时期 根据当地的土壤、气候条件和种子特性决定采用春播或秋播。气候温暖的南方地区，春播、秋播均可。秋播一般在土壤结冻前，即10月下旬至11月中旬进行，秋播的种子在田间通过后熟，翌春出苗较早，生长期较长，生长快而健壮。气候比较冷的北方地区，多采用春播，春播的种子需要经过层积处理，也可以结合温室育苗进行，时间为2月中旬前后。

（2）播种量 单位面积的用种量称为播种量。通常以“kg/hm^2”表示。播种量的大小

㊀ 1亩≈666.7 m^2。

取决于每公顷土地可容纳的基本苗数。因此，播种量与种子的大小、纯度和发芽率直接相关，也与移栽迟早有关。例如，发芽率低或移苗早，则需播种量大。一般仁果类果树每亩土壤容纳基本苗 10000～12000 株，其用种粒数应为苗数的 3～4 倍。若种子小、发芽率低，还可多到 5～6 倍。而大粒种子、发芽率高，则可少到 1.5 倍。主要果树砧木种子每千克粒数及播种量见表 2-2。

表 2-2　主要果树砧木种子每千克粒数及播种量

种　　类	每千克种子粒数	播种量/(kg/hm^2)	种　　类	每千克种子粒数	播种量/(kg/hm^2)
海棠果	50000	15	八棱海棠	30000	22.5
新疆野苹果	30000	22.5	酸枣	4000	75
杜梨	45000	15	阿尔泰山楂	20000	30
毛桃	300	750	核桃	100	1500
山杏	80	300	扁桃（巴旦杏）	500	750

（3）播种方法　播种方法有撒播、条播和点播三种。撒播适用于小粒种子，有省工、苗木产量高的优点。但是，苗木出土后稀密不一致，管理不便，生长不均。条播是按一定行距开沟播种，大小种子均可适用，但仍有种子、苗木在播种沟内密集和不均匀的缺点。为了克服这个缺点，可采用宽幅条播，幅宽 10～20 cm，既能提高单位面积产苗量，又有利于提高苗木质量。点播多用于大粒种子或温室营养袋育苗，点播苗木分布均匀，生长快，苗木质量好。

播种密度和深度应根据不同树种特性、种子质量和大小及环境条件等来考虑。播种必须计算出苗数量、幼苗所需的营养面积，以及移栽前所生长时间的长短。播种深度应根据种子大小和出土难易而定。一般覆土厚度达种子直径的 2～4 倍。气候干燥、土壤疏松，播种可稍深；土壤潮湿、黏重，播种可稍浅。

播种后畦面最好用塑料薄膜或稻草等保湿材料覆盖，减少水分蒸发，防止土壤板结，以利于出苗。

3. 播种后管理

（1）出苗期管理　出苗期管理的目的在于使种子萌发整齐，幼苗生长健壮。因此，要特别注意灌水和覆盖，使土壤保持一定的湿度，切忌漫灌，防止土壤板结，妨碍出苗。幼苗出土以后，及时除去覆盖，以免幼苗黄化。当幼苗长出 2～3 片真叶时，应进行间苗，做到早间苗，分期间苗，适时定苗。间苗时除去劣、弱、过密和有病虫害的苗。间出的健壮苗，应另行栽植，以节约种子，提高出苗率。栽植后注意遮阴，浇水养护，以保证幼苗成活。间苗后要注意灌水、勤施薄肥，使幼苗生长健壮。

（2）适时移栽　除热带地区外，枳等生长缓慢的砧木苗，播种当年一般达不到嫁接标准，需经移植再培育一年。移植的目的，还在于切断主根，促发侧根，使根系发育良好。同时，经过移植扩大了苗木营养面积，有利于苗木生长，也便于嫁接时操作。移植是在春季萌芽或秋季枝梢停止生长后进行的。

（3）移栽苗的管理　移植后及时灌定根水，保持土壤湿度，以利成活。5～10 天后查苗补缺（秋季移栽的落叶果树翌春发芽），苗木恢复生长后应中耕除草和勤施肥水，特别是苗木旺盛生长期，必须做到土壤疏松，肥水充足，保证根系生长和枝梢伸长的需要。苗木达到

一定高度，要及时摘心，以利加粗生长。秋季要适当控制肥水，促进枝梢成熟，充实健壮。此外，除草、病虫防治等要及时进行。

任务3 自根苗生产技术

【知识目标】

掌握自根苗繁殖的原理、扦插方法；了解影响自根苗生根的因素及促进生根的方法等知识。

【能力目标】

能进行自根苗生产各个环节的正确技术操作。

【基本知识】

一、自根苗的繁殖原理及影响生根的因素

1. 自根苗的繁殖原理

（1）不定根的形成　采用扦插、压条等营养繁殖方式获得的自根苗能否成活的关键在于能否形成新的根系。一般情况下，扦插等营养繁殖都先形成根的原始体（又称根原基），然后才长出不定根。所以，根原始体是不定根的前身。

（2）不定芽的形成　有些插枝不易生根，如枣树等，应用插根（埋根）育苗，往往较易获得成功。其关键是种根能否生长出不定芽。若长出不定芽，再由它萌发形成枝条，便形成独立、完整的个体。很多植物在未离体时，根上容易生出不定芽，特别是当根受伤时更易形成不定芽。

（3）极性现象　植物体或其离体部分的两端具有不同生理特性的现象称为极性。树木的干与根交接点为树木的中心。一般来说，树木总是由其中心向地上生长树干与枝，向地下延伸主根与侧根。离体器官中，离中心近的部位称为近端；而离中心远的部位称为远端。例如，枝干上端为远端，而下端为近端；而根的近干端为近端，根梢部为远端。切离母体的枝干总是远端发芽、近端生根；而根则总是远端生根，近端生芽。这就是树木生长极性的表现。在扦穗过程中，插穗无论正插还是倒插，通常都保留原来的生长极性，即近端生根，远端生长枝、叶；而插根时则近端生芽，远端生根，极性不会改变。因此，我们在进行营养繁殖苗培育中，应注意植物体的极性特点，无论是进行枝插还是根插，均不宜将极性颠倒，以免增加生根或发芽的难度，影响育苗成活率。

2. 影响生根的因素

影响果树插条生根的因素主要有内在因素和外部条件2个方面。

（1）内在因素　影响自根苗生根的内在因素包括树种与品种、母树和枝条的年龄、枝

条的部位与生长发育情况等。

1）树种与品种。不同树种，其插条生根的难易程度有很大差别。而插条生根的难易又与树种本身的遗传特性有关。葡萄、石榴、无花果等，枝条易产生不定根，扦插枝条易成活；苹果、梨、枣、山楂、海棠等根上产生不定芽的能力强，根插易成活。

2）母树和枝条的年龄。一般，实生苗比嫁接苗的再生能力强。取自幼龄母树的枝条，比取自老龄母树的枝条较易生根成活。多年生枝条，生根成活率低。另外，从较老树冠上采集的枝条，由于阶段发育年龄较老，所以，即使枝条本身的年龄较小，其生根能力也比较差；但在同一母株上以采取根部萌蘖枝条为好，原因是根茎部分经常保持着阶段发育上的年幼状态，绝大多数树种用一年生枝扦插发根容易，二年生次之，少数树种用多年生枝条进行扦插，有些树种，完全木质化的枝条再生能力强，但大多数树种则是半木质化的嫩枝再生能力强。一、二年生枝条的新陈代谢旺盛，其枝条内积累的营养物质和生理活动所需物质远较多年生的枝条丰富，故用来作为扦条扦插时容易生根。随着年龄的增长，植株内积累了某些抑制生根的物质并起阻碍的作用，据报道，这类抑制物质多属于酚类化合物。

3）枝条的部位及生长发育状况。当母树年龄相同、阶段发育状况相同时，发育充实、养分积储较多的枝条发根容易。一般树木主轴上的枝条发育最好，形成层组织较充实，发根容易；反之虽能生根，但长势差。

4）扦条上的芽、叶对成活的影响。无论是硬枝扦插还是嫩枝扦插，凡是插条带芽和叶片，其扦插成活率都比不带芽或叶的插条的生根成活率高。但留叶过多，也不利于生根。因叶片多，蒸腾失水大，插条易干枯死亡。插条长短因树种和扦插条件与方法的不同而有差异，温室扦插，插条长短对其生根率影响不明显。插条基部下剪口位置必须靠节处，这样有利于上部叶片和芽所制造的生根物质流入基部，刺激下剪口末端的隐芽，使其进一步活化，有利于末端的愈合和生根。斜插比直插生根率高。

5）插条内源激素的种类和含量。据近代许多研究证明，营养物质虽然是保证插条生根的重要物质基础，但更为重要的是某些生长调节物质，特别是各种激素间的比例。近 30 年来的研究发现，在一般情况下，当细胞分裂素与生长素比较高时，有利于诱导芽的形成；当两者的摩尔浓度大致相等时，愈伤组织生长而不分化；当生长素的浓度相对大于细胞分裂素时，便有促进生根的趋势。20 世纪 70 年代末期的一些试验表明，激素和辅助因子的相互作用是控制生根的因子，所以我们必须综合、全面地分析插条生根的因素。

（2）外部条件　影响自根苗生根的外部条件包括插床土壤、温度、水分和空气相对湿度等。

1）插床土壤。为提高插条生根成活率，插条土壤必须疏松、通气、清洁、温度适中、酸碱度适宜。在生产上还常采用石英砂、蛭石、水苔、泥炭、火烧土等作为插床基质，以创造一个通气保水性能好、排水通畅、含病虫少和兼有一定肥力的环境条件。

2）温度。温度对插条的生根有很大影响。一般生根的适宜温度是 30 ℃左右。但不同树种插条生根要求的温度不一样。扦插后盖薄膜并遮阴，以保证温度在 25 ~ 35 ℃。

3）土壤水分和空气相对湿度。插条一旦离开母株扦插以后，水分的供应主要依赖于切口处吸收，而蒸腾失水量往往超过吸水量，形成扦插初期的主要矛盾。因此，扦插后必需注意保护管理，如遮阴喷水，以保持床面湿润，维持插条水分的动态平衡。若长期水分不足，必然降低生根成活率，乃至使插条枯萎死亡。但土壤中水分过多，又易造成插条基部切口变

黑，甚至切口腐烂，不利于插条生根。实践证明，插条在形成愈伤组织阶段，需较高的相对湿度，当相对湿度高达80% ~90%，叶片上充满水气，使叶片维持新鲜状态，利于插条生根。插条生根适宜的土壤含水量，以不低于田间最大持水量的50% ~60%、插床内空气的相对湿度高达80% ~85%为宜。

4）光照。日光对插条的生根是十分必要的，但直射光线往往造成土壤干燥和插条灼伤，而散射光线则是进行同化作用最好的条件。所以，适当遮阴，对于硬枝插或嫩枝插都是有利的。

5）通气。土壤中的通气状况，对插条生根有重要作用，但在插床的土壤中维持通气和保存水分常是一对矛盾，如何调整好这对矛盾，是扦插生根成活的关键。一般自扦插后至插条切口基部形成愈伤组织时期，土壤宜紧实。当插条进入大量发根阶段，土壤则宜疏松透气，在插条发根后期，宜进行翻床或轻微的松土，以增加土壤的透气性，但松土时以不松动插条为原则。

综上所述，影响插条生根成活的因素有内在因素和外部条件，其中内在因素起主导作用，而外部条件的改变则可以直接影响内在因素的变化，两者相互作用综合影响插条生根成活。因此，在采取促进插条生根的措施前，任何简单化的分析都可能会违背客观规律，造成不良后果。

二、促进生根的方法

对一些生根能力弱的苗木品种，必须经过一定的处理才能获得较高的生根率和较好的根系。

1. 机械处理

（1）剥皮　一般来说，枝条木栓组织较发达的果树品种较难生根，扦插前要先将表皮木栓层剥去，增强插穗吸水能力，从而促进发根。

（2）纵刻伤　用刀在插穗基部刻2 ~3 cm长的伤口至韧皮部，可在纵伤口间形成排列整齐的不定根。

（3）环状剥皮　剪穗前15 ~20天在母株上准备用作插穗的枝条基部环剥一圈皮层（宽3 ~5 cm），这样有利于促发不定根。

2. 营养基质配制

扦插前要选易透气、有营养、无病菌、无害虫的材料和基质作为苗床，如锯末、细河沙、蛭石、珍珠岩等。苗床应湿润而不积水。

3. 激素处理

将插条蘸生根粉或浸入生根液中。生根粉由生长剂与滑石粉或黏土配成。生根液是按生长剂的种类和苗木种类确定的适宜浓度的溶液。植物的生长调节剂主要有萘乙酸、吲哚丁酸、吲哚乙酸（IAA）、ABT生根粉等。处理前将插条基部纵向刻伤，效果更好。

4. 适时采用优质插条

品种不同，插条生根的难易程度不同。易生根的有葡萄、无花果等；不太易生根的有梨、石榴等；难生根的有巴旦杏、核桃、阿月浑子等。同一品种、枝条随着树龄的增长，生根能力会下降。秋冬季节，枝条充实，生根力比休眠期后的春季强。

5. 控制小气候

小气候主要是指扦插圃的光、气、温、湿等。光线以稍暗为主，要适当增加氧气，以利于插条的生命活动，温度控制在23～25 ℃，空气相对湿度以70%～80%为宜。

6. 加温处理

一般苗木在10～12 ℃气温下开始萌芽，扦插生根则以18～25 ℃土温最有利。早春扦插常因土温低而生根困难，可以人为提高插条下端生长部位的温度，同时喷水、通风、降低扦插苗上端芽所处环境温度。

7. 其他药剂处理

用0.1%～0.5%高锰酸钾溶液，浸泡插条基部数小时，有明显促进生根效果。另外，用1mg/kg的维生素B_{12}溶液，一般浸渍10～24 h，也有较好的促进生根效果。

三、扦插繁殖

扦插繁殖是利用优良母株上生长健壮的营养器官进行扦插后长成新的植株的繁殖方法。常用的扦插繁殖方法有硬枝扦插法和绿枝扦插法。采用扦插繁殖的苗木称为扦插苗。扦插可在露地进行，也可在保护地进行，也可两者结合进行。扦插繁殖方法简单容易且成本低，是低成本发展果树生长的途径之一。扦插苗既可直接用作种植果苗，又可供嫁接繁殖育苗。

1. 硬枝扦插

利用生长充实的一、二年生枝条进行扦插繁殖叫硬枝扦插。硬枝扦插在休眠期进行，以春季为主，是生产中常用的一种方法，如葡萄、石榴、无花果等。

（1）插条的采集与储藏　落叶果树的插条一般结合冬剪进行。在晚秋或初冬采后储藏在湿沙中，也可在春季萌芽前，随采随插。葡萄需在伤流前采集。采集时，枝条要求充实，芽饱满，无病虫害。储藏时，将枝条剪成50～100根捆成一捆，标明品种、采集日期，储藏温度以1～5 ℃为宜，湿度10%。

（2）扦插时间　一般以15～20 cm土层温度达到10 ℃以上时为宜，北方地区大约在4月中下旬。催根处理在露地扦插20～25天进行。

（3）插条处理　冬藏后的枝条用清水浸泡6～24 h后，剪成20 cm左右、有1～4个芽的插条。节间长的树种如葡萄，多用单芽或双芽插条。坐地育苗建园的葡萄和枣可剪成50 cm长。由于枣树一年生枝生根较难，枣树插穗基部必须有10 cm长的二年生枝。插条上端剪口在芽上距芽尖0.5～1 cm处剪平，下端在芽下0.5～1 cm处剪成马耳形斜面。剪口要平滑，以利于愈合。扦插前可进行催根处理。

（4）整地做畦　根据地势选择作成高畦或平畦，畦宽1 m，扦插2～3行，株距15 cm。若土壤黏重、湿度大，可以起垄扦插，行距60 cm，株距10～15 cm。

（5）扦插方式　扦插方式有直插和斜插。单芽插穗为直插，长插穗为斜插。扦插时，开沟放插条或直接将插条插入土中，顶端侧芽向上，填土压实，上芽外露，灌足水，水下渗后再覆一层薄细土，芽萌发时扒开覆土；也可覆盖黑地膜，将顶芽露在膜上。

2. 绿枝扦插

绿枝扦插又叫嫩枝扦插，是利用当年生半木质化的新梢在生长期进行扦插繁殖。山楂、枣等发根难的树种，绿枝扦插效果很好；葡萄、无花果、石榴等树种均可进行绿枝扦插繁殖。

（1）扦插时间　绿枝扦插宜在生长季进行，过早不易成活，晚了影响新梢成熟。原则上要保证插活后当年形成一段成熟的枝。因此，时间尽量要早，大约在7月中旬前。

（2）插条的采集与处理　一般在早晨插条水分充足。枝条采集后剪成5～20 cm的枝段，上剪口平剪，距离芽眼1.5～2 cm；下剪口斜剪，距离芽眼3.5 cm以上，保留新梢上部1～3片叶，并且减去1/2叶面积。

（3）扦插方式　插条采用直插。绿枝扦插基质可采用锯末、蛭石、细河沙等，并且采用搭设荫棚或弥雾育苗。

3. 扦插苗的管理

扦插苗发芽前要保持一定的温度和湿度，防止土壤板结。成活后一般只保留1个新梢，其余及时抹去。新梢长到一定高度进行摘心，使其充实。绿枝扦插苗扦插后要注意光照控制，尤其是空气湿度的控制，通过浇水或喷水使空气湿度达到饱和，以防止叶片萎蔫。温度过高时要及时喷水降温并及时排除多余水分。插条生根后逐渐增加光照，促进新梢成熟。

四、压条繁殖

压条繁殖是将母株上的枝条压于土中或生根材料中，使其不定根产生后与母株分离而长成新的植株的繁殖方法。采用压条繁殖的苗木称为压条苗。扦插不易生根的果树常用此方法，如苹果和梨的矮化砧木苗、石榴等。压条有地面压条和空中压条，地面压条分直立压条、水平压条和曲枝压条。采用压条繁殖成活率高，并且可保持母株优良的性状，技术操作易于掌握，但其缺点是易造成母株衰弱。

1. 直立压条

直立压条（图2-2），又称培土压条。萌芽前，将母株枝条距地面15 cm左右（矮化砧2 cm）处短截促发分枝，进行第1次培土，待新梢长到20 cm时，进行第2次培土，至高25～30 cm、宽40 cm，踏实。培土前先灌好水，培土后保持湿润，一般20天后开始生根。入冬前或翌春扒开土堆分离新生植株。苹果和李的矮化砧、李、石榴、无花果、樱桃等果树均可采用直立压条法进行繁殖。

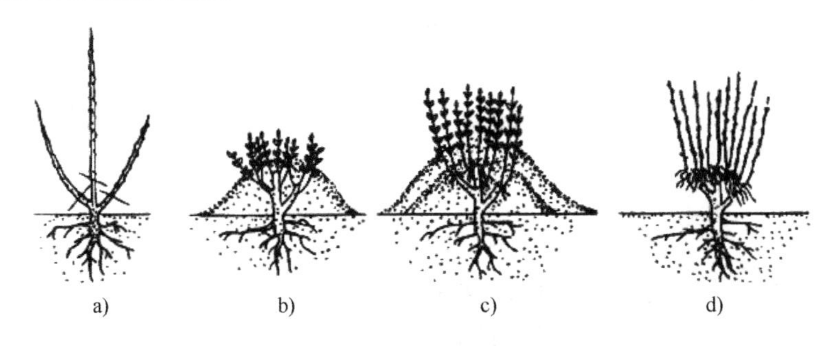

图2-2　直立压条

a）短截促萌　b）第一次培土　c）第二次培土　d）去土可见到根系

2. 水平压条

水平压条（图2-3），又称开沟压条，主要在萌芽前进行，有的树种，如葡萄可在生长期进行绿枝水平压条。选取母株靠近地面的枝条，顺着生长的方向压入地面，并挖2～5 cm深的沟，将压下的枝条放入沟内，覆盖少量松土，埋没枝梢，芽萌发后可再覆盖薄土，促进枝条黄化。新梢长到15～20 cm、基部半木质化时再培土10 cm左右。年末将基部生根的小苗自水平枝上剪下即成压条苗。

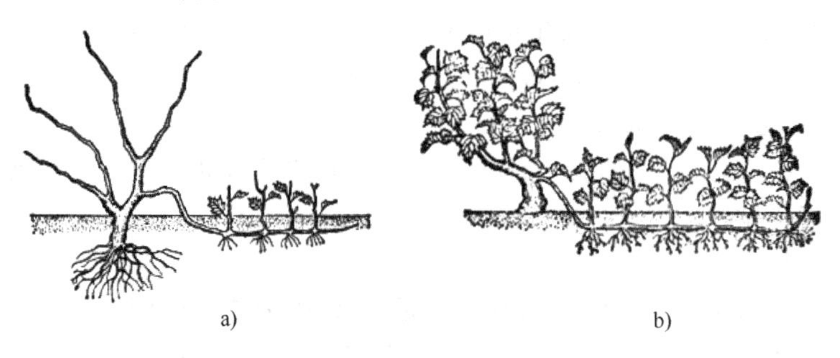

a)　　b)

图2-3　水平压条

a）一年生枝水平压条　b）绿枝水平压条

3. 曲枝压条

曲枝压条（图2-4）多在春季萌芽前进行，也可在生长季节新梢半木质化时进行。选择靠近地面的一年生枝条，在其附近挖坑。坑与植株的远近，以枝条的中下部能弯曲在坑内适宜。坑的深度为15～20 cm。将枝条弯曲向下，靠在坑底，用枝叉固定，并且在弯曲处进行环剥。在枝条弯曲部分压土填平，将枝条上部露在外面。在压土部位夏季即可生根，秋季与母株分离，即成新植株。

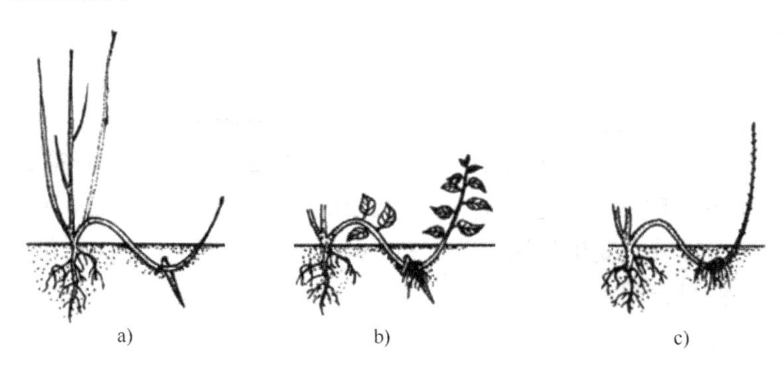

a)　　b)　　c)

图2-4　曲枝压条

a）萌芽前刻伤与曲枝　b）压入部位生根　c）分株

4. 空中压条

空中压条（图2-5）又称高压法。树体较高、枝条不易弯曲至地面的树种，可用空中压条。空中压条在整个生长季节都可进行，而以春季和雨季较好。将选好的1～3年生枝条，先刻伤表皮，刻伤部位以下，用塑料布围成圆筒，并且紧扎于枝上，筒内放入湿润肥沃的土壤，作为生根基质，浇水后将塑料筒上部也扎紧。注意经常保持生根基质湿润，待生根后即可与母株分离，继续培养成苗。

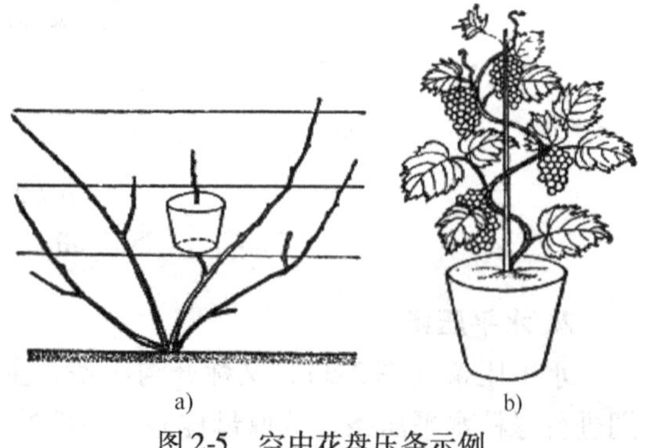

a)　　b)

图2-5　空中花盘压条示例

a）空中花盘压条　b）压条苗剪离母株

空中压条成活率高，技术易掌握，但繁殖系数低，对母株损伤大。空中压条常用来培育盆栽果树，如葡萄等。

五、分株繁殖

分株繁殖是指利用母株的根蘖、匍匐茎、吸芽等营养器官在自然状况下生根后，分离母体，培育成新植株的无性繁殖方法。分株繁殖的苗木叫分株苗。

1. 根蘖繁殖方法

根蘖繁殖方法用于易发生根蘖的果树，如枣树等。采用此方法时，应先将根蘖苗的根系培育旺盛、粗壮，待生长后再从母株分离，否则因根蘖苗依赖母株体内养分，在自身根系少而不完整的情况下，一旦从母株分离并定植，往往会因根系吸收养分和水分的不足而引起地上枝叶萎蔫枯死，影响成活率。

2. 匍匐茎繁殖法

草莓的匍匐茎，在偶数节上发生叶簇和芽，下部生根接地扎入土中，长成幼苗，夏末秋初将幼苗与母株切断挖出，即可栽植。

3. 新茎、根状茎分株法

草莓浆果采收后，当地上部有新叶抽出、地下部有新根生长时，整株挖出，将一、二年生的根状茎、新茎及新茎分枝逐个分离成为单株，即可定植。

任务4 无病毒苗木生产

【知识目标】

掌握培育无病毒苗木的意义及无病毒母株的培育、原种的培育和保存等知识。

【能力目标】

在特定的岗位上，能正确进行无病毒苗木的培育操作。

【基本知识】

一、培育无病毒苗木的意义

无病毒苗木栽培的优越性主要表现在以下几方面：

1）无病毒苗木生长健壮，整齐一致，根系发达，叶片肥厚。利用组织培养脱毒繁育果树苗木，能显著提高苗木的质量。在相同管理条件下，无病毒苗木的高度较带病毒苗木增加28.26%～30%，干径粗度增加10%～12.8%。

2）无病毒树生长势强，结果早，稳产高产。无病毒树一般增产16.9%～60%，还无大小年结果现象，并且树势强、生长旺，树体重量增加36%，干周生长量增加26%～34%，骨干枝坚实，结果枝分布均匀。

3）果实大，光洁度好。无病毒树上的果实的果径超过60 mm的，比带毒树多29.4%～53.1%；果面光洁度提高13%～26%。

4）施肥量少，抗逆性强。无病毒树比带毒树的需肥量一般少40%～60%，耐粗放管理，很适应在瘠薄土壤中栽培。

二、无病毒苗木的培育

无病毒苗木是指经过脱毒处理和病毒检测，证明确已不带指定病毒的苗木。因为迄今尚不能应用化学药剂方法进行有效控制和预防，所以，建立无病毒苗木繁育体系、健全无病毒检疫检验制度、培育无病毒原种、防止果苗带毒和人为传播是防治和克服果树病毒病危害的根本措施。

1. 建立无病毒苗木繁育体系

无病毒苗木有两个来源：①国内外引进无病毒繁殖材料（砧木或接穗），经过检测确认不带病毒后，可作为无病毒原种妥善保存和繁殖利用；②生产中选择优良品种母株，进行脱毒处理和严格病毒检测后，将确认不带病毒的单系作为无病毒原种，供繁殖和利用。此外，国际上正在探寻利用弱病毒株系防治病毒病。

无病毒苗木繁殖体系是指经过国家或省（市、自治区）及主管部门审查核准并责成有关单位完成不同层次、不同环节繁殖任务，成为统一技术要求、共同完成无病毒苗木繁殖的整体。

无病毒苗木繁殖体系主要包括：无病毒原种培育、引进、保存和病毒检测，无病毒品种采穗圃，无病毒砧木种子园，无病毒无性系砧木母本园和无病毒苗木繁殖圃等部分。

2. 无病毒原种的培育和保存

（1）脱毒　将带有病毒的繁殖材料，经过一定处理，清除某些指定病毒后，进行繁殖培养成健康植株。

1）热处理脱毒。热处理脱毒可延缓病毒扩散速度并抑制病毒增殖，使果树生长速度超过病毒的扩散速度，达到正在生长的果树组织不含病毒的目的，再将不含病毒的组织取下，培养成无病毒个体。

2）茎尖组培脱毒。果树茎尖生长点大多不带病毒或病毒浓度很低，一般为茎尖的0.1～0.3mm，可切下来用组织培养方法培养成完整的无病毒植株。

3）热处理与组织培养相结合脱毒。

4）茎尖嫁接脱毒。用微小茎尖作接穗，嫁接于组培无毒苗幼嫩砧木上，培养成无病毒苗木并扩大繁殖。

（2）病毒检测　每批脱毒苗育成后或引进的无毒苗均应进行潜隐性病毒检测。对各级母本圃（采穗园）也应定期检测。检测潜隐性病毒应利用对特定病毒反应敏感的指示植物，实行田间检测或温室检测。

（3）无病毒原种保存　经过脱毒和病毒检测的品种和砧木，可作为无病毒原种保存在原培育单位。保存形式有田间原种圃和组培保存。

3. 无病毒母本园、采穗园的建立

（1）实生砧木种子园　砧木母本树必须是从无病毒母株上采集种子，经过自采自育培

育成的母本树，不能嫁接任何品种。

（2）无性系砧木压条圃　母本树必须来源于原种保存圃并经检测确认不带有指定病毒的自根苗。

（3）无病毒品种采穗圃　其母本树由无病毒原种圃提供，并且记载品种、株系、砧木、树龄、原母株系、引进单位和时间、脱毒和检测的单位和时间，并且绘制分布图。每5年进行一次抽样病毒检测。母本树登记一次有效期为12年。

任务5　嫁接苗生产

【知识目标】

掌握嫁接苗繁殖的原理，砧木和接穗的选择，芽接、枝接的方法、操作规程，以及嫁接苗的管理技术。

【能力目标】

能正确进行芽接、枝接多种方法的实际操作，并且能做到数量及质量上达标。

【基本知识】

一、嫁接愈合的过程及影响嫁接成活的因素

1. 嫁接愈合的过程

嫁接时，砧木和接穗削面的表面，由于愈伤激素的作用，使伤口周围的细胞生长和分裂，形成层细胞也加强活动，形成了愈伤组织，砧木和接穗愈伤组织的薄壁细胞相互连接。愈伤组织细胞进一步分化，将砧木与接穗的形成层连接起来，逐渐分化，向内形成新的木质部，向外形成新的韧皮部，将两者木质部的导管与韧皮部的筛管沟通，这样输导组织才真正连通。愈伤组织外部的细胞分化成新的栓皮细胞，与两者栓皮细胞相连。这时两者才真正愈合成为一株新植株。

2. 影响嫁接成活的因素

（1）砧木和接穗的亲和力　亲和力是指砧木和接穗嫁接后在内部组织结构、生理和遗传特性方面差异程度的大小。差异越大，亲和力越弱，嫁接成活的可能性越小。亲和力的强弱与植物亲缘关系的远近有关。一般亲缘越近，亲和力越强。同品种或同种间的亲和力最强，嫁接最容易成活。例如，板栗嫁接板栗，毛桃嫁接桃，秋子梨嫁接南果梨。

（2）砧木与接穗的质量　由于形成愈伤组织需要一定的养分，所以凡是接穗与砧木储藏较多养分的，一般容易成活。在生长期间，砧木与接穗两者木质化程度越高，在同一温、湿度条件下嫁接越容易成活。因此，嫁接时宜选用生长充实的枝条作为接穗，在一个接穗上也宜选用充实部位的芽或枝段进行嫁接。

（3）环境条件　嫁接成败和气温、土温、湿度、光照、空气等条件有关。各种果树形成愈伤组织的最适温度有所不同，这与其萌发、生长所需的温度高低有关。一般以 20 ~ 25 ℃ 为宜，温度过高或过低，愈合均会缓慢，甚至引起细胞的损伤或愈伤组织死亡。空气湿度对愈伤组织的形成有影响，在愈伤组织表面保持一层水膜（饱和湿度），对愈伤组织的形成有促进作用。因此，用塑料薄膜包扎绑缚，可以达到保湿的目的。但如果接口包扎不紧，接口湿度不够，或者过早除去包扎物，都会影响愈伤组织的成活。愈伤组织的形成是通过细胞的分裂和生长来完成的，在这个过程中也需要氧气，尤其对某些需氧较多的树种。例如，葡萄硬枝嫁接时，接口宜稀疏地加以绑缚，不需要涂接蜡。此外，强光直射能抑制愈伤组织的产生，黑暗则有促进作用。在黑暗条件下，接穗削面上生出的愈伤组织成乳白色，比较柔嫩，砧木和接穗的接面易愈合；在强光下形成的愈伤组织少而硬，呈浅绿色，不易愈合。因此，在接穗从离开母株到嫁接这段时间里，要保持接穗的无光保管。同时在嫁接包扎时，也需注意嫁接口的无光条件。在嫁接时应避开光照不良的天气时段，如阴雨天、雾天等，因为嫁接完成后需要较强的光照，保证接穗上的叶片的光合作用正常进行，生产同化物质，可以促进接穗萌发。强光会使接穗水分蒸发快，嫁接部位覆盖材料温度上升快，接穗易凋萎，一般在遮光条件下嫁接，成活率较高。嫁接后下雨对成活不利，阴雨天常会造成愈伤组织滋生霉菌或因长期阴雨天气不见阳光而影响嫁接成活。嫁接时遇到大风，易使砧木和接穗创伤面水分过度散失，影响愈合，降低成活率。当新梢长到 30 cm 左右时，要贴近砧木立 1 ~ 1.5m 高的支柱，将新梢绑在支柱上，防止大风吹折新梢。

（4）嫁接技术　嫁接技术的优劣直接影响接口切削的平滑程度和嫁接速度。如果削面不平滑，隔膜形成较厚，突破不易，影响愈合。即使愈合，发芽也晚，生长也衰弱。嫁接速度快而熟练，可避免削面风干或氧化变色，嫁接成活率高。

为提高嫁接成活率，要掌握好快、平、齐、紧四点。所谓快，即操作要快；平，即接穗、砧木削面要平滑；齐，即砧木和接穗的形成层要对齐；紧，即接口绑扎要紧。

二、砧木及接穗的选择

植物生长健壮，营养器官发育充实，体内储藏的营养物质多，嫁接就容易成功。所以砧木要选择生长健壮、发育良好的植株。

苹果苗砧木的分类技术分为两类：一类是实生繁殖的砧木；另一类是无性繁殖的自根苗，或者称无性系砧木。根据利用方式不同，把连同根系用作砧木的，称基砧；只用一段条嵌在基砧与接穗之间的称中间砧。能够使接穗长成 5 m 左右高大树冠的砧木称乔化砧；使树冠长得比乔化砧树冠小 1/3 的砧木称半矮化砧；使树冠长得仅为乔化砧树冠 1/2 的称矮化砧。对不良环境条件或某些病虫害具有良好适应能力或抵抗能力的砧木，称抗性砧木。

选择砧木应考虑以下条件：① 与接穗有良好的亲和力，而且是永久亲和；② 依据生产目标和立地条件，对接穗的生长和结果有良好的影响；③ 对栽培地区的气候、土壤环境条件适应性强；④ 综合抗逆性强，抗病虫力强；⑤ 繁殖材料丰富，易于繁殖；⑥ 具特殊性状需要，如乔化或矮化等。

接穗应根据品种区域化的要求，选择适于当地的品种。接穗一般应从母本园或品种园母株上采取。母株应是经过选择、鉴定，品种纯正，生长健壮，丰产稳产，无病虫的成年果树植株；选取树冠外围中上部生长充实、芽体饱满的当年生或一年生发育枝，细弱枝、徒长枝

不能用作接穗。若接穗来源缺乏，可在经过鉴定的性状稳定的良种幼树上采接穗，但要兼顾母株的生长。接穗的含水量也会影响嫁接的成功。如果接穗含水量过少，形成层就会停止活动，甚至死亡。一般接穗含水量应在50%左右。所以，接穗在运输和储藏期间，不要过干或过湿。嫁接后也要注意保湿，如低接时要培土堆，高接时要绑缚保湿物，以防水分蒸发。春季嫁接用的接穗，最好结合冬季修剪采集，最迟要在萌芽前1～2周采取。采后每100枝捆成一捆，标明品种，用湿沙储藏，防止失水而丧失生活力；也有用石蜡液快速蘸封接穗的，对防止水分散失有很好的效果。

三、嫁接方法的分类

按照接穗利用情况分为芽接和枝接。按嫁接部位分，以根段为砧木的嫁接方法叫根接；在植株根颈部位嫁接的方法叫根颈接；在枝条侧面斜切和插入接穗嫁接的方法叫腹接；利用原植株的树体骨架，在树冠部位换接其他品种的嫁接方法叫高接；利用一段枝或根，两端同时接在树体上，或者将萌蘖接在树体上的方法叫桥接。按嫁接的场所分，在圃地进行的嫁接叫圃接或地接；将砧木掘起，在室内或其他场所进行的嫁接叫掘接。

1. 芽接法

芽接法包括“T”形芽接、嵌芽接、套芽接、方形贴皮芽接。

（1）“T”形芽接（图2-6） “T”形芽接又叫盾片芽接。从当年生新梢上取饱满芽的芽片（通常不带木质部）作为接穗，在砧木上距地5 cm左右处的光滑部位开“T”形切口，长、宽略大于芽片。芽片长1.5～2.5 cm。取芽时要连芽内侧的维管束（芽眼肉）一同取下，将砧木切口皮层撬起，把芽片放入切口内，使芽片上部切口与砧木横切口密接，然后用塑料条绑严扎紧。

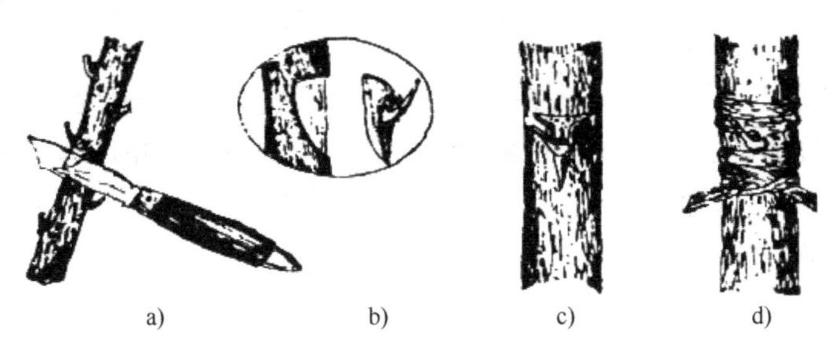

图2-6 “T”形芽接

a）削取芽片 b）取下芽片 c）插入芽片 d）绑缚

（2）嵌芽接（图2-7） 嵌芽接又称带木质部芽接或贴芽接。削取接芽时倒拿接穗，先在芽上方0.8～1 cm处向下斜削一刀，长1.5 cm左右，然后在芽下方0.5～0.8 cm处斜切（呈30°下斜），深达第一刀切面，取下带木质的芽片。再在砧木的适当部位，切下和接穗芽片形状、大小相同的切口，使接穗正好嵌入切口，让形成层和形成层对齐，如果砧木粗接穗细，接穗的皮层可和砧木的一边皮层靠对，然后用塑料条绑紧绑严。

（3）套芽接（图2-8） 选取接穗上饱满芽眼做接芽，在芽上、下各1～1.5 cm处环切一周，深达木质部，用拇指和食指捏紧芽褥部分，左右扭动，待皮层滑动后，再将砧木在离地面10 cm左右处切断，双手撕开约1.5 cm长的皮层，然后从接穗枝上取下管状芽套，套合于砧木上，使两者紧密接合，再将撕开的皮层向上扶起，围绕住芽套下部即可，可不绑缚或轻绑。注意在套接时选择的接穗与砧木的粗度应相等，使接芽套与砧木紧密吻合。另外，砧木也可不截头，只是芽套取时为开口的管状。

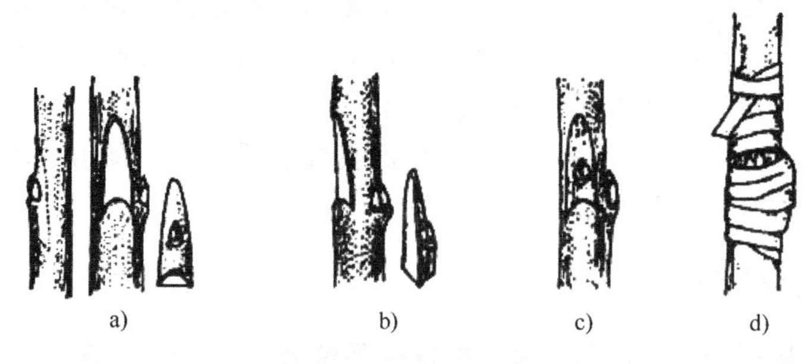

图 2-7　嵌芽接

a）削接芽　b）削砧木接口　c）插入接芽　d）绑缚

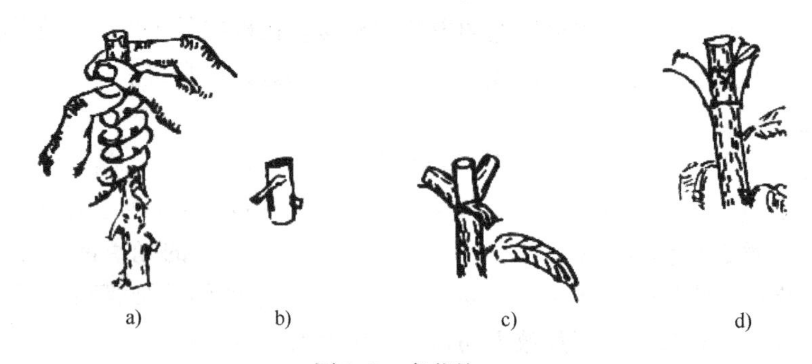

图 2-8　套芽接

a）扭接芽　b）接芽套　c）砧木剥离皮层　d）套上芽套

（4）方形贴皮芽接（图 2-9）　先在砧木上切一方块，将树皮挑起，再按回原处，以防切口干燥；然后在接穗上取下与砧木方块大小相同的方形芽片，并且迅速镶入砧木切口，使芽片切口与砧木切口密接，然后绑紧即可。要求芽片长度不小于 4 cm，宽度 2 ~ 3 cm，芽内维管束（芽眼肉）保持完好。

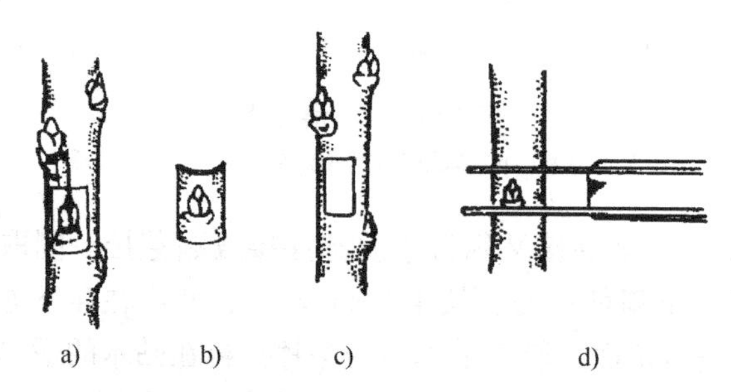

图 2-9　方形贴皮芽接

a）削芽片　b）取下的芽片　c）砧木切口　d）双刃刀取芽片

2. 枝接方法及技术要领

枝接法包括切接、劈接、舌接、插皮接（皮下接）等。

（1）切接（图 2-10）　砧木比接穗粗时可采用切接法。在砧木基部选圆整平滑处剪断，

削平剪口。从砧木横断面处纵切一刀，深度大于3 cm。再把接穗削成长面长2.5～3 cm、短面长1 cm的双削面接穗，削面上部留2～4个芽。然后按长削面向里、短削面向外垂直插入砧木切口，使接穗形成层与砧木形成层正对，最后用塑料布条绑扎。若近砧木基部嫁接，接后可埋土保湿；若在高枝嫁接，可用塑料薄膜包严接口，涂接蜡保湿。

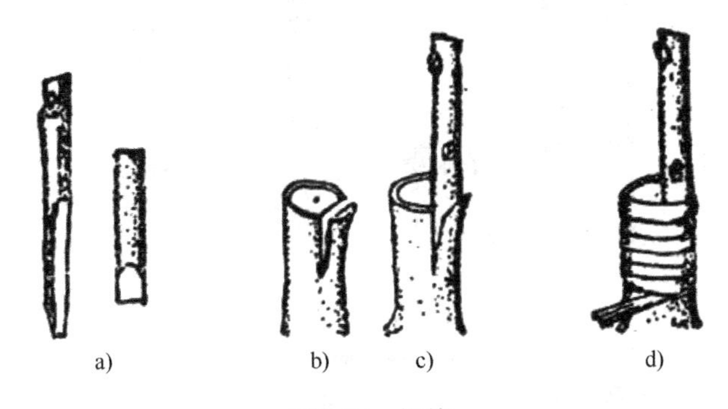

图2-10 切接

a）削接穗 b）切砧木 c）插入接穗 d）绑缚

（2）劈接（图2-11） 砧木较粗时可采用劈接法。将砧木从圆整平滑处锯断或剪断，削平锯口，修平断面。用劈接刀从断面中间劈开，深度大于3 cm。把接穗削成长楔形，两个削面的长度为3 cm左右，削面以上有2～4个芽，然后用木楔把劈开的砧木切口撑开，把削好的接穗对准砧木皮部的形成层插入，使接穗削面上部露白1 cm，抽出木楔，砧木把接穗夹紧。如果砧木较粗，可同时插入2～4个接穗，接后绑缚包扎。如果近地嫁接，接后可埋土保湿；如果高枝劈接，应包严所有切口，涂接蜡保湿。

（3）舌接（图2-12） 砧木和接穗粗度相近时可用舌接法。砧木和接穗均削成长3 cm的马耳形削面，然后在削面先端1/3处下刀，平行切入削面，深1 cm左右，然后将砧木削面与接穗削面相对，两切面的切口套合，使两者的形成层对准。接穗细时，只要一边对齐就行。对好后用塑料布条或其他绑缚物包扎。

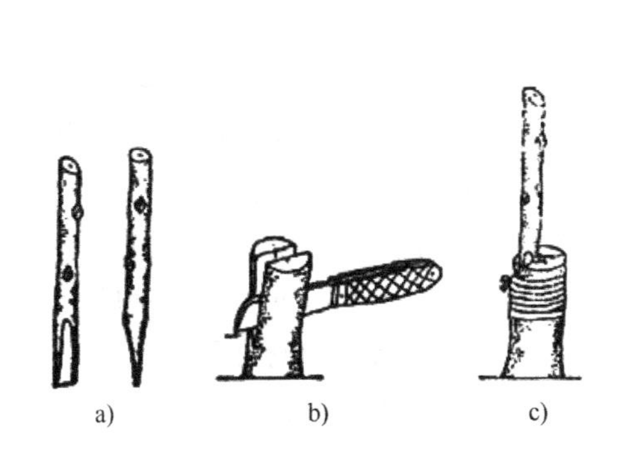

图2-11 劈接法

a）削接穗 b）削砧木 c）接合与绑扎

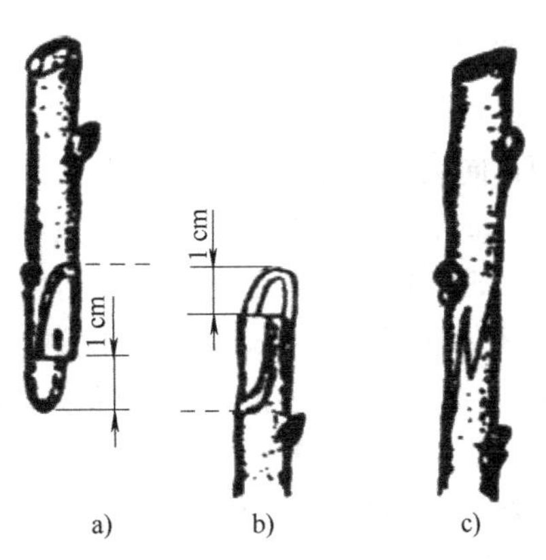

图2-12 舌接

a）接穗 b）砧木 c）接合状

（4）插皮接（皮下接）（图2-13） 插皮接是把削好的接穗插入砧木切口皮下，使其愈合并长成一个新植株的方法。选生长健壮、芽体饱满的一年生枝作接穗，用时可根据情况截取2~4个饱满芽。接穗削成切面长2~2.5 cm的马耳形，削面要求平滑。再将砧木于适当位置剪断，选光滑的一侧纵切皮层，切口长2.5~3 cm，将皮向两边撬，然后将削好的接穗插入砧木皮内，用塑料条绑严绑紧。

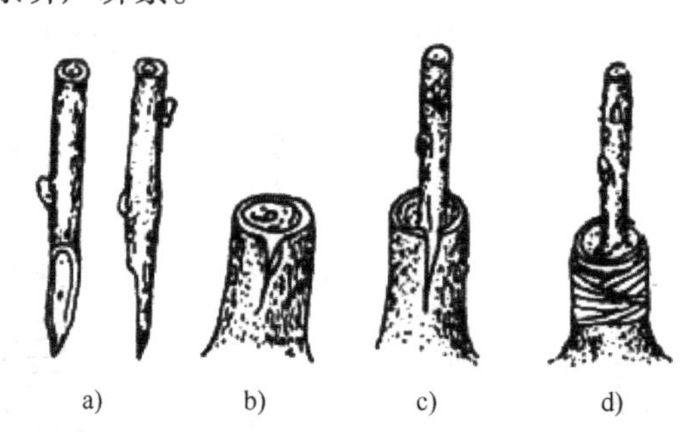

图2-13 插皮接
a）削接穗 b）砧木开口 c）插接穗 d）绑缚和埋土

四、嫁接苗的管理

1. 检查成活

大多数果树嫁接后15天左右即可检查是否成活，春季温度低则时间长些。生长期芽接的，一般可从接芽和叶柄状态来检查，凡接芽新鲜，叶柄一触即落的为已成活。枝接的3天后就可检查，凡接枝新鲜，芽眼开始萌动，证明已经成活。休眠期枝接、芽接后，枝、芽新鲜，愈合良好，芽已萌动即为成活。

2. 解缚、补接

在检查时发现绑缚过紧者应及时松绑或解除绑缚，以免影响加粗和绑缚物陷入皮层，使接芽受损伤。接口的包扎物不能去除太早，芽接的一般在3周以后陆续进行解绑。枝接的大约50天左右解除绑缚物。在检查中发现不活时，可抓紧时间补接；秋接后来不及补接的可于翌年春季补接。

3. 剪砧、除萌

剪砧可分一次进行和二次进行。一次剪砧是春季萌芽前，在接芽上部0.2~0.3 cm处剪断，剪口向接芽背面稍微倾斜，有利于剪口愈合和接芽萌发生长。二次剪砧是第一次在接口以上20 cm左右处剪去砧木上部（核桃应在接口以上30 cm左右有小枝处剪断，以防干枯）。保留的活桩可作新梢扶缚之用，待新梢木质化后，再行第二次剪砧，剪去此活桩。苹果、桃等为使接芽迅速萌发生长，可改用折砧处理，即在接合部上方2~3 cm处，接芽的上方，将砧木刻伤，折倒在接芽的背面，待接穗新梢木质化后，再全部剪除。剪砧后，从砧木基部容易发出大量萌蘖，需及时多次除去，以免和接芽争夺养分、水分。枝接苗萌发后，选留一个健壮的新梢，其余从基部除去，并且及时抹去砧芽。

4. 摘心

有些果苗，如桃等苗木长到足够高时要及时摘心，使苗木生长充实。摘心部位宜在节间已充分伸长而尚未木质化处，一般摘去嫩梢10 cm左右。

5. 加强肥、水管理和防治病虫害

嫁接苗生长前期要加强肥、水管理，不断中耕除草，使土壤疏松通气，促进苗木生长。

为使苗木生长充实，一般在7月底之后控制肥水，防止后期旺长，降低抗寒性。同时注意防治病虫害，保证苗木正常生长。

6. 埋土防寒

新嫁接的果树苗因伤口初愈、抗逆性较弱，冬季易受冻害，故在寒冷地区于结冻前培土，应培至接芽以上6~10 cm，以防冻害。春季解冻后应及时扒开，以免影响接芽的萌发。

任务6 苗木出圃

【知识目标】

了解苗木出圃的准备、检疫与消毒、包装与储藏等知识；掌握苗木挖掘的时期和方法。

【能力目标】

能正确进行苗木出圃各项工作的操作管理。

【基本知识】

一、出圃准备

苗木出圃前的主要工作包括：

1）对圃内苗木进行调查或抽查，核对苗木种类、品种和各级苗木的数量。

2）要根据供货和需货情况，做好起苗的用工准备和保管工作。

3）应获得植保部门的检疫证明。

4）与用苗单位及运输单位密切联系，以保证及时装运、转运等，缩短运输时间，提高苗木质量。

5）应考虑天气情况是否会对起苗及运输工作造成影响。

二、苗木挖掘

1. 起苗时期

起苗时期依据树种及地区不同而异。落叶果树的起苗，原则上在苗木休眠期进行，即秋季落叶或春季萌芽前起苗。

（1）秋季起苗　利用苗圃秋耕作业结合起苗，一般在早霜前后进行，有利于土壤改良、消灭病虫害及减轻春季作业的繁忙。生长季节短的地区，苗木的成熟较差，应适当提早挖苗，成熟良好的苗木可以在第一次霜降后挖苗。桃、梨等苗木停长较早，可先挖；苹果、葡萄等苗木停长晚，可迟挖；急需栽种或远运的苗木也可以先挖，就地栽种或明春栽植的可后挖。秋季起苗可避免苗木冬季在田间受冻及鼠害危害。

（2）春季起苗　各类果树苗木均适于在春季芽萌动前起苗移栽，芽萌动后起苗则影响苗木的栽植成活率。因此，春季起苗要早，最好随起随栽。

2. 起苗方法

挖前应对苗木挂牌，标明品种、砧木类型、来源、苗龄等。土壤若干燥，应充分灌水，以免起苗时损伤过多须根。起苗分带土与不带土挖取两种方法。对于北方落叶果树，休眠期挖苗不带土对成活影响不大。

3. 起苗时注意事项

1）起苗时必须特别注意不伤苗木根系，保证苗木有一定长度和较多的根系。

2）不要在大风天起苗，否则失水过多，降低成活率。

3）在起苗前 2 ~ 3 天灌水，使土壤湿润，以减少起苗时根系的损伤，保证起苗质量。

4）为提高成活率，应随起随运随栽，当天不能出圃的要进行假植或覆盖。

三、检疫与消毒

苗木在包装和运输之前必须经过检疫和消毒，检疫时应严格按照植物检疫的有关规定，防止病虫害的传播。北方地区列入国家对内检疫对象的病虫害的有苹果小吉丁虫、苹果绵蚜、葡萄根瘤蚜、苹果黑星病、苹果锈果病等。

除了带有“检疫对象”的苗木必须消毒外，有条件的，最好对出圃的苗木都进行消毒，以便控制其他病虫害的传播。苗木消毒可采用 3 ~ 5°Bé 石硫合剂喷洒；也可以利用等量的 100 倍波尔多液或 3 ~ 5°Bé 石硫合剂浸苗 10 ~ 20 min；或者用 0.1% 氯化汞溶液浸苗 20 min；还可以利用氰酸气熏蒸 1 h 左右。

四、包装与储藏

苗木经消毒检疫后，外运者应立即包装。包装时大苗根部可向一侧，小苗则可根对根摆放，并且在根部加充填物（湿锯末或浸湿的碎稻草）以保持根部湿润状态。包裹之后用绳捆紧，把根部包严。每包株数根据苗木大小而定，一般 30 ~ 500 株。包好后挂上标签，注明树种、品种、数量、等级，包装好的苗木即可发运，在途中注意保持水分以防苗木抽干。

苗木不能及时外运和定植时，必须进行短期假植，如果需要第二年冬季处理的，则要进行越冬假植或储藏。短期假植可挖浅沟，将根部埋在沟内即可。若为越冬假植，则应选择地势平坦、避风、不积水处挖沟假植。一般沟深 40 ~ 50 cm，沟宽 80 ~ 100 cm。南北延长开沟，苗向南 45°倾斜放入，一层苗木一层土，培土厚度为露出苗高的 1/3 ~ 1/2。在严寒地区，为了防寒，最好用草类、秸秆等，将苗木的地上部分加以覆盖。在风沙危害较重的地区，可在迎风面设置防风障。假植时详加标记，严防混杂。苗木数量少时，可利用菜窖或地窖储藏。同时还应注意防鼠、兔为害。

【实训 5】 果树砧木种子的采集与储藏

一、实训目标

掌握果树砧木种子的采集技术和储藏方法。

二、材料与用具

材料：当地优良砧木母本树。
用具：采收果实用具、水桶、缸、盆和标签等。

三、实训内容

1. 种子采集

（1）选择优良母本树　选择适应性强、丰产稳产、品质优良的母本树进行采种。

（2）适时采收　生产上常在种子成熟（即形态成熟）时采收。

（3）选择果实　选择果实肥大、果形端正的果实进行采种。

（4）采种方法　从果实中取种的方法应根据果实的特点而定。

对于果肉无利用价值的（如山定子、秋子梨、杜梨、山桃等），果实采收后放入缸里或堆积促果肉软化。果肉软化后揉碎，洗净取出种子。果肉可利用的果实，可以结合加工过程取种，但必须用未经45 ℃以上温度处理的有生命力的种子。注意果实堆积厚度以35 cm左右为宜，并且不断翻动，防止果实发热和缺氧而使种子受害。

2. 种子储藏

（1）洗净阴干　将采集的种子洗净后放在通风处阴干。

（2）精选分级　将阴干的种子进行精选分级，剔除瘪粒、破粒等不符合要求的种子，使其纯度达到95% 以上。

（3）储藏　将砧木种子放在通风、干燥、无鼠害的地方储藏。

（4）标记　储藏时按种类、品种分别装入布袋，系好标签，防止混杂。

四、实训作业

种子采集与储藏应注意的事项有哪些？

【实训6】种子的层积处理

一、实训目标

掌握种子层积处理的方法。

二、材料与用具

材料：砧木种子，干净河沙。
用具：挖土工具、水桶、喷雾器、层积处理容器（木箱或花盆）、标签等。

三、实训内容

取干净河沙，河沙的用量为种子体积的3～5倍（小粒种子）或5～10倍（大粒种子）。将种子倒入水桶，加水，搅拌，捞去漂浮在水面上的瘪种子和杂质。将下沉的种子捞出，倒入河沙中，充分混合，装入层积处理容器，在容器表面盖一层湿沙，厚约5 cm，插入标签，注明种子名称、层积日期、种子数量，放于菜窖内。如果种子数量大，在室外背阴干燥处挖沟层积。把混合的湿沙和种子放入沟内，最上面盖一层湿沙，然后覆土，要求高出地面，以利排水。

四、实训提示

1）层积处理适宜温度为 2 ~7 ℃。
2）湿沙的湿度以手握成团但不滴水，一触即散为准。
3）层积期间，应经常检查湿度和温度，防鼠害。
4）要掌握好层积的日期，层积天数达到后，即时检查，以防长成“豆芽”。

五、实训作业

1）描述所观察到的砧木种子的形态特征。
2）为何要进行层积处理?

【实训 7】果树砧木种子播种

一、实训目标

掌握果树播种技术，了解播种前种子处理和播种过程中的关键技术问题和播种后的管理。

二、材料与用具

材料：果树砧木种子（山定子、海棠、杜梨等小粒种子，山桃、山杏、核桃等大粒种子)、细沙等。
用具：搪瓷盘、恒温箱、锹、耙、喷壶、地膜等。

三、实习内容

（一）催芽处理

催芽处理可以使苗木生长整齐一致。生产上有时不经过催芽就播种，这要根据具体情况决定。催芽处理要掌握好温度和湿度。温度低、湿度小，催芽时间延长；温度高、湿度大，种子易发霉腐烂。催芽适宜温度为 25 ~28 ℃，经 1 ~2 天小粒种子即可发芽，大粒种子时间略长一些。

具体方法是将种子与湿沙放在搪瓷盘中，在恒温箱中进行催芽，也可以将种子放在木箱或瓦盆内，将盛有种子的容器放在温室或火炕上，待种子幼根刚突破种皮且未露白时，即可播种。厚壳种子，在催芽前仍未裂开，可先浸水 4 ~5 天，每天换水两次，待其充分吸水后再催芽，也可以把种壳砸开，取出种仁催芽。

（二）播种与管理

1. 整地

配合施肥深翻、耧平、耙细、做畦或起垄，并要浇水，待土壤不发黏时即可播种。

2. 播种

播种时期一般在4月上中旬。小粒种子可采用撒播、条播，大粒种子采用点播。播种深度因种子大小、土壤性质和土壤的干湿情况而异。小粒种子宜浅，大粒种子宜深；黏重土壤宜浅，疏松土壤宜深；湿度大的土壤宜浅，湿度小的土壤宜深。在土壤适宜时，播种深度一般为种子横径的1~3倍。播种后再浇水一次，播后覆地膜效果更好，有利于保持湿度和保证种子发芽出土。

（1）条播　一般小粒种子（如山定子、海棠、山梨等）可进行畦内条播或大垄条播。畦内条播，每畦可播2~4行（采用4行时可用双行带状条播）。畦内小行距离因畦内播种行数而定，畦内边行至少需距畦埂10 cm，以利于嫁接操作。播种时，在整好的畦上开小沟，灌透水，待水渗下后再播种，播后及时覆土。

（2）撒播　小粒种子也可以采用畦内撒播。一般先将畦内土深翻20 cm左右，翻后耧平耙细。若土壤干燥，则先灌透水，在水渗下后，将种子均匀地撒于畦内，然后覆上细土或再盖上一薄层细沙。

（3）点播　一般大粒种子（如桃、杏、核桃等）可按一定株行距进行点播。畦内点播小株行距为15 cm×20 cm；大垄点播的株距一般为20 cm左右，每一穴内可播1~2粒种子。

3. 播后管理

（1）种子播种后，如遇土壤干燥，即会严重影响出苗率或造成育苗失败。一定要保持床面湿润，适时喷水。出苗后要保证幼苗对水分的需求，但到后期，为了加速苗木的木质化程度，则要控制浇水量。

（2）畦内或垄上有覆盖物的，种子出土时，要及时去掉覆盖物，以保证幼苗正常出土。

（3）幼苗出土后要适时中耕除草，保证土壤疏松无杂草，这样有利于幼苗的健壮生长。

（4）当幼苗大部分长出两片真叶时，要及时进行间苗移栽。将过弱的、畸形的或有病的幼苗拔掉。生长正常而又过密的幼苗，可进行移栽。移栽前2~3天要灌透水，以利移苗时根系带土易于成活。移苗后要及时灌水。

（5）在幼苗生长过程中要注意灌水和施肥，发现病虫害要及时防治。

（6）当幼苗长到30 cm左右时，要适时进行摘心，并除去苗干基部5~10 cm处的副梢，以保证嫁接部位光滑。

四、实训作业

1）填写表格。填写播种记录表（表2-3）和育苗管理记录表（表2-4）。

表2-3　播种记录表

播种日期	
播种方法	
播种密度	
播种深度	
出苗日期	
间苗日期	

表 2-4　育苗管理记录表

填表次数	浇水时期	施肥数量	中耕除草	生长情况
第一次				
第二次				
第三次				
第四次				
第五次				

2）播种方法有哪几种？比较这些方法的优缺点。

【实训 8】扦插繁殖

一、实训目标

掌握果树扦插繁殖技术。

二、材料与用具

材料：葡萄、苹果矮化砧及丛状灌木果树。
用具：修枝剪、塑料薄膜、铁锹、肥沃园土、锯末等。

三、实训内容

（一）硬枝扦插

硬枝扦插在春季利用储藏的一年生枝条进行，其具体方法如下：

1. 采集插穗

选择品种纯正、优良，枝蔓生长健壮、圆形，芽饱满，直径 0.7～1.0 cm 的充分成熟的一年生枝作为插穗。北方春季扦插葡萄所用的插条可结合冬季修剪，选择健壮的一年生枝蔓作为插穗，剪截成长约 50 cm 的枝段，每 50 条或 100 条扎成一捆，挂标签注明品种名称及数量，进行沙藏。在储藏期中应定期检查温度及沙子的湿度，使其保持 1～5 ℃的温度和适当湿度，储藏到第二年春季供扦插之用。

2. 剪截插穗

先将枝条放在清水中浸泡一夜，扦插前将葡萄枝条剪成具有 2～4 个芽、长 10～15 cm 的插条。上端在距芽 1～2 cm 处平剪，下端在芽节下 1 cm 处斜剪成马耳形剪口。

3. 催根处理

催根处理的方法有激素处理和温度处理，两方法可以结合一起使用。进行激素处理时，扦插前将插条基部浸 5000 mg/L 吲哚丁酸或萘乙酸的溶液中 2～3 s，或者于 50～100 mg/L 吲哚乙酸或萘乙酸中泡浸 12～24 h，然后取出扦插。进行温度处理时，在北方寒冷地区多用温床进行催根。在温床底部铺上新鲜马粪，马粪上铺一层沙。当床内温度上升到 25～30 ℃时，将准备好的插条成捆立在床上，用湿锯末添满空隙，只露上部芽眼，床外气温要控制在 10 ℃以下，避免发芽，约 20 天即可产生愈伤组织及根原始体，取出扦插。

4. 插床准备及基质配制

露地插床，先施足基肥，将基肥翻入土中后再整平畦面。位于保护地内的插床，其基质以用蛭石（粗 3 ~ 10 mm）的效果最好，也可用珍珠岩与河沙作为基质，或者沙质壤土与河沙按 1 ∶ 2 的比例混合，泥炭土与河沙按 1 ∶ 2 或 1 ∶ 3 的比例混合。营养袋的基质可采用肥泥、椰糠与河沙混合。

5. 扦插

扦插的株行距为 20 cm × 15 cm。插条以斜插为宜（角度约 45°）。扦插深度为插条的 1/2 ~ 1/3。插条用基质压紧，然后灌水，待基质下沉后，顶芽与地面平。插条也可直插入营养袋。

6. 扦插后管理

扦插后要加强管理，适时灌水，保持基质水分；插床用塑料薄膜覆盖，能增温保湿，有利于插条成活；适当遮光（遮光率 40% ）也有利于插条成活。

（二）嫩枝扦插（绿枝扦插）

利用半木质化的新梢，于 6 月中下旬扦插。此方法要求管理细致，否则成苗率低。插穗长 5 ~ 20 cm，上端剪平，下端多为斜切口，留上部叶片。嫩枝扦插成活的关键是保持土壤一定的湿度，一般要求保持田间持水量的 60% ~ 80%。嫩枝扦插一般采用冷床，床内填满河沙，按株行距 5 cm × 10 cm 直插。嫩枝扦插宜在早晨或傍晚，随剪随插。扦插宜浅，一般为插穗长度的 1/3 ~ 1/2。嫩枝扦插时，由于组织幼嫩，加之叶片的蒸腾，插穗不但易失水萎蔫且易腐烂。因此，应严格控制环境条件，可采用塑料薄膜小拱棚育苗方法，并注意遮阴、喷水，采用全光照弥雾扦插效果很好。

四、实训提示

1）在插穗的采集、剪截、扦插过程中要注意保护好芽，防止风干和损坏。

2）扦插的基质要求疏松、通气、保水能力好。

3）扦插时应注意插穗的极性，切勿倒插。

4）插后应踏实，使插穗与土壤密接，严防下端蹬空，并立即灌足水。

5）扦插后要经常浇水或喷水，防止插穗失水死亡。

五、实训作业

提高插穗成活率的关键技术是什么？

【实训 9】 苗木出圃

一、实训目标

掌握起苗、消毒、分级、包装和假植等苗木出圃的技术操作方法。

二、材料与用具

材料：待出圃苗木。

用具：挖苗工具、修枝剪、石硫合剂等消毒剂、绳子等。

三、实训内容

1. 苗木出圃时期和准备

落叶果树在秋季落叶时进行。起苗前，要核对果树苗木种类、品种及合格苗木的数量；做好对出圃苗木的病虫害检疫；联系用苗或售苗单位，保证出圃后及时装运、销售和定植；做好起苗工具、材料及劳动力的准备；苗圃地土壤较干时，应在出圃前几天灌水，以便于挖取苗木。

2. 起苗

果树起苗分带土起苗和裸根（不带土）起苗两种方法。小型苗圃用铁锹起苗，大型苗圃用起苗机起苗。尽量避免伤根和碰伤苗木。苗木如需带土时，起苗后立即用塑料袋包扎牢固。不带土的苗木适当进行根系的修剪，应将根系中挖伤和劈裂的部分剪掉，并将不成熟的枝梢剪掉。落叶果树苗木一般不需要带土起苗。

3. 苗木的分级

根据国家或地方规定的规格分级。不合格的苗木留在苗圃中继续培养。

4. 苗木的检疫和消毒

苗木的检疫和消毒是防止病虫害传播的有效措施。有检疫对象的苗木，禁止出圃外运。苗木包装前要进行药剂消毒，一般用喷洒、浸苗和熏蒸等方法。喷洒多用3～5°Bé石硫合剂。浸苗多用等量式100倍波尔多液或3～5°Bé石硫合剂浸10～20 min，或者用0.1%氯化汞液浸苗20 min，但不论选用哪种方法，消毒后的苗木必须用水冲洗。熏蒸法多用氰酸气，每1000 m^3可用300 g氰酸钾、450 g硫酸和900 mL水，苗木数量少可用熏蒸箱，熏蒸时间为1 h。熏蒸时将门窗关好，将硫酸倒入水中，然后将氰酸钾放入，1 h后将门窗打开，待氰酸气散完后方能入室内取苗。由于氰酸气毒性较大，处理者要注意安全。

5. 苗木的包装

按照每50～100株或25～50株（圃内整形苗）为一捆捆好，标明品种名称、等级、数量及出圃日期。苗木的包装用草绳、草袋、苔藓、锯末等材料好。

6. 假植

秋天挖掘出或外地运入的苗木，如不进行秋季栽植，在封冻前要将苗木假植起来，应选避风、干燥、平坦地方假植。风大的地方，周围要设防风障。先挖一条假植沟，沟的方向一般为南北方向，沟的宽度一般为80～100 cm，深度为40～50 cm，长度因假植苗木数量而定。然后，将苗木按不同品种分别放入假植沟中。苗向南45°倾斜放入，一层苗木一层土，培土厚度为露出苗高的1/3～1/2。在严寒地区，为了防寒，最好用草类、秸秆等，将苗木的地上部分加以覆盖。在风沙危害较重的地区，可在迎风面设置防风障。假植时应详加标记，严防混杂。同时，还应注意防鼠、兔等为害。

四、实训作业

1）起苗前做哪些准备工作？

2）总结本次实训的技术要点和改进措施。

果园的建立

任务1　园地的选择

【知识目标】

能结合当地气候、地理、土壤、地质、水文条件及果树树种、品种本身的特点，因地制宜、适地适树地选择最适宜的果园园址并进行科学分类；熟悉果园应具备的内在及环境条件要求。

【能力目标】

学会果园园址的科学选择方法，具备因地制宜建立各种果园的能力。

【基本知识】

一、果园的类型及果园的选址

1. 果园的类型

在进行果园选址时，首先应该根据所处的地理位置和地形条件及气候、土壤、社会经济条件等基本特征来确定园地类型；再根据拟建果园的类型寻找果树的生态最适宜区和较适宜区来选址，建立相应类型的果园，这样才能充分利用当地的自然资源，发挥其最大经济及社会效益。按所处条件的不同，果园总体上可划分为以下几种类型：

按其所处的地形地质条件的不同可分为平地果园（地势较平坦、稍有倾斜、略微起伏）、丘陵地果园（地势起伏较大、起伏高差200 m以下）、山地果园（地势起伏很大、起伏高差200 m以上）、沙滩地果园（土质疏松、养分易流失）、盐碱地果园（土壤盐碱含量较重）。

按其采用的基础防护措施的不同可分为大田栽培果园（露天栽培，没有防护措施）、设施栽培果园（塑料大棚或温室栽培，有较好的防护措施）、工厂化栽培果园（高标准温室，采用整齐统一的大规模栽培措施）、数字化栽培果园（高标准温室，采用个性化、针对性的栽培措施，可以根据需要精准控制每株果树所需的水、肥、气、热）。

按其产品品质标准的不同可分为普通果园（按照普通果品的标准组织生产）、绿色果园

（按照绿色果品的标准组织生产）。

按其生产目的的不同可分为产果型果园（以生产优质果品为目的）、原料型果园（以生产原料果品为目的）、观光型果园（以生产造型新、奇、特的果树或果品为目的）、采摘休闲型果园（以生产适合参与、体验、采摘、休闲娱乐果园产品为目的）。

以下主要介绍普通产果型果园。

2. 果园的选址

建园是果树栽培的一项重要基础工程。果树是多年生木本植物，具有在同一地点连续长期生长、多年生产的特点，一旦定植以后，往往有十几年、几十年甚至上百年的经济寿命。也就是说，一旦选定建园地址后，果树需在同一立地条件下，生长、结果持续许多年。因此，建园既要考虑果树自身的生长特点及其对环境条件的要求，又要考虑当地的地理、社会、经济条件，适地适栽，还要预测未来的发展趋势和市场前景。选择园址应本着“因地制宜，适地适树，合理布局，设施配套，适当超前，集中连片，规模生产，方便管理”的原则，使果树对环境条件的要求与当地的自然条件相适应，并与市场需求相一致。只有科学选择果园园址，合理安排果园的生产小区、道路、排灌系统、防护林及附属建筑物等，才能为建立一个丰产、优质、低耗、高效的果园奠定良好的重要基础。

园地选择应以大范围的区域规划为依据，在全面调查基本情况，对园地做出综合评价的基础上，考虑树种、品种对环境条件的要求和适应情况，做到适地适栽，选择最适宜的树种、品种，在最适宜的地方建园。同时，搞好树种、品种的区域化，尽量集中连片，以发挥规模优势。

园址选择的主要考察依据有以下五个：

（1）气候条件　气候条件关系到果树所需的水、空气、热、光照、温度等因素。

（2）交通、地理条件　交通、地理条件关系到果园产品的生产组织、销售市场等环节。

（3）土壤理化性状和自然肥力状况　土壤理化性状和自然肥力状况是地上、地下物质交换的基础，是果树正常生长与否的关键。

（4）树种、品种的生物学特性　“种瓜得瓜、种豆得豆”，物种、树种、品种本身的遗传特性决定了整个果园产品的定位。

（5）忌地（连作地）情况　在同一园地的土壤中，前作果树使后作果树生长发育受到抑制的现象，称为连作障碍或忌地现象，此现象常常发生在重茬建园。例如，桃、杏、李等核果类，苹果、梨等仁果类，无花果等多数果树都存在连作障碍。引起连作障碍的原因主要有：病虫滋生严重；线虫和土壤病原物增多；营养元素不平衡、土壤肥力下降，这是由于前茬果树根系选择吸收的结果，往往造成某些果树所需的营养元素缺乏；有害物质的抑制；土壤或前作作物的遗体中积累了对后作作物有害的物质，如老桃树的根皮苷在土壤中水解后生成氰氢酸和苯甲醛，造成对后作幼年桃树的危害。连作障碍一般发生在前后同种果树的情况，有时不同种果树上也会有所表现（表3-1）。

表3-1　前作果树对后作果树的抑制

前　茬	后　茬					
	无花果	桃	梨	苹　果	葡　萄	核　桃
无花果	1	3	2	5	6	8
桃	4	1	8	2	5	7
梨	1	7	3	2	4	6

（续）

前　茬	后　茬					
	无花果	桃	梨	苹　果	葡　萄	核　桃
苹果	7	2	4	1	6	5
葡萄	1	6	7	3	2	5
核桃	6	4	8	3	2	1

注：一共分为8级，生长量最大的为8级，生长量最小的为1级。

重茬建园对新栽果树往往会造成成活率低、生长发育不良、结果少、品质差、产量低、抗性降低等不良影响，所以，在重茬建园栽植前必须进行土壤消毒、换土、连续种植豆科或绿肥作物3～4年后方可进行。为了避免连作障碍，去除前作果树的残根、枯枝落叶、病果，进行轮作，土壤消毒、客土、增施有机肥等是较有效的措施。

平地果园由于地面平坦、地块整齐、土层深厚、土壤肥沃、交通便捷、水利条件及社会经济条件较好、树势健壮，因此，果园经济寿命长，是较理想的果园类型。但平地果园也存在缺点，即枝条易徒长，组织分化程度较差，幼树越冬时易发生抽条死亡等。

山地果园由于地形复杂、温差较大，有利于糖分的积累和花青素的合成，果实色、香、味俱佳；但普遍存在土层簿、土壤肥力差、水土流失严重、灌水困难、交通不便、经济效益低下等缺点。

丘陵地果园兼备平地与山地两种果园的特点，既有平地果园高产稳产的优势，又有山地果园果实色艳味甜的特征，因此也是理想的果园类型。

首先应该统筹考虑我国平地、丘陵及山地资源的特点，充分发挥各自的优势，选择适合的果树树种、品种，使之成为特定类型的果园。生产上一般根据气候，土壤、地势、水源、污染源和社会经济等各方面条件扬长避短并加以综合选择各类园址。通常在土层深厚、土质疏松肥沃、地下水位低（在1.5 m以下）、地势平坦或平缓坡地、背风向阳处最适合建立各类果园。丘陵地区光照充足、通风排水良好、昼夜温差大，也具备生产优质水果得天独厚的条件。我国渤海湾和黄土高原地区具备生产优质水果的各项指标。丘陵山地建园时，一定要做好水土保持工程和防护林营造等工作，栽植时最好进行深翻扩穴、客土换土、地面覆盖等土壤改良工作，以提高山地建园的成活率和生产效益。盐碱地建园时，首先要做好灌水洗盐及种植绿肥等土壤改良工作，其次要选择耐盐碱的砧木和树种，同时要预防缺铁、缺锌、缺锰等缺素症。观光型、采摘休闲型果园是集生产、生态、休闲、旅游、科普教育和经济效益为一体的新型果园类型，具有经济效益高、社会效益明显、生态效益良好的特点，是当前城市郊区、近郊区果树发展的热点及今后果树发展的新趋势。各地要根据观光、休闲果园的规模和地区气候特点等建立多种类型的观光果园，大力发展庭院、阳台、屋顶等果树经济。

只有综合当地的气候特点（包括自然灾害发生频度）、土壤特性、交通、地理位置、地形地势、海拔、坡度坡向与果树发展自身的环境要求、自然植被、经济发展状况，因地制宜，适地适树，才能选择出理想的园址，才能使果园发挥最大的效益。

二、果园环境标准

无公害果品是目前我国果树生产的基本要求，即果品应是果面洁净、果形端正、色泽光亮，不含或少含有毒有害物质（含量在安全标准之下）的果品。其核心内容是果品生产、储运过程中，通过严密监测、控制，防止农药残留、放射性物质、重金属、有害细菌等对果品生产及运销各个环节的污染，从而保证消费者的健康，并保证果园及周围良好的生态环境。无污染的产地环境条件是生产无公害果品的基础保证，根据无公害水果产地环境条件标准及《农产品安全质量 无公害水果产地环境要求》（GB/T 18407.2—2001），果园环境标准主要包括空气环境质量、果园灌溉水质量和土地环境质量三个方面的标准。

1. 空气环境质量标准

空气中的污染物主要有二氧化硫、氟化氢、臭氧、氮化物、氯气、碳氢化合物等。国家标准要求总悬浮颗粒物（TSP）、二氧化硫（SO_2）、二氧化氮（NO_2）、氟化物（F）四种污染物在产地空气中的浓度不得超过表3-2规定的限定值。

表3-2　空气质量指标

项目（标准状态）	指　　标	
	日　平　均	1 h平均
总悬浮颗粒物(TSP)/(mg/m^3)	0.3	
二氧化硫(SO_2)/(mg/m^3)	0.15	0.5
氮氧化物(NO_2)/(mg/m^3)	0.12	0.24
氟化物(F)/($\mu g/m^3$)	月平均10	
铅/(mg/m^3)	季平均1.5	季平均1.5

空气中污染物含量过高会影响果树正常生长发育，造成急性或慢性危害。污染严重时叶片产生伤斑，果面龟裂，叶片脱落，枝干干枯，甚至死亡。果树长期受低浓度污染物影响会出现叶片退绿黄化，开花不齐，花朵及幼果脱落等慢性危害；同时也会造成潜隐性危害，如果树生理机能受到影响，对不良环境的抵抗力降低，产量和品质下降等。空气污染物主要来源于化工、冶金、制造等工业区，如硫酸厂、化肥厂、钢铁厂、发电厂、冶炼厂、搪瓷厂、玻璃厂、铝厂、造纸厂、水泥厂、焦化厂及工矿企业密集且大量产生烟尘的地方，交通主干道车辆排放尾气、灰尘及装载物飘洒泄漏等均可引起污染。在果园园地选址时，对上述地区应尽可能地采取回避措施，尽量在远离污染源的地段建园。

2. 灌溉水质量标准

果园灌溉用水包括江河、湖泊、水库、井水、工业废水、城市生活污水等。随着我国工业尤其是乡镇企业的迅速发展，以及城镇人口的大幅增加，工业废水和生活污水的大量排放超过了环境容量和水体的本身的自净能力，污染物种类迅速增多，如需氧污染物、植物营养物、农药、重金属、石油、酚类化合物、酸、碱及无机盐类等。用被污染水灌溉果园，会对果树造成严重危害。一般井水污染较轻，但应注意重金属元素含量超标。工业废水和生活污水必须经过净化处理才能灌溉果树。所以，选择园地必须对灌溉水源进行检测，国家标准要求灌溉用水中pH、氯化物、氰化物、氟化物、石油类、总汞、总砷、总铅、总镉、铬（六价）10种污染物的浓度不得超过表3-3规定的限值。

表3-3　灌溉水质量指标

项　　目		指　　标
氯化物/(mg/L)	≤	250
氰化物/(mg/L)	≤	0.5

（续）

项　　目		指　　标
氟化物/(mg/L)	≤	3.0
总汞/(mg/L)	≤	0.001
总砷/(mg/L)	≤	0.1
总铅/(mg/L)	≤	0.1
总镉/(mg/L)	≤	0.005
铬（六价）/(mg/L)	≤	0.1
石油类/(mg/L)	≤	10
pH		5.5~8.5

3. 土壤环境质量标准

土壤污染包括人为污染和天然污染两大类。天然污染主要由大自然因素所致，如土壤中某些元素的富集，矿床周围地质因素，水土流失、冲积，风蚀、风积，地震作用，以及火山喷发等，均可导致不同程度的污染。人为污染主要来自三个方面：①工业的“三废”排放；②农药、化肥、垃圾杂肥的施用，如过去普遍使用的六六六、滴滴涕，过量施用氮导致果实中亚硝酸盐的积累，对人体产生毒害和诱发癌变；③污水灌溉。因此，在建园前要严格检测土壤中类金属元素砷和重金属元素镉、汞、铅、铬、铜等污染物的浓度，不得超过表3-4规定的限值。同时在建园后的果树生产过程中必须注意安全使用农药，推广配方施肥，防止对土壤造成新的污染。

表3-4　土壤质量指标

项　　目		指标/(mg/kg)		
		pH<6.5	pH 6.5~7.5	pH>7.5
总汞	≤	0.30	0.50	1.0
总砷	≤	40	30	25
总铅	≤	250	300	350
总镉	≤	0.30	0.30	0.60
总铬	≤	150	200	250
六六六	≤	0.5	0.5	0.5
滴滴涕	≤	0.5	0.5	0.5
铜	≤	150	200	200

随着人们生活水平的不断提高，对果园产品需求的多元化、优质化，以及市场竞争的日益加剧，只有以较低的投入生产出一流的果园产品，才能在市场竞争中立于不败之地。它的实现，除了科学的生产管理和积极的销售方式外，还应以高标准的现代果园作为基础。作为现代果园，其标准应包括以下几个方面：

（1）果树管理的规模化、机械化　果树生产的大部分环节都是以机械操作来完成的。它提高了劳动效率，降低了生产成本，在市场竞争中占据有利的地位。要想实现果园管理的机械化，就必须以大面积、高标准的统一建园为前提，而目前的现状是一家一户的小面积多规格建园，这严重地制约着劳动效率的提高，使果树生产难以适应当前的经济形式。

（2）种植方式的集约化　果树要采用矮化密植的方式进行种植。这种方式通风透光性好，树形得以简化，管理更加方便，有利于机械操作；同时单株品质及产量容易控制，树体中各部位果实的生长条件都较好，因此，果品质量好，生产效率高，优质果品率高，经济效益明显增加。

（3）果品生产的优质化　在种植优良品种的基础上，采用先进的生产技术措施，如增施有机肥、少用化肥、利用生物防治代替化学防治等，生产无公害的绿色果品，为果品进入市场及最终占领市场创造有利条件。

（4）注重市场需求的多元化、差异化的开发　果园产品可以是传统意义上的果，也可以是枝、叶、花、根、景等。即使是果，可以是个大色艳的鲜食果，也可以是个小色差用于生产果汁或果粉的原料果，或者是含有特种元素的工业果，以及用于休闲、旅游、观光、体验的花样果园等。

（5）果品销售的名牌化　在优质果品生产的同时注意改进包装，进行注册商标，走品牌路线，创名牌效益。它要求一方面在严把质量关的基础上加大宣传力度；另一方面必须以大面积、上规模的生产基地作为基础。因此在建园的时候，最好发展成一个个的果品基地，形成规模优势，以利于果品名牌化和商品化目标的实现。

任务2　总体规划设计（一）

【知识目标】

能结合当地气候、地理、土壤、地质、水文条件及果树树种、品种本身的特点进行园地调查与测绘，因地制宜地进行小区划分及道路设置，并学习防护林的营造技术。

【能力目标】

学会果园园地调查与测绘，能够进行小区划分及道路设置规划，掌握防护林的营造技术，具备果园规划的能力。

【基本知识】

果园规划设计包括园地调查与测绘、小区划分、道路设置、防护林的营造、排灌系统的设置、树种和品种的选择和配置等内容。

一、园地调查与测绘

在建园规划设计之前，必须要做好地形勘察和土壤调查等工作，了解当地地形地貌、区域范围、坡度坡向、地势土质、土壤质地、肥力状况、植被分布、气候条件等自然生态条件和特点。在山地、丘陵地建园还需进行等高测量与水土保持工程的修建等工作。通过勘察测绘出草图（包括土地利用现状图、地形图、土层深度图及水利图等）。标明各类土地的界

址、面积、形状、道路、排灌渠道、电力通信、基建房屋等内容，同时还应进行土壤调查，了解土层结构及肥力状况，水源、水质、地下水位的高低及地表径流趋向等，以便确定果园设计方案，为合理规划提供依据。

1. 建园调查

果园规划设计前期，首先应进行社会经济调查与园地踏查。社会经济调查主要是了解当地的经济发展状况、土地资源、劳动力资源、产业结构、生产水平、区域规划与果树区划等情况，在气象或农业主管部门查阅当地气象资料，采集地方信息。园地踏查主要是调查掌握规划区的地理位置、范围大小、地形状况、水源特点、土地的利用情况、土壤特征、植被分布及园地小气候条件等。调查前需要拟定调查提纲、制定调查标准和制备必要的调查表格，将调查了解的内容分类详细记载，并于踏查后绘制规划区草图作为初步规划的重要依据。

基本情况掌握之后，聘请有关专家进行可行性分析论证。在具备发展条件的基础上确定生产目标、发展规模、技术水平、主要工程建设、树种与品种结构、经营规划及经济效益等，形成规划的基本框架。

2. 园地测绘

利用经纬仪、罗盘仪或全站仪对规划区进行导线及碎部测量。若条件允许，也可采用近期大比例航空照片或高分辨率卫星照片进行调查测绘。达到规定精度要求后，平地果园规划要求绘制成1：5000～1：25000的平面图。图中标明各种地类界限、各级行政界限、河流、村庄、道路、建筑物、池塘、耕地、荒地及植被等，并分类统计、计算各种土地类别的面积。山地果园规划还应进行等高测量，要求绘制出地形图，为具体规划设计提供依据。

二、小区划分及道路设置

1. 小区划分

小区也称作业区，是果园土地耕作和栽培管理的基本单位。在规划时，应使同一小区内的地势、土壤、气候条件等尽可能地保持一致，其面积、形状、大小和方位应根据当地的地形、气候、土壤等条件，结合道路、排灌系统和防护林的设置等科学规划设计，以便于实行统一生产管理和机械作业。生态条件一致的地区，小区面积可大些；生态条件差异较大的地区，小区面积应小些。平地果园小区面积以4～8 hm^2为宜，其形状通常采用长方形，长宽比为2：1～5：1，小区的长边最好与当地主风方向垂直，以增强抗风能力。山坡地与丘陵地果园地形复杂，土壤、坡度、光照等差异较大，耕作管理不便，小区划分可因地形、地势、坡向等因素进行灵活设置，生产上常以自然分布的沟、坡、渠道或道路等划分小区，面积为1～3 hm^2，其形状可根据地形采用长方形、梯形或等高带状栽植等，或者随特殊地形而定，其长边最好在同一等高线上，以便整修梯田、减少水土流失和便于管理。统一规划而分散承包经营的果园，可以不划分小区，以承包户为单位，划分成若干作业田块。山地果园规划如图3-1所示。

2. 道路设置

为了便于运输和管理，果园应规划必要的道路系统，以满足生产需要，减轻劳动强度，提高工作效率。道路的布局应与栽植小区、排灌系统、防护林、储运及生活设施等相协调。在合理便捷的前提下尽量缩短运输距离，节约用地，降低投资。面积在8 hm^2以上的果园，应设置主干路、支路和小路。面积在8 hm^2以下的果园仅设支路和小路。

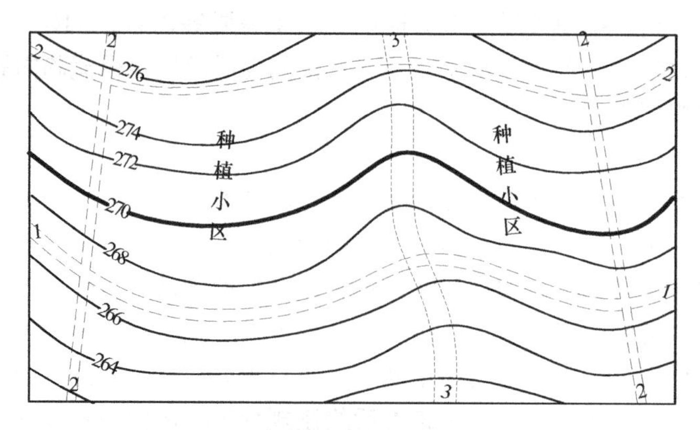

图 3-1 山地果园规划图

1—主干路 2—支路 3—总排水沟

主干路应与附近公路相接，园外与乡镇以上主要公路连接，有配套的排水沟渠、绿化带等。路面要求平坦且无较大的起伏；干路一般要硬化，有条件的地方可以建设水泥路面或沥青路面，干路路面宽 7 ~ 10 m，能保证汽车或大型拖拉机对开；园内与办公区、生活区、储藏转运场所等相连，应设置在果园中部，并尽可能贯通全园。支路连接干路和小路，贯穿于各小区之间，路面宽 4 ~ 6 m，便于耕作机具或机动车通行；小路是小区内为了便于管理而设置的作业道路，路面宽 1 ~ 3 m，最低要求为砂石路面，也可根据需要临时设置。

山地或丘陵地果园应顺山坡修盘山路或之字形干路，其上升坡度不能超过 7°，转弯半径不能小于 10 m。支路应连通各等高台田，并选在小区边缘和山坡两侧沟旁。山地果园的道路不能设在集水沟附近。在路的内侧修排水沟，并使路面稍向内侧倾斜，使行车安全，减少冲刷，保护路面。

三、果园防护林的营造

为了改善果园的生态条件，营造果树正常生长发育所需的小气候，在果园周边常常需要营造防护林。平地果园防护林应结合道路、河道、塘坝等固定地物情况营造；防护林带的设置要因地制宜，山地果园应依自然风向和日照的方向，结合山脉走向来确定。总的原则是防护林应设置在迎风面上。防护林带与道路、沟、渠布置的常见式样如图 3-2 所示。

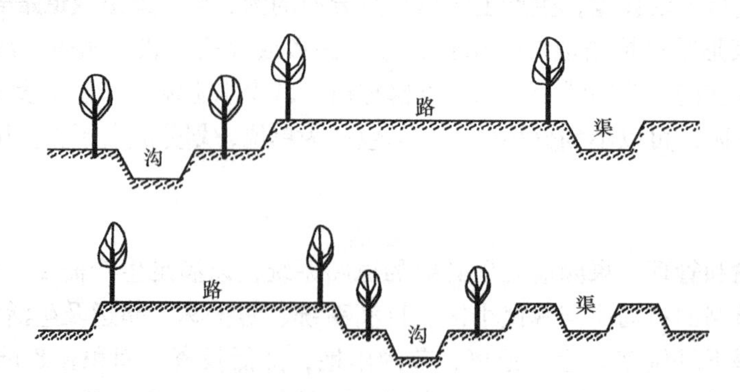

图 3-2 防护林带与道路、沟、渠布置的两种常见式样

1. 果园防护林的作用

果园防护林的作用主要在于防止狂风对果树的危害，因此又常称防风林。果园防护林除了防风作用外，还有其他的重要作用，归纳起来，至少可以列为以下六个方面：

1）降低风速，减少风害，减轻大风对果树的机械损伤和减少落花、落果。在我国北方广大地区，每年冬、春等季都会刮4~5级以上的大风，大风加上扬起的沙尘会使树冠偏斜、果枝折断，降低坐果率，严重失水可使树叶凋萎甚至干枯，果实成熟前会大量落花、落果，严重时大风掀起果树至根系裸露。有防护林带保护的范围内可降低风速30%~50%。

2）调节小气候，改善果园水分供应状况。林带还能够改良土壤盐渍化。通过林带中树木的生物排水、抑制蒸发、提高湿度、改良土壤结构及加强淋溶等作用来实现改良盐渍化土壤，主要体现在林带的生物排水作用防止土壤次生盐渍化、林带减弱土壤蒸发从而延缓土壤返盐及林带促进土壤淋溶过程从而加速土壤脱盐等几个方面。空气相对湿度提高5%~19%，减少水分蒸发20%~30%。

3）保持水土，防止冲刷，减缓地表径流，加固土壤机械力，保持坡地水土，防止园土塌方。

4）调节气温，减轻冻害。春季可以提高气温，夏季可以降低气温，冬季可以减轻冻伤。

5）营造局部生态系统，保证蜜蜂等有益动物的活动，提高虫媒树种的授粉率。

6）美化绿化环境、减尘降噪。防护林纵横交错、棋盘式布局本身也具备良好的空间分割与视觉效果。

在自然灾害严重地区的果园防护林的综合防护贡献率甚至超过20%。因此，对于大型果园的建立，防护林的有无是现代化果园的重要标志之一。防护林网如图3-3所示。

图3-3 防护林网

2. 防护林的类型及效应

防护林可分三大类，如图3-4所示。

（1）紧密型（不透风型）林带 由乔木、亚乔木和灌木组成，林带上紧下密，透风力差，透风系数小于0.3。防护距离短但防护效果显著，在大雪及大风过后，林缘附近易形成高大的雪堆、沙堆或土堆。

（2）稀疏型（半透风型）林带 由乔木和灌木组成，林带结构稀疏，透风系数为0.3~0.5，背风面最小风速区出现在林带高的3~5倍处。

（3）透风型林带 由乔木组成，林带下部有较大空隙透风，透风系数为0.5~0.7，背风面最小风速区为林带高的 5 ~ 10 倍处。

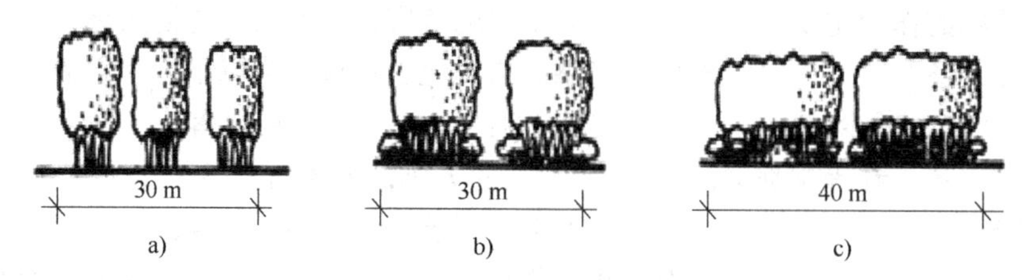

图 3-4　防护林的类型
a）紧密型林带　b）稀疏型林带　c）透风型林带

果园的防护林以营造稀疏型或透风型林带为好。在平地防护林带可使树高 20 ~ 25 倍距离内的风速降低一半；在山坡、沟谷坡上部设紧密型林带，坡下部设透风型或稀疏型林带，可及时排除冷空气，防止霜冻的发生和危害。

为了增强林带的防风效果，防护林带一般包括主林带和副林带两部分。主林带应与风向相垂直，副林带布置在主林带的两侧，与主林带相垂直。主林带的宽度和间隔距离应视风力大小而定，一般宽度为 12 ~ 20 m，由 5 ~ 10 行树组成，最好乔木与灌木混交；乔木带内株距 1 ~ 1.5 m。行距 2 ~ 2.5m；而灌木树种种植株行距则以 1 m × 1 m 为宜。主林带、副林带的设置如图 3-5 所示。

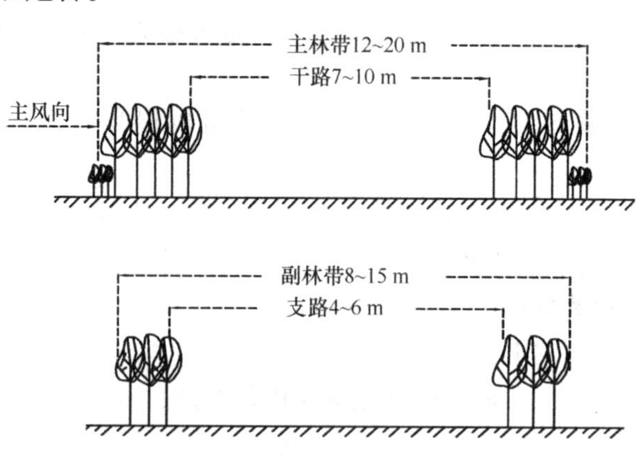

图 3-5　主林带、副林带的设置

林带的有效防护距离约为一般树高的 20 倍，因此，应每隔 200 ~ 300 m 设置一条主林带。副林带一般由 2 ~ 4 行树组成，间隔距离为 300 ~ 500 m。

为了避免坡地冷空气聚集，林带应留缺口，使冷空气能够往下流动。林带应与道路结合，并尽量利用分水岭和沟边营造。果园背风时，防护林设于分水岭；迎风时，设于果园下部；如果风向主要来自果园两侧，可在果园的两侧或四周营造。

平地、沙滩地果园应营造防风固沙林。一般在果园四周栽 2 ~ 4 行高大乔木，迎风面设置一条较宽的主林带，方向与主风向垂直。通常由 5 ~ 7 行树组成。主林带间距 300 ~ 400 m。为了增强林带的防风效果，与主林垂直营造副林带，由 2 ~ 5 行树组成，带距 300 ~ 600 m。

防护林带的种植应列入园地基本建设的总体规划，一般应在果树栽种前种植。

任务 3　总体规划设计（二）

【知识目标】

了解果园排灌系统的构成，以及果园树种、品种的选择及配置方式。

【能力目标】

掌握果园排灌系统的规划设计；熟悉果园树种、品种的选择方法及常见的配置类型。

【基本知识】

一、排灌系统的配置

1. 灌溉系统

灌溉方式有地面灌溉、管灌、喷灌、滴灌、渗灌、涌泉灌等。其中，喷灌、渗灌、滴灌、涌泉灌等统称为微灌。不同的灌溉方式在设计要求、工程造价、占用土地、节水功能及灌溉效应等方面差异很大，规划时应根据具体情况而定。

（1）地面灌溉　地面灌溉主要规划干渠、支渠和主渠。渠道的深浅与宽窄应根据水的流量而定，渠道的分布应与道路、防护林等规划结合，使路、渠、林、园相配套。在有利灌溉的前提下，尽可能缩短渠道长度，减少土地占用。渠道应保持0.1%～0.3%的比降，并设立在果园较高处，以便引水自流灌溉。山地果园的干渠应沿等高线设在上坡处，落差大的地方还要设置跌水槽，以免冲毁渠体。

（2）管灌　管灌采用管道输水，是利用管道将水直接送到田间灌溉，以减少水在明渠输送过程中的渗漏和蒸发损失。发达国家的灌溉输水已大量采用管道。目前，我国北方井灌区的管道输水推广应用也较快。常用的管材有混凝土管、塑料硬（软）管及金属管等。管道输水与渠道输水相比，具有输水迅速、节水、省地、增产等优点，其效益为：水的利用系数可提高到0.95，节电20%～30%，省地2%～3%，增产幅度10%。目前，若采用低压塑料管道输水，不计水源工程建设投资（以下同），亩投资约为100～150元。在有条件的地方应结合实际积极发展管道输水。但是，管道输水仅仅减少了输水过程中的水量损失，而要真正做到高效用水，还应配套喷灌、滴灌等田间节水措施。目前，尚无力配套喷灌、滴灌设备的地方，对管道布设及管材承压能力等应考虑今后发展喷灌、滴灌的要求，以避免造成浪费。

（3）喷灌　喷灌是把由水泵加压或自然落差形成的有压力的水通过压力管道送到田间，再经喷头喷射到空中，形成细小水滴，均匀地洒落在农田，达到灌溉的目的。喷灌明显的优点是灌水均匀，少占耕地，节省人力，对地形的适应性强。其主要缺点是受风影响大，设备投资高。喷灌对地形、土壤等条件适应性强。但在多风的情况下，会出现喷洒不均匀和蒸发损失增大的问题。与地面灌溉相比，大田作物喷灌一般可省水30%～50%，增产10%～30%。最大优点是使农田灌溉从传统的人工作业变成半机械化、机械化，甚至自动化作业，加快了农业现代化的进程。但在多风、蒸发强烈地区容易受气候条件的影响，有时难以发挥其优越性，在这些地区进行喷灌应该对其适应性进行进一步分析。喷灌系统包括首部枢纽（取水、加压、控制系统、过滤和混肥装置）、输水管道和喷嘴三个主要部分。喷灌的输水管道有固定式与移动式两种。固定管道一般按干管、支管和毛管三级设置，毛管分布于果树行间土壤内，每隔一定距离接出地面安装喷嘴。为保证出水均匀，还要安装减压阀与排气阀。喷灌强度应小于土壤入渗速度，以免地表积水和产生径流，引起土壤板结或冲刷。喷灌水滴尽量要小，防止对果实和叶片造成损伤，也防止破坏土壤团粒结构。

（4）滴灌　滴灌是通过干管、支管和毛管上的滴头，在低压下向土壤经常缓慢地滴水，是直接向土壤供应已过滤的水分、肥料或其他化学药剂等的一种灌溉系统。它没有喷水或沟渠流水，只让水慢慢滴出，并在重力和毛细管的作用下进入土壤，滴入作物根部附近的水，使作物主要根区的土壤经常保持最优含水状况。

滴灌系统主要由首部枢纽、输水管网（干管、支管、分支管、毛管）和滴头三部分组成。这是一种先进的灌溉方法。

首部枢纽包括水泵及动力机、化肥罐过滤器、控制与测量仪表等。其作用是抽水、施肥、过滤，以一定的压力将一定数量的水送入干管。

输水管网包括干管、支管、分支管、毛管及必要的调节设备（如压力表、闸阀、流量调节器等)。其作用是将加压水均匀地输送到滴头。干管直径约为 80 mm，支管直径约为 40 mm，分支管细于支管，毛管直径为 10 mm 左右。

滴灌的作用是使水流经过微小的孔道，形成能量损失，减小其压力，使它以点滴的方式滴入土壤中。滴头通常放在土壤表面，也可以浅埋保护。在毛管上每隔 70 cm 左右安装一个滴头。分支管按树行排列，毛管环绕树冠外缘一周。

滴灌是一种先进的灌溉方法，一种新型的低压节水灌溉技术，它利用专门设计的小口径管道配合预先镶入其中的精密滴头，将水和养分准确地供给作物。自以色列耐特菲姆(netafim)在 1965 年发明该技术以来，其应用日益广泛。它不仅节水、节肥、省劳力，从而缓解用水矛盾，还能大幅度地提高各类作物的质量和产量。同时，由于地埋式滴灌用的输水管道大多埋于地下，不必像漫灌占用大量耕地修建田间水渠，更不需要对地形有特殊的要求，对落差在 20 ~ 30 m 的地块也能正常应用，从而提高了土地的利用率及范围，单位面积的产量也随之提高。

滴灌具有省水省工、增产增收的特点。因为灌溉时，水不在空中运动，不打湿叶面，也没有有效湿润面积以外的土壤表面蒸发，故直接损耗于蒸发的水量最少；容易控制水量，不致产生地面径流和土壤深层渗漏，故可以比喷灌节水 35% ~ 75%。滴灌为水源少和缺水的山区实现水利化开辟了新途径。由于株间未供应充足的水分，杂草不易生长，因而作物与杂草争夺养分的干扰大为减轻，减少了除草用工。由于作物根区能够保持最佳供水和供肥状态，故有利于增加产量。滴灌可用在各种经济作物上，特别是在温棚内应用效果最好。但滴灌系统造价较高；由于杂质、矿物质沉淀的影响会使毛管滴头堵塞；由于杂质、污物等的影响，滴灌的均匀度也不易保证。这些都是目前大面积推广滴灌技术的障碍。

滴灌可分为固定式滴灌和移动式滴灌系统。固定式滴灌系统是最常见的。在这种系统中，毛管和滴头在整个灌水期内是不动的。所以，对于滴灌密植作物，毛管和滴头的用量很大，系统的设备投资较高。移动式滴灌系统的塑料管固定在一些支架上，通过某些设备移动管道支架。一种是机械移动式滴灌系统，可绕中心旋转的支管长 200 m 左右，由多个塔架支承。另一种是人工移动式滴灌系统，是支管和毛管由人工进行移动的一种滴灌系统，其移动灵活、投资最少，但较费工。

（5）渗灌　渗灌技术是继喷灌、滴灌之后的又一节水灌溉技术。渗灌是一种地下微灌形式，在低压条件下，借助工程设施（水池、水阀、管路、渗水孔、调节装置等）将水送

入地面以下（植物根系附近），通过埋于作物根系活动层的灌水器（微孔渗灌管），根据作物的生长需水量定时定量地向土壤中渗水供给作物，以浸润根层土壤的灌水方法，也称地下滴灌。与滴灌、微喷灌相比，渗灌更为节水节能，灌溉水直接送到作物根区，地表基本干燥，棵间蒸发很少。渗灌还可明显降低地表面湿度并保持较高的地温，耕作层土壤结构完好，可为作物生长创造良好的环境，有利于作物早熟和越冬，减少或防止病虫害的发生，改善产品品质，提高产品质量。

地下灌溉是中国古代的一大发明，唐代山西临汾县龙子祠农民就采用地下灌溉方法引泉水灌溉蔬菜和粮食作物。历史上河南济源市农民曾利用合瓦做管排除地下水，在关闭阀门时也能起渗灌作用。渗灌系统是由首部枢纽、管网组成。

在现代，德国、法国等国在20世纪20年代曾采用埋设的瓦管进行地下灌溉。随着塑料管道的出现及开沟铺管机的应用，地下灌溉在德国、意大利等国又有进一步发展。中国从20世纪50年代起在许多省市进行了现代地下灌溉技术的试验，并应用于农业生产。

无论国内还是国外，渗灌发展的技术关键是研制渗灌管。近年来，随着工业技术的发展，国外的渗灌技术有了很大的进展，但我国才刚刚起步，与发达国家的差距很大。

渗灌系统全部采用管道输水，灌溉水是通过渗灌管直接供给作物根部，地表及作物叶面均保持干燥，作物棵间蒸发减至最小，计划湿润层土壤含水率均低于饱和含水率。因此，渗灌技术水的利用率是目前所有灌溉技术中要求最高的。

渗灌系统首部的设计和安装方法与滴灌系统基本相同，所不同的是，尾部地埋渗灌管渗水量的主要制约因素是土壤质地和渗灌管的入口压力。所以，渗灌系统运行时的主要控制条件是流量，而滴灌系统完全是通过调节压力而控制流量的。

淤堵是渗灌所面临的一大难题，包括泥沙堵塞和生物堵塞。美国的渗灌管是通过特殊的材料和生产工艺而制造的，包括发泡、抗紫外线和防虫咬等专利技术。目前，我国还没有完全掌握生产渗灌管的关键技术，一旦发生堵塞，清洗和维修十分困难。另外，它的管道埋设于地下，水肥可能流入作物根系达不到的土壤层，造成水肥的浪费。所以，目前渗灌的大面积推广应用受到一定限制。

地下渗灌的优点是灌水质量好，蒸发损失小，少占耕地，并且不影响机械耕作，灌溉作业还可与其他田间作业同时进行。但地下管道造价高，管理检修较困难，在透水性强的土壤中渗漏损失大。目前，渗灌一般限于小面积果园使用。

渗水管一般采用直径17～20 mm的塑料管道，在两侧或上部钻1～1.2 mm的孔眼，眼距0.5～1 m。渗水管埋设在树冠下根系密集处，深度为30～40 cm，埋设坡度为0.1%～0.5%。渗水管中间各节的结合处用白泥灰密封，两头留出地上口和地下口，用封口套套住，分别作为灌水口和雨季排水口。渗灌系统也可利用移动式软管，在土壤表面临时铺设，并通过树盘的管道钻孔渗水。渗灌管一般是采用塑料或塑胶混合制成，水流通过管道上的毛细管渗出，就像人出汗一样。我国山西地区也有的在直径12 mm的塑料管上扎上小眼埋入地下当渗灌管用的。

（6）涌泉灌　涌泉灌又称小管灌溉，是通过置于作物根部附近的涌泉头或小管向上涌出的小水流或小涌泉将水灌到土壤表面。采用涌泉灌时，水流量较大，远远超过土壤的渗吸速度，因此通常需要在地表形成小水洼来控制水量的分布。其特点是出流孔口较大，不易被堵塞。

2. 排水系统

（1）平地果园的排水系统　平地果园的排水方式主要有明沟排水与暗沟排水两种。排水系统主要由园外或贯穿园内的排水干沟、小区间的排水支沟和小区内的排水沟组成。各级排水沟相互连接，干沟的末端有出水口，便于将水顺利排出园外。小区内的排水小沟一般深度 50 ~ 80 cm ；排水支沟深 100 cm 左右；排水干沟深 120 ~ 150 cm，使地下水位降到 100 ~ 120 cm 以下。盐碱地果园，为防止土壤返盐，各级排水沟还应适当加深。

暗沟排水是在地下埋设瓦管管道或石砾、竹筒、秸秆等其他材料构成排水系统。此法不占地面，不影响耕作，唯造价较高。暗沟设置的深度、沟距与土壤的关系见表 3-5。

表 3-5　暗沟的深度、沟距与土壤的关系

土　壤	沼 泽 土	沙 壤 土	黏 壤 土	黏　土
暗沟深度/m	1.25 ~ 1.5	1.1 ~ 1.8	1.1 ~ 1.5	1.0 ~ 1.2
暗沟间距/m	15 ~ 30	15 ~ 35	10 ~ 25	8 ~ 12

果园小区内的排水沟与支沟、干沟相通，特别是地势低洼易积水的果园，要根据地形开挖排水沟，排水沟的方向应与果树行向一致，由行间小排水沟将水汇集到小区间较大的排水沟，再汇集到支沟和干沟，最终由低处排出园外。

（2）山地和丘陵地果园的排水系统　山地和丘陵地果园的排水系统是由集水的等高沟（背沟）和总排水沟组成。集水沟与等高线一致，已修梯田的果园的集水沟修在梯田的内侧。总排水沟应设在集水线上与各集水沟相通。一般宽度和深度为 1 ~ 1.5 m，比降 0.3% ~ 0.5%，并在适当位置修建蓄水池，使排水与蓄水结合进行。集水沟比降大的要设置跌水坑，以降低流速，防止冲刷。

二、果园树种、品种的选择与配置

1. 主栽树种、品种的选择

正确选择果园种类和品种是实现优质、丰产、高效的重要前提。

（1）果树树种和品种选择的依据　首先，要遵循国家发展果树的方针政策，根据区域化、良种化的要求，选择适合当地气候、土壤等环境条件的树种和品种，因地制宜地确定果树的种类、品种。充分考虑不同树种、品种的生物学特性，结合当地的地形、气候、土壤等生态环境条件，做到适地适栽。其次，以市场为导向，以优质、高产为生产目标，以名种、特种、优质、新品种为主，引进国内外优良品种，集中开发。但引进的新品种必须通过区域试验、生产试栽等严格规范的推广程序，经鉴定通过后，才能大面积发展。再次，根据果品销售主渠道的需要，结合果园所处的地理位置、交通状况等，选择适销对路、市场前景看好的内销与外销品种或能满足加工需求的树种和品种；也可结合当地绿色果品生产和观光果园的发展要求，选择一些适合于温室栽培和观赏需要的果园树种和品种。

（2）具体选择时需考虑的因素　距离城市、工矿区较近的果园，可进行集约化栽培和反季节生产的地区，选择于当地水果供应淡季成熟的树种和品种为好；距离城镇较远、交通不便的地区，选择耐储运的果品或可以就地加工的树种和品种；同时，要早熟、中熟、晚熟品种合理搭配，在市场调研的基础上科学确定鲜食与储藏、加工品种的比例。但是作为生产型果园，其树种和品种都不宜过多过杂，一般确定主栽树种 1 种，主栽品种 2 ~ 3 种即可，

以发挥规模优势，突出重点，形成特色，集中连片，提升效益。

2. 授粉树的选择

果树的绝大多数品种属异花授粉植物，绝大部分种类和品种自花不实或自花结实率很低，需要配置一定数量的授粉树进行异花授粉才能获得较高的坐果率。即使是能够自花结实的柿、枣等树种，当配植不同品种的果树树种，进行异花授粉后，坐果率也会显著提高，果形较端正，外观和品质更好，果实的产量和质量都能得到明显的提高。因此，在果树建园时，必须科学配置果园授粉树种。

并不是任意将两个品种的授粉树栽在一起就能相互授粉，必须选择适宜的果园品种组合，按比例搭配，确定合理的配置方式，才能保证授粉质量，有效地提高坐果率和果实品质。

优良授粉树应具备的条件：授粉树与主栽品种花期一致或相近，并且花粉量大、发芽率高，最好能与主栽品种相互授粉且亲和力较高；与主栽品种的始果年龄和寿命相近；能丰产，并且具有较好的品质与较高的商品价值；授粉树必须能适应当地气候、土壤等环境条件；生长健壮，栽培管理容易。

3. 主栽品种与授粉树的配置方式

从配置授粉树的多少可分为等量式配置和差量式配置；从排列的方式分为行列式配置和中心式配置。

（1）授粉树的配置比例　授粉树与主栽品种的配置比例应根据授粉树品种质量及授粉效果等因素来确定。一是授粉品种丰产性强，果实品质优良，可以加大授粉品种比例，实行等量栽植；若产量或品质稍差，应尽量压缩授粉品种，但不能少于15%；二是授粉品种花粉质量好，授粉结实率高，为了保持主栽品种有较高的比例，可适当减少授粉品种比例，但若授粉效果稍差，应保持在20%以上；三是主栽品种不能为授粉品种提供花粉时，还应增加其他品种，以解决授粉品种的自身授粉问题。

（2）授粉树的配置方式　授粉树的配置方式应根据授粉品种所占比例、果园栽培品种的数量和地形条件等确定。通常采用的配置方式有：①中心式，即授粉树较少时，为了均匀授粉，提高受精结实率，每9株主栽品种配置1株授粉品种于中心位置。②行列式，即大面积果园为了管理方便，将主栽品种与授粉品种分别成行栽植。授粉树较少时，每隔2～3行主栽品种配置1～2行授粉品种。如果授粉品种也是主栽品种之一，可各3～4行等量相间栽植。③ 复合行列式，即两个品种不能相互授粉，必须配置第三个品种进行授粉，每个品种1～2行间隔栽植。对于花粉量大、靠风传播的雌雄异株的果树，雄株可作为果园边界树少量配置（如银杏、核桃等树种）。授粉树的配置方式如图3-6所示。

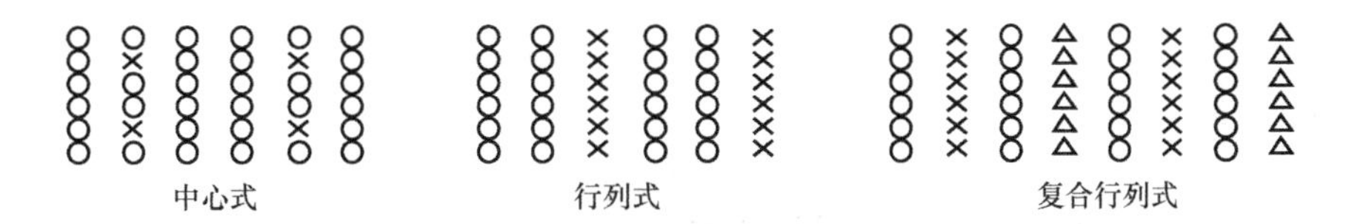

图3-6　授粉树的配置方式

○—主栽品种　×—授粉品种　△—授粉品种

4. 防护林树种的选择

（1）防护林树种的要求　用作防护林的树种必须能适应当地环境条件，抗逆性强，尽可能选用乡土树种；同时要求生长迅速、枝叶繁茂且寿命较长，具有良好的防风效果；防护林对果树的负面作用要尽可能小，如与果树无共同性的病虫害，根蘖少又不串根，并且不是果树病虫害的中间寄主。此外，防护林最好有较高的经济价值。

（2）防护林常用树种　乔木树种可选杨、柳、楸、榆、刺槐、椿、泡桐、黑枣、核桃、银杏、山楂、枣、杏、柿和桑等；灌木树种可选紫穗槐、酸枣、杞柳、柽柳、毛樱桃、荆条、花椒等。

建园前 2 ~ 3 年可根据果树种类、地形、土壤等条件选择适宜的林带树种进行栽植。林带与果树间距为 10 ~ 15 m，中间挖断根沟以保护果树。

三、配套设施

果园内的各项生产生活用的配套设施主要有管理用房、宿舍、库房（农药、肥料、工具、机械库等）、果品储藏库、包装场、晒场、机井、蓄水池、药池、沼气池、加工厂、饲养场和积肥场地等。配套设施应根据果园规模、生产生活需要、交通运输和水电供应条件等进行合理规划设计。通常管理用房建在果园中心位置，其宿舍、库房、工具室等均应设在交通方便的地方。在 2 ~ 3 个作业区的中间，靠近干路及支路之处设立休息室。在山区应遵循物质运输由上而下的原则，包装与堆储场应设在交通方便且相对适中的地方。储藏库与农药库应设在安全的地方。配药池应设在水源使用方便处。饲养场应远离办公区和生活区，山地果园的饲养场宜设在积肥、运肥方便的较高处。而包装场、果品储藏库等均应设在较低的位置且应设在阴凉背风、连接干路处。果园还应设置沼气池，以方便供应有机肥，实现循环利用。

在果园规划中，果园的各组成部分占地比例各地并非完全一致，要根据具体情况确定，但应坚持安全、便捷、附属设施占地面积尽量较小的原则。一般果园用地可参考如下面积比例：果园生产用地占总用地面积的 85%；果园防护林占 4% ~5%；果园道路占 6% ~8%；果园建筑物占 0.5% ~1%；果园其他用地占 1% ~1.5%。

任务 4　山地、丘陵地果园水土保持工程

【知识目标】

理解地表径流及其危害；能结合当地气候、土质、坡度、坡向等条件，学习果园水土保持工程措施的规划设计。

【能力目标】

掌握水平梯田、撩壕、鱼鳞坑等设计要点。

【基本知识】

地表径流常常引起大量地表水土流失，主要表现为土层变薄，养分减少，土壤肥力下

降，耕作困难，根系与地上部分生长受到抑制，严重者根系外露，树体倒伏，影响寿命并加快衰亡。这种现象在山地、丘陵区尤其是建立在集水线上（河滩、山沟、梯田边）的果园最容易发生。因而，在山地、丘陵区建园防止水土流失，对果树栽培具有重要意义。

防止山地、丘陵地果园土壤的冲刷，避免土壤流失以增强地力的水土保持工程，过去主要有梯田、撩壕、鱼鳞坑等。近年来，随着生态果园的兴起，工程措施结合果园植被使果园得到更加有效的保护和利用，为从根本上防止果园水土流失提供了有益的借鉴。

一、水平梯田

水平梯田是山地、丘陵地水土保持、防止流失的根本措施，也是山地、丘陵地果园实现水利化、机械化的基础工程。

（1）等高测量　在修筑水平梯田之前，先要进行等高测量。方法是：选一坡度适当的地方，由上而下拉一直线为基线，然后根据梯田要求的宽度将基线分成若干段，并在各段的正中间打点为基点；以基点为起点，按一定的比降（一般为0.1%～0.3%）向左、向右延伸，测出一系列等高点，同一高度的等高点连成的线就是等高线，即为梯田面的中轴线。

（2）田面宽度的确定　梯田田面的宽度要根据坡度和栽植行距来设计。坡度小或栽植行距大，田面应宽些；反之，则可窄些。田面设计较窄时，修筑容易，用工量少，对土壤肥力破坏性小，但不耐旱，边埂和背沟占地比例大，田面利用率低，不便于耕作管理。一般每层梯田只栽一行树者，梯田田面宽度不应小于3 m；栽两行树的不应小于5 m。在条件许可的情况下，应尽量将田面拓宽，力争每一层面能栽两行以上的果树，以充分利用土地，更好地发挥果树群体效应。

（3）梯田的结构与修筑　梯田主要由梯壁、梯田面、边埂和背沟几部分组成（图3-7）。由于修筑梯壁所用材料不同，分为石壁梯田和土壁梯田两种。为了牢固，梯壁要稍向内倾斜，石壁一般与地面呈75°，土壁保持50°～60°为宜。在修筑梯壁的同时，要随梯壁的逐渐增高从梯田的中轴线上侧取土填到下侧，最后整平梯田面，并在其内侧挖一小排水沟，挖出的土堆在梯田外沿作为梯田边埂。

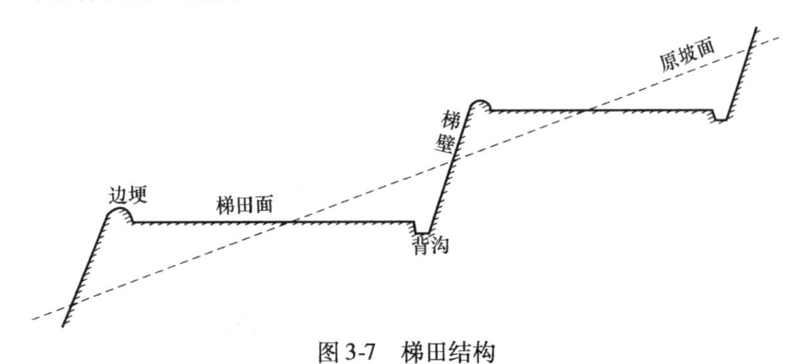

图3-7　梯田结构

按照梯田阶面倾斜方式和梯壁材料将梯田分为水平式、内斜式、外斜式与石壁梯田及土壁梯田等。

二、等高撩壕

在较缓的（5°～10°）山坡的坡面上按等高线挖横向浅沟，将挖出的土堆在沟的外侧筑成土埂，称为撩壕。果树栽在土埂外侧。此法能有效地控制地面径流，拦蓄雨水，当雨量过大时，壕沟又可以排水，防止土壤冲刷。这种栽植方式也是山地果园水土保持的有效措施之一。撩壕可分为通壕与小坝壕两种。

1. 通壕

通壕的沟底呈水平式，因而壕内有水时，水能均匀分布在沟内，水流速度缓慢，有利于水土保持，如图 3-8 所示。

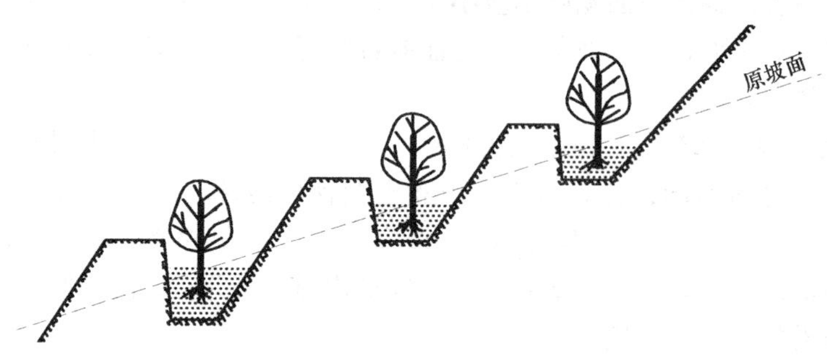

图 3-8　撩壕样式（通壕横断面）

2. 小坝壕

小坝壕的形式基本与通壕相似。不同点是沟底有 0.3% ~0.5% 的比降。在沟中每隔一定距离做一小坝，用以挡水和降低水的流速，故名小坝壕。此种方式较通壕优越，当水少时，水完全可以保持于沟内；水多时，则溢出小坝，朝低处缓慢流去。

撩壕对坡面土壤的层次和肥力状况破坏不大，增加活土层厚度，削弱地面径流，使水渗入壕内，既保持了水土，又增加了坡的利用面积，有利于幼树生长发育。但撩壕后的果园地面不平，会给管理工作带来不便。另外，在坡度超过 15°时，撩壕堆土困难，壕外侧土壤流失严重。因此，撩壕只适宜在坡度为 5° ~15°且土层深厚的平缓地段应用。

三、鱼鳞坑

鱼鳞坑是山地果园采用的一种简易的水土保持工程，也可以起一定程度的水土保持作用。鱼鳞坑仅在栽植果树的地点修筑，其结构似一般的微型梯田。鱼鳞坑是一种面积极小的

单株台田，远望众多台田似片片鱼鳞，故称“鱼鳞坑”。鱼鳞坑适合于坡度较大、地形复杂、土层较薄、地块破碎，不易修筑梯田和撩壕的山坡。它可在较小范围减轻径流，积蓄水土。修鱼鳞坑时，先按各等高线定点，确定基线或中轴线，然后在中轴线上按株行距定出栽植点，并以栽植点为中心，由上部取土，修成外高内低的半圆形的小台田，台田外缘用土或石块堆砌，拦蓄雨水供果树吸收利用，如图3-9所示。鱼鳞坑具有一定的蓄水能力，在坑内栽树，可保土、保水、保肥。

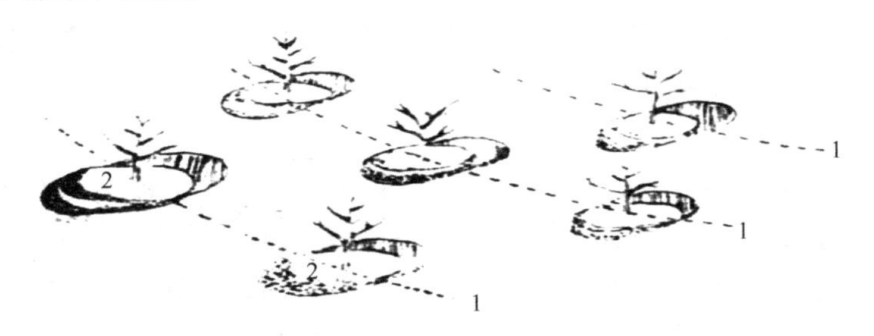

图3-9　鱼鳞坑

1—等高线　2—鱼鳞坑面

鱼鳞坑的大小因树龄而异。3年生以下的幼树坑长1.5 m、宽60～80 cm 、深15～30 cm，以后随树龄的增长，结合挖施肥沟和树盘土壤管理，逐年扩大。10年生树的鱼鳞坑长度达3 m以上。修筑鱼鳞坑时，坑面向内倾斜，沿坑的外面要修筑一条土埂。坑面土壤保持疏松，以利保蓄雨水。

任务5　果树栽植

【知识目标】

熟悉果树栽植技术；学习在一定条件下高标准建园的方法。

【能力目标】

能进行优良树种和品种的选择；掌握果树的科学栽植技术。

【基本知识】

果树栽植是建园方案实施的最后一个环节，应做好栽植前各种准备工作，把好栽植技术关和加强栽后管理，方能提高栽植成活率，促使果树快速生长，为提早结果和丰产稳产奠定基础。

一、栽前准备

1. 土壤准备

果树在定植之前，应根据果园土壤类型、土质结构等加以改良。改良措施包括对定植园地土壤结合施入有机肥进行全园深翻或带状深翻、平整土地等。对土质结构差的黏重土壤要采用掺沙（以沙压黏）、增施有机肥、种植绿肥等措施来改善土壤结构以增加土壤的透气性。沙地建园应先营造防护林、种植绿肥等；山地、丘陵地建园之前应做好水土保持工程（修梯田、等高撩壕、鱼鳞坑等）；盐碱地土壤中有机质少且土壤结构差，地下水位高、含盐量多、pH 大，应先改良后种植。盐碱地土壤常用的改良措施有：在园地四周或行间挖掘深沟使土壤经雨水或灌水洗盐后盐分降低；同时增施有机肥或种植耐盐碱的绿肥（如田菁、紫穗槐等）以降低盐分，增加肥力；及早营造防护林，及时松土覆盖等，防止盐分上升；引进耐盐碱的果树树种和品种进行建园。

2. 苗木准备

在适地适树原则的指导下，选择好适合当地生态条件和市场前景看好的果树树种和品种。最好采用当地育成的苗木，如需外地购苗，一定要先对采购地点和苗木质量进行调查。要求苗木品种纯正、生长健壮、无检疫性病虫害。同时，做好起苗、运输、装卸中的保湿、保鲜工作，尽量缩短起苗到栽植的时间。栽前要对苗木进行分级，对受伤的根、枝进行修剪，不能及时栽植的苗木要妥善假植。对失水严重的苗木在栽前要用清水浸泡根系 12 ~24 h，栽时最好沾泥浆栽植，保证成活率。

3. 肥料准备

为促进定植后幼树的前期生长，改善土壤质地，有条件的可提前准备一些肥料。肥料的种类和用量：每棵树应按优质有机肥 15 ~20 kg、尿素 50 ~100 g、过磷酸钙 150 ~300 g、硫酸钾 250 g 左右的用量施用。

二、栽植密度与方式

合理密植是果树早产、丰产、优质、高效的前提。合理密植不仅可以使果树充分利用土地和光照资源，提高叶面积指数和对光能的利用率，增加产量，同时还可增强果树抗寒、抗冻、抗风等自身的防御能力，因此必须合理地确定果树的栽植密度和栽植方式。

1. 栽植密度

要根据树种、品种和砧木的种类和特性，结合当地的气候、土壤、地形等因素综合确定果树栽植密度。我国北方主要果树适宜的栽植密度见表 3-6。

表 3-6　北方主要果树适宜的栽植密度

果树种类		砧木与品种组合	平地栽植规格		坡地栽植规格		备　注
			行距×株距/m×m	每亩株数/(株/亩)	行距×株距/m×m	每亩株数/(株/亩)	
苹果	普通型	乔化砧	4×4	42	4×3	56	
		矮化中间砧	4×3	56	4×2	83	
		矮化砧	3×3	74	3×2	111	
	短枝型	乔化砧	3×2	111	3×2	111	
		矮化中间砧	3×2	111	3×2	111	
		矮化砧	3×1.5	148	3×1.5	148	
梨	短枝型	矮/乔化砧	4×3	56	4×2	83	
桃	普通型	乔化砧	5×4	33	5×3	44	

（续）

果树种类		砧木与品种组合	平地栽植规格		坡地栽植规格		备注
			行距×株距/m×m	每亩株数/(株/亩)	行距×株距/m×m	每亩株数/(株/亩)	
葡萄	普通型	棚架	8×2	42	6×2	56	
		单篱架	2×1	333	2×1	333	
		双篱架	3×1	222	3×1	222	
枣	普通型	矮化砧	6×5	22	5×4	33	
栗	普通型	乔化砧	7×5	19	6×5	22	

2. 栽植方式

以经济利用土地，提高果园单位面积的经济效益为前提，结合园地类型、树种、品种的栽培特点来确定栽植方式。常用的栽植方式有以下几种：

（1）长方形栽植　行距大于株距，相邻各株相连成长方形。此栽植方式通风透光良好，便于机械化作业，适合于规模较大的平地或缓坡地果园，如图3-10所示。

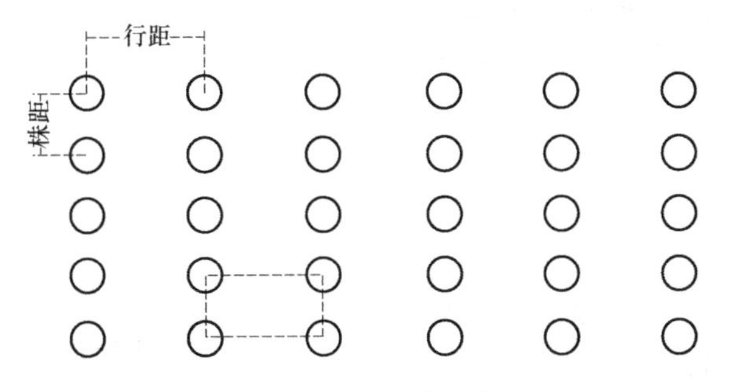

图3-10　长方形栽植

$$每亩栽植株数=\frac{666.7(m^2)}{株距(m)\times 行距(m)}$$

（2）正方形栽植　行距等于株距，相邻各株相连成正方形。此栽植方式通风透光较好，纵横耕作管理较方便，但密植园树冠易郁闭，不利于早期间作，如图3-11所示。

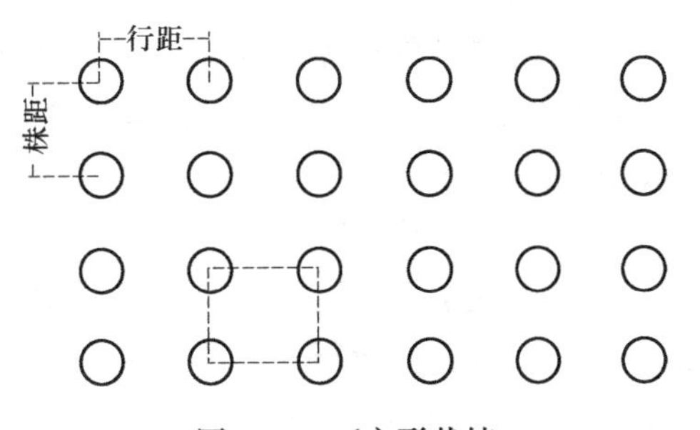

图3-11　正方形栽植

$$每亩栽植株数=\frac{666.7(m^2)}{株距的平方(m^2)}$$

（3）带状栽植（双行栽植、篱植）　小区划分为若干带，每带由2～4行果树组成，带

距为行距的 3～4 倍，带内采用长方形栽植或三角形栽植，如图 3-12 所示。此种栽植方式的带内管理不便。

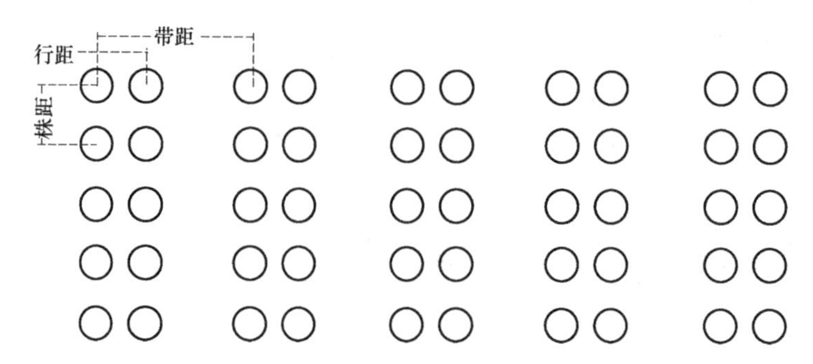

图 3-12　带状栽植

（4）等高栽植　等高栽植适于山地和丘陵地果园（梯田、撩壕）。栽时掌握“大弯就势、小弯取直”的原则调整定植行，使之基本处在同一等高线上，在同一行线上按设计的株距进行栽植，如图 3-13 所示。

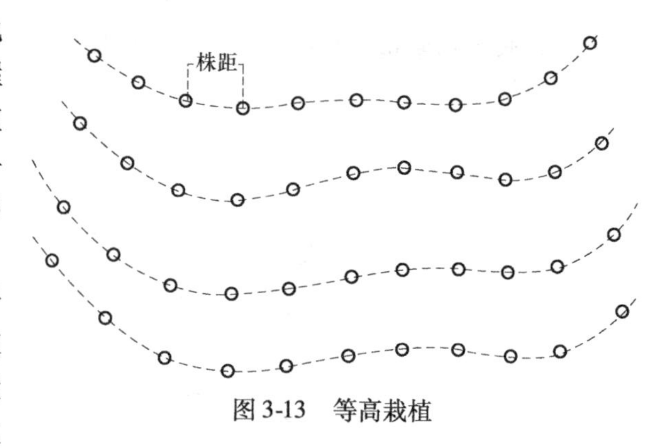

图 3-13　等高栽植

（5）计划密植　计划密植，即以平常栽植的最适株行距定植永久树，然后在其株、行间增植加密树，树冠扩大封行遮蔽后时，按计划将加密树移出或砍伐，这种先密后疏的栽植方式叫计划密植。例如，计划永久树每亩栽 40 株，同时在行间加植一排加密树，每亩共栽 80 株，是永久树的 2 倍，叫二倍式计划密植；定植总株数是永久树的 4 倍，叫四倍式计划密植。

“计划密植”的好处：①能提高早期土地、空间和光能的利用率；②早期植株比合理密度多一倍，能显著提高早期单位面积产量；③封行后移去增加行，增大行距，又不影响中后期枝条伸展、光照、产量和果树寿命。

“计划密植”的做法是，把合理密度的行距缩小一半（或更多），增加一行（或多行）作为临时行（间移行），待其封行后移去或伐去临时行，即成常规合理密度。例如，在土壤疏松肥沃的平地栽种苹果，建园时用 4 m×2.5 m 的株行距定植，亩栽 66 株，待其封行后移去增加行，变成 4 m×5 m，亩栽 33 株的常规密度；建梨园时用 3 m×2 m 的密度定植，亩栽 111 株，封行后移去增加行，又变成了 3 m×4 m，亩栽 55 株的合理密度。

增加行的配置有通行式和中心式两种。通行式，即株对株、行成行地增加一行。好处是管理方便，缺点是封行早，影响光照。中心式，即在行间增加的临时行植株与永久行植株呈交错配置。果树计划密植方法，如图 3-14 所示。

计划密植并非越密越好，各地可根据品种、砧木、光照、土壤等条件来合理选用。采用“计划密植”，一定要与将来间移后的密度相统一，不然随意加密，将来移去一行显得过稀，不移去又影响通风透光，不好处理。

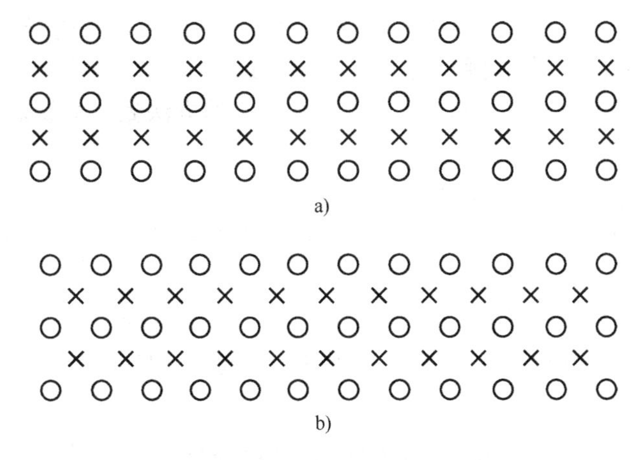

图3-14 计划密植（二倍式计划密植）
a）通行式 b）中心式
○—永久行 ×—临时行

三、栽植技术

1. 栽植时期

根据当地气候条件，栽植可分为春栽和秋栽。冬季气候严寒有冻害的地区，以春栽为好；冬季不太严寒的地区，以秋栽为宜，这样有利于根系恢复。但栽后需采取有效的防寒措施（全株埋土或根颈培土、枝干缠裹或套塑膜袋等），以防止冻害或抽条的发生。

果树主要在秋季落叶后至春季萌芽前栽植。具体时间应根据当地气候条件及苗木、肥料、栽植坑等的准备情况确定。

（1）秋栽 一般果树可在霜降后至土壤结冻前（9月下旬至10月中旬）进行带叶栽植。利用秋季多雨、天气凉爽、水分蒸发少的特点抢墒带叶栽植，有利于根系恢复，能提高植株越冬抗寒的能力，避免抽条现象。翌年春季发根早，萌芽快，成活率高。但带叶栽植必须具备应有的条件：①就近育苗就近栽植；提前挖好栽植坑；挖苗时少伤根多带土，随挖随栽；阴雨天或雨前栽。②在冬季寒冷风大、气候干燥的地区，必须采取有效的防寒措施，如埋土、包草、套塑料袋等，以防冻害和抽条。若不具备以上条件，不宜采用这一方法。例如，远距离调运往往不便带土，反而加大苗木失水，降低成活率。

北方落叶果树栽植时期多选择在落叶后至翌春萌芽前进行。这个时期苗木处于休眠状态，体内储存的营养丰富，水分蒸发量小，根系易于恢复，所以栽植成活率高；此时苗木地上部分停止生长，根系活动仍然旺盛。

（2）春栽 在土壤解冻后至果树萌芽前栽植。春栽宜早不宜晚，栽植过晚则发芽迟缓，苗木生长缓慢，早栽有利于缓苗和成活。栽后如遇春旱，应及时灌水以提高成活率，促进发苗。

2. 栽植点的确定

建园时，应确保树正行直。这样不但园貌整齐，示范性能强，观赏效果好，而且有利于通风透光，适合机械化作业，便于经营管理。因此，挖坑前必须按照设计的株距、行距，测量放线并定出各栽植点的准确位置。

（1）平地穴栽　北半球的平地果园一般应设置为南北行向，这样更有利于通风透光，在园地小区选择较垂直的一角，画出两条垂直的基线，在行向的基线上按设计的行距测量出每一行的点位，用白石灰、木桩或在地上画“十字”的方法做好标记。另一条基线标记株距位置。在其他三个角用同样的方法画线，定出四边及行、株位置，并按相对应的标记拉绳，其交点即为定植点。然后，用白石灰标记出每一株的定植位置。

（2）平地沟栽　用皮尺或测绳在园地小区的四角分别拉相互垂直的四基线。在行向两端的基线上，标记出每一行的位置，另两条对应基线标记株距位置。接着在两条行距的基线上，按每行相对的两点拉绳，画出各行线，再按栽植沟的宽度要求（80 cm），以行线为中心，向两边放线，画出栽植沟的开挖线。四周基线上的株行距标记点应保护好，以便栽树时拉线校正树行。

（3）山地定植　山地以梯田走向（等高线方向）为行向，在确定栽植点时，应根据梯田面的宽度和设计行距确定。如果每台梯田只能栽一行树，以梯田面的中线或距梯田外沿2/5 处为行线，向左、向右延伸，按株距要求用木桩或白石灰标记出各定植点。山坡地形复杂，梯田多为弯曲延伸，行向应随弯就势。遇到田面宽窄不等时，可酌情采取加行或减行处理。

3. 栽植坑的挖掘与回填

（1）早挖坑　定植坑应提早 3～4 个月挖好。一般是秋季栽树当年夏季挖坑，春季栽树前一年秋季挖坑，早挖坑早填坑。其好处是有利于土壤熟化；使填入栽植坑内的有机肥和秸秆提早分解；接收雨水或灌溉水，促使土壤充分沉实，有利栽植成活。

（2）挖大坑　挖大坑有利于改良土壤，促进幼树生长发育。设计株距在 3 m 以上的可以挖栽植穴，以标记的栽植点为中心，挖长、宽、深都为 80～100 cm 的坑；栽植株距在3 m 以下时，应挖栽植沟，沟宽 70～100 cm，深 80 cm 左右。下层土壤坚实或土质较差的地块，应适当加深，以利于改良下层土壤。挖掘时要把表土（熟土）、底土（生土）分开堆放，一般熟土堆放在坑（或沟）的南侧或地势较高的一侧；生土堆放在坑（或沟）的北侧或地势较低的一侧；拣出粗沙或石块等杂物叠放在生土堆的外侧。挖坑规格如图 3-15 所示。

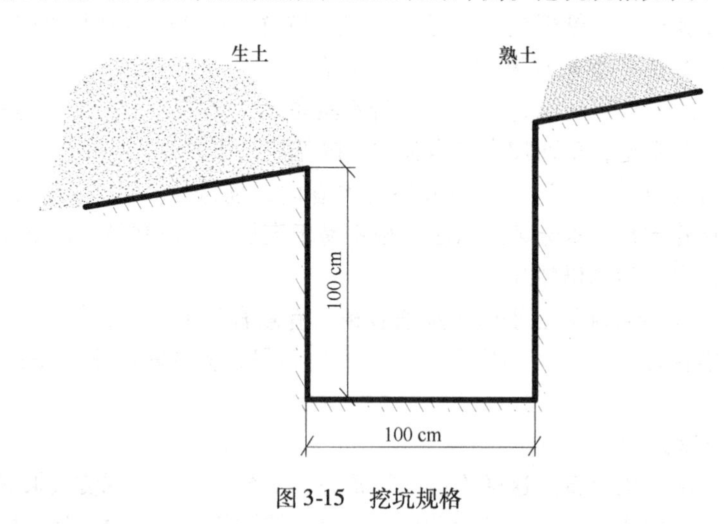

图 3-15　挖坑规格

（3）回填灌水　坑挖好后，先将秸秆、杂草或树叶等有机物及表土与 1/3 的肥料混合

后分层填入坑内；为加速分解，在每层秸秆上撒少量生物菌肥或氮素化肥，尽量将好土填入下层，每填一层踩踏一遍，将优质农家肥按每株 25 kg 左右的用量与表土拌匀后撒入踩踏。填至离地表 20 cm 左右处即可。土壤回填后，有灌溉条件的应立即灌水，使坑内土壤和有机物充分沉实，以免栽植浇水后土壤严重下陷，造成悬根、断根、吊根或倒伏等现象，影响植株的成活率和整齐度。

4. 栽植方法

（1）苗木分类，蘸泥浆待植　栽植前将苗木按大小进行分类，使同类苗木栽在同一地块或同一行内，以利园貌整齐一致。质量较差的弱小、畸形和伤残苗应另行假植，作为备用苗（补苗用），如图 3-16 所示。将分类后的壮苗的根用 1% ~2% 的过磷酸钙液浸泡 12 ~24 h，然后蘸泥浆栽植，可促进苗根恢复，能有效地提高成活率。运往园地里的苗木，先用湿土将根系封埋，边栽边取，以防根系失水而影响成活率。

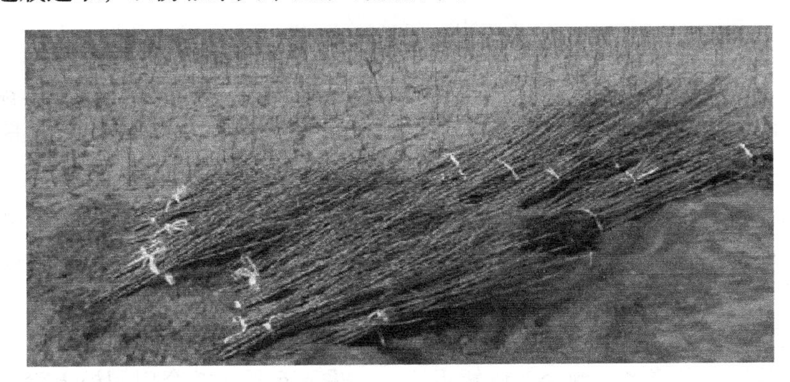

图 3-16　苗木假植

（2）修整栽植穴，科学栽植　栽树前，先将栽植穴进行修整。高处铲平，低处填起，深度保持 25 cm 左右，并将坑中间培成小丘状（图 3-17），栽植沟可培成鱼背形的小长垄。然后，拉线校准栽植点并打点标记。栽时将苗木放于定植点，目测前后左右对正、前后整齐，做到树端行直。根系周围用熟土填埋，填土时向上轻轻提动苗木使根系舒展，并边填土边踏实，将坑填平后培土整修树盘。以上步骤简称“三埋两踩一提苗”栽植法。然后，浇透水。当水下渗后撒一层干土封穴，以减少水分蒸发，如图 3-18 所示。

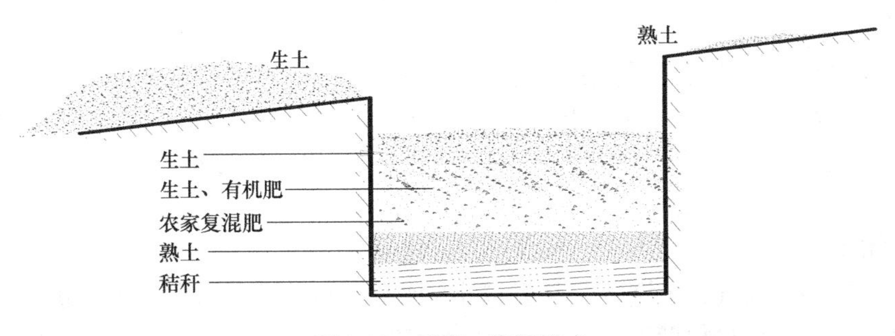

图 3-17　回填、修整样式

（3）栽植深度　苗木栽植的深度应掌握恰当，一般使根颈部位与地面平齐或稍高出地面，不可过深或过浅。

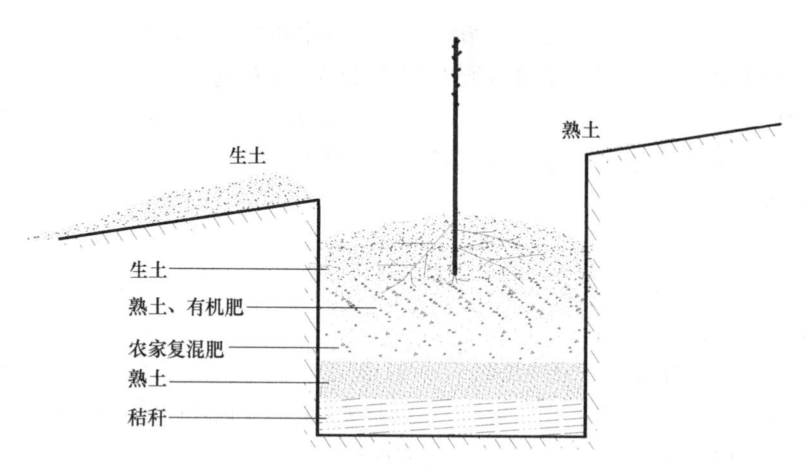

图 3-18　科学栽植方法

若栽植过深，下层温度低且透气性差，幼树往往发芽晚，使得生长缓慢，容易出现活而不发的现象；而栽植过浅则根系易外露，降低固地性和耐旱性，成活率低。一般普通乔化苗的栽植深度以嫁接口稍高出地面为宜。此外，矮化中间砧苗应适当深栽，以中间砧入土1/3～2/3为宜，这样具有抗旱、抗寒、抗倒伏、生长健壮、早果、丰产、优质等优点，但同时又存在发芽迟、缓苗慢、前期发枝弱的缺陷。因此，生产上多采用“深栽浅埋、分批覆土”的技术解决这一问题。具体做法是：对回填灌水后的栽植坑，带墒修整，深度保持35 cm左右将苗放入坑内，使中间砧1/2～2/3处与地面持平，然后填土栽苗，熟土覆盖至中间砧2/3处即可踏实灌水，剩余部位暂不填土。进入6月，结合田间松土除草，再给坑内填充10～15 cm营养土并适量浇水；一个月左右再用熟土将坑填平。这样，既达到了深栽的目的，又能使幼树及时发芽抽枝。若保持土壤湿润，中间砧当年就能产生大量根系，促进幼树生长发育。

（4）灌水　栽植后立即灌水，并且要灌足灌透。水下渗后要求根颈部位要与地面平齐或略高于地面，然后封土保墒。

四、栽后管理

果园建立后要加强管理，这样可缩短缓苗期，提高栽植成活率，有利于早果丰产。

1. 定干

新栽的幼树栽后要及时定干，定干高度一般要依树种、品种、砧木类型、栽植密度及整形方式等确定。苹果、梨等果树定干高度70～90 cm；桃、杏、李等核果类树种定干高度40～50 cm；核桃、柿、板栗等树种为60～70 cm。一般剪口下留8～10个饱满芽的整形带，长20～30 cm。剪口要用接蜡等涂抹，以防过度失水。

2. 适时浇水

果树栽后要根据天气，土壤等情况适时补充水分。秋栽的果树在埋土防寒前要灌足封冻水，春季撤除防寒土至果树萌芽前要适当灌水；春栽的果树栽后要及时灌水并进行地膜覆盖，以保证成活率。

3. 覆膜套袋

春栽的果树栽后最好结合灌水进行树盘或树行内地膜覆盖，以便提高地温，保持土壤湿

度，减少水分蒸发和抑制杂草生长；秋栽的果树最好进行苗干套袋（袋的规格为直径3～5 cm、长度依干高而定，上端封口、下端绑扎后培土）。

4. 埋土防寒

在冬季严寒地区，为避免冬季、春季发生冻害、日灼、抽条等，降低成活率，秋栽的果树在当年土壤上冻前（10月下旬至11月上旬）和春栽的果树在栽后2～3年内要埋土防寒；冬季不太严寒的地区，可采取冬季、春季树干涂白等防寒措施。

5. 检查成活情况及补栽

新栽的果树在早春萌芽后要及时检查其成活情况，发现死亡现象要分析其原因，采取有效的补救措施，缺株要及时使用备用苗补栽。夏季发现死亡缺株处可在秋季适时进行补栽。最好选用同龄且树体稍大的假植苗，带土移植，以保持园貌的整齐度。

6. 夏季修剪

（1）抹芽除梢　萌芽后，对根颈或主干上萌发的萌蘖要及时抹除，对整形带内多余的芽或新梢要抹掉。

（2）摘心和拉枝　当新梢长至30～40 cm时，对中心干延长枝进行摘心，以促发侧生分枝，按照预定的果树树形有目的地培养主枝；对生长较旺和开张角度小的新梢于秋季（8～9月）拉枝，以缓和枝势，促进成熟，提高枝梢的充实程度。

7. 加强病虫害防治

幼树萌芽期易遭受金龟子和象鼻虫等危害，可在危害期内利用细纱网作袋，套在树干上保护整形带内的嫩芽。同时，随着新梢的生长要注意防治蚜虫、红蜘蛛、卷叶虫、浮尘子等害虫及早期落叶病、白粉病和锈病等侵染性病害，以保护好叶片，提高光合产物积累，增强其各种抗性。

8. 追施肥料

幼树施肥应“少量多次”，既要及时供给营养，又要防止肥料施入过多造成肥害。一般果树定植时已施肥，所以在开始发芽时，暂不需施肥，到新梢长到15 cm左右时每株追施5 g尿素，方法是距离树干35 cm左右挖4～5个小坑均匀施入。新梢长到30 cm左右时每株再追加50 g尿素。7月下旬每株追施50～70 g复合肥。除土壤施肥外，还可加强根外追肥，结合防治病虫害，在喷药中加营养液，生长前期喷0.3%～0.5%的尿素，8月上旬以后喷0.3%～0.5%的磷酸二氢钾，或者交替喷施光合微肥，效果更好。

9. 果园间作

幼龄果园，利用果园的行间空地进行合理间作，既可提高土地利用率，增加经济收入，又可加速土壤熟化，减少杂草，培养土壤肥力，促进果树生长，是一举多得的好事。一般果树行间种植豆类、花生、蔬菜等矮秆作物效果较好。

10. 中耕除草或用除草剂除草

通过中耕除草能疏松土壤，增强土壤通气性，提高地表温度，有利于微生物活动，加速肥料分解，改善土壤的水、肥、气、热状况，促进果树根系和地上部分生长。

中耕除草针对性强，干净彻底，技术简单，不但可以防除杂草，还可给作物提供良好的生长条件。在作物生长期内，根据需要可进行多次除草，除草时要抓住有利时机除早、除小、除彻底，不得留下小草。人们在长期的中耕除草中总结出“宁除草芽，勿除草爷”的实践经验，即尽可能地把杂草消灭在萌芽时期。人工中耕除草目标明确，操作方便，不留机械行走的位置，除草效果好，不但可以除掉行间杂草，而且可以除掉株间的杂草，但除草速度较慢，费工费时，工作效率较低。机械中耕除草比人工中耕除草速度快，省工省时，工作效率高，一般在机械化程度比较高的果园都采用这一方法。

除草剂除草是省时、省力的又一高效除草方法，它是根据作物和杂草的生长特点和规律，利用化学除草剂除草的方法。实践证明，化学除草是消灭果园杂草，保证增产的重要手段，其特点有除草速度快，效率高，为人工除草效率的5～10倍；除草效果好，施药适时，一般每年一次即可解决草害，无须人工拔除。但用药种类及施药量要特别准确，以免造成药害或达不到预期效果。

任务6　特殊栽植

【知识目标】

了解果树的特殊栽植技术；学习干旱、半干旱地区建立果园的技术措施。

【能力目标】

掌握干旱、半干旱地区建立果园的关键措施及大树移栽、高接换优技术。

【基本知识】

一、干旱、半干旱地区建园

我国北方的大部分地区属于干旱、半干旱地区，在干旱、半干旱地区建园，往往由于干旱、多风、低温或土质条件过差、地下水位低，多数山地果园又不具备良好的灌溉条件等原因而造成植株成活率较低，越冬抽条加重而导致建园失败。所以，如何提高干旱、半干旱地区果树的栽植成活率，是生产中的关键所在。在干旱缺水地区，除常规建园技术措施外，还应该采用以下技术：

1. 把好苗木关

（1）选用良种壮苗　选用壮苗是提高栽植成活率的前提。无论是自育苗还是外调苗木，都应选用纯正的一级苗木。高质量苗木具有根系发达、茎干粗壮、芽体饱满等特点，栽后缓苗快且成活率高。

（2）注重苗木保水　苗木最好在定植的前一年的秋季运到果园，运输过程中要将根部放置于车厢里侧，用草袋包裹好、盖篷布封严，运输时间较长时还要定时要给苗木洒水。

苗木到达后必须立即假植；假植沟要选择平坦、避风的地方，取南北向，深1 m，宽1 m。

假植时苗稍向南倾斜，苗木打开捆，沟底放少量湿沙，然后一人扶苗一人培土。第一次培土为苗高的1/2，浇水沉实，再压一层土，最后盖上玉米秸秆防寒。

（3）利用砧木苗建园　干旱寒冷地区建园容易出现抽条和冻害现象，可在准备建园的地段，根据设计的株行距就地播种或栽植砧木，当砧木长到一定大小时嫁接成设计建园的品种。其特点是砧木苗适应性强，栽后易于成活，并且能提高品种的抗逆性。

2. 提早挖穴积蓄水分

果树定植前一年入冬（栽植前的3～5个月）前要挖好定植穴，一般穴的直径为100 cm，深80 cm，生土与熟土分开堆放，熟土应放在定植穴南侧（或较高侧），生土应放在定植穴北侧（或较低侧）。定植穴挖好后，将熟土与适量腐熟农家肥（15 kg左右）混合填于穴底，生土不动。可留出40～60 cm深的空穴，以利于冬季积蓄雨、雪。

如果没有提早整地，可采取小坑栽植技术。坑应挖成上下小、中间大的水罐形，一般宽30 cm，深50～60 cm。为减少土壤水分散失，要随挖坑随栽植。填土时务必将小坑周围踏实，而坑中心根系附近的土壤则不要过紧，宜稍微疏松一些，以使水分集中渗入到根系附近的土壤中，保障幼树根的吸收利用，也可使用保水抗旱材料。

3. 定植时封水

从初春土壤化冻开始，定期检查果园内平地土层的解冻深度。当化冻土层达到30 cm左右时，即可开始定植。此时，穴内存有少量积水，墒情最佳，不需要另外浇水，只需将生土回填即可。

（1）施用保水剂　保水剂具有吸收水分和释放水分的双重作用。施入土壤后，下雨或灌水时它能吸收自身重量100～250倍的水分，呈溶胀状态；土壤干旱时可缓慢地释放水分，供根系吸收利用，从而抵御干旱。吸收水分和释放水分的过程可反复进行。旱地建园时可将保水剂投入到大容器中充分浸泡，再与土壤拌匀后施入坑中。

（2）喷布高脂膜　高脂膜属于高分子成膜化合物，易溶于水，稀释后可用喷雾器在树上或地表喷布，能形成一层肉眼难以看见的薄膜，可在不影响叶片正常生理活动的基础上抑制水分蒸发，增强树体抗旱和抗寒能力。一般幼树定植后，应适时在苗干和树盘进行喷施，也可在苗木成活展叶之后及越冬前喷施。

4. 促进生根

1）选主根健壮、须根发达、无病虫害、无机械损伤的果苗定植。

2）定植前最好用1%硫酸亚铁或29°Bé的石硫合剂溶液浸泡果苗根系5min。对根部伤口进行修剪后，再把根系放入生根粉溶液中浸泡10 s，以利生根。生根粉溶液具体配制方法是：将1 g ABT生根粉加水20 kg稀释，即成50 mg/kg的药液。

5. 越冬埋土防寒

干旱寒冷地区秋冬栽植，在冬季来临前，应将苗木小心弯曲，将苗木埋在土壤中，培土40～50 cm（图3-19），以防止冻害，避免抽条，使苗木不受气温急剧变化和其他外界不良因素的影响，同时又可以减少苗木失水和土壤水分的蒸发。一、二年生幼树，发育旺盛，生长期长，枝条幼嫩，木质化程度差，冬季容易出现抽条现象，也应采取埋土、套袋、包草或喷布高脂膜等措施保护。

6. 栽植及栽后管理

（1）栽植　栽植前最好先在每穴内浇水3～5 kg，待水渗后再栽树。将表土或混有保水剂的表土回填30～40 cm时踩实土壤，放入苗木继续填土，填土过程中要轻提苗木使根系舒展，填至穴沿10 cm左右时轻轻踩实，沿穴边围高20～30 cm的土堰。

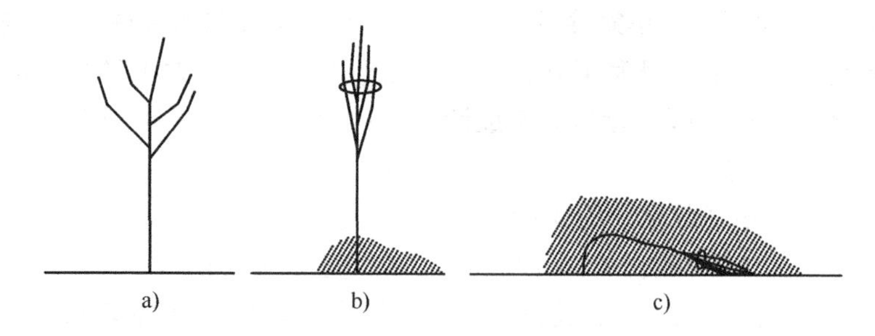

图3-19　越冬埋土防寒

a）冬季来临的苗木　b）捆扎收缩、根颈处培土　c）小心弯曲、覆土

（2）定干、保墒　定植后，苗木要立即定干，并且在树盘处覆膜，以减少水分损失。或者在树干上套塑料袋，袋长为50～70 cm、宽3～5 cm，袋上端封口，下端开口，袋中间适当扎几处小孔。当新梢长至3 cm时，开始撤除塑膜袋，先拆袋的上口，逐日下撤，最后撤掉整袋。在栽植覆膜15天后，要及时对新植苗木的墒情、地膜进行检查。发现地膜破损、土壤干裂或墒情不足时，要及时浇水补墒并修补或更换地膜。

（3）果园中耕除草　建园后要及时采取中耕除草、秸秆覆盖保墒、覆膜保墒或覆草保墒（覆草厚度25 cm以上，草上零星压土以防火灾）等措施。

（4）加强病虫害防治　果苗发芽后要及时防治危害嫩芽和嫩叶的害虫，并避免人畜破坏。

进入冬季封冻前，矮化中间砧果树应将中间砧全部埋入土中（因栽植时覆土至中间砧2/3处）进行保温保墒，以免接口受冻而削弱树势，容易引发病虫害乘机而入，给以后的病虫害防治带来很多麻烦。

二、大树移栽

随着城镇绿化建设的加快和对密植园改造等的需要，大树移栽技术应用越来越广泛，大树移栽中的关键技术措施主要有：

1. 移栽时期

大树移栽最好选择在树木休眠期进行，一般以春季萌动前和秋季落叶后为最佳时期。北方地区适宜移栽的时期当属春季。

2. 移栽前处理措施

大树移栽无论何时进行都要求做好地上处理与地下处理工作。大树地下处理的主要内容包括：根据树种移栽成活的难易程度做断根处理、截冠处理和提前囤苗。

（1）断根处理　为了保护根系，提高成活率，最好带土球移栽。带土球移栽必须先断根缩坨，即移栽前的一年左右，最好在春季萌芽前，先以树干为中心，以被移大树胸径的5～10倍左右为直径挖深80～100 cm、宽20～30 cm的环状沟（或正方形条沟）作为断根的范围，挖沟断根，将根切断，再用拌有有机肥和少量氯、磷、钾肥的土壤填平，使其发生大量新根，秋季或春季移栽时，再在原断根处稍外开始掘树。

对移植较大规格或较难成活的大树时，应在移植前2～3年分阶段进行挖沟断根，并填土养根，每年挖断环状沟周长的1/3～1/2，如图3-20所示。

（2）截冠处理　截冠修剪的目的是显而易见的，主要是为了保持树木地下、地上两部分的水分代谢平衡。在移栽前对树冠进行较大的回缩修剪，修剪强度要具体情况具体分析。树冠越大、根部越裸、伤根越多、生根越难、季节越反，越应加大修剪强度，尽可能地减小树冠的蒸腾面积。以不伤及大的骨干枝为度，花芽、花序要全部剪掉，以保持地下与地上部的水分平衡。对于落叶乔木，一般剪掉全冠的 1/3 ~ 1/2，而对生长较快、树冠恢复容易的槐、枫、榆、柳等可去冠重剪；对常绿乔木应尽量保持树冠完整，只对一些枯死枝、过密枝和干裙枝进行适当修剪。无论重剪或轻剪、缩剪，皆应考虑到树形的框架及保留枝的错落有致。剪口可用塑料薄膜、凡士林、石蜡或植物专用伤口涂补剂包封。对于裸根移栽的大树，还应对根部做必要的整理，重点剪除断根、烂根、枯根，短截无须根的主根。

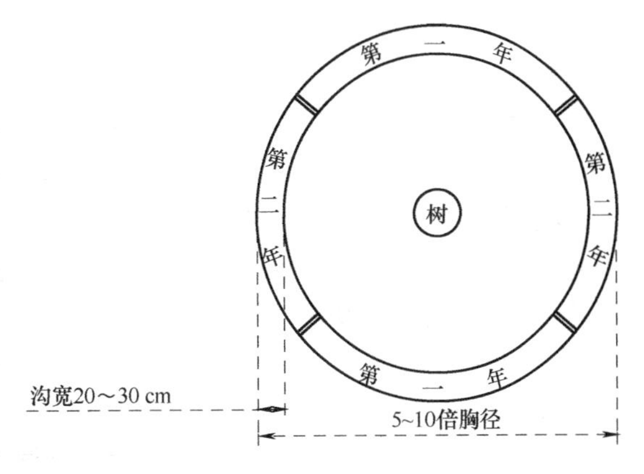

图 3-20　断根缩坨（回根法、盘根法）示意图

3. 挖树和包装

目前，国内普遍采用人工挖掘软材包装移栽法，适用于挖掘圆形土球和胸径为 10 ~ 15 cm 的常绿乔木，根系用蒲包、草片或塑编材料加草绳带土球进行橘子式包裹（树干用浸湿的草绳纵横缠绕至分枝点下方），如图 3-21 所示。此外，还有木箱包装移栽法，适用于挖掘方形土台和胸径为 15 ~ 25 cm 的常绿乔木。北方寒冷地区可采用冻土移栽法。落叶乔木一般采用休眠期树冠重剪、尽量保留较大较多根系的裸根移栽法，挖掘包装相对容易。但秋季移栽的树要待翌春再行修剪，以防回缩的枝条因冬季失水枯死而无替代枝。大树移栽时，一定要尽可能加大土球，一般可按树木胸径的 6 ~ 8 倍挖掘圆形土球或方形土台进行包装，以尽可能多地保留根系。果树挖前应设好支架，并标记清楚大枝的方位。起树前要把干基周围 2 ~ 3 m 的碎石、瓦砾、灌木丛等清除干净，对大树还应准备 3 ~ 5 根支柱进行支撑，以防倒伏后造成工伤事故和损坏树木。

图 3-21　根系带土球橘子式包裹（立面）

4. 吊装和运输

大树吊运是大树移栽的重要环节之一，直接关系到树木成活、施工质量及树形的完美等。一般的大树移栽都采用吊车装卸、汽车运输的办法，但对于距离较近、数量不大的树木，可用吊车直接吊移，对距离不远的特大树木，则多采用轨道平移法。装运过程中应注意保护好根系和枝干。树木装进汽车时，要使树冠朝向汽车尾部，根部靠近驾驶室。树干包上柔软材料放在木架上，用软绳扎紧，树冠也要用软绳适当缠拢。土球下垫木板，然后用木板将土球夹住或用绳子将土球缚紧在车厢两侧。一般一辆汽车只运载 1 棵树，有必要装多棵树时要设法减少棵间的相互影响。装、运、卸都要保证不损伤树干、树冠及根部土球。长途运

输或非适宜季节移栽，还应注意喷水、遮阴、防风、防震等，遇大雨防止土球淋散。

5. 大树定植

为提高移栽成活率，需提前挖好栽植坑，栽植坑的大小视根系或所带土球大小而定，坑要比土球稍大（15～20 cm）。大树移栽前要对穴土做灭菌杀虫处理，即用50%百威颗粒按0.1%比例拌土杀虫，用50%托布津或50%多菌灵粉剂按0.1%比例拌土杀菌。坑内可施入有机肥料，条件允许时，还应事先配制些营养土备用，具体方法为：按重量比取木屑50%、草木灰30%、熟土20%，充分混匀后放置2～3天，促其高温发酵，还可根据需要加入适量的化学肥料。

正式移栽时，先在穴底铺一层营养土，紧接着拆除土球上的包扎物，借助吊车把大树缓缓移入穴中，扶正时注意大枝方位应与原来标记的方位一致。填土时要分层回填，边填土边踏实（土球四周和地表也要加铺营养土），当回填土至土球高度的2/3时，浇第一次水，使回填土充分吸水，待水渗毕后再添满土（注意此时不要再踏实），最后在外围修一道围堰，浇第二次水，浇足浇透。浇完水后要注意观察树干周围泥土是否下沉或开裂，有则及时加土填平，还要及时做好松土保墒工作。

6. 移栽后的养护管理

大树移栽后，一定要加强后期的养护管理。俗话说得好："三分栽，七分管"，道理就出于此。从各地提供的大树死亡的主要原因来看，其中很重要一条就是后期管理不当，尤以第一年最为关键。因此，应把大树移栽后的精心养护看成是确保移栽成活和林木健壮生长不可或缺的重要环节，切不可小视。

（1）设立支撑　定植完毕后必须及时进行树体固定，即设立支柱支撑，以防地面土层湿软时大树因遭风袭而导致歪斜、倾倒，同时有利于根系生长。一般采用3～5柱支架多方位支撑固定法，确保大树稳固。支架与树皮交接处可用旧鞋底或草包等作为隔垫，以免磨伤树皮。通常在1年后大树根系恢复良好时方可撤除支架。四柱支撑固定如图3-22所示。

（2）浇水及控水　大树移栽后应立即浇一次透水，以保证树根与土壤密接，促进根系发育。一般春季栽植后，应视土壤墒情每隔5～7天浇一次水，连续浇3～5次水；生长季节移栽的大树则应缩短间隔时间，增加浇水次数；如遇特别干旱天气，进一步增加浇水频次。

图3-22　四柱支撑固定

浇水要掌握"不干不浇，浇则浇透"的原则，水绝不是越多越好，恰恰相反，如浇水量过大，反而因土壤的透气性差、土温过低、有碍根系呼吸等缘故影响生根，严重时还会出现沤根、烂根现象。与此同时，为了有效促发新根，可结合浇水加200 ppm[⊖]的NAA或ABT生根粉。

（3）地面覆盖　地面覆盖主要是减缓地表蒸发，防止土壤板结，以利通风透气。通常采用麦秸、稻草、锯末等覆盖树盘，但最好的办法是采用"生草覆盖"，即在移栽地种植豆

⊖ 1 ppm = 1 mg/kg = 1 mg/L。

科牧草类植物，在覆盖地面的同时，既改良了土壤，还可抑制杂草，一举多得。

（4）树体保湿 树体保湿的主要方法包括：

1）包裹树干。为了保持树干湿度，减少树皮水分蒸发，可用浸湿的草绳从树干基部缠绕至顶部，再用调制好的泥浆涂糊草绳，以后时常向树干喷水，使草绳始终处于湿润状态。

2）架设荫棚。4月中旬，天气变暖，气温回升，树体的蒸发量逐渐增加，此时，应在树体的三个方向（留出西北方，便于进行光合作用）和顶部架设荫棚。荫棚的上方及四周与树冠保持50 cm左右的距离，既避免了阳光直射和树皮灼伤，又保持了棚内的空气流动及水分、养分的供需平衡。为不影响树木的光合作用，荫棚可采用70%的遮阴网。10月以后，天气逐渐转凉，可适时拆除荫棚。实践证明，在条件允许的情况下，搭荫棚是生长季节移栽大树最有效的树体保湿和保活措施。

3）树冠喷水。移栽后如遇晴天，可用高压喷雾器对树体实施喷水，每天喷水2~3次，1周后，每天喷水一次，连喷15天即可。对名优和特大树木，可每天早晚向树木喷水1次，以增湿降温。为防止树体喷水时造成移植穴土壤含水量过高，应在树盘上覆盖塑料薄膜。

4）喷抑制剂。北京市园林科研所及上海园林绿化建设有限公司均生产可用于园林植物移植的蒸腾抑制剂，市面上也有其他厂家出售同类产品。此外，农业上常用的抗旱剂（如“旱地龙”等）也具有抑制树体水分蒸腾的功用。

5）输液促活。对栽后的大树采用树体内部给水的输液方法，可解决移栽大树的水分供需矛盾，促其成活。具体方法为：在植株基部用木工钻由上向下成45°钻输液孔3~5个，深至髓心。输液孔的数量多寡和孔径大小应与树干粗细及输液器插头相匹配，输液孔水平分布均匀，垂直分布交错。输用液体的配制应以水为主，同时加入微量植物激素和矿质元素，每升水溶入ABT6号生根粉0.1 g和磷酸二氢钾0.5 g。输入的液体既可使植株恢复活力，又可激发树体内原生质的活力，从而促进生根萌芽，提高移栽成活率。将装有液体的瓶子悬挂在高处，并将树干注射器针头插入输液孔，拉直输液管，打开输液开关，液体即可输入树体。待液体输完后，拔出针头，用棉花团塞住输液孔（再次输液时夹出棉塞即可）。输液次数及间隔时间视天气情况（干旱程度和气温高低）和植株需水情况确定。一般情况下，4月移栽后开始输液，9月植株完全脱离危险后结束输液，并用波尔多液涂封孔口。注意：有冰冻的天气不宜输液，以免冻坏植株。

6）施肥打药。移栽后的大树萌发新叶后，可结合浇水施入氮肥（最好是氮、磷、钾的复合肥），浓度一般为0.2%~0.5%，如施尿素每株用量为0.1~0.25 kg，当年施肥1~2次，9月初停止施肥。关于叶面施肥，是将1 kg尿素溶入200 kg水中，喷施时间要选择在晴天或阴天的7：00—9：00和17：00—19：00进行，此时段的树叶活力强，吸收能力好。

栽后的大树因起苗、修剪造成各种伤口，加之新萌的树叶幼嫩，树体抵抗力弱，故较易感染病虫害，若不注意防范，很可能置树木于死地。可用多菌灵或托布津、敌杀死（溴氰菊酯）等农药混合喷施，在4月、7月、9月三个阶段，每周喷药1次，基本能达到防治目的。例如，春季移栽大桧柏时，一定要在栽后喷药防治双条杉天牛及柏肤小蠹等。

7）调整树形。移栽的大树成活后会萌出大量枝条，此时要根据树种特性及树形要求及时抹除树干及主枝上一些不必要的萌芽。经过缩剪处理的大树，可从不同的角度保留3~5个粗壮主枝，然后再在每一主枝上保留3~5个侧枝，以便形成丰满的树冠，达到理想的景观效果。

三、高接换优

高接换优也称高接换种技术，主要是针对一些不适合当地生长、商品形状差、不适应或缺乏市场竞争力的老品种、劣质低产树、高接授粉品种，以及高接抗寒栽培和密植封行园的改造等。我国各大果树产区都有一定面积的老果园，品种混杂、产量低、品质差，采取高接换优可在较短时间内达到改良品种、提高品质和经济效益的目的。

1. 高接换种时应具备的条件

高接换优的树体要求健康，长势良好，立地条件较好。树势严重衰弱的不宜高接换种。另外，立地条件太差、树龄过大的果园也不宜高接换种。除此之外，砧穗组合是否合适，也是能否高接换种、能否嫁接成功的一个重要因素。

2. 果树高接换种技术

高接换种是在原有不良品种的大树枝条上进行嫁接，使栽培品种得到更新的一项技术。由于高接树有强大根系，容易形成新的树冠，2～3 年即可结果，为品种改良提供了一条快捷的途径，并且对调整不合理的品种结构，多快好省发展优良品种，提高产量和品质及商品的竞争力起到重要作用。高接换种技术在近年来得到快速发展的原因是，进入 20 世纪 90 年代，水果产量快速增加，使一些品种不对路，质量差的果实销售不出去，果农渴望更换优、新、特品种的心情非常迫切，突出表现在苹果和桃等果树上。因为这两个树种的面积大，产量多，问题比较突出。更换劣种果园和老果园主要采用大树多头高接换种技术，实行长短接穗配合，在发芽前 15～20 天或三伏天（7～8 月）。采用劈接或插皮接、“T”形芽接等嫁接方法，可促进接合，提高嫁接成活率，实现早果丰产。同时，要加强接后管理，在加强土、肥、水管理和病虫治的基础上，重点做好以下工作：①及时除去原树萌蘖，保证养分能集中供应接穗；②接穗成活后，接穗上萌发的新梢长达 2 cm 左右时，要及时去掉塑料袋；③新梢长到 30～40 cm 时，将新梢引缚到支柱上，防止大风吹折；④进行合理修剪。当新梢长到 40～50 cm 时要重摘心或剪梢，促发分枝。秋末前可剪去新梢上未木质化部分，促进枝条组织充实，防止抽条。冬剪时，除骨干枝延长枝中短截外，其余枝条均缓放不剪。

3. 高接换种的时间

一般在春节萌芽前，高接换种前要做好两方面的准备工作：①准备接穗，做前一年的冬季修剪时，选取芽体饱满、粗度 0.6～1 cm 的一年生健壮枝条做接穗，剪下的接穗每 50～100 根捆成一捆，埋在背阴、凉爽、潮湿的沙里。2～3 月，当气温回升时，要检查接穗的储存情况，防止接穗萌芽或霉烂。嫁接之前，将所储藏的接穗接出，基部剪掉 1～2 cm，直插在清水中一天，使接穗充分吸水。②选择高接树，最好是 15 年生以内的壮树，修去过密大枝、背上直立枝、背后枝，理顺主从关系，按照细纺锤形树体结构的要求，尽量在原主枝上选择不高换位点及缺少主枝的空位，要在主干上选光滑的腹部作为位点，这些高换位点要绕中心干均匀分布，呈螺旋式上升排列。一般情况下，每棵树选 8～10 个位点嫁接。

4. 确定高换部位

确定高换部位时要注意以下几点：

1）骨干的主从关系。一般要求中心干高于主枝，主枝高于侧枝，侧枝又高于其他枝组。

2）嫁接部位的粗度。一般高接的直径以小于 3 cm 为宜，过粗的枝嫁接后愈合时间长。

3）要按一定距离来选定各类枝的高度来嫁接，做到疏密合适，如接头太少，恢复树冠慢，但嫁接部位太多、太密也浪费劳力，以后还需疏剪。

4）高换的方位。除垂直枝以外，对所有斜生、水平枝都应把枝、芽接在侧面或侧斜、侧背部，这样愈合快，角度好，不易劈裂。

5. 砧穗组合选择

砧穗组合是否合理是嫁接成功与否的一个重要因素。苹果高换时，什么样的组合比较合适呢？多年实践证明，苹果中的国光、金冠、青香蕉、元帅等品种，换接红富士，都能正常生长和开花结果。国光换接富士系和元帅系，表现出成活率高、结果多、产量高，以及抗性强等特点。元帅系换接红富士，果实着色好。金冠换接乔纳金，成活率高，果实风味佳。

6. 高接换种的方法

目前，在直径小于2 cm的枝上采用带木质部芽接，系在光滑处，留20 cm左右的短结，在离截面0.5 cm处向里将砧木斜切30°左右，切口长度2～3 cm。将接穗用刀削成一长一短的两个斜面，带一个芽的楔形接穗，接穗长度比切口长度稍微短点，然后将削好的接穗短斜面朝向外侧插入砧木的切口中，对准形成层。插好后，用农膜将嫁接口连同接穗一起包严扎紧，以防失水。如果枝条的直径大于5 cm，可在横切面的南北两侧各插入一个接穗，缺主枝的空位用辅接补位。辅接是将接穗削成切形，截取单芽，选好嫁接位点和出枝方向，斜着切入木质部，与砧木呈20°～30°，并使之与接穗斜面大小、角度相适应，翘起砧木切口，迅速插入接穗，对其形成层，然后扎紧接口。

7. 接后管理

苹果树高换后，树体发生很大变化，在管理上应注意以下四点：①在高换后15～20天，检查接穗的成活情况，未成活的，应及时补接；②由于树体进行较重的修剪，砧木上会萌发大量的萌蘖，消耗大量的养分，应将这些萌芽及时抹掉，促使接穗萌发，保证正常生长；③当新梢长到30～40 cm时，及时绑缚支柱，引绑新梢，以防新梢被风吹折，待新梢完全木质化后，再去掉引绑支柱；④为实现果园第二年结果、丰产，必须加强土、肥、水管理。每年秋季，每株施有机肥50 kg。生产季节每株施尿素1 kg，复合肥2 kg，叶面喷0.3%的尿素和0.3%的磷酸二氢钾2～4次。每年入冬前和萌芽前各灌水一次，5月下旬根据情况补水。另外，苹果树高接换种后，修剪方法和以前相比有些不同。高接换种后的前两年，树体以简化修剪为主，多留枝，多长放，适度疏枝，培养改良纺锤形树形。嫁接当年，新梢长30～40 cm时，将其拉成开张角约80°，缓放不剪，促发短枝。第二年春季发芽前，对枝条进行刻芽处理，每枝刻芽两个。夏季对背上直立枝和俯仰枝进行扭梢、拿枝，对生长过旺枝进行适度环割，促进花芽形成。挂果后的枝组适度回缩，保持结果枝组的健壮。

【实训10】果园规划的实施

一、实训目标

1）了解平地、山地和丘陵地建园和山地果树等高栽植的意义。

2）掌握果园规划实施的方法和步骤。

二、材料与用具

材料：由实训教师经过精心选择的准备建园的平地、山地或丘陵地（面积为 40 ~ 60 hm^2）。

用具：水准仪、平板仪、经纬仪、标杆、塔尺、皮尺、测绳、木桩和绘图用的坐标纸、铅笔、橡皮、小刀、记录本等用来测量和绘图用的工具。若有条件，也可采用大比例航空照片、卫星照片、大比例尺地形图。

三、实训内容

1. 果园勘察

首先应进行果园勘察，了解果园边界、地形地貌、土壤肥力和植被状况等内容，并对与建园有关的事项进行调查，做好设计前的准备工作。

（1）对周边自然环境进行调查　调查内容包括：

1）了解土壤条件。通过土壤剖面观察耕作层与熟土的厚度、质地的好坏，测定土壤酸碱度、土壤肥力水平等因素，了解地下水位的高低、水源的远近和水质的好坏及引水途径等。

2）了解当地气候条件。当地气候条件包括年平均气温、年最高温度、年最低温度、无霜期长短、年降水量及其分布情况、不同季节的风向与风力、当地的主风方向和易发生的自然灾害（如冻害、霜害、冰包、干旱、水涝等）。

3）了解园地的坡向、坡度，以及植物种类及其生长情况和病虫害感染程度等。

4）对园地内原有建筑物、道路、交通等条件进行分类调查和登记。

（2）对当地社会经济状况进行调查　调查内容包括当地农民人均收入、劳动力资源情况和社会治安情况、交通运输状况，以确定果树种类、果园建设和投资情况等。

2. 园地测量

用实用的测量仪器（或航空照片）准确地测绘出园地的地形（先控制测量，后碎部测量，经过检验再制图），包括建筑物、水井、河流、道路、耕地等的形状、大小和位置，绘制大比例的地形图（比例为 1∶500 、1∶1000 或 1∶2000）。

3. 实施园地规划

在绘制好的地形图上按一定比例尺绘制出园地规划设计图，包括栽植小区（标明区号、位置、面积大小、树种品种、株行距等）、道路（主干路、支路、小路的位置、宽度等）、排灌系统的位置、防护林带（主、副林带的位置，以及树种和栽植方式等）和建筑物（办公、生活、生产用房等）的位置、占地面积等。

4. 撰写实施规划说明书

实施规划说明书主要对上述调查进行文字说明，同时标明所需的苗木数量和规格、肥料种类及用量、所需劳动力、机械和用工及经费预算等，并对实施过程进行详细安排和说明。

5. 园地测绘放样测量

（1）平地建园测量　按照设计图划出大区、测出小区和确定栽植方式和株行距。

1）定基线。基线应设在小区边缘等能控制全局和位置适宜的地方，可以是“十”字形、“T”形或矩形。在基线上按大区、小区的长、宽打桩定点，并依次测设纵横连线，构

成大区、小区的边界，在基线上用皮尺丈量和标记防护林、道路和排灌系统的位置。

2）定株行距。小区的四边测出后，确定株行距可采用标有行距或株距的定植绳定株行距。沿小区两端的行距点或株距点，平行移动定植绳，中部有专人按标记打上木桩或撒白灰点作为定植点。

（2）山地、丘陵地果园测量　山地、丘陵地果园地形复杂，要求等高栽植，为防止水土流失，需修建梯田、撩壕、鱼鳞坑等。在修建梯田之前，要在测量教师的指导下进行等高测量。

四、实训作业

1）调查和测量规划成果

每一实训小组绘制出合格的地形图、果园规划设计图各一份，并写出设计说明书一份。

2）园地测绘放样成果

每一实训小组对1/4图幅范围进行精确测绘放样，要求园路、排灌系统、各边界界址准确，误差控制在允许范围之内。

【实训11】果树栽植技术

一、实训目标

熟悉果树的栽植过程和建园方法，掌握果树栽植技术，提高果树栽植成活率。

二、材料与用具

材料：苹果或梨等果树的成品苗木，适当数量的有机肥和化肥。

用具：确定栽植点所用的皮尺、测绳、标杆、白石灰（或木桩）、修枝剪，挖掘穴或沟用的镢头、铁锹和灌水用的水桶、水箱等，以及适当数量的农用地膜等。

三、实训内容

1. 定植前的准备工作

（1）确定栽植时期　北方落叶果树一般在落叶后的秋季或春季萌芽前进行。具体栽植时期可根据当地气候条件、苗木、栽植穴的准备情况等综合考虑。

（2）做好土壤和苗术准备　准备一定数量的主栽品种和授粉树等优质果树苗木，做好苗木修剪、消毒及浸泡或根系等处理。

2. 确定栽植点

平地果园先在小区四周的角上竖立标杆，将测绳按行距标记后，以株距为单位沿两边平行移动。每移动一次，用白石灰、木桩或在地上画“十”字做好标记。山丘地果园如梯面上只栽一行果树，可按梯田走向和株距定点。

3. 挖栽植穴或沟

以定植点为中心挖长、宽、深各80～100 cm的栽植穴或栽植沟。挖掘时要把表土（熟土）、底土（生土）分开堆放。熟土堆放在坑（或沟）的南侧或地势较高的一侧；生土堆放在坑（或沟）的北侧或地势较低的一侧。拣出粗砂或石块等杂物叠放在生土堆的外侧。将表土与30～50 kg充分腐熟的有机肥和少量过磷酸钙、硝酸磷肥（每穴0.2～0.3 kg）混匀。

4. 栽植过程

回填拌匀的表土至穴的1/2～2/3处，并堆成丘状后将经过浸泡、蘸泥浆或根系处理过的果苗放入穴中，然后一人扶正树苗，一人分层填土，边填边踩并微微向上轻提树干，使其根系舒展并与土壤充分密接，填至穴口时圈堰并立即浇一次透水。

5. 覆膜套袋

水下渗后，用少量细土将树盘封好后用1 m见方的塑料薄膜通过苗干将其覆盖在树盘上，四周用土封严实，在苗干上套一个长与定干高度一致、宽3～5 cm的长条塑膜袋，可减少水分蒸发，提高栽植成活率。

6. 栽后管理

当果苗成活展叶后，逐渐将套在苗干上的长条塑膜袋去掉，检查成活并进行补栽，在果树生长前期要注意追施一两次尿素等速效性化肥，并加强病虫害防治。

四、实训作业

1）结合实际参与当地果园建立和果树栽植过程。

2）对新建果园进行成活率调查并进行分析，写出相应的实习和调查报告。

本实训一般可安排8～10个课时，分测量、挖坑、回填、选苗、栽植、栽后管理几个阶段进行。

果园土肥水管理

土肥水管理是果树生产的基础，包括土壤耕作改良、施肥、灌溉和排水。土肥水管理的目的就是应用各种技术改良土壤结构、增加土壤肥力，使土壤中的水分和养分能及时地满足果树优质高产的需求。

任务1 土 壤 管 理

【知识目标】

掌握土壤质地改良、结构性改良及土壤酸碱性调节的基本方法与措施；了解果园土壤的管理制度；了解果园化学除草剂的种类、性质和使用方法。

【能力目标】

根据果园土壤的实际制定适宜的改良方法和土壤管理制度；能依据果园杂草种类选择适合的除草剂并正确使用。

【基本知识】

土壤是果树生存的基础，是果树养分和水分的源泉。因此，果树根系生长发育的好坏，根类、根量、根系吸收和合成能力的高低都与土壤有密切关系。其中，土壤温度、透气性、土壤水分和微生物活动最为重要。一般土壤疏松、透气良好，则微生物活跃，土壤供肥能力强，有利于果树根系生长。所以，加强土壤管理、改善根系生长环境是土壤管理的重要内容。

一、土壤改良

土壤条件包括土壤质地、土壤结构、土壤孔隙度及土壤耕性等物理性质和土壤 pH、有机质含量、土壤养分状况等化学性质及土壤微生物。一般果树要求土壤有机质含量在 1.0% 以上，土壤以质地较轻、透气保水性好为宜。不同种类果树对土壤的理化性质有不同的要求（表4-1）。

表4-1 各种果树适宜的土壤指标

果 树 种 类	土壤 pH	活土层厚度/cm	总盐量（%）
苹果	6.0~7.5	≥60	<0.3

（续）

果树种类	土壤 pH	活土层厚度/cm	总盐量（%）
梨	6.0～8.0	≥50	<0.2
葡萄	6.0～7.5	80～100	<0.1
桃	5.5～6.5	≥50	<0.14
枣	5.5～8.4	≥50	<0.2

1. 土壤质地的改良

土壤质地直接影响土壤的通气性、保水保肥及土壤养分的有效性。只要采用适当的措施，任何不好的土壤质地都可以得到改善。改良土壤质地有以下措施：

（1）增施有机肥料　增施有机肥料可提高土壤有机质含量，既可以改良砂土又可以改良黏土，这是改良土壤质地比较简单有效的方法。有机质可以改变沙土的黏结力和黏着力，还可使土壤形成良好的结构体，提高沙土的保肥性，使黏土疏松。采用秸秆还田、翻压绿肥及麦糠和绿肥混施都能改善土壤板结。其中，稻草、麦秆等禾本科植物含难分解的纤维素较多，在土壤中可残留较多的有机质；而豆科绿肥含氮素较多，易于分解，残留在土壤中的有机质较少。因此，从改良土壤质地的角度来说，禾本科植物较豆科植物效果好。

（2）掺沙掺黏，客土调剂　如果沙土地（本土）附近有黏土、河沟淤泥（客土），可搬来掺混；黏土地（本土）附近有沙土（客土）可搬来掺混，以改良本土质地，即为客土法。掺沙掺黏的方法有遍掺、条掺和点掺三种。遍掺是指将沙土或黏土普遍均匀地在地表盖一层后翻耕，这样效果好，见效快，但一次用量大，费工多；条掺和点掺是将沙土或黏土掺在果树行间或穴中，用量少，费工少，但需连续几年方可使土壤质地得到全面改良。另外，各地农民历年来有沙土地施土粪和炕土粪，黏土地施炉灰渣的经验。

（3）翻淤压沙，翻沙压淤　有的地区沙土下面有黏土，或者黏土下面有沙土，这样可以采用表土“大揭盖”翻到一边，然后使底土和表土混合的方法来改良土壤质地。

（4）引洪放淤，引洪漫沙　在面积大、有条件放淤或漫沙的地区，可利用洪水中的泥沙改良沙土和黏土。引洪放淤改良沙土时，要注意提高进水口，以减少沙粒进入；引洪漫沙改良黏土时，则应降低进水口，以引入大量粗沙。引洪量视洪水中泥沙含量而定。泥沙多，漫的时间可短；反之，漫的时间要长一些。引洪之前需开好引洪渠，地块周围打起围埂，并划分成块，按块漫淤。引洪过程中，要边灌边排，留沙留泥不留水。

根据不同的土壤质地采用不同的耕作管理措施以达到改良果园土壤质地的目的。

2. 土壤结构体的改良

块状结构、核状结构、柱状结构与片状结构都不利于果树根系的生长，容易形成土壤漏水漏肥。最好的土壤结构体是外形近似球体、内部疏松多孔，大小在0.25～10 mm的团粒结构。培养团粒结构主要通过合理耕作和施用土壤结构改良剂的方法来实现。

（1）合理耕作　正确的土壤耕作可以创造和恢复土壤结构，耕、耙、耱、镇压等耕作措施若进行得当，都会收到良好的效果。但进行不当也会产生不良效果，如频繁镇压和耙、耱，会破坏土壤结构。一般来说，较黏重的土壤通过果园施肥、锄草，以及多翻、多锄、多耙，会对改善土壤结构起到良好的作用。

深耕与施肥对创造团粒结构的作用很大。耕作主要是通过机械外力作用使土破裂松散，

最后变成小土团，但对缺乏有机质的土壤来说，深耕还不能创造较稳固的团粒结构，因此，必须结合分层施用有机肥，增加土中有机胶结物质。为了增加土与有机肥的接触面，应尽量使有机肥料与土壤混合均匀，促进团聚作用，同时必须注意要连年施用，充分地供应形成团粒的物质，这样才能有效地创造团粒结构。部分果农通过果园生草法也可增加土壤有机质，达到改良土壤结构体的效果。

土壤中如钠、钾等一价阳离子可以破坏土壤团粒结构，如钙等二价阳离子对保持和形成团粒结构有良好的作用。因此，结合调节土壤 pH，给酸性土壤施用石灰及改良碱土时施用石膏，就有调节土壤阳离子组成、促进团粒结构形成的作用。

合理灌溉、晒垡和冻垡灌溉方式对土壤结构影响很大。大水漫灌时由于冲刷大，对结构破坏最大，并且易造成土壤板结；沟灌、喷灌或地下灌溉较好些。另外，灌后要及时疏松表土，防止板结，恢复土壤结构。

充分利用晒垡和冻垡干湿交替与冻融交替对结构形成的作用，可以使较黏重的土壤变得酥脆。

（2）土壤结构改良剂的应用　由于土壤结构在协调土壤肥力方面的作用很大，近几十年来一些国家曾研究用人工制成的胶结物质改良土壤结构，这种物质叫土壤结构改良剂或土壤团粒促进剂。它主要是人工合成的某些高分子化合物，目前已被试用的有水解聚丙烯腈钠盐，或者乙酸乙烯酯和顺丁烯二酸共聚物的钙盐等。土壤结构改良剂团聚土粒的机制是由于它们能溶于水，施入后与土壤相互作用，转化为不可溶态而吸附在土粒表面，黏结土粒成为有水稳性的团粒结构。在我国，用得较广泛的是胡敏酸、树脂胶、纤维素黏胶、多糖羰酸、藻酸等。但这些人工合成的结构改良剂由于价格昂贵，目前还得不到普遍施用和推广，仍处于研究试验阶段。近年来，我国广泛利用的腐殖酸（特别是黄腐酸）类肥料，可以在许多地区就地取材，利用当地生产的褐煤、泥炭生产，它是一种固体凝胶物质，能起到很好的土壤结构改良作用。

3. 酸碱土的改良

（1）酸性土的改良　酸性土通常用石灰来改良。草木灰等碱性肥料既是良好的钾肥，同时又起中和酸性的作用。石灰中交换能力较强的二价钙离子可交换致酸离子。如果胶粒上是铝离子，则与石灰生成氢氧化铝而沉淀。施用石灰还增加了钙，有利于改善土壤结构，并减少磷被活性铁、铝离子固定。酸性土施用石灰后，pH 的改变在第一年往往是不明显的。酸性土中和速度缓慢的原因与铝离子的特性有关。近期的研究认为，离子扩散速度是决定中和反应速度的主要因素。

一般认为土壤 pH 为 6 左右时不必施用石灰，pH 为 4.5 ~ 5.5 时需要适量施用，pH 小于 4.5 时需大量施用。石灰施用量必须能中和潜性酸，才能使土壤真正达到中和。一种土壤究竟需要施用多少石灰，可根据致酸离子的电荷数与钙离子的电荷数相等来计算。但是，这种理论数字应该按照实际经验加以校正。

石灰施用量还可在实验室中测定，即采集一定量的土样放在水中充分分散后，测定使其 pH 提高至一定数值的石灰用量，再换算出每公顷耕层土重所需石灰用量。但根据这种实验室的测定和计算出的石灰用量，用于大田时通常要乘以这个数量的 2 ~ 3 倍。这是因为石灰在大田不易混匀，同时往往在与土壤充分作用之前就被雨水淋失一部分。因此，在生产实践上多不采用理论计算方法（同硫酸钙计算方法相同），而是根据田间试验的实际效果来确定石灰需用量。

（2）碱性土的改良　碱性土可用石膏、硫黄或明矾来改良，也可增施土壤有机肥等提高土壤的缓冲能力，降低土壤 pH。石膏改良碱性土的原理是：钠离子是导致土壤 pH 较高的主要离子，用石膏中的钙离子将土壤胶体表面的钠离子交换到土壤溶液中，然后将钠离子排出土壤。具体反应如下：

$$Na_2CO_3 + CaSO_4 = CaCO_3 + Na_2SO_4\text{(淋洗排出)}$$

碱性土壤改良时，石膏施用量的计算方法可按下面步骤进行：

例如，某土壤阳离子交换量为 10 cmol（+）/kg 土，钠离子饱和度为 30%，计算每公顷耕层土壤石膏的施用量（每公顷耕层土重设为 225 万 kg）。

土壤钠离子总量：$(225 \times 10^4 \times 10 \times 30\% \times 0.01)$mol = 67500 mol。

$CaSO_4$的摩尔质量为 136 g。

每公顷耕层土壤 $CaSO_4$的施用量：$(67500 \times 0.5 \times 136)$g = 4590 kg。

计算结果只是理论施用量，生产上往往还要根据实际经验来确定，一般逐年施用效果较好。

施用明矾$[K_2SO_4 \cdot Al_2(SO_4)_3 \cdot 24H_2O]$或硫酸铁$[Fe_2(SO_4)_3]$改良土壤的原理是：明矾或硫酸铁在土壤中氧化或水解产生硫酸，硫酸再中和碳酸钠或胶体上钠离子。

4. 盐碱土的改良

盐碱土是盐土、碱土及各种盐化土和碱化土的统称。不同果树树种的耐盐能力不同。葡萄耐盐能力较强，梨中等，苹果较差。盐碱土可采用水利措施、耕作措施、化学措施等进行改良。

（1）水利措施　水利措施主要通过排水把地下水位降到临界深度以下，地下水不能沿毛细管升至地表，切断土壤盐分来源。在地下水位较高，而地下水矿化度较低的地区，可以多打机井，用机井进行灌溉，一方面可以逐步洗掉上部土层中的盐分，另一方面又可以使地下水位大大降低，起到较好的土壤改良效果：在地下水矿化度较高，但排水系统完善的地区，可以用地表积累的淡水进行灌溉，从而达到灌溉洗盐的目的。

在某些盐土地区，由于水分状况较好，故可垦为水田。旱地垦为水田之后，田面存在经常性积水，盐分能不断地下移，从而起到治盐的目的。脱盐速度的快慢与土壤自身的渗漏程度有关。

水利工程除排灌设施外，还必须包括一些桥、闸、涵洞等配套工程的实施及林带和道路的合理规划，以便于农田及水利设施的管理和所有排灌设施的顺利运行。

（2）耕作措施　耕作措施主要有：

1）种植绿肥牧草。绿肥的种类很多，要因地制宜地选择。在较重的盐碱地上，可选择耐盐碱强的田菁、紫穗槐等，轻度至中度盐碱地可以种植草木樨、紫花苜蓿、苕子、黑麦草等；盐碱威胁不大的土地，则可种植豌豆、蚕豆、金花菜、紫云英等经济植物。

2）增施有机肥。增施有机肥是增加土壤有机质、改良和培肥盐碱地的重要措施，不仅能改善土壤的结构，提高土壤的保蓄性和通透性，抑制毛细管水强烈上升，减少土壤蒸发和地表积盐，促进淋盐和脱盐过程；同时有机质分解过程中产生的有机酸既能中和碱性，又能使土壤中的钙活化，这些均可减轻或消除碱害，从而使盐碱地得到有效改良。

（3）化学措施　化学措施主要针对重盐碱化的土壤，可适当施用化学物质，如石膏、亚

硫酸钙、硫酸亚铁（黑矾）、硫酸、硫黄；腐殖酸类改良剂、土壤保墒增温抑盐剂等化学物质。

此外，还可结合当地实际采取引洪放淤、客土压沙等措施，均可收到明显的防盐改碱效果。

二、土壤管理制度

随着果树生产水平的不断提高，要求果园土壤具有良好的理化性质，而提高土壤肥力不单是进行土壤施肥，更重要的是要有合理的果园土壤管理制度。建立合理的果园土壤管理制度应根据果树年龄、果园类型及生产管理水平，以必要的工程措施为基础，通过各种方式，对果树株行间空余土地进行耕作和利用，以有效保持水土，提高土壤肥力，改善果园环境，促进果树生长发育。

1. 深翻改土

果树根系分布于较深的土壤中，深翻结合施用有机肥能增加熟土深度，改良土壤结构和耕性，降低土壤容重，使土、肥、水相容，促进微生物活动，加速土壤熟化，改善果树生长环境。

一年四季都可进行果园深翻，但秋季果树根系生长旺盛，伤根容易愈合并易发出新根，同时可配合秋施基肥进行，还可培育良好的土壤结构体，因此，秋季深翻效果最好。一般在果实采收后至落叶休眠前结合秋基肥进行深翻。深翻的方法主要有扩穴深翻、隔行深翻和全园深翻。幼龄果园采用扩穴深翻，即在幼树定植后，自定植穴外缘开始，每年或隔年向外挖宽60~80 cm、深40~60 cm的环沟状。深翻时，将挖出的表土和心土分别堆放，并及时剔除翻出的石块、粗沙及其他杂物，剪平较粗根的断面。回填时，先把表土和秸秆、杂草、落叶填入沟底部，再结合果园肥将有机肥、速效性肥和表土填入。其中，表土可从环状沟周围挖取，然后将心土摊平，及时灌水。成龄果园适宜采用隔行深翻，每次只伤部分根系。全园深翻是将栽植穴以外的土壤全部深翻，深度为30~40 cm。

2. 果园间作

果园间作是幼龄果园利用行间空地种植其他作物的土壤管理技术。果园间作有利于充分利用土地和光照，抑制杂草生长，减少水土流失，改善微域气候，既有利于幼树生长，又增加果园早期收入。

果园间作必须坚持以果为主，以不影响果树生长且经济效益高的原则，正确选择间作物，坚持轮作倒茬，加强栽培管理。优良的间作物应具备植株矮小、生长期短、主要需肥水期与果树错开且无共同病虫害等条件，最好能提高土壤肥力，本身经济价值较高。常用的间作物有豆类、薯类，其次为蔬菜类及药材。间作物的种植应以树冠外围为限，避免间作物与果树争光、争肥、争水，并且应加强间作物的肥水管理；为避免间作物连作带来的不良影响，生产上多实行不同间作物轮作倒茬，如花生—豆类—甘薯、绿肥—大豆—马铃薯—甘薯—花生。

3. 清耕制度

清耕是我国传统的果园土壤管理技术。其做法是秋季果实采收后深耕20~30 cm，土壤封冻前耙耱。春季土壤化冻时浅耕地10 cm，并多次耙耱。其他时间多次中耕除草，深度为6~10 cm。清耕能使土壤疏松通气，有利于有机质分解和清除杂草，但长期使用虽然能增加土壤非水稳性团粒结构，但同时也会破坏土壤水稳性团粒结构，降低有机质，造成水土流失。

4. 果园覆盖

果园覆盖是指在树冠下或稍远地表以有机物、地膜或砂石等材料进行覆盖。覆盖的材料种类很多，如厩（堆）肥、落叶、秸秆、杂草、锯木、泥炭、河泥、地膜及种植覆盖作物等。根据覆盖材料分为有机覆盖、地膜覆盖和果园生草。

（1）有机覆盖　有机覆盖是在果园土壤表面覆盖秸秆、杂草、绿肥、麦壳、锯末等有机物。它能防止水土流失，保湿防旱，稳定土壤温度，防止泛碱返盐，增加土壤有机质，有利于果树根系生长，改善果实品质。其缺点是易招致鼠害，加重病虫害，引起果园火灾，造成根系上浮。有机覆盖适宜在山地、旱地、沙荒地、薄地及季节性盐碱严重的果园采用。时间以春末至初夏为好，即温度已回升，但高温、雨季尚未来临时，也可在秋季进行。具体做法是：有条件的地方覆盖前先深翻改土。施足土杂肥并加入适量氮肥后灌水。然后在距树干50 cm以外、树冠投影范围内覆草15～20 cm厚，也可全园进行覆草。覆草后适当拍压，再在覆盖物上压少量土，以防风吹和火灾。以后每年继续加草覆盖，使覆盖厚度常年保持15～20 cm。覆盖物经3～4年风吹雨淋和日晒，大部分分解腐烂后可进行一次深翻入土，然后再重新覆盖，继续下一个周期。果园覆盖后，应加强病虫害防治，草被应与果树同时进行喷药。多雨年份注意排水，防止积水烂根。深施有机肥时，应扒开草被挖沟施入，然后再将草被覆盖原处。多年覆草后应适当减少氮肥施用量。

（2）地膜覆盖　地膜覆盖具有增温保水、抑制杂草、促进养分释放和果实着色的作用，尤其适于旱作果园和幼龄果园。具体做法是：早春土壤解冻后，先在覆盖的树行内进行化学除草，然后打碎土块，将地整平。若土壤干旱，应先浇水。然后用两条地膜沿树两边通行覆盖，将地膜紧贴地面，并用湿土将地膜中间的接缝和四周压实。同时间隔一定距离在膜上压土，以防风刮。树冠较小时，可单独覆盖树盘。

（3）果园生草是在全园或行间种植禾本科、豆科等草种或实行自然生草的土壤管理方法，并采用覆盖、沤制翻压等方法将其转变为有机肥。

果园生草适用于土壤水分充足（年降雨量500 mm以上的地区）、缺乏有机质、土层较厚、水土易流失的果园。果园生草后除土壤管理省工外，还会形成良好的果园生态系统，改良土壤结构，有效保持水土，提高土壤肥力，增加综合效益。果园生草可分为全园生草、行间生草、株间生草三种方式。土层深厚肥沃、根系分布较深的果园宜采用全园生草法；土壤贫瘠、土层浅薄的果园，宜采用行间生草法和株间生草法。草的种类可选白三叶草、扁茎黄芪、小冠花、鸭绒草，早熟禾、羊胡子草、野燕麦、黑麦草、百脉根等。

果园人工种草技术应抓好四个技术环节。一是播种。时间以春秋两季为宜，最好在雨后或灌溉后趁墒进行。播前应细致整地，清除园内杂草，每亩地撒施磷肥150 kg，翻耕20～25 cm，翻后整平地面。通常采用条播或撒播。条播行距为15～30 cm，播种深度0.5～1.5 cm，播后可适当覆草，遇土壤板结时及时划锄破土，以利出苗。二是幼苗期管理。出苗后应及时清除杂草，查苗补苗。干旱时及时灌水补墒，并可结合灌水补施少量氮肥。三是成坪后管理。成坪后可在果园保持3～6年，期间应结合果树肥，每年春秋季用以磷、钾肥为主的肥料。生长期内，叶面喷肥3～4次，并在干旱时适量灌水。当草长到30 cm左右时，应留茬5～10 cm及时刈割。割下的草一般覆盖在株间树盘内，也可撒于原处，或者集中沤肥。四是草的更新。生草3～6年后，草层老化，土壤表层板结，应及时将草翻压，1～2年后再重新生草。采用自然生草时，当草成坪后可定期割草。

5. 免耕法

免耕法也叫保护性耕作，是指基本上不对土壤耕翻，主要是利用除草剂除去土壤杂草。免耕法的优点是：改善表土结构，减少土壤团粒结构的破坏，减少犁底层厚度，促进水分下渗，减少水土流失，降低了由于表土蒸发导致的水分消耗量，稳定土温，提高表土的有机质含量。但免耕法也有不足之处：杂草不易控制，特别是禾谷类杂草，果树病虫害也较严重。

以上各种土壤管理制度，在不同的条件下各有利弊，应根据本地区的自然条件、果树树种、果树生长时期因地制宜地选择一种或多种组合运用。

三、化学除草

果园杂草对果树的危害主要有争夺水分、消耗养分、加重病虫害、影响光照。除草的方法有人工除草、机械除草、覆盖除草、生物除草和化学药剂除草等。我国北方地区果园杂草以禾本科占优势，尤其是马唐属较为普遍，狗尾草属、画眉草、白茅、棉草也较多见。

1. 除草剂的名称

一种除草剂有几种名称，如拉索又称为甲草胺、草不绿、杂草锁。一般除草剂名称有商品名、通用名、化学名、试验代号和其他名称。

除草剂加工成制剂出售的名称叫商品名，一种除草剂常加工成多种制剂，每一种制剂有一个商品名，同一种制剂在不同国家或地区常有不同的商品名。

通用名是指原药的名称（指有效成分）以英文命名，第一个字母小写，世界通用，如拉索的通用名称为 alachlor，苯达松是中文的通用名称（英文 bentazon 音译而来）。

试验代号是除草剂注册销售以前试验阶段用的名称，如拿捕净的实验代号为 NP-55。

化学名称是按化学结构命名，如茅草枯的化学名称是 2，2-二氯丙酸。

我国除草剂的商品名有音译、用途、化学结构或外国公司在外国注册登记的商品名等几种命名方法。我国化工部常以化学结构命名，如都尔叫异丙甲胺；农业部常以译音或用途命名，如茅草枯是按用途命名，其另一个名称叫达拉朋（英文 dalapon 的音译）；百草枯也可用实验代号 PP148 来代表。

2. 除草剂的分类

除草剂根据对作物和杂草的作用分为选择性除草剂和灭生性除草剂。选择性除草剂在合适的用量下能消灭杂草而不伤作物和果树，如 2，4-滴丁酯有较高的选择性，对双子叶植物敏感，但对单子叶植物安全。灭生性除草剂对植物没有选择性，草苗不分，全部消灭，如草甘膦、百草枯、五氯酚钠等，使用灭生性除草剂应防止药液溅落到果树上。

除草剂根据作用方式分为触杀型除草剂和内吸传导性除草剂。触杀型除草剂只能在植物接触的部位起作用，不能被植物吸收或在植物体内传导，故对多年生杂草的地下繁殖器官几乎没有杀灭效果，这类除草剂有敌稗、百草枯等。内吸传导性除草剂是指杂草接触药液后能吸收药液，并运输到其他部位，达到除草效果，如苯氧羧酸类、均三氮苯类、取代脲类都属于内吸传导性除草剂。

除草剂根据使用方法分为土壤处理剂和茎叶处理剂。土壤处理剂是指在出苗前将药液在土壤表面喷洒，使药液在土壤表面成为封闭层，使杂草种子不能发芽或杂草根系吸收药液后使幼苗死亡，如除草醚、氟乐灵及取代脲类、均三氮苯类。茎叶处理剂是在杂草幼苗期或生长期使用的除草剂，如地稗、2，4-D 类拿捕净、稳杀得、草甘膦等。有些除草剂既可进行土壤处理，又可进行茎叶处理，如莠去津（阿特拉津）、地乐胺等。

3. 除草剂的吸收途径

喷洒的除草剂可通过以下途径进入植物体内：

（1）叶面吸收　茎叶处理剂的雾滴在叶面上通过扩散作用进入细胞。叶表皮是由蜡质层和角质层构成，由于除草剂的亲水性与亲脂性的差异，渗入部位也不相同，亲脂性好的渗透快，易通过角质层吸收；亲水性的易通过表皮。除草剂的叶面吸收受许多因素的影响，如植物的形态、叶片的老嫩、气候条件和使用药剂中的助剂等。

（2）根系吸收　根系吸收主要在根尖的根毛区。药剂首先进入根系和皮层的薄壁细胞，经过内皮层、中柱而达到韧皮层。绿麦隆、西玛津等除草剂，主要是根系吸收，故这类除草剂可用于苗前的土壤处理。

（3）茎叶吸收　植物茎部吸收除草剂的量比较少，这主要是由于茎被叶片覆盖的原因，但对某些叶面积较小，茎干粗大的植物，茎部吸收可以同时向上、向下两个方向传导，直接破坏韧皮部组织，阻碍水分和营养物质的输送，使除草剂更易发挥功效。

（4）幼芽吸收　有些除草剂可在种子萌发出土的过程中通过胚芽鞘和胚根吸收而杀死杂草。氟乐灵、甲草胺等除草剂用作土壤处理杀草效果较好，但对出土以后的杂草几乎无效。

进入叶片或茎的角质层或根的表皮层的除草剂，在植物体内的传导主要是通过木质部和韧皮部两种途径来传导。

4. 除草剂在植物体内的作用

除草剂在植物体内的作用除了受除草剂本身及防除对象的影响外，还受环境条件的影响，它的杀草作用是破坏或干扰植物一系列的生理生化过程，使植物的正常生长发育受到抑制以至死亡。其主要的作用是：

（1）抑制光合作用　光合作用是绿色植物体内各种生理生化活动的物质基础。光合作用包括一系列复杂反应。除草剂主要抑制光合作用中的希尔反应，使叶绿素被氧化解体而叶子失绿死亡。有些除草剂是影响糖类的正常代谢，造成植物体内糖分缺乏或积累过多，使光合作用无法进行，最终使植物死亡。抑制光合作用的除草剂占很大比重，如均三氮苯类、取代脲类、酰胺类和氨基甲酸酯类除草剂。此类除草剂使用后光照越强，除草效果越好。

（2）阻碍蛋白质的合成　酶是蛋白质的一种，种子萌发必须将其储藏的淀粉水解为可溶性糖类及其可利用的营养成分。α-淀粉酶是水解所必需的催化酶，施用2，4-滴丁酯、灭草灵等除草剂，可干扰种子内α-淀粉酶的形成，使植物不能正常萌发而死亡。茅草枯杀死植物的原因是干扰了植物体内泛酸的合成，使脂肪酸和糖的代谢无法进行，植株生长受到抑制而死亡。干扰植物蛋白质代谢的除草剂还有草甘膦等。

（3）破坏植物的呼吸作用　呼吸作用是植物的主要生命活动过程。植物的生长还依靠三磷酸腺苷（ATP），它是碳水化合物分解过程中氧化磷酸化作用产生的，它储存的能量供植物生长、生化反应和养分的吸收运转。有些除草剂，如地乐酚，在低浓度时抑制氧化磷酸化作用，高浓度时抑制氧的吸收，使三磷酸腺苷合成受阻，导致植物死亡。

（4）干扰植物激素的作用　植物体内的激素是调节其生长、发育、开花、结果不可缺少的物质。激素类型的除草剂可以破坏植物生长的平衡，当低浓度时对植物有刺激作用，如导致生长畸形或扭曲；高浓度时可抑制或杀死杂草。激素型除草剂包括苯氧羧酸类（2，4-

滴丁酯等）和苯甲酸类（百草敌等）。还有一些除草剂与植物体内的激素产生拮抗作用，如毒草胺被禾本科植物吸收后与吲哚乙酸产生拮抗作，使其丧失活性而死亡。

此外，氟乐灵、禾草灵等除草剂还有抑制植物分生组织和根尖细胞正常分裂的作用。

5. 除草剂的选择性原理

除草剂之所以能杀死杂草而不伤害作物和果树，其原因是除草剂有选择性。除草剂的选择性是通过形态选择、时差选择、位差选择、生理选择、生化选择和利用解酶剂获得选择性。

任务2　施肥（一）

【知识目标】

掌握各类果树在不同时期对主要元素的需求特点；掌握各类肥料的特点及施用方法。

【能力目标】

能够选择适合果园土壤施用的肥料种类，确定施肥时期、施肥方式，能对肥料进行合理的混合。

【基本知识】

合理施肥是果树优质高产的重要保障。正确的施肥方案应考虑果树对养分的需求特点、土壤中各种养分的含量状况、每种肥料的性质和特点等。果园施肥的原则：在养分需求与供应平衡的基础上，坚持用地与养地相结合，坚持营养元素供给与微生物调节相结合，坚持果树产量与环境效益相结合。

一、果树需肥特点

1. 果树营养的阶段性

大多数果树属于多年生木本果树，即果树不同年龄时期的发育方向不同，器官建造类型不同，对养分的需求量和比例也就不同，其一生的需肥特点具有较强的阶段性。成龄果树需肥量大于幼龄果树。幼树阶段的果树以营养生长为主，主要完成树冠和根系的发育，同时形成树体营养的积累，此时氮素是营养主体，钾肥能促进树体生长。结果期则转入以生殖生长为主，而营养生长逐步减弱，此时应增加磷素的供应量。衰老期提高氮素供应量能延缓其生长势的衰退，适当增加钾肥的施用量能增强果树的抗逆性；成年果树一年内的需肥特点也具有较强的阶段性，大多数果树新梢旺长与花芽分化同时进行，此时需要氮、磷的供应，但供应量过大则造成新梢过旺生长反而抑制花芽分化，因此，适量是解决其需肥矛盾的关键。由于果树在结果的前一年就形成花芽，并储存养分以备来年春季生长和开花结果，根系在秋季生长速度较快，故秋季施基肥效果较好。

2. 果树生长的立地条件

果树根系分布的土层较深，根系稀疏，而且对养分的需求量较大，树体生长既取决于耕作层养分的供应状况，也取决于下层土壤的肥力高低。因此，需选择熟土层较深的土壤进行栽培。由于果树长期生长在同一地，加之长期按比例从土壤中选择吸收营养元素，必然造成部分营养元素的贫乏。因而在肥料供应上，必须以改善深层土壤结构为前提，增施有机肥料，追施富含多种营养元素的复合肥料，重施含有易缺元素的肥料，并适当增加施肥深度，提高肥料利用率。多数果树采用无性繁殖，不同砧穗组合直接影响果树的生长结果和对养分的吸收。选择高产优质的砧穗组合不仅可以缓解果树的缺素症，还可以节省肥料。

3. 果树营养需求的个体差异

不同树种的生理特点和根系分布不同，对各营养元素的需求量和需求比例不同，因此，要根据果树树种、树龄和土壤条件来确定正确的施肥方案。

二、肥料种类

根据肥料的成分和生产工艺常将肥料分为有机肥、化肥、微生物肥料。根据施肥时期将肥料分为基肥、种肥和追肥。根据肥料中养分被果树吸收的快慢将肥料分为速效肥料、缓效肥料、控释肥料。

果树具有阶段营养期，所以，施肥的任务不是一次就能完成的。对大多数果树来说，施肥应包括基肥、种肥和追肥三个时期（或种类）。每个施肥时期（或种类）都起着不同的作用。

基肥，常称为底肥，是指能较长时间供应果树多种养分的基础性肥料。其作用是双重的，一方面是培肥和改良土壤，另一方面是供给果树一年或多年生长发育时期所需要的养分。通常多用有机肥料，配合一部分化学肥料作为基肥。基肥的施用应按照肥土、肥树、土肥相融的原则施用。基肥一般在秋季施用，因为此时是根系的生长高峰，伤根易于愈合，能提高养分储备水平，增强抗逆性，也有助于花芽的分化和充实。

种肥是树苗定植时施在幼树根系附近的肥料。其作用是给幼苗生长创造良好的营养条件和环境条件。因此，种肥一般多用腐熟的有机肥或速效性的化学肥料及微生物制剂等。同时为了避免果树根系受害，应尽量选择对根系腐蚀性小或毒害轻的肥料。凡是浓度过大、过酸或过碱、吸湿性强、溶解时产生高温及含有毒性成分的肥料均不宜作为种肥施用。例如，碳酸氢铵、硝酸铵、氯化铵、过磷酸钙等均不宜作为种肥。

追肥是根据果树各营养期需肥特点，在果树生长过程中施入的肥料。其作用是及时补充果树在生长发育过程中所需的养分，以促进植物进一步生长发育，提高产量和改善品质，一般以速效性化学肥料作为追肥。

1. 有机肥料

有机肥料是指利用各种有机物质进行积制的自然肥料的总称。有机肥料资源极为丰富，品种繁多，几乎一切含有有机物质并能提供多种养分的材料都可用来制作有机肥料。目前，人们通过大规模堆积加工制成了具有商品名称的有机肥。根据其来源、特性和积制方法，有机肥料一般可分四类：第一类是粪尿肥，包括人粪尿、家畜粪尿及厩肥、禽粪、海鸟粪及蚕沙等；第二类是堆沤肥，包括堆肥、沤肥、秸秆直接还田利用及沼气池肥等；第三类是绿肥，包括栽培绿肥和野生绿肥；第四类是杂肥，包括泥炭及腐殖酸类肥料、油粕类肥料、泥

土类肥料、海肥和农盐及生活污水、工业污水、工业废渣等。

（1）有机肥的特点

1）养分全面。有机肥料不但含有果树生长必需的各种元素，而且还富含包括腐殖酸在内的有机质。因此，有机肥料是一种完全肥料。

2）肥效缓慢。大多数营养元素以有机物形态存在，一般要经过微生物的转换才能被果树吸收利用，肥效持续时间长，释放速度慢。所以，有机肥是一种缓效肥料。

3）含有生长活性物质。有机肥料含有大量微生物，施入土壤后又能促进土壤微生物的生长。各类微生物分泌物中含有酶、维生素、生长刺激素和抗生素等。

4）改土保肥。有机肥料经过堆沤、腐熟处理施入土壤，能够增加土壤有机质含量，改善土壤的理化性质，增加土壤的保水保肥性。

5）养分含量低。有机肥料养分含量低，施用量大，施用时比较费工。

6）施用前需进行适当处理。大部分碳氮比较大的新鲜有机肥，为避免施入土壤后果树与分解有机物的微生物争夺氮素，应将新鲜有机肥腐熟后或补充氮、磷素后再施入土壤。人的粪尿或家畜粪尿施用前一般应进行无害化处理。

（2）发展有机肥料的意义　无论是有机农业还是无机农业均离不开有机肥料，因为，施用有机肥料不仅是不断维持与提高土壤肥力从而达到农业可持续发展的关键措施，也是农业生态系统中各种养分资源得以循环、再利用和净化环境的关键一链，有机肥还能持续、平衡地给作物提供养分从而显著改善作物的品质。因此，常有人将农业生产中的有机肥比作医药上的“中药”，虽然没有像化肥那样作用迅速，但有机肥医治和改善土壤环境的意义远比化肥来得更重要。

2. 化肥

化学肥料是由化肥厂将初级原料经过物理或化学工艺产生的肥料，简称化肥。其主要成分是无机化合物，也有化肥是以有机态形式存在的（如尿素）。

化肥按照其所含的营养元素的数量可分为单元素肥料和复合肥料。肥料中只含氮、磷、钾元素中的一种元素称为单元素肥料；肥料中含氮、磷、钾元素中两种或两种以上元素称为复合肥料。肥料中含有农药等其他成分的称为多功能肥料。

（1）氮肥　氮肥的品种很多，按氮肥中氮素化合物的形态可分为三类，即铵态氮肥、硝态氮肥和酰胺态氮肥。各类氮肥有其共同性质，但也各有特点。同类氮肥中的各个品种也有其各自的特殊性质。

1）铵态氮肥。凡氮肥中的氮素以铵离子（NH_4^+）或氨（NH_3）形式存在的，称为铵态氮肥，如碳酸氢铵、硫酸铵、氨水等。它们的共同特点是：易溶于水，是速效养分，作物能直接吸收利用，能迅速发挥肥效。肥料中的铵离子能与土壤胶体上吸附的各种阳离子进行交换作用，可为土壤胶体所吸附，使铵态氮素在土壤中移动性变小而不易流失。遇碱性物质分解，释放出氨气而挥发。尤其是液体氮肥和不稳定的固体氮肥（碳铵）本身就易挥发。与碱性物质接触则挥发损失更为严重。因此，施用铵态氮肥时应深施。在通气良好的土壤中，铵态氮肥可进行硝化作用，转化为硝态氮，使氮素易流失。

2）硝态氮肥。硝态氮肥是指肥料中的氮素以硝酸根（NO_3^-）的形态存在，如硝酸钠、硝酸铵、硝酸钙和硝酸钾等。硝酸铵兼有铵态氮和硝态氮，但通常仍把它归为硝态氮肥中，其共同特点：一是易溶于水，是速效性养分，吸湿性强；二是硝酸根离子不能被土壤胶体吸附，在土壤溶液中随土壤水的运动而移动；三是在一定条件下，硝态氮可经反硝化作用转化为游离的分子态氮（N_2）和各种氧化氮气体（NO、N_2O 等）而丧失肥效；四是大多数硝态氮肥易燃、易爆，在储存、运输中要注意安全。

3）酰胺态氮肥。凡含有酰胺基（$—CONH_2$）或分解过程中产生酰胺基的氮肥，称为酰胺态氮肥，如尿素和石灰氮肥料。它们的共同特点是尿素分子在土壤中易淋失。尿素在土壤脲酶作用下可水解转变为碳酸铵。尿素在生产过程中会生成缩二脲，缩二脲能抑制种子萌发和幼苗生长。因此，尿素不宜作为种肥。尿素适合作为根外追肥。

（2）磷肥　根据磷肥的溶解性，可将磷肥分为水溶性磷肥、弱酸溶性磷肥（枸溶性磷肥）和难溶性磷肥。水溶性磷肥有过磷酸钙肥、重过磷酸钙、硝酸磷肥；弱酸溶性磷肥（枸溶性磷肥）有钙镁磷肥、钢渣磷肥等；难溶性磷肥有磷矿粉、骨粉等。磷肥在土壤中移动性差，同时又易被土壤固定。为了提高磷肥的利用率，必须针对其易被固定的特点，尽量减少其与土壤的接触面积和增强其与根系的接触面，进行合理施用。磷肥施用方法：一是集中施用。一般采用条施或穴施。二是与有机肥料混合施用。过磷酸钙与有机肥料混合施用，能减少与土壤的接触面，并且有机肥料中的有机胶体对土壤中三氧化物起包被作用，减少水溶性磷的接触固定。三是分层施用。由于磷在土壤中移动性小及作物在不同生育期根系的发育与分布状况不同，因此最好将磷肥施到植物活动根群附近。

（3）钾肥　钾肥包括硫酸钾、氯化钾和窑灰钾肥，除可作为基肥或追肥以外，还可作为种肥和根外追肥。作为基肥时，应采取深施覆土，因深层土壤干湿变化小，可减少钾的晶格固定，提高钾肥利用率。作为追肥时，在黏重土壤上可一次施下，但在保水与保肥力均差的沙土上，应分期施用，以避免钾的损失。硫酸钾可作为根外追肥，浓度以2%～3%为宜。生产中氯化钾的氯离子对葡萄、桃树、柑橘均有不良影响，施用时应慎重。为防止氯离子中毒，一般在施用氯化钾后应进行灌溉，将氯离子排出土壤。窑灰钾肥及草木灰的碱性较强，施用时不要与铵态氮肥、磷肥混合施用。

（4）复合肥料　复合肥料的特点：一是养分种类多，含量高；二是物理性状好；三是副成分少，对土壤性质的不良影响少；四是养分吸收利用率高；五是养分比例相对固定，难以满足施肥技术的要求。肥料混合的原则：肥料混合时不会造成养分的损失或有效养分的降低；不会产生不良的物理性状；有利于提高肥效和工效。

特别注意：铵态氮肥、磷肥都不与碱性肥料混合；过磷酸钙不与碳酸氢铵混合。

3. 微生物肥料

微生物肥料是指人们利用土壤中一些有益微生物制成的肥料，传统称作菌肥。它是以微生物生命活动的过程和产物来改善植物营养条件，发挥土壤潜在肥力，刺激植物生长发育，抵抗病菌危害，从而提高植物产量和品质的。它不像一般的肥料那样直接给植物提供养料物质。一般微生物肥料中含有大量有益微生物菌株，如芽孢杆菌、乳酸菌、光合细菌、酵母菌等。

（1）微生物肥料的作用

1）增加土壤养分。提高土壤养分的有效性微生物肥料中的根瘤菌能同化大气中的氮气，把空气中的游离态氮素还原为植物可吸收的含氮化合物，增加土壤养分。生物菌肥中的钾细菌、磷细菌能够分解长石、云母等硅酸盐和磷灰石，使这些难溶性的磷、钾转化为有效性磷和钾，提高土壤养分的有效性，改善植物营养条件。对于移动缓慢的元素，如锌、铜、

钙等元素，微生物肥料也有加强吸收的作用。

2）刺激作物生长，增强植物抗病和抗旱能力。增强作物抗性的微生物在繁殖中能产生大量的植物生长激素，刺激和调节植物生长，使植株生长健壮，促进植株对营养元素的吸收。同时，微生物肥料由于在植物根部大量生长繁殖，抑制或减少了病原微生物的繁殖机会，减轻对植物的病害。例如，微生物肥料中的“5406”抗生菌能提高植物抗病能力，防止根腐病的发生。微生物肥料还可增加水分吸收，利于提高植物的抗旱能力。

3）微生物肥料的施用量少，生产成本低，还可以减少化肥施用对环境造成的污染。微生物肥料对提高农产品品质，如蛋白质、糖分、维生素等的含量有一定的作用，有的可以减少硝酸盐的积累，在某些情况下，品质的改善比产量提高好处更大。

（2）微生物肥料的特点

1）微生物菌剂的核心是起特定作用的微生物，即人工选育出来的菌种，并非随便分离一个菌种即可用于生产。这些生产菌种必须不断选育，即有一个不断更新的过程，有的菌种还需要不断纯化和复壮。例如，用于生产根瘤菌肥的菌种就不宜长期连续试管传代，应该隔一定时间使其回到原寄主植物根部结瘤，然后再重新分离出来，以保持它的良好的侵染结瘤能力和固氮能力。

2）微生物菌剂作用的基础是活的微生物。无论哪一种微生物制品都必须由大量的、纯的和有活性的微生物组成。微生物菌剂也是一种生物制品，数量和纯度是衡量一个微生物菌剂质量好坏的重要标志。当一种微生物菌剂中特定的微生物数量下降到某一数量时，其肥效和作用也就不存在了。因此，微生物菌剂是有一定的有效期的。

3）微生物菌剂中的特定微生物必须是经过鉴定的，它们必须是对人、畜、植物无害的。有些微生物在其生长、繁殖过程中也有一定的肥效作用，如某些假单胞菌可以产生刺激素或有的可以产生溶解某些营养元素的作用，但其本身又是人类、动物或植物的病原菌，所以，这类微生物是不能作为菌种来生产微生物菌剂的。

（3）几种主要的微生物菌剂

1）根瘤菌菌剂。根瘤菌菌剂是指含有大量根瘤菌的微生物制品。根瘤菌是一类可以在豆科植物上结瘤和固氮的杆状细菌，可侵染豆科植物根部，形成根瘤，与豆科寄主植物形成共生固氮关系。根瘤菌的各个菌株只能感染一定的豆科植物，两者的共生关系具有专一性，也就是说不是任何根瘤菌和任何豆科植物都可以形成根瘤，各种根瘤菌都必须生活在它们各种相应的豆科植物上，才能建立共生关系形成根瘤。一般在果园土壤中使用较少。

2）固氮菌菌剂。固氮菌菌剂是指含有好气性的自生固氮菌的微生物制剂。固氮菌也能固定大气中的游离态氮，但与共生固氮菌（根瘤菌剂）不同，它不侵入根内形成根瘤与豆科植物共生，而是利用土壤中的有机质或根分泌物作为碳源，直接固定大气中的氮素。它本身也能分泌某些化合物，如维生素 B_1、维生素 B_2 和维生素 B_{12} 及吲哚乙酸等，刺激植物生长和发育。只有固氮菌在土壤中占优势和适宜的环境条件下，固氮作用才能表现出来。满足固氮菌生活所必须的条件是进行固氮的前提。固氮菌固氮的条件：①固氮菌只有在碳水化合物丰富而又缺少化合态氮的环境中，才能充分发挥固氮作用。大多数固氮菌剂在土壤中的碳氮比均低于（40～70）∶1时，固氮作用停止。②最适宜pH为6.5～7.5，酸性土壤中施用石灰，有利于提高固氮效率。③固氮菌是好气性微生物，要求土壤通气状况良好，但氧化还原反应电位不能过高。④固氮菌对湿度要求较高，以在田间持水量的60%～70%生长最好。

⑤固氮菌是中温性微生物，最适宜在25～30 ℃生活，温度过高，造成固氮菌死亡。一般要求每亩使用500～1000亿个活菌数。

3）磷细菌菌剂。磷细菌菌剂是指施用后能够分解土壤中难溶态磷的细菌制品。土壤中有一些种类的微生物在生长繁殖和代谢过程中能够产生一些有机酸（如乳酸、柠檬酸）和一些酶（如植酸酶类物质），使固定在土壤中的难溶性磷，如磷酸铁、磷酸铝及有机磷酸盐矿化成植物能利用的可溶性磷，供植物吸收利用。目前，主要研究和应用的解磷微生物有以下几种：土壤解磷微生物包括细菌、真菌和放线菌等，如芽孢杆菌、巨大芽孢杆菌、蜡状芽胞杆菌及假单胞菌（如草生假单孢菌）。

4）硅酸盐菌剂。硅酸盐细菌中的一些种在培养时产生的有机酸类物质能够将土壤中的钾长石矿中的难溶性钾溶解出来供植物利用，一般将其称为钾细菌，用这类菌种生产出来的菌剂叫硅酸盐菌剂。目前，已知芽孢杆菌属中的一些种，如胶质芽孢杆菌、软化芽孢杆菌、环状芽孢杆菌等能利用含磷、钾的矿物为营养，并分解出少量磷、钾元素。硅酸盐菌剂多应用于土壤有效钾极缺的地区。

5）其他微生物菌剂。其他微生物菌剂还包括：

① VA菌根菌剂。菌根是土壤中某些真菌侵染植物根部，与其形成的菌根共生体。其中，由内囊霉科真菌中多数属、种形成的泡囊称为丛枝状菌根，简称VA菌根。它与农业关系非常密切。现已肯定了VA菌根至少可与200个科20万个种以上的植物进行共生生活。VA菌根的菌丝具有协助植物吸收磷素营养的功能，对硫、钙、锌等元素的吸收和对水分的吸收也有很大的促进作用。也就是说，接种VA菌根可增强植物对一些营养元素的吸收，从而起到增加产量、改善品质、提高养分利用率等多方面的作用。

② 抗生菌菌剂。抗生菌菌剂是指用能分泌抗菌物质和刺激素的微生物制成的微生物肥料制品，菌种通常是放线菌。我国曾用过多年的“5406”即属于此类。这种菌剂不仅具有肥效且抑制一些植物的病害，刺激和调节植物生长。经常以饼土接种堆制，发酵成品可拌种，或者作为底肥。

③ 复合（复混）微生物菌剂。复合（复混）微生物菌剂是指两种或两种以上的微生物或一种微生物与其他营养物质复配而成的微生物菌剂制品。复合（复混）的目的在于提高接种效果，有两种类型：一是两种或两种以上的微生物复合（或复混），可以是同一微生物的不同菌系，或者是不同微生物菌种的混合，复合的菌种间不应存在拮抗作用；二是一种微生物和其他营养物质复配，即微生物菌剂可分别与大量元素、微量元素、植物生长激素等复合，但由于添加的营养物质多半是盐类，这些盐类对菌种无疑会产生失活作用。因此，这种复合微生物菌剂中的微生物多半应该是能形成休眠孢子的微生物，当它们被施入土壤后就萌发繁殖。然而，施用这类微生物菌剂所需要的土壤条件值得进一步研究，以便能使这类菌剂的效果更好。

（4）微生物菌剂的施用方法　微生物菌肥因是生物活体肥料，其特殊的成分决定了它必须有特定的使用条件。土壤环境条件会影响菌肥的使用效果，如温度、光照、土壤水分、酸碱度及使用方法等，所以在使用的时候就需要考虑到这些方面。

1）穴施。亩用量10～20 kg，适用于苹果、梨树、猕猴桃、柑橘、葡萄、枣、桃、石榴、荔枝、香蕉、苗木等，在果树树冠垂直下方挖4～6个土穴或环形沟，深度见须根，撒入菌肥，浇水盖土即可。

2）蘸根。亩用量1500～2000 g，适用于育苗移栽的植物，将菌肥以1∶1同黄土拌匀兑少量水搅拌成糊状，蘸根后移栽。

3）沟施。亩用量1000～1500 g，也可以1∶1同黄土拌匀后沟施。

4）撒施。亩用量20～50 kg，也可以1∶1同黄土拌匀后撒施。加大施用量后，可以达到加快改善土壤环境的目的。

5）浇施。亩用量1000～1500 g，以1∶50兑水，适用于育苗后移栽的植物，移苗后浇定根水。

6）追肥。按1∶100比例与农家肥、有机肥搅拌均匀，加水堆闷3～7天后施用，或者直接埋入果树根部周围。

注意事项：

① 应用微生物菌肥后通常不能再使用杀菌剂。因为微生物中的有益菌能够被用到土壤中的杀菌剂杀灭。所以，杀菌剂不能与微生物菌肥同时使用。

② 调控好地温。一般菌肥中的微生物在土壤18～25 ℃时生命活动最为活跃，15 ℃以下时生命活动开始降低，10 ℃以下时活动能力已很微弱，甚至处于休眠状态。

③ 调控好土壤的湿度。土壤含水量不足不利于微生物的生长繁殖。但土壤在浇水过多，透气性不良，含氧量较少的情况下也不利于微生物的生存。因此，合理浇水也很重要。一般情况下，浇水应选在晴天上午进行，因为这段时间内浇水有利于地温的恢复。浇水后还应及时进行划锄，以增加土壤的透气性，促进微生物的生命活动。

④ 注意施足有机肥。微生物的功效是在土壤有机质丰富的前提下才能发挥出来的。如果土壤中的有机肥施用不足，微生物就会因食物缺乏而使用效果不良。如果土壤中的有机质供应充足，微生物菌肥中的益生菌就会大量的繁殖，从而增强对有害菌的抑制。

⑤ 多种微生物菌肥不宜同时使用。应用微生物菌肥时最好只使用一种，不宜将含有不同有益菌的多种微生物菌肥同时使用，更不应经常更换使用不同种类的微生物，这是因为微生物菌肥要发挥作用就需要有益微生物大量繁殖。

（5）微生物肥料的质量要求　一种好的微生物肥料在有效活菌数、含水量、pH、吸附剂颗粒细度、有机质含量、杂菌率及有效保存期等方面都有严格的要求。根据我国标准规定，液体微生物肥料每毫升应含5亿～15亿个活的有效菌。固体微生物肥料每克含活的有效菌为1亿～3亿个，含水量以20%～35%为宜，吸附剂细度在0.18 mm左右，吸附剂的细度越细，吸附的有效菌就越多。pH为5.5～7.5，杂菌率低于15%～20%，不含致病菌和寄生虫，有效保存期不少于6个月。

三、基肥的施用

果树基肥一般是在秋季果实采收时进行的。磷肥在土壤中移动性较差，果树对磷肥的吸收较慢，同时磷肥易被土壤固定，因此，磷肥作为基肥效果较好。磷肥与有机肥混合施用，既能增加土壤有机质含量，又能减少磷肥的损失，提高磷肥的利用率。磷肥和有机肥配合时加入一定量的速效氮、钾肥，能为下一年春季果树开花坐果提供营养。

基肥的施用方式有环状沟施肥、放射状施肥、条沟施肥、集中穴施肥、分层施肥和随水浇施。

1. 环状沟施肥

环状沟施肥多用于幼树，在树冠投影的外缘施肥。挖深 40 ~ 60 cm、宽 30 ~ 50 cm 的环状沟，再将肥料与土壤混合施入，覆平即可，如图 4-1a 所示。注意来年再施肥时可在第一年施肥沟的外侧再挖沟施肥，以逐年扩大施肥范围。

2. 放射状施肥

放射状施肥是在距树木一定距离处，以树干为中心，向树冠外围挖 4 ~ 8 条放射状直沟，沟深、宽各 50 cm，沟长与树冠相齐，肥料施在沟内，来年再交错位置挖沟施肥，如图 4-1b 所示。

3. 条沟施肥

条沟施肥也是追肥的一种方法，即开沟条施肥料后覆土。一般在距离树干处向外挖深、宽各 40 ~ 60 cm 的条状沟，将肥料施入后，再填入土壤覆平，如图 4-1c 所示。注意每年进行条沟施肥时都应更换位置。

4. 集中穴施肥

集中穴施肥是在树盘周围及树冠下挖穴，将肥料施入后覆土，如图 4-1d 所示。其特点是施肥集中，用肥量少，增产效果较好。注意每年进行集中穴施肥时都应更换位置。

5. 分层施肥

将肥料按不同比例施入土壤的不同层次内。

6. 随水浇施

在灌溉（尤其是喷灌或目前市场上的冲施肥）时将肥料溶于灌溉水而施入土壤的方法称随水浇施。这种方法多用于追肥。

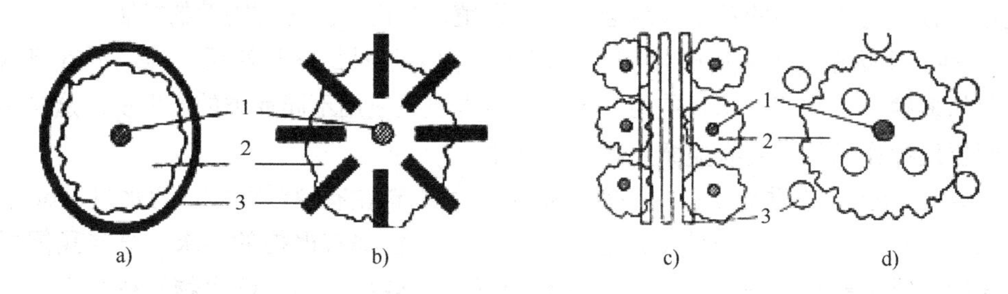

图 4-1　基肥施用方式

a）环状沟施肥　b）放射状施肥　c）条沟施肥　d）集中穴施肥

1—树干　2—树冠　3—施肥部位

任务 3　施肥（二）

【知识目标】

掌握施肥量的计算方法；了解主要果树种类的需肥特点和施肥时期。

【能力目标】

能够根据果园土壤条件、果树种类、肥料性质和栽培方式制订施肥方案。

【基本知识】

一、施肥量的控制

确定果树施肥量是一个比较复杂的问题。正确地估算施肥量可以减少投资、提高经济效益。然而，一个比较合理的施肥量的估算还取决于果树种类及计划产量水平、土壤类型及其供肥能力、肥料品种及其利用率、气候因素及经济因素等的综合影响。所以，确定施肥量的最可靠的方法是在总结果农对果树丰产施肥经验的基础上进行肥料的适量试验，通过多年的科学试验，找出果实产量与施肥的相应关系，作为科学施肥和经济用肥的依据。目前，我国正在进行一次施肥技术上的重大改革——配方施肥，它是综合运用现代农业科技成果，根据植物需肥规律，以及土壤供肥性能与肥料效应，在施用有机肥为基础的条件下，产前提出氮、磷、钾或微肥的适宜用量与比例，以及相应的施肥技术。施肥量的计算是配方施肥的一部分，而且其估算方法较多，如养分平衡施肥估算法、试验施肥法、田间试验肥料效应函数估算法、土壤有效养分系数法、土壤肥力指标法、土壤有效养分临界值法等。这里仅介绍前两种。

1. 养分平衡施肥估算法

养分平衡施肥估算法是根据植物计划产量需肥量与土壤供肥量之差计算施肥量。计算公式如下：

果树施肥量 =（目标产量所需养分总量 - 土壤供肥量）/（肥料中养分总量 × 肥料当年的利用率）

目标产量所需养分总量 = 目标产量 × 每形成 100kg 果实产量需吸收养分量

土壤供肥量 = 土壤养分测定值 ×0.25 × 校正系数

每亩果树施肥量 =（目标亩产量 × 每形成 100 kg 果实产量需吸收养分量 - 土壤养分测定值 × 0.25 × 校正系数）/（肥料中养分总量 × 肥料当年的利用率）

式中的肥量均以 N、P_2O_5和 K_2O 计算。

从上式所列决定施肥量的各项参数来看，肥料中有效养分含量因肥料种类的不同而差异较大，一般在肥料外包装可以查找到。每形成 100 kg 果实产量需吸收养分量、校正系数、肥料当年的利用率三大参数按下面方法确定。

（1）根据果树计划产量求出所需养分总量　不同果树在整个生长周期内，为了进行营养生长和生殖生长，需从土壤（包括所施肥料）中吸收大量养分，才能形成一定数量的经济产量。不同果树由于其生物学特性不同，每形成一定数量的经济产量，所需养分总量是不相同的（表 4-2）。

表 4-2　不同果树形成 100 kg 果实产量需从土壤中吸收养分的大致数量（单位：kg）

养分 吸收数量 果树种类	N	P_2O_5	K_2O
苹果（国光）	0.30	0.08	0.32
梨（二十世纪）	0.47	0.23	0.48
桃（白凤）	0.48	0.20	0.76
葡萄（玫瑰露）	0.60	0.30	0.72
枣（鲜枣）	1.8	1.3	1.5

应当指出，若栽培管理不善，果树经济产量在生物学产量中所占比重小，而每形成一定数量的经济产量，从土壤中吸收的养分总量相对却较多。因此，所列资料仅供参考。

例如，某盛果期红富士果园，根据花芽量确定计划产量为 3000 kg，通过表 4-2 计算每亩果树计划产量所需养分总量。

目标产量所需 P_2O_5 总量 =（目标产量/100）× 每形成 100 kg 果实产量需吸收养分量 =（3000/100）×0.08 = 2.4（kg）。

（2）校正系数　通过土壤养分的测定，计算出土壤中某种养分的含量并不等于土壤当年供给果树该种养分的实际量，必须通过校正换算出土壤当年的实际供给量。

校正系数 = 空白区果树实际吸收量/土壤测定含量 = 空白区产量 × 果树单位产量吸收量/（养分测定值 ×0.25）。

式中，0.25 为根据土壤厚度计算土壤质量的换算系数。果树根系分布越深，系数越大，反之系数变小。不同养分的校正系数不同。同一养分测定方法不同，校正系数也不同。校正系数随土壤的不同、树种的不同而不同。同一土壤，同一树种，土壤养分测定值不同，校正系数不同。

（3）肥料利用率　肥料利用率也叫肥料吸收率，是指一年内果树从所施肥料中吸收的养分占肥料中该养分总量的百分数。通过必要的田间试验和室内化学分析工作，按下式可求得肥料的利用率。

肥料的利用率 =（施肥区树体吸收养分量 − 空白区树体吸收养分量）/（肥料施用量 × 肥料中该养分含量）。

现在也可用同位素法，直接测定施入土壤中的肥料养分进入作物体的数量，而不必用上述差值法计算。常见肥料的当年利用率见表 4-3。

表 4-3　常见肥料的当年利用率

肥　料	利用率（%）	肥　料	利用率（%）
堆肥	20～30	过磷酸钙	25
新鲜绿肥	30	钙镁磷肥	25
人的粪尿	40～60	难溶性磷肥	10
铵态氮肥	60～70	硫酸钾	50
尿素	60	氯化钾	50
碳酸氢铵	55	草木灰	30～40

肥料利用率是评价肥料经济效果的主要指标之一，也是判断施肥技术优劣的一个标准。肥料利用率的大小与果树种类、土壤性质、气候条件、肥料种类、施肥量、施肥时期和农业技术措施有密切关系。有机肥料是迟效性肥料，利用率一般低于化肥。有机肥料利用率在温暖地区或温暖季节高于寒冷地区或寒冷季节；瘠薄地上的利用率显著高于肥地；腐熟程度良好的有机肥料利用率高于腐熟差的。采用分层施肥和集中施肥，需肥临界期与最大效率期施肥都可提高利用率。无论是化肥还是有机肥料，用量越高，当季利用率越低。

土壤供肥量也可按下式计算：

土壤供肥量 =（空白区产量/100）×形成 100kg 果实产量需吸收养分量

2. 试验施肥法

根据不同土壤、树种、树龄进行不同比例和施肥量田间试验的结果，通过比较分析确定施肥量。在制订试验方案时，要根据试验实际施肥经验和果树的需肥特点，并结合土壤养分的丰缺来设计不同的施肥量。这种方法的优点是比较可靠，缺点是必须通过田间试验才能确定施肥量，而且地区差异较大。

二、苹果树的需肥特点及施肥时期

1. 苹果树的需肥特点

苹果树（以红富士为例）需要补充的主要营养元素在整个周年生长过程中吸收利用的量有所不同，所以，施肥需抓住关键时期科学施用。例如，苹果树对氮素的需要量在生长前期最大，新梢生长、花期和幼果期生长都需要大量的氮，但这时期需要的氮主要来源于树体储藏的养分，因此，增加氮素的储藏养分很重要。6 月下旬至 8 月，果树对氮素的需求量减少，如果 7 月、8 月施用氮素过多，必然造成秋梢旺长，影响花芽分化和果实膨大（最容易突破短果枝花芽）。而从采收到休眠前，是根系生长的小高峰期，又是氮素营养的储藏期，对氮肥的需求量又明显回升（果实采收后叶面喷洒一次 0.1% 的尿素效果显著）。果树对磷元素的吸收表现在生长初期（4 月开始），花期达到吸收高峰，5 月中下旬至 6 月下旬为花芽分花期，磷元素一直维持较高水平，直至果实膨大期仍无明显变化。果树对钾元素的需求表现为前低、中高、后低，即 4 月需求量较少，5 月至 7 月逐渐增加，8 月和 9 月果实膨大期达到高峰，后期又逐渐下降。钙元素在幼果期达到吸收高峰，占全年 70% 以上，因此，苹果谢花后 1 周的幼果期到套袋前（谢花后 4 周），补充足够的钙对果实生长发育至关重要。硼元素在花期需求量最大，其次是幼果期和果实膨大期。因此，花期补硼最关键，不仅提高坐果率，而且增加优质果率。锌元素在发芽前需求量最大，到了生长期逐渐减少，补锌元素的适宜时间为 3 月中旬左右（开花前 45 天为宜）。

2. 施肥的最佳时期

1）秋施基肥（俗称“月子肥”）。苹果采收后（7 月下旬至 11 月中下旬），传统的方法是人工挖沟施肥，这次施肥量占全年肥料投入的 70% ~80%。基肥是全年施肥的重点。施肥时，有机肥（腐熟好的农家肥、商品有机肥、豆粕等）、氮肥和中微量元素应搭配合理，这样才能使果树营养达到平衡。

2）5 月下旬追肥。追施氮、磷、钾复合肥有利于幼果期生长和花芽分化。氮肥在 6 月以前使用可增加春梢的生长量。6 月以后应减少氮肥的使用，控制秋梢生长（秋梢长度在 5 ~10 cm 为宜），也有利于后期花芽生理分化。

3）7 月下旬至 8 月上旬果实膨大期，施用优质高钾水冲肥（这个时期人工挖沟施肥容易碰掉苹果，尽量避免人为损失）。

4）苹果树在发芽前（3 月 10 日左右）补锌，开花时期补硼，套袋前（幼果期）补钙，生长前期补氮，果实膨大期补钾，对预防生理病害，提高坐果，促进成花，以及提高光合作用和果品质量起到很好的效果。

三、梨树的需肥特点及施肥时期

1. 梨树的需肥特点

与苹果树相似，梨树每生产 100 kg 果实约吸收 0.4 ~0.6 kg 的氮素、0.1 ~0.25 kg 的五氧化二磷及 0.4 ~0.6 kg 的氧化钾。氮肥的施用对梨树的生长和发育均有很大的影响。在一定范围内适当多施氮肥，有增加梨树的枝叶数量、增强树势和提高产量的作用。但若施用氮肥过量，则会引起枝梢徒长，不仅引起坐果的营养失调，还诱发缺钙等生理病害的发生。梨树对氮素的吸收以新梢生长期及幼果膨大期最多，其次为果实的第二个膨大期，果实采摘后吸收相对较少。对结果的梨树所做的试验表明，配施磷、钾肥较单施氮肥的增高幅度在 50% ~85%。施用磷、钾肥不仅能提高梨树的产量，还能促进根系的生长发育，增加叶片中的光合产物向茎、根、果等部位协同运输。同时，磷肥有十分显著的诱根作用，将磷肥适度深施可促进根系向土壤深层伸展，能显著提高果树的抗旱能力，减少病害的发生。

2. 施肥的最佳时期

1）秋施基肥。基肥在采收后 8 ~9 月早秋施入，正好迎着秋根生长高峰，至上冻前，根系有 2 ~3 个月的生长时期，能使伤根早愈合，并促发大量新的吸收根。

2）花前肥。萌芽前 10 天左右，吸收根开始活动，相继开花芽、叶芽、新梢，然后叶片生长、开花、坐果，需要大量的蛋白质，此期追肥应以氮肥为主。追肥量要大些，追肥后灌水。

3）花芽分化肥。正处于新梢由旺盛生长转慢至停止生长，花芽做分化前的营养准备，也是新旧营养交接的转换期，如果供肥不足或不及时，容易引起生理落果和影响花芽分化。此期应以施三要素或多元素复合肥为好。

4）果实膨大肥。7 ~8 月是梨果迅速膨大期，此期应以钾肥为主，配以磷、氮肥，可提高果品的产量和质量，并可促进花芽分化。

四、枣树的需肥特点及施肥时期

1. 枣树的需肥特点

根据试验，每生产 100 kg 鲜枣需氮（N）1.8 kg、磷（P_2O_5）1.3 kg、钾（K_2O）1.5 kg。枣树所需养分因生育期而不同。萌芽开花期对氮的吸收较多，供氮不足，发育枝和果枝生长受阻，花蕾分化差。开花期，枣树对氮、磷、钾养分的吸收增加。幼果期为根系生长高峰期。果实膨大期是养分需求高峰期，养分不足，果实生长受抑制，落果严重。果实成熟期至落叶期是树体养分进行积累储藏的时期，但仍需要吸收一定数量的养分。

2. 施肥的最佳时期

（1）基肥　施用时间应在秋季落叶前后，一般采用开环状或放射状沟深施。以腐熟有机肥及氮、磷、钾复合肥混合施用并配施多元素矿质肥，以满足果树对中微量元素的需要。

施肥量占全年肥料投入总量的60%～70%为宜。

（2）追肥　一年内追肥以三次为宜。第一次是芽肥，若基肥不足或树势弱时，提前到发芽前施用，这次以氮为主（每棵树施尿素0.5～1 kg），配合复合肥及适量硼肥，以利于提高开花坐果率，对提高产量和品质是十分必要的。第二次为幼果肥，以磷、钾肥为主，也可进行叶面喷肥2～3次，促进果实膨大，提高产量和品质。第三次在果实采收后，以追肥速效氮为主，外加有机肥和矿质肥，有利于第二年生长，为翌年大丰收打下良好的基础。

五、葡萄的需肥特点及施肥时期

1. 葡萄的需肥特点

葡萄的需钾量是梨的1.7倍，是苹果的2.25倍。红提葡萄需氮、磷、钾的比例，幼树为1∶(0.7～1)∶1.5，成龄树为1∶(0.5～1)∶2。一年中葡萄植株对氮素的吸收规律是：从萌芽期开始吸收氮素，吸收量随葡萄的生长而增加，开花期吸收氮素较多。如果将全年的氮素吸收量定为100%，则萌芽期为12.9%，至开花期为51.6%，即开花期前要消耗掉全年氮素量的一半。前期主要靠上一年秋施基肥和萌芽前后施速效氮肥提供的氮素，后期主要靠适量追施氮肥和叶面喷肥提供的氮素。葡萄植株对磷素的吸收规律是：从春季树液流动开始吸收磷素，随着枝叶生长、开花、果实膨大，对磷的吸收量逐渐增多。新梢生长最盛期和果粒增大期对磷的吸收消耗达到高峰。葡萄对磷的需求量比氮和钾都少，一般为氮的50%，钾的42%。施磷过多，果粒着色不良，多为暗红色。在春季葡萄萌芽后，葡萄的根开始从土壤中吸收钾素，一直持续到果实完全成熟。当果粒进入膨大期时，叶片中和叶柄中的钾便向果实移动。开花期和浆果生长膨大期，钾的吸收量较大。有关资料表明，钾在葡萄植株中占三要素（氮、磷、钾）的44.04%，在果实中钾占三要素的61.73%。

2. 施肥的最佳时期

（1）多施有机肥　有机肥能够改良土壤结构，调节水、肥、气、热，增加有机质。要求幼树每年9月至10月施基肥时，每亩至少施有机肥2000 kg。

（2）多施钾肥　建议幼树每年每亩施硫酸钾40 kg左右，成龄树施100 kg左右。

（3）适当施用钙肥　钙是构成植物细胞壁的重要成分，能增强抗病、抗寒能力和果实的耐储性，并能减少果实裂口和枝干裂缝等。最好在果实生长中后期喷施钙尔美或氨基酸钙2～3次。

（4）重视应用微肥　红提葡萄对铁、硼、锌等微量元素和稀土需求量不大，但这些元素直接影响产量和质量。因此，生长期应对症选喷微肥4～5次。

（5）根据各物候期的需求施肥　萌芽至开花期应以氮、锌和硼肥为主，以磷、钙、镁肥为辅。幼果期至转色期，应以磷、钾肥为主，以氮肥为辅。在浆果膨大期至成熟期，应以钾、钙、磷肥为主，以氮肥为辅。采果后的9月至10月间施入基肥，应多施羊粪、鸡粪和油渣等有机肥，以硫酸钾型三元素化肥为辅（一般不施氯化钾型）。

六、桃树的需肥特点及施肥时期

1. 桃树的需肥特点

1）桃树在土壤pH为4.5～7.5时均可生长，最适土壤pH为5.5～6.5。在土壤pH超过7.5的碱性土壤中会出现缺铁、缺锌现象而发生黄叶病、小叶病。

2）对氮肥特别敏感。桃在幼树期若施氮过量，常引起徒长，成花不易，花芽质量差。盛果期又需氮肥多，若氮素不足，易引起树势早衰。果实生长后期若施氮肥过多，常会造成果实味淡，风味差，着色不良。

3）需钾量大。桃树对钾的需要量大，特别是果实发育期，钾的含量为氮的3.2倍。钾对增大果实和提高品质有显著作用。所以，在果实膨大期和成熟期应增加钾肥施用量。

2. 施肥的最佳时期

未挂果的幼桃树，除在定植时施足有机肥等基肥，在每年2月至4月施适量氮肥，以促进发芽抽梢；5月至6月以磷为主，钾次之，氮少施，以免引起徒长；7月至9月以钾为主，磷次之，控制氮或不施氮。逐年增加施肥量。

盛果期桃树施肥：

（1）基肥　秋季果实采收后的9月至10月是施基肥的最佳时期。结合沟施等方法将有机肥混合适量氮肥及全年的磷肥施入土壤。参考用量：一般株产80～100 kg的大树，应施厩肥100～150 kg，钙、磷肥（或过磷酸钙）2～3 kg，硫酸钾1 kg，硼砂50～80 g。

（2）追肥　一年追施四次。第一次为花前肥，在3月至4月花芽膨大时施用，以速效氮肥为主，钾肥为辅，目的是促进新梢和根系生长，提高坐果率。桃树对氯离子比较敏感，追钾肥一般不用氯化钾。第二次为硬核肥，5月至6月硬核期前配合氮、磷、钾肥料少量施用。如果土壤肥沃也可不施硬核肥。第三次为壮果肥，在7月至8月果实迅速膨大时施用，以钾肥为主，配合施用适量磷肥和少量氮肥（也可不施氮肥）。第四次为采后肥，早熟品种在采果后施，中晚熟品种在采果前施，一般于9月下旬进行，结合秋施基肥施入平衡肥。

（3）根外施肥　在生长期，还应根据树体和果实生长发育所需的不同养分进行根外追肥。特别要注意喷施微肥，即在谢花后、果实膨大期和采果前25天，各喷一次3000倍稀土或500倍桃树专用肥。从果实迅速膨大期起，每隔半月喷一次300～350倍磷酸二氢钾，连喷两次，可显著地提高果实的含糖量和品质。

任务4　果园灌水与排水

【知识目标】

掌握果树的需水特点；了解果园的灌水和排水方式；掌握果园需水量的计算方法；了解蓄水保墒技术。

【能力目标】

能根据果园的需水特点计算果园的灌水量，并能采用适当的保墒措施及合理的排水措施。

【基本知识】

土壤水分是土壤肥力的重要指标。土壤水分含量决定土壤养分的移动速度、养分的有效

性、土壤的通气性。果园的灌水和排水直接影响果树的产量和品质，关系着果园的经济效益。

一、果树的需水特点

1. 果树的需水量

果树的需水规律取决于果树在系统发育中形成了对水分不同要求的生态类型，一般而言，果树本身需水量少，并且具有旱生形态性状，如叶片小、全绿、角质层厚、气孔少而下陷的果树或具有强大根系的果树的抗旱力较强。按照抗旱能力和需水量的不同，果树可分为以下三类：抗旱力强的桃、扁桃、杏、石榴、枣、无花果、核桃、凤梨；抗旱力中等的苹果、梨、柿、樱桃、李；抗旱力弱的香蕉、枇杷、杨梅。

2. 不同时期果树对水分的需求

果树在各个物候期对水分的要求不同，需水量也不同。

落叶果树在春季萌芽前，树体需要一定的水分才能发芽。若此时期水分不足，常延迟萌芽期或萌芽不整齐，影响新梢生长。花期干旱或水分过多，常引起落花落果，降低坐果率。

新梢生长期温度急剧上升，枝叶生长旺盛，需水量最多，对缺水反应最敏感，为需水临界期。如果供水不足，则削弱生长，甚至早期停止生长。

花芽分化期需水相对较少，如果水分过多则削弱分化。此时在北方正要进入雨季，如雨季推迟，则可促使提早分化，一般降雨适量时不应灌水。

果实发育期也需一定水分，但过多则易引起后期落果或造成裂果，易造成果实病害，影响产量及果品品质。

秋季干旱，枝条生长提早结束，根系停止生长，影响营养物质的积累和转化，削弱越冬性。冬季缺水常使枝干冻伤。

果树要求的土壤相对含水量为60%～80%，小于60%就应考虑灌水。果树需要水分，但并不是水分越多越好，有时果树适度的缺水还能促进果树根系深扎，提高其抵御后期干旱的能力，抑制果树的枝叶生长，减少剪枝量，并使果树尽早进入花芽分化阶段，使果树早结果，并提高果品的含糖量及品质等。

因此，果园一年中应保证四次关键灌水：

1）春季萌芽展叶期适量水。

2）春梢迅速生长期足量水。

3）果实迅速膨大期保墒水。

4）秋后冬前防冻水。

二、灌水、排水与灌水量

灌溉和排水是果园土壤水分调节的主要方式，我国水资源贫乏，改进灌水方法显得尤为重要

1. 灌水方法

灌水方法应本着节约少用，提高水的利用率，减少土壤侵蚀的原则。具体方法有大水漫灌、树盘浇灌、穴灌、沟灌、畦灌、滴灌、渗灌等。其中，渗灌、滴灌、穴灌和喷灌较省水，大水漫灌时水分浪费最大。

（1）渗灌　渗灌是通过埋于地下一定深度的专用地下管道（一般是双层的，包括输水管道和渗管）将灌溉水输入田间，借助土壤毛细管作用湿润土壤的灌水方法。

渗灌的主要优点是：

1）灌水后土壤仍保持疏松状态，不破坏土壤结构，不产生土壤表面板结，为作物提供良好的土壤水分状况。

2）地表土壤湿度低，可减少地面蒸发。

3）管道埋入地下，可减少占地，便于交通和田间作业，可同时进行灌水和农事活动。

4）灌水量省，灌水效率高。

5）能减少杂草生长和植物病虫害。

6）渗灌系统流量小，压力低，故可减小动力消耗，节约能源。

渗灌存在的主要缺点是：

1）表层土壤湿度较差，不利于植物种子发芽和幼苗生长，也不利于浅根作物生长。

2）投资高，施工复杂，并且管理维修困难；一旦管道堵塞或破坏，难以检查和修理，故灌溉水要经过纱网过滤。

3）易产生深层渗漏，特别是对透水性较强的轻质土壤，更容易产生渗漏损失。

（2）滴灌　滴灌是滴水灌溉技术的简称。它是利用滴灌设备将水增压、过滤，通过低压管道系统与安装在毛管上的灌水器，将水和植物需要的养分一滴一滴，均匀而又缓慢地滴入植物根区土壤中的灌水方法。当需要施肥时，将化肥液注入管道，随同灌溉水一起施入土壤。水源与各种滴灌设备一起组成滴灌系统。滴头和输水管道多用高压或低压聚乙烯等塑料制成，干管、支管埋于地面以下。滴灌水源广，河渠、湖泊、塘、库、井泉都可以，但不宜用过脏或含沙量太大的水。

滴灌不破坏土壤结构，土壤内部水、肥、气、热经常保持适宜于作物生长的良好状况，蒸发损失小，不产生地面径流，几乎没有深层渗漏，是一种省水的灌水方式。滴灌的主要特点是灌水量小，灌水器每小时流量为2~12L。因此，一次灌水延续时间较长，灌水的周期短，可以做到小水勤灌；需要的工作压力低，能够较准确地控制灌水量，可减少无效的棵间蒸发，不会造成水的浪费；滴灌还能自动化管理。

（3）喷灌　喷灌是利用喷头等专用设备把有压水喷洒到空中，形成水滴落到地面和植物表面的灌水方法。

喷灌具有以下优点：

1）减少水分损失。由于喷灌可以控制喷水量和均匀性，避免产生地面径流和深层渗漏损失，使水的利用率大为提高。喷灌一般比地面灌溉节省水量30%~50%，省水还意味着节省动力，降低灌水成本。

2）施肥打药同时进行。喷灌便于实现机械化、自动化，可以大量节省劳动力。由于取消了田间的输水沟渠，不仅有利于机械作业，而且大大减少了田间劳动量。

3）能够保持良好的土壤结构体。喷灌对土壤不产生冲刷等破坏作用，从而保持土壤的团粒结构，使土壤疏松多孔，通气性好，因而有利于增产，特别是蔬菜增产效果更为明显。

（4）穴灌　穴灌是在树冠投影的外缘挖穴，用移动运水工具将水灌入穴中，灌水后将土填埋的灌溉方法。一般穴的直径为30 cm左右，穴深以不伤粗根为度，灌水量以灌满为宜，穴的数量依树冠大小而定一般树木株形较大需挖5~6个穴，株形小的3~4个穴即可。

由于穴灌浸湿根系范围广大而均匀，不会引起土壤板结，灌水量小，简便易行，一般在严重缺水地区采用穴灌。穴灌与施肥同时进行，能实现水肥一体化，提高水分和肥料利用率。劳动量大是穴灌的主要缺点。

2. 果园排水

我国北方，大部分雨量集中在7月至8月。此时，果树因为水分过多会促使徒长，甚至发生涝害。尤其低洼或地下水位较高的果园在雨季易积水，使土壤排水不良，根的呼吸作用受到抑制。因为土壤中水分过多而缺少空气，迫使根进行无氧呼吸，引起根系生长衰弱以至死亡。当果园积水后，应及时排水。平地果园和盐碱地果园要起高垄栽培，也可顺地势在园内及四周挖排水沟，把多余的水顺沟排出园外。水分排出后，应立即扒土晾根，松土散墒，以改善土壤通气条件。

3. 灌水量的确定

适宜的灌水量应使果树根系分布范围内（40～60 cm）的土壤湿度在一次灌溉中达到最有利于生长发育的程度，只浸润表层土壤和上部根系分布的土壤是不能达到灌水要求的，并且多次补充灌溉容易使土壤板结。因此，一次的灌水量应使土壤水分含量达到田间持水量的85%。通过灌溉前对土壤含水量、土壤容重、土壤田间持水量的测定，确定土壤浸润深度后，即可按下面公式计算：

$$\text{灌水量}=\text{灌溉面积}(m^2)\times\text{树冠覆盖率}(\%)\times\text{灌水深度}(m)\times\text{土壤容重}(g/cm^3)\times[\text{要求土壤含水量(质量百分数)}-\text{实际土壤含水量(质量百分数)}]$$

注意：大水漫灌时无法用上式计算。

三、蓄水保墒技术

果园节水技术就是根据果树需水特点和降水情况，通过蓄水保墒、节水灌溉及其他综合措施，达到节水增产的技术。蓄水保墒的基本途径是开源和节流。开源是最大限度拦蓄并利用自然降水，尽可能延长水分在土壤中的存留时间。节流是通过各种方式在满足果树生长发育的水分需要的前提下，尽可能减少水分的损失。

除进行农田基本建设外，土壤的蓄水保墒措施主要包括两个方面：一是改变土壤的大气蒸发条件，从而降低地表的潜在蒸发速度；二是改良土壤结构，增强土壤自身的持水能力。

1. 覆盖

改变土壤蒸发条件的最有效的方法是进行覆盖，可利用泥沙、卵石、秸秆、树叶、枯草、粪肥等材料覆盖，在我国已有悠久的历史，现在人们利用地膜、草纤维膜、乳化沥青、土面增温保墒剂等。覆盖能有效地提高地温、减少蒸发、保持土壤水分。改善土壤结构的措施主要有整地松土、增施肥料与土壤改良剂等，其中以施用有机肥为主，配合施用能胶结土壤颗粒形成一定结构的各种土壤改良剂。同时，对于结构性差、深层渗漏比较严重的土壤，要配合土壤改良措施采取一定的防渗漏措施。通过土壤结构的改良可以起到受墒、蓄墒、保墒三个方面的作用，减少土壤水分无效消耗，提高水分的利用效率。

覆盖栽培能有效地改变农田小气候条件，改变土壤水热状况，从而促进果树生长，提高产量。目前，国内外普遍使用的几种地表覆盖材料有地膜、草纤维膜、秸秆、沥青和土面覆盖剂。其中，地膜覆盖保墒作用最为明显，地膜的主要作用是提高地温、保墒、改善土壤理化性质、提高植物光合效率。在选择地膜时要注意选用无色、透明的地膜。膜的薄厚可根据使用方法选择，如果直接铺在地表则宜选用较厚的膜，如果铺在地下则可以选用较薄的膜。如果即要提高地温又要蓄水保墒，地膜直接铺设在表面；如果只以蓄水保墒为主，则适宜把地膜铺设在表土层下面，即把地膜铺设好后在上面压上 2 ~3 cm 厚的土壤，这样还可以极大地延长地膜的使用寿命。

草纤维是采用麦秸、稻草和其他含纤维素的野生植物为主要原料生产的一种农用纤维膜。其性能接近聚乙烯地膜的使用要求，同时能被土壤微生物降解，是一种很有希望取代聚乙烯地膜的无污染覆盖材料。但其韧性差、横向易裂，所以后期的增温效应和保墒性能远低于聚乙烯地膜。覆草和秸秆覆盖增产的机理在于覆盖后土壤温度变化小，有利于根系生长，提高蒸腾效率，减少覆盖区内干物质无效损耗，不论在丰水年还是欠水年都有明显的保墒作用。

土面增温保墒剂为黄褐色或棕色膏状物，是一种田间化学覆盖物，又称为液体覆盖膜，属油型乳液，成膜物质有效含量为 30%，含水量为 70%，加水稀释后喷洒在土壤表面能形成一层均匀的薄膜。土面增温保墒剂的作用主要包括三个方面：一是用其直接覆盖土壤表面，其所形成的膜可以直接阻挡土壤水分蒸发，减少无效耗水；二是通过减少土壤水分蒸发消耗，从而减少汽化的热量消耗，因而起到了提高地温的作用；三是它具有一定黏着性，与土壤颗粒紧密结合，覆盖地表等于给地面涂上一层保护层，能避免或减轻农田土壤风吹水蚀。

2. 土内蓄水保墒措施

土内蓄水保墒措施是指在土壤中所进行的一系列增强土壤持水能力的技术措施。除了目前使用的保水剂之外，常用的技术措施可分为两大类：一类是增加土壤的疏松度，主要是整地措施；另一类是改变土壤的结构，使其形成利用、保存水分的孔隙度。具体措施主要有增加土壤有机质、增加化学胶结物。土内的蓄水保墒措施一般结合整地同时进行。

3. 防止深层渗漏措施

1）在深层铺设地膜，直接起到阻水的作用。

2）在底层撒施防止水分渗漏的材料，如拒水粉、拒水土等。

3）在底层撒施土壤改良剂，与土壤混合形成阻水层。

这些措施的使用深度主要依据当地的气候条件而定，干旱程度越严重，使用深度应当越深。

【实训 12】果树土肥水管理

一、实训目标

1）通过实训，使学生了解土壤类型，明确土壤改良的重要性和掌握改良与管理方法，有重点地掌握当地适用的方法。

2）通过实际操作，进一步了解肥料种类、施肥方法与肥效的关系；掌握土壤施肥和根外追肥的方法。

通过学习果园灌水和排水，掌握果园的灌水时期和灌水方式。

二、材料与用具

材料：幼年果园或成年果园。土杂肥、绿肥、腐熟液肥、化肥、草木灰、厩肥、硫酸铵、尿素、过磷酸钙、磷酸铵、草木灰或硫酸钾、硼砂等（以上肥料要因地制宜地选择）。

用具：镐、锹、水桶、喷雾器、运肥工具和其他施肥工具。

三、实训内容

1. 果园土壤改良　深翻熟化、压土掺沙、盐碱地的改良

果园土壤的深翻熟化：

（1）作用　改善结构，提高肥力；使根系总量增加；促进根系生长和养分的吸收及地上部分有机物质的合成。

（2）时期　四季均可，但以秋季最好。

（3）方法　具体方法为：

1）扩穴深翻。自定植穴起每年向外深翻。适用幼龄果树。

2）隔行深翻。隔行翻，次年再翻另一行。适用成龄果树。

3）全园深翻。将定植穴以外的土壤一次深翻完毕。适用幼龄果树。

2. 果园土壤管理制度

（1）幼年果园管理　幼年果园管理包括幼年树盘管理和幼年果园间作。

1）幼年树盘管理。树盘，即树冠投影范围。树盘内的土壤可采用清耕或清耕覆盖管理。

2）幼年果园间作。间作物应具备的条件：株形矮小，生育期短，并且与果树需肥水错开，与果树无共同病害和中间寄主，易管理且经济效益高，能培肥土壤。

（2）成龄果园管理　成龄果园管理包括树盘管理和行间管理。

1）树盘（定植沟内）管理　成龄果园的树盘管理包括清耕或清耕覆盖管理。

2）行间管理　行间管理的方法包括清耕法、生草法、覆盖法（薄膜、秸秆、砂石）、免耕法（化学除草剂注意事项）、清耕覆盖法、果园间作。

3. 果园土壤耕作制度

结合果园实际进行春耕（平整土地、灌溉后锄地松土）、夏耕（浅耕地10 cm，并多次耙磨保墒，果园生草）、秋耕（结合施肥深耕20～30 cm）、中耕除草（结合降雨、灌溉耕土除草7～10 cm）。

4. 施肥技术

（1）土壤施肥　根据开沟形状和肥料施用方式的不同，土壤施肥分下列几种：

1）环状施肥。于树冠下沿树冠外缘，挖一宽30～40 cm、深20～40 cm的环状沟，将肥料均匀地施入沟中，然后覆土。基肥、追肥均可采用此方法。

2）放射状施肥。于树冠下距树干1 m左右，以树干为中心，根据树冠大小，向外呈放射状挖6～8条施肥沟，沟宽30～40 cm，深度距树干近处较浅，渐向外加深，约15～40 cm。将肥料施入沟内，然后覆土。此方法适用于成年果园施肥。

3）条沟施肥。以树冠大小为准，于行间或株间开条沟，沟宽40～60 cm，深30 cm左右，将肥料施入沟内，然后覆土。如植株已封行，就在株间开50～60 cm宽的一条大沟即可。条沟一般在相对的两边开，下次施肥时应轮换方向。此方法可采用机械开沟，适用于成年果园的施肥。

4）全园施肥。先将肥料均匀地撒施于地面上，然后将肥料翻入土中，深度约 20 cm。此方法适用于根系已布满全园的结果树，可于冬季结合深耕进行施肥。上述施肥深度适于施基肥，追施化肥则可浅些。

5）灌溉施肥。将肥料溶解在灌溉水中进行土壤施肥。此方法适用于化肥的施用，可结合地面灌溉进行。有喷灌、滴灌设施的，也可结合喷灌、滴灌进行。

（2）根外追肥　使用前将肥料溶于水，配制成一定浓度的原液。施用过磷酸钙或草木灰时应先制成浸出液。根外追肥的常用浓度为：尿素 0.3% ~0.5%；过磷酸钙浸出液 1% ~3%；硫酸钾或氯化钾 0.5% ~1%；磷酸二氢钾 0.5%；草木灰浸出液 3% ~10%；硼砂 0.1% ~0.3%。在树冠下沿树冠外缘挖一宽 30 ~40 cm、深 20 ~40 cm 的环状沟，将肥料均匀地施入沟中，然后覆土。基肥也可采用此方法。

5. 果树灌水

要根据果树各物候期对水分的需要和当地的气候条件，对果树适时灌水和排水，这样才能得到高产、优质的果实。

四、实训作业

1）你认为你所管理的果园应采用哪种土壤改良和管理方法更适宜？

2）结合当地果园实际情况拟订一个果园土壤改良方案。

3）列表说明除草剂的种类、作用、注意事项。

4）土壤深翻熟化的目的是什么？有哪些方法？

5）果园土壤有哪些管理办法？

6）通过操作，体会几种施肥方法，说出它们各有何优缺点。

7）如何根据不同树龄、肥料种类、施肥时期采用不同的施肥方法？

8）列表说明某果树常用根外追肥的时期、肥料种类、作用。

9）根外追肥要注意哪些问题？为什么根外追肥要着重喷在叶背面？

10）果园灌水的关键时期是什么时候？

果树整形修剪

果树整形修剪是果树栽培综合管理中的一个重要环节。科学、合理的整形修剪，可使果树既有一个良好而牢固的树冠骨架，便于田间管理和树体管理；又能充分利用空间、增加枝量、扩大结果面积；还能调节生长和结果的关系，促使幼树提早结果，使成年树生长健壮与高产优质；能改善树体通风透光条件，减少病虫危害，提高果实品质。

任务1　整形修剪的基础知识

【知识目标】

了解整形修剪的概念和重要作用，熟悉其原则和依据，掌握整形修剪的生物学基础。

【能力目标】

能根据当地果树生产情况，运用果树的生物学知识，合理制订不同果树的整形修剪方案。

【基本知识】

一、整形修剪的概念

整形是指按照果树自然生长特性，通过修剪枝条，使树冠形成合理、牢固且具有一定形状的骨架，以达到早果、优质、丰产的目的。

修剪是指在整形的基础上，根据生产的需要，采用多种修剪方法，对果树的枝组进行培养与更新、生长与结果、衰老与复壮的调节。

所以整形和修剪是两项相互依存、相互影响、不可分割的栽培措施，整形是通过修剪来实现的，修剪又必须在整形的基础上进行，二者既有区别又紧密联系。

二、整形修剪的作用、原则和依据

1. 整形修剪的作用

整形修剪的作用主要是培养合理的树体骨架和进行生长与结果的调节，即调整果树与环

境、群体与个体、地上部与根系的平衡关系，调整树体营养器官与生殖器官形成的数量、质量，衰老与复壮等关系，以达到优质、早结果、丰产的栽培目的。整形修剪的作用可概括为以下几点：

（1）培养骨架　通过整形修剪，可培养出结构良好、骨架牢固、大小整齐的树冠，既适应果树的生长习性，又符合栽培管理的要求。

（2）改善树体的光照条件　整形修剪的直接目的是促使叶片的分布趋于合理，以保证每个叶片具备最大的光合效率。正确的整形修剪方法能改善果树内部的光照条件，提高幼树叶面积系数，使成龄树叶幕结构合理分布，充分利用光能，并且可以调整果树个体与群体结构之间的关系，改善果园通风透光条件，更有效地利用空间。

（3）调节果树各器官之间的平衡关系　果树的各器官之间相互竞争，需要通过修剪来进行调整，从而使新梢生长健壮，营养枝、结果枝搭配适当并保持相应的比例，结果与生长协调一致，以保障连年稳产、高产。

（4）调节果树与环境的关系　整形修剪可以调节果树与环境的关系，调节器官形成的数量、质量，调节养分的吸收、运转和分配，从而达到果树生长与结果的平衡。因此，整形修剪的作用实质是通过调节果树与环境的关系来调节果树对养分的吸收，以及营养物质的制造、分配和利用。

2. 整形修剪的原则

（1）整形的原则　整形的基本原则是“因树修剪，随枝做形，有形不死，无形不乱”。要根据各树种的生物学特性来灵活造形，否则，修剪方法不对路则易导致生长与结果的矛盾加剧，出现营养生长过旺或生殖生长盛期过早出现等不正常的情况。所以，在整形中，要做到“长远规划、全面安排、平衡树势、主从分明”，既要重视树体骨架的坚固性，树冠中后期的稳定性和丰产性，又要兼顾到早结果、早丰产、早优质的栽培目的要求。

（2）修剪的原则　修剪的原则是“以轻为主，轻重结合，有利结果，注重效益”。“以轻为主，轻重结合”是指在总修剪量少和修剪程度要轻的基础上，对各级骨干枝、延长枝的修剪要按其生长量和树形要求进行适度重剪以确保其生长势和牢固程度；“有利结果、注重效益”是指要满足果树“早果、优质、丰产”的要求，如对枝组进行抑强扶弱、正确促控、合理用光、发育健壮的科学调控。修剪时要控制合理的枝干比和开张角度。

3. 整形修剪的依据

（1）树种和品种的生物学特性　果树的树种和品种不同，其生物学特性也各不相同，在萌芽力、成枝力、分枝角度、中心干的强弱、结果枝类型、花芽形成难易、对修剪反应的敏感程度等方面都存在明显的差异。因此，必须根据树种和品种的生物学特性，采取有针对性的整形修剪方法，进行科学、合理的修剪。

（2）树龄和树势　果树的不同年龄时期，生长和结果的情况不同，整形修剪的目的和方法也各不相同。在幼树期和初果期，一般长势旺盛，长枝较多，中、短枝较少，并且枝条直立、开张角度小，要适当轻剪并结合开张枝条角度等措施来增加枝量和枝的级次，扩大树冠，提早结果。进入盛果期的树，树体生长趋于稳定，营养生长转为中庸或偏弱，修剪时要适当加大修剪程度，控制和调节开花、结果的数量。搞好更新复壮，防止树势衰老，延长盛果期年限。

（3）栽植密度和栽植方式　栽植密度和栽植方式不同，其整形修剪的方法也不同。一

般栽植密度大的果园，多采用小骨架和小树冠的树形。修剪时要注意开张角度，控制营养生长，促进花芽形成和控制树冠扩大等，以达到早结果、早丰产的目的。对栽植密度小的果园，宜采用大冠树形，修剪时要培养永久性的树体骨架，增加枝条级次和总数量，以便充分利用空间，迅速扩大树冠，成花结果。

(4) 修剪反应　修剪反应是指经上年或连年修剪后树体所表现出来的生长与结果的具体表现。果树的树种和品种不同，对修剪的反应也不同。即使是同一品种，对不同部位的枝条，采用同一种修剪方法，其修剪反应也不相同。因此，从某种意义上讲，修剪反应是修剪的唯一依据，观察修剪反应一要看局部表现，即剪口、锯口下枝条的生长、成花和结果情况；二要看全树的整体表现，以便总结经验，制订出合理的修剪方案。

三、整形修剪的时期

果树的修剪时期一般分为休眠期修剪（冬季修剪）和生长期修剪（夏季修剪）。

1. 休眠期修剪

冬季修剪的具体时间是从果树落叶半个月后到第二年春季萌芽前。果树休眠期储藏养分较充足，地上部经修剪后，枝芽减少，来年可集中利用储藏养分。因此，新梢生长点或剪口芽长期处于生长优势。特别寒冷的地区修剪的最佳时期为冬季严寒过后至春季萌芽前。

冬季修剪的主要任务：一是促使树体扩大，调整骨干枝、辅养枝及枝组的角度、数量、强弱和伸展方向，培养适合某一树种的良好树形和树体结构；二是调整果树个体结构与群体结构，使果树个体结构良好，群体长势均衡，解决树体光照需求与空间利用的矛盾；三是调节枝类比例，疏除病枝、虫枝及徒长枝、密生枝、细弱枝等无用枝条，改变树体对营养的吸收和消耗状况，使地上部和地下部、各主枝间和侧枝间的生长势达到平衡；四是控制叶芽和花芽的比例，使同一棵树上各部位、各器官之间均衡生长发育，维持树势稳定。

随着树龄的增加，各种枝条由成熟到衰老，逐渐远离根系，更新修剪的次数则相应增加。因此，更新修剪也是冬季修剪的任务之一。各年龄时期的果树冬剪的侧重点应该是：幼龄期树是整形，结果期树是培养结果枝组，衰老期树是复壮更新。

2. 生长期修剪

生长期修剪包括春季、夏季、秋季三个季节的修剪。

(1) 春季修剪　春剪时间是从果树萌芽开始到开花前后为止。春季萌芽后修剪，储藏的养分已部分被萌动枝芽消耗，一旦萌动的枝芽被剪，下部芽再重新萌动。由于生长推迟，萌芽后新梢长势差异不明显，可以通过增加中、短枝的数量来提高萌芽率。常用的方法有抹芽、疏枝、回缩、刻芽和环割、环剥等。对旺长树，春季修剪可缓和长势。同时，对提高坐果率和促进幼果发育也有明显效果。

(2) 夏季修剪　由于夏季树体储藏养分较少，修剪又使新梢和叶片数量减少，对整体生长抑制作用较强，所以只要修剪方法运用得当，便可起到促进花芽形成和果实生长及利用二次枝生长来调整和控制母枝长势、培养枝组等作用。常用的方法有开张角度、摘心、扭梢、环剥、疏枝、短截等。但是，果农在生产实践中发现扭梢措施不但费工费力，所结果实往往个小质差。

(3) 秋季修剪　秋季树体各器官逐步进入休眠和养分储藏阶段，适当修剪可起到紧凑树形、改善光照、充实枝芽以及增强越冬性等作用。常用的方法有长梢捋枝、拉枝、别枝以及春秋梢交界附近剪截等。

四、整形修剪的生物学基础

1. 枝、芽特性

（1）芽的早熟性　对不具备早熟芽特性的果树，如苹果，可通过涂发枝素、适时摘心促新梢分枝。

（2）芽的异质性　可在夏季通过拿枝、摘心等方法改善部分芽的质量。

（3）顶端优势　剪掉顶芽，就可以促进侧芽生长，增加分枝数，特别是春季复剪效果更明显。变化枝条的开张角度、调整剪口下所留枝芽的强壮程度及着生姿态都可改变顶端优势。

（4）萌芽率和成枝力　树种、品种、枝条类型和树龄不同，萌芽率不同，在修剪中，常应用开张枝条角度、抑制先端优势、环剥、晚剪等措施来提高萌芽率。一些生长延缓剂，如乙烯利，也可用来提高萌芽率。

成枝力随树种、品种、树龄、树势的不同而不同。一般成枝力强的树种、品种容易整形，但结果稍晚；成枝力弱的树种、品种，年生长量较小，长势缓和，成花、结果较早，但选择、培养骨干枝比较困难。

（5）干性与层性　为了提高品质，干性强的苹果、梨也可采用开心形，密植条件下的桃树也可采用有中心干的树形。干性较强的树种、品种要防止出现“上强下弱”的现象；干性较弱的，要防止"下强上弱"的现象。开心形树形应注意局部更新和培养结果枝组，避免早衰。

对于层性强的树种、品种，宜采用主干疏层形整形，不使层间距过大；而层性较弱的树种、品种，则宜采用开心形整形。密植果园，由于树冠直径减小，冠内透光较好，骨干枝不必强调分层，如柱形、纺锤形树冠，其骨干枝插空排开即可，不宜硬性分层。

（6）潜伏芽的寿命与更新　因果树种类、树龄和管理水平不同，潜伏芽的寿命不同。桃的潜伏芽的寿命短，树冠容易衰弱，必须及时更新。

2. 结果习性

（1）花芽分化时间和开花坐果　如苹果夏季所采用的环剥、扭梢等促花措施要在生理分化之前至孕育盛期进行才效果明显。应用夏季修剪缓与营养生长和生殖生长的矛盾，提高坐果率。

（2）连续结果能力　连续结果能力就是结果枝上当年发出枝条持续形成花芽的能力。连续结果能力强的，修剪时少留一些花芽；反之则多留一些，克服大小年结果现象。

（3）结果枝类型　不同树种、品种的主要结果枝类型不同，如北方品种群桃多以短果枝和花束状果枝结果为主；南方品种群桃多以长、中果枝为主。修剪措施要有利于形成相应的果枝。疏放多一些，有利于形成短果枝和花束状果枝；短截多一些，有利于形成长、中果枝。但也要考虑到不同栽植区域的影响。

（4）最佳结果母枝年龄　根据最佳结果母枝年龄及时更新结果母枝。一般要求保持在2～5年生。

3. 修剪的敏感性

对修剪比较敏感的树种、品种要进行细致的修剪。

4. 年周期和生命周期

根据不同生命阶段和年周期的不同季节，合理安排修剪措施，不浪费树体吸收的营养，使树体尽快进入结果期，并且最大限度地连年高产稳产。

任务2　修剪的基本方法与反应

【知识目标】

掌握果树冬季修剪的基本方法。

【能力目标】

通过讲练结合，使学生能综合运用果树修剪的各种方法并能单独熟练地操作。

【基本知识】

一、冬季修剪的方法与反应

果树冬季修剪的常用方法有短截、疏枝、缓放、回缩等。

1. 短截

短截又叫短剪，即剪去一年生枝的一部分。按剪截长度的不同，短截可分为轻短截、中短截、重短截和极重短截四种方法，如图5-1所示。适度短截对枝条有局部的刺激作用，可促进剪口芽萌发，达到促进分枝、母枝促长或控长等修剪目的。短截后枝条的总枝叶量减少，有延缓母枝加粗的抑制作用。

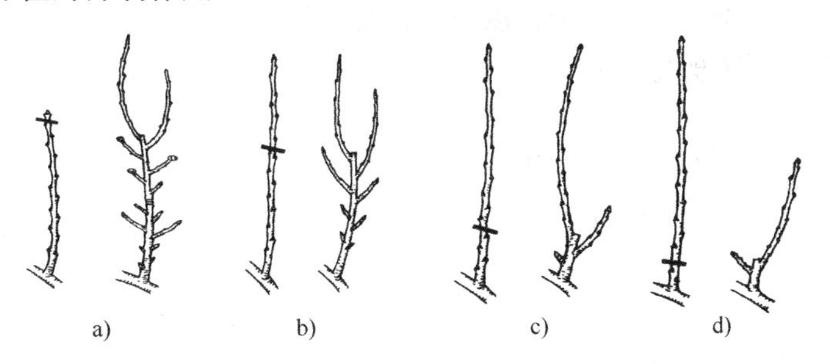

图5-1　短截

a）轻短截　b）中短截　c）重短截　d）极重短截

（1）轻短截　轻短截是指剪去一年生枝条长度的1/4～1/5，剪口芽留次饱满芽。因保留的枝段较长，侧芽多，养分分散，可以形成较多的中、短枝，使单枝自身生长中庸，有利于形成花芽。此外，此方法修剪量小，树体损伤小，对生长和分枝的刺激作用也小。

（2）中短截　中短截多在春梢中上部饱满芽处剪截，约为枝条总长度的1/2～1/3。枝条截后分生中、长枝较多，成枝力强，长势强，可促进生长，一般用于延长枝、培养健壮的大枝组或衰弱枝的带头枝修剪。

（3）重短截　重短截一般剪去枝条长度的2/3～3/4，剪截部位多在春梢中下部饱满芽处。由于修剪量大，对枝条的促长作用较明显。重短截后一般能在剪口下抽生1～2个旺枝或中、长枝，即发枝虽少但较强旺，多用于培养大型结果枝组。

（4）极重短截　在春梢基部剪留1～2个瘪芽的方法叫极重剪截，截后可在剪口下抽生出1～2个细弱枝，有降低枝位、削弱母枝长势的作用。一般多用于中庸树上的徒长枝、直立枝或竞争枝的处理，以及强旺枝的调节或培养矮壮的枝组。

（5）春秋梢交界处短截（戴帽）　短截剪到春秋梢交界处（盲节），为"戴帽"的剪法。在春秋梢交界处以上留1～2个半饱满芽短截称为"戴活帽"，可用于促使中庸或偏弱枝下部出枝；于春秋梢交界处短截称为"戴死帽"，适用于强旺枝修剪，能促使下部抽发中、短枝。此方法实质是一种弱化的短截修剪方法，属于轻短截的范畴。短截后枝轴变短，发枝多而弱，局部郁闭，所结果实个小不端正，而且技术烦琐，在简化省工修剪技术体系中已不用"戴帽剪"。

因不同树种、品种对以上各短截方法反应程度各异，修剪时要因树制宜。幼树期间，为了加快树冠的扩大，骨干枝、延长枝多采用中、重短截方法，而辅养枝一般不短截。一旦达到树形要求，可停止短截。结果后易衰弱的树种应适当增加短截的运用，尤其是对于成年衰弱树和小老树，更应多截少疏；为促发短枝，培养结果枝组，在强旺发育枝的一、二年生交界处剪截，效果较好。总的来说，为了果树丰产，少用短截是关键。

2. 疏枝

将一年生枝或多年生枝从基部剪（锯）除叫疏枝。疏枝可以调节枝条的密度和分布，改善通风透光条件，缓前促后，平衡树势，有利于花芽分化。

一般疏枝因树龄而异。幼龄树宜少疏，以便扩大树冠和提早结果。但一些徒长枝、无用的竞争枝及背上的直立枝要疏除，为翌年结果创造条件。对成年树来说，因短果枝较多，常采用多疏少截的方法。衰弱树要以短截为主，适当疏剪，特别是对外围的过密枝、交叉枝、重叠枝等进行疏除，并增强肥水管理，以恢复树势，提高产量。对于花量过大、短果枝很多的树种或品种，要适当疏剪短果枝，以促进营养生长、防止过早衰弱。另外，要及时疏除枯死枝、病虫枝。

疏枝对果树整体来说有削弱生长势的作用，就局部而言，对剪口上部枝梢的成枝力和生长势有削弱作用（抑前）；而对剪口下部芽有促进萌发的作用，对剪口下部枝梢有促进成枝和生长的作用（促后）。

疏枝作用的大小，与疏去枝梢的粗细、长势、数量有关。疏枝数量越大、越粗，对树体削弱的作用越大。因此，大枝要逐年分批进行疏除。

疏枝时应注意不留桩、不伤皮，伤口要小而平滑，防止形成对伤口、同侧的连续伤。

3. 缓放

缓放是指对一年生枝或多年生枝不动剪的修剪方法，又叫长放、甩放。它是利用枝条自然生长逐年变缓的规律。缓放后，中、短枝比例增加，有利于营养积累及花芽的形成和提早结果。缓放还可抑制树冠扩大。

一般幼树可以多缓放，而成年树、壮年树则不宜过多缓放。缓放应以中庸枝为主，当强旺枝数量过多时，则多数疏除，少数缓放，但必须结合拿枝软化、压平、环割等措施，以控制其长势，否则，这些枝由于极性明显，加粗生长快，越缓放越旺，竞争性越强，既不易成花，又易造成“树上长树”的现象。

在骨干枝较弱时，过旺的辅养枝不宜缓放，因为其经过缓放后长势会超过骨干枝，要注意保持从属关系。在幼树整形期间，骨干枝延长头附近的竞争枝、徒长枝、背上直立枝也不宜缓放。

由于长枝缓放增粗快，因此，竞争枝、背上枝及徒长枝坚决不应缓放，缓放主要用于细弱、平斜、下垂、中庸及有腋花芽的五类枝条。

4. 回缩

回缩又叫缩剪，是指对二年生以上的枝条部位进行短截。

回缩具有改善光照、调整骨干枝的角度和方位、矮壮和更新枝组、控制树冠的发展、延长结果年限，以及提高坐果率等作用。归结起来有两大方面，一是复壮作用，二是抑制作用，即对剪锯口后面的枝梢和潜伏芽有促进作用，而对母枝整体有较强的削弱作用。

连年轻剪长放后枝势缓和，短枝数量多、花芽多、坐果率偏低的枝，经适当回缩可集中营养，提高坐果率；当枝组过高，适当回缩，可使其结构紧凑、改善树体光照；当一些辅养枝对骨干枝产生干扰时，要及时回缩；对多年生冗长枝、下垂变弱枝和触地枝及时抬头回缩，可缩短养分运输距离，复壮枝势。苹果树等树种由于近年来多采用小冠树形，若枝条过密过粗，可用疏剪法替代。

二、夏季修剪的方法与反应

果树夏季修剪是指在果树萌芽后到落叶前进行的修剪，常用的方法有刻芽、开张角度、摘心、拿枝、割剥等。

1. 刻芽

刻芽是指在一年生或多年生枝的芽体上方0.2～0.5 cm处用小刀横切一刀或用钢锯条横割一下，形成月牙形切口，切断皮层，深达木质部，促进该芽萌发。也可在芽后面刻芽的，其具有抑制该芽萌发的作用。其原理是切断局部皮层或木质部的导管后，使伤口下部或上部芽的营养供应状况发生改变。

刻芽主要是针对幼树旺枝及发枝少的光秃枝条而采取的一项促芽萌发的措施。在幼树上能够定向定位培养各级骨干枝，建造良好的树体结构；集中营养形成高质量的中、短枝，以及培养结果枝组。此外，大树刻芽还能纠正偏冠，抑强扶弱，平衡树势，使树稳产。

刻芽的时期从萌芽前2周至萌芽期均可进行。若时间过早，伤口会散失水分，使芽受冻，严重者干枯死亡。若需抽发长枝，应把握“早、深、近、长”的原则，即在萌芽前1个月及早刻芽，刻处离芽0.2 cm，刻伤深达木质部，长度不小于该处枝条粗度的1/2（大于芽的宽度）。若需抽生短小枝，则应遵循“晚、浅、远、短”的原则，即在萌芽期刻，未萌发的芽应在距芽0.3 cm以上刻，只刻伤皮层，并且长度在该处枝条粗度的1/3以内（小于芽的宽度）。刻芽数量一般不超过该枝条总芽量的2/3。一般枝条基部10 cm内的芽不刻，对背上芽轻刻或不刻，两侧和背下芽重刻。

芽后刻的方法主要有：为防背上芽冒条，春季在该芽后0.2～0.5 cm处刻芽；对背后和两侧芽先在芽前0.2~0.5 cm处刻一刀，待被刻芽抽生枝条长到10 cm左右时，再在芽后刻一刀。这样可以暂时阻断水分、养分对芽体的供应，使其生长减缓，再配合其他措施，使其形成中短结果枝。

2. 开张角度

加大枝条基部与着生母枝之间角度的方法叫开张角度。此方法多用于各级骨干枝及辅养枝的角度及方位调整。例如，幼年果树的枝条较直立，生长势较强，会直接影响树冠整形，不利于早果丰产，要及时对枝条进行开张角度；对于成年果树，一些影响树体结构、从属关系的枝条也要开张角度，以保持树形不乱、主从分明。

开张角度可扩大树冠，坚固枝条；改善树冠内膛光照；调节光合产物的分配状况，缩小内膛枝和外围枝的生长势差异；有利于控制枝条内源激素的平衡，促发短果枝，所成花芽量多质优及果实增色。开张角度的大小要根据不同树种品种、树龄树势、树形及立地条件灵活运用。

开张枝条角度的方法很多，常用的有拉枝、拿枝、转枝、撑枝、坠枝、别枝等。现以拉枝和拿枝为例，简述其操作技术要点。

（1）拉枝（图5-2） 拉枝是指将绳子一端固定在枝条上，把枝条拉向所需的方位及开张到适宜的角度，另一端固定在主干基部或地面木桩上的方法。拉枝一般用来缓和生长，打开光路，促进营养生长向生殖生长方向转化。生产上多用于幼树和初果期树的整形。

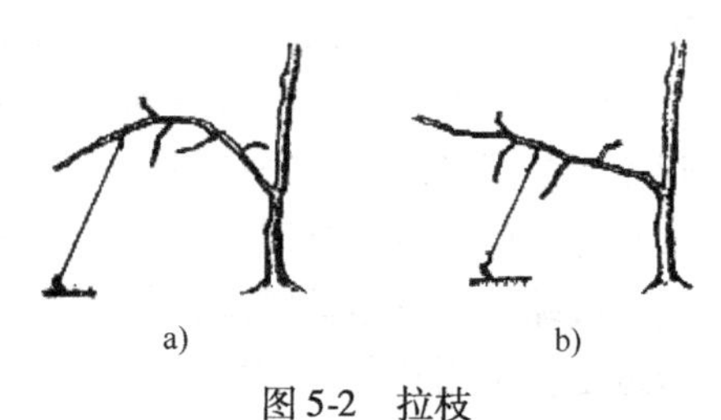

图5-2 拉枝
a）错误拉法 b）比较理想的拉法

拉枝宜在树体生长初期（3月中下旬至4月上旬）和生长末期进行，效果较好。春季树液流动以后，枝条较软，开角时易拉到位，也不易劈伤。拉枝的缺点：一是拉枝后背上易萌发直立强旺枝，需及时采取抹芽、扭梢等夏季管理措施，扭梢的具体操作方法是：当背上新梢长到15~20cm半木质化时，用手从新梢基部直接扭转180°向下，彻底从基部把向上运输营养的渠道扭伤，扭伤新梢就很自然地稳定下来，达到成花目的，但正因为养分的输送受限，实践中果农发现连年结果后果个逐年变小，所以不利于高档果品的生产。二是若拉枝后随即采取环割促花措施，则枝条易折断。因此，以生长末期拉枝最好，此期正是养分回流期，拉枝后养分容易积存于枝条中，使芽体发育更加充实饱满，背上也不易萌发直立强旺枝，还可为来年的环割促花奠定基础。下面以苹果树秋季拉枝为例，介绍其操作技术要点：

1）对于主枝，视生长势和发展空间决定拉枝角度。长势较强或已无伸展空间的，应将主枝头拉下垂，使其在结果的同时于后部背上培养预备枝，成花后，逐步回缩掉原头；而生长较弱或有空间的，则适当抬高梢角，并且短截延长头，促进生长。

2）侧枝要根据其着生位置及长势适当调整角度，使其合理分布，特别是老、弱树促进多挂果。

3）纺锤形树体的小主枝视砧穗组合、栽植密度及肥水条件拉至90°~110°。

4）拉枝一定要平顺。要一推、二揉、三压、四定位，并加强背上枝、芽的管理。对主枝上的大枝进行适当疏除，其余抽生新梢基部转枝拉下垂固定，以利于成花和规范树形，要注意避免互相挡光。为防日灼，对主枝背上的中、短枝不采用拉枝措施。

拉枝时不要拉成弓形或角度过大，否则，弓背处易抽生徒长枝，不利于形成中、短枝，影响缓势成花，并使骨干枝延长头下垂，势力减弱。

幼树成形前，每年坚持拉枝，使树体生长势上下、内外均衡。

(2) 拿枝（图5-3）　拿枝又称捋枝，是指对当年萌发的直立旺梢（包括徒长梢、竞争梢）用手从基部向下逐步弯折向适宜的方位。拿枝时以听到枝内维管束的轻微断裂声为度，即木质部虽受伤却又不折断，枝条软化后一般呈水平或下垂状态。拿枝的作用是改变枝条的姿势，削弱顶端优势，减缓营养生长，积累养分，形成花芽。

图5-3　拿枝

拿枝的适宜时间，一是在春夏之交枝条半木质化时，由于此时枝条柔软，容易操作，同时可使旺枝及早停止生长和减弱秋梢长势，有利于形成花芽；二是在秋梢停止生长后拿枝，可使翌年萌芽率提高，易形成大量短果枝，但要防止旺枝后部光秃。此外，冬季修剪时也可对一年生枝进行拿枝，但一定要避免折断。

3. 摘心

在生长季摘除新梢顶端幼嫩部分的方法叫摘心。摘心可抑制新梢生长，促进萌芽分枝，增加养分积累，有利于花芽分化及提高枝条成熟度。

摘心的时间可根据果树种类、品种的生长结果习性和摘心的目的来选择。新梢旺长期摘心，可促发二次枝，有利于扩大树冠；对幼树发育枝摘心，可加快分枝，提早结果；新梢缓慢生长期摘心，可促进花芽分化；生理落果期前对苹果果台副梢摘心，可提高坐果率；葡萄于花前或花后摘心，可提高坐果率和促进花芽分化及果粒膨大；对枣头摘心可促进下部的生长，也有利于花芽分化和开花结果。

4. 环割、环剥

(1) 环割　环割是指将枝、干的韧皮部用环割刀横向环割一至数道，深达木质部。环割一般在萌芽前或花芽分化前进行，可阻止光合产物向下输送，起到提高坐果率、缓和长势及促进花芽分化等作用。

(2) 环剥　环剥又叫环状剥皮，是指将枝、干的韧皮部用刀或环割刀横割两道，切断皮层，深至木质部（不伤木质部），并剥取环割线内的皮层。环剥的宽度一般为枝干粗度的1/10，最大为1 cm，最小为0.1 cm，操作时手不可在形成层上触摸。要求剥口能在20～30天内愈合，期间要做好伤口的保护工作。一般剥后用报纸或牛皮纸包住，1周后撕去。环剥时间因栽培目的不同而有差异。5月中下旬至6月上中旬在新梢缓慢生长期进行，可促进花芽形成；在花期进行，可提高坐果率。环剥多应用在初果期旺树上，盛果期树基本不用。

环割和环剥具有严格的技术要求和时间要求，要因地因树制宜。

现代修剪观点认为修剪方法应以疏、拉、放为主，基本不截、不回缩，提倡“简化修剪”；注意调节枝量和枝质，留枝数量合理化。

任务3　果树主要丰产树形及整形过程

【知识目标】

熟悉各种果树主要丰产树形的树体结构和特性；掌握不同丰产树形的整形过程。

【能力目标】

能根据当地果树生产的要求和当地生产实际，选择适合当地生产要求的丰产树形。

【基本知识】

现代果树整形的观点是遵循果树的自然生长规律，最大限度地利用空间和光能，提高光合产量，增加树体的储藏营养，健壮树势，达到高效优质的目的。树形的选择要与栽植密度相配套。

在果树生产中，仁果类果树（苹果、梨等）多采用疏散分层形、小冠疏层形、圆柱形、纺锤形、主干形等丰产树形；核果类果树（桃、杏、李、枣等）多采用疏散分层形、纺锤形、主干形等丰产树形；蔓性果树（葡萄、猕猴桃等）则以扇形整枝在棚、篱架上均匀分布为主。

一、苹果的主要丰产树形及其整形过程

经过长期实践探索，苹果生产上现在采用的苹果树树形已由过去的主干疏层形、疏散分层形、自然圆头形等大型树冠，转变为优质、丰产的小冠疏层形、自由纺锤形、细长纺锤形等中、小型树冠。其主要特点是减少树体上骨干枝的级次（2 级左右）、长度（2 m 左右）和数量（3 ~5 个），使树冠大小缩减 1/2 ~1/3，同时抬高主干高度（0.6 ~1.5 m）和降低树高（3 m 左右），使果园群体结构处于最佳组合状态，达到优质丰产。

1. 小冠疏层形

小冠疏层形是原疏散分层形的改良树形，具有树冠矮小、结构简化、易于成形、通风透光良好及便于管理等优点，适用于株行距为(3 ~4)m×(4 ~5)m 的乔化砧普通型、短枝型品种，如图 5-4 所示。

（1）树体结构　树高 3.0 ~3.5 m，主干高 50 ~60 cm，冠幅约 2.5 m。前期按疏散分层形进行整形和培养骨干枝，即全树选留主枝 5 ~7 个，第一层 3 个，第二层 2 个，第三层 1 ~2 个；层间距一至二层为 60 ~80 cm，二至三层为 50 ~60 cm，层内距为 15 ~20 cm。或者主枝分为两层，第一层 3 个，第二层 2 个，层间距为 80 ~100 cm，层内距为 20 ~30 cm，第一层主枝可配 1 ~2 个背侧枝，第二层主枝不配侧枝。在各级骨干枝上均匀配置中、小型枝组，第一层主枝基角为 60°~80°，第二层主枝基角为 60°左右。树冠呈半圆形。其整形过程与疏散分层形相同，但为了促其早结果和丰产，要冬、夏修剪相结合，适时做好“春刻”“夏管”（转化）、“秋拉”（拉枝）和“冬剪”。

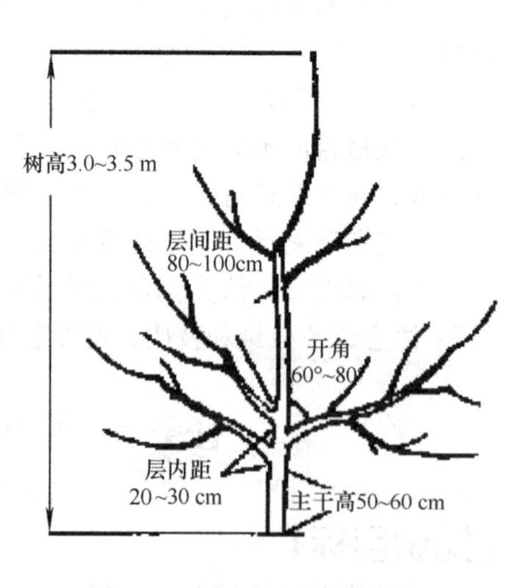

图 5-4　小冠疏层形树体结构

（2）整形修剪过程　整形修剪过程为：

1）第一年：栽植后距地面80 cm处定干，对整形带内的饱满芽除剪口下第一芽、第二芽外，其余全部刻芽或涂抽枝生长调节剂，萌芽后从整形带（上部20 cm）内长出的新梢中选出中心干延长枝和方位合适的3个主枝，其余的留作辅养枝。整形带以下枝条全部保留，等长到15 cm长时留8片叶摘心，随后再发的枝则留1片叶反复摘心。秋季各主枝开张角拉至70°左右，同时调整方位角，辅养枝拉平。

冬剪时，对中心干延长枝剪留60～80 cm，注意剪口芽留向，正确位置应处于上次剪口芽的对面，才能保证中心干垂直生长的优势。基部三主枝应留50 cm剪截，剪口下第三芽或第四芽留在将来萌发抽生第一侧枝的部位，同时疏除整形带内过密枝条及整形带下部所有枝条。若当年未能选定三主枝，则中心干延长枝在40～50 cm处短截，长枝一律中短截或轻剪，便于进行主枝选留，其余枝条疏密后进行缓放处理。

2）第二年：春季萌芽前刻芽促发背斜侧枝。生长季连续摘心以控制各级骨干枝的竞争枝。注意用摘心、扭梢、重短截等方法控制各级骨干枝及辅养枝背上的直立旺枝，主枝基部背上萌芽全部抹除。6月对二年生辅养枝基部进行割剥。8月下旬至9月上旬，当新梢接近或已经木质化时，要对树体上不选作骨干枝的有用新梢进行拿枝软化或采用拉枝措施，使其尽快向生长转化。冬剪时，中心干延长枝剪留50 cm左右；各主枝延长枝剪留45～50 cm，剪口下第三芽或第四芽留在第二侧枝的方向。第一侧枝留40～50 cm短剪，将背上的强旺枝、徒长枝疏除或拉成平斜至有空间处。

3）第三年至第四年：依次按树形要求选出各层主、侧枝。春季对第二层主枝上的饱满芽隔一个刻一个。四年以后，树冠基本成形，各主、侧枝延长头随空间大小剪法不同，有空间轻剪，无空间一律长放。辅养枝、过渡层枝、临时枝要通过摘心、环割、环剥、缓放等措施以促进成花，各发育枝尽快转化为中、小型结果枝组。对于过密枝、重叠枝、竞争枝、过强的徒长枝及背上枝则应疏除，或者对竞争枝进行台剪缓势，促进早结果。

4）第五年以后：有些树还要培养第六个和第七个主枝。以后随着树势稳定，八年左右中心干要逐步落头至第三层或第二层主枝上。从第六年开始，有计划地控制和逐步疏除树体上的各种辅养枝。每年注意控制花果量，并在各级骨干枝上培养充足、健壮的各类结果枝组。

2. 自由纺锤形

自由纺锤形适用于（2.5～3.0）m×4 m的栽植密度，常用于矮化砧普通型品种、半矮化砧普通型品种或长势强的短枝型品种组合。

（1）树体结构　主干高60～70 cm，树高2.5～3 m，冠幅2.5～3.0 m，中心干直立，树体均匀配置10～15个小主枝，相邻小主枝间距15～20 cm，同方向主枝间距50 cm以上，各小主枝不留侧枝，不分层，外观呈下大上小的纺锤形。下层主枝开张角度宜为70°～90°，长约1.5 m，其上留稍大枝组，越往上，主枝角度越小，体量越短小，其上留稍小枝组。中心干、主枝和枝组间的从属关系明确，各为其着生母枝的1/3～1/2，当主枝粗度达到中心干的1/2时要回缩更新。该树形优点是树冠紧凑，通风透光良好，树势缓和，适宜密植，如图5-5所示。

图5-5　自由纺锤形树体结构

（2）整形修剪过程　自由纺锤形的整形方法比较简单，要求苗木健壮。整形修剪过程为：

1）第一年：定植后在80~100 cm处定干，除第一芽、第二芽外，萌芽前在剪口下30 cm按所需萌发主梢位置芽上进行双刻伤（深刻两道）或“n”字形刻伤，以培养下层小主枝。若苗木是100~120 cm以上的壮苗，可不定干；若是矮壮苗，则进行重短截，等发出的新梢长到80 cm以上时摘心，再发出的新梢作为主枝预备枝。萌芽后通过抹除、摘心或扭梢处理剪口下萌发的过密旺梢，原则上要尽量多留枝条，以促使幼树旺长。整形带以下新梢长到15 cm左右时留6~8片叶摘心，以后再发枝留1片叶反复摘心。8月底至9月初，对所选主枝长度超过90 cm的拉至85°~90°，辅养枝拉平。整形过程中，前期为抑制其上部过强，可在选为主枝的2~3个过强新梢长到15~20 cm时摘心，均衡势力。

冬剪时，为了均衡骨干枝长势，强枝用半饱满芽带头重剪，弱枝则用饱满芽轻剪或优质顶芽带头生长。中心干延长头留50 cm短截，促使缺枝部位重新发枝，疏除整形带以下的无用辅养枝。

2）第二年：春季对第一批主枝基部10 cm至梢部15 cm范围内的背下芽、外侧芽进行刻芽，6月上中旬对基部进行环割。在中心干延长头上继续培养第二批3~4个主枝。秋季长度达85~90 cm时拉成85°。

如中心干延长枝长势过强时，可更换到其下部稍弱的枝上；若较弱，可在饱满芽处留50 cm左右短截。除竞争枝疏除外，其余旺枝拉平，翌春刻芽促萌。尽量轻剪，疏除距主干20 cm内的背上强旺枝及过密新梢，其他部位密生直立枝疏除，水平枝长放或齐花缩剪，保持中心干生长健壮，使主从关系分明。

3）第三年：生长期修剪同前几年。继续培养上部小主枝和下部主枝的结果枝组。直立枝有空间的拉平，及时疏除遮光旺枝。保持树体合理负载量，运用各种夏剪措施促进各类枝条成花结果，配合冬剪培养枝组。

第三年冬剪，中心干延长枝剪留50 cm左右，各小主枝延长枝剪留40 cm左右。当树形基本完成时，对中心干延长枝以轻剪为主，要注意平衡树势，上弱下强者继续采用增势修剪措施；树势均衡的缓放不剪；上强下弱者可采用下部枝换头或拉平原中心干作为主枝，来年另选新中心干等减势修剪措施。此外，对树体内影响骨干枝生长发育的较大辅养枝（如把门枝、重叠枝、轮生枝）进行疏除或回缩。枝组修剪多以培养下垂状单轴枝组为主，间距15~30 cm，当其长势衰弱时，及时回缩到中庸分枝处进行更新。同时疏除各级骨干枝上的密生枝、旺长枝、病虫枝等无用枝条。

3. 细长纺锤形

细长纺锤形更适宜矮化密植的需要，其栽植密度为(2~2.5)m×(3~4)m。

（1）树体结构　主干高50~70 cm，树高约2.5 m，冠幅1.5~2 m，中心干上直接着生15~20个水平细长小主枝，不分层次，相邻小主枝间距为15~20 cm，一般同方向主枝上下间距应大于50 cm。主枝上直接着生中、小型结果枝组。树冠下部小主枝长约100 cm，中部长70~80 cm，上部长50~60 cm，从下往上角度逐渐变大，下部角度为90°~100°，最大为110°。各主枝基部粗度与着生处中心干的粗度比为1∶(3~5)，整个树冠呈细长的纺锤状(图5-6)。

（2）整形修剪过程　整形修剪过程为：

1）第一年：在距地面80～100 cm处剪截定干，整形带留25～45 cm，并于春季发芽前10～15天采用双刻芽或“n”形刻芽等技术使整形带内的芽萌发以侧生主枝。若苗木健壮，可在100～120 cm处定干，60～80 cm处刻芽，对主干上方向不好、过强且过密的芽应及早抹除。生长季及早抹除主干基部距地面50 cm以内的萌芽，扭梢控制竞争梢，一般在5月中下旬新梢长至20～30 cm时进行拿枝软化，秋季拉平长于1 m的新梢。冬剪时，除较弱中心干延长枝于饱满芽处短截外，生长健壮者和其余新梢均缓放不剪。注意拉开中心干与侧生分枝的枝龄差，有的果农在第一年冬剪时对中心干上抽生的枝条全部留桩短截。

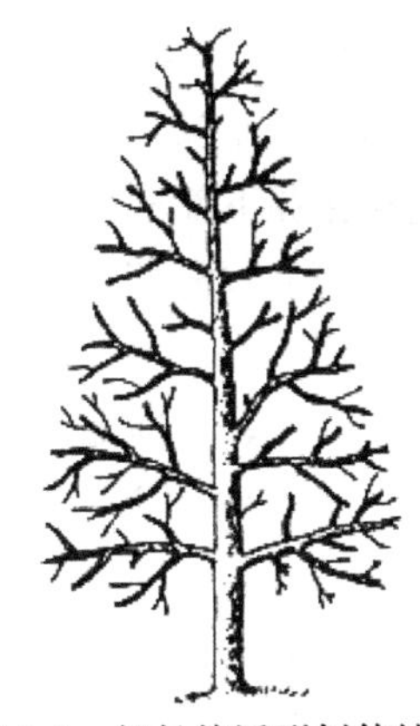

图5-6 细长纺锤形树体结构

2）第二年：春季萌芽前，在拉平的侧枝基部20 cm以外两侧和中心干延长枝各个部位刻芽，促进中、短枝发生，萌芽后抹除侧生分枝基部20 cm以内的萌芽。及时疏除长势过旺的枝条，对分枝背上芽梢采取抹芽（萌芽前）、摘心、扭梢、疏枝、拉枝等夏剪措施。秋季拉平中心干延长枝上当年侧生的80～100 cm长新梢。对中心干延长枝仍采用上年方法处理，侧生枝除过密者疏除外，尽量保留并拉平处理。

3）第三年：栽后第三年及以后修剪与第二年相似，仍以轻剪为主，中心干延长枝在达到树形高度后拉平或落头，对侧生的小主枝和辅养枝全部拉平，保持树势上弱下强，及时疏除中心干上部稠密的侧生分枝和过多的辅养枝。基部主枝太粗（超过其着生部位的中心干粗度的1/3）时应及时更新回缩。

4）第四年至第五年：基本剪法同第二年至第三年，对各级延长枝仍采用缓放剪法。为促进早果丰产，还应加大促花技术措施（如环割、喷撒PBO等）的应用力度。

4. 主干形（图5-7）

主干形适合株行距为1.5 m×(3～4)m的高栽植密度园树体整形。

（1）树体结构　树高3 m左右，主干高30～40 cm，冠径1～1.5 m，在强健的中心干上直接着生粗度为2.5 cm以下（各枝组枝轴同中心干粗度比为1∶7左右）、长度为15～120 cm，多数为30～40 cm，大小不等的30～35个平轴延伸枝组。枝组开张角度为110°～130°，均衡分布于树冠上、下部，树冠基本呈圆柱形，上小下大的对比不十分明显。该树形的优点是果实围绕中心干，受光均匀，着色艳，风味佳，口感好，果个大，树形建造快，修剪浪费极少，花芽质量高，侧生枝更新容易。

（2）整形修剪过程　苗木栽植后，在70 cm处定干，中心干第二年升高40 cm左右。注意侧生分枝的控制和利用，对强旺梢采用摘心、扭梢、变向等方法缓和长势，中庸枝和弱枝任其生长。初果期树的树势强，果枝比例可稍大些（花芽、叶芽比为1∶2～1∶3），随着树势转弱，要相应增加更新预备枝的比例。

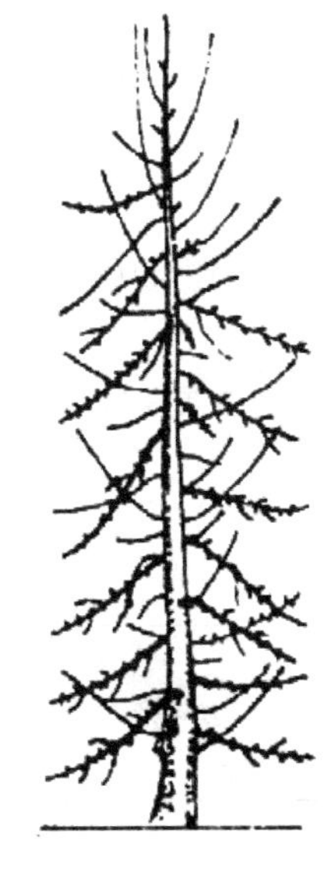

图5-7 主干形树体结构

细长纺锤形和主干形的整形修剪要掌握好刻芽、环割、拉枝、疏枝四项关键技术。

1）刻芽。春季刻芽在发芽前10~15天进行。中心干上，一般每隔3芽刻一芽（刻痕深度应稍伤及木质部），以确保被刻芽的萌发，达到空间的合理占用。侧生健壮枝上刻芽时要求背上芽在芽下部刻，侧芽和背下芽在芽上部刻。衰弱枝不宜采用刻芽措施。

2）环割。环割时间掌握在各地苹果树花芽分化初期（北方果区大多在公历6月1日至15日）进行最好。环割分主干环割和侧生横向枝基部环割。对上强下弱树主干环割可从强弱交接处进行，可抑上促下。环割时要把韧皮割透，刀口对齐，粗枝刀口缝比细枝的稍宽。要注意壮旺枝不宜分道环割，否则会促进环割枝段中抽生粗而旺的无用长条。

3）拉枝。拉枝主要在8月下旬至9月上旬或春季发芽前进行。主干形拉枝角度为：下部110°左右，中部120°左右，上部130°左右。

4）疏枝。除疏除中心干上着生的过密枝外，还需疏除各侧生枝割口下部抽生的牵制枝及背上徒长枝等。疏枝适宜在秋季进行。

二、梨的主要丰产树形及其整形过程

梨在生产上采用的丰产树形大多与苹果相似，但与苹果相比，具有以下三点不同：一是极性生长明显，加之枝条脆硬，着生角度小，修剪时必须注意控制其顶端优势、树体高度及生长季节扭枝开角，平衡各骨干枝长势；二是针对梨树萌芽率高、成枝力弱、萌芽后加长生长快及枝条基部易产生盲节的特点，对骨干枝延长枝应适度短截，并尽量少疏辅养枝，以保证早期结果面积和防止盛果期树势过弱；三是注意大、中型枝组的培养，保持枝组内营养枝和结果枝的比例平衡，防止产生过量中、短果枝及短果枝群，降低果实品质。所以，在定植后应根据梨园的栽植密度、当地环境条件及栽培技术的不同来选择适宜的树形，生产上常见的梨树树形及结构特点见表5-1。

表5-1　常见的梨树树形及结构特点

树　　形	密度/(株/hm^2)	结构特点
主干疏层形	500~626	树高小于5 m，主干高60~70 cm，主枝6个，开张角度70°。第一、二层间距1 m，第二、三层间距0.6 m。第一层层内距40 cm。每层主枝留侧枝数：第一层3个，第二层、第三层各2个
小冠疏层形	500~833	树高3 m，主干高60 cm，冠幅3~3.5 m，主枝6个（第一层3个，第二层2个，第三层1个），第一层层内距30 cm，第二层层内距20 cm。第一、二层层间距0.8 m，第二、三层层间距0.6 m，主枝上直接着生大、中、小型枝组
单层高位开心形	670~1005	树高3 m，主干高70 cm，中心干顶端距地面高约1.7 m，中心干上枝组基轴（每个基轴分生2个长放枝组）和无基轴枝组均匀排列。基轴长约30 cm，全树共10~12个长放枝组，两个顶端枝组垂直于行向，反向延伸，全树枝组共为一层
纺锤形	1000~1428	树高3 m以下，主干高60 cm左右，中心干上着生的10~15个小主枝间隔20 cm围绕中心干螺旋上升，其与主干分生角度为80°左右，小主枝上直接着生小枝组

其整形修剪过程可参照苹果相关树形的整形修剪技术。

三、桃的主要丰产树形及其整形过程

桃树干性弱，生产势强而寿命短，萌芽率和成枝力均较强，易发生二次、三次副梢，并且极喜光。如果整形修剪不合理，外围枝极易形成花芽，早结果；内部枝不易形成强壮果枝，花芽少，结果差，并且结果后极易枯死，导致结果部位外移、内部光秃现象严重，产量逐年降低，结果寿命短。因此，历来桃树栽培上以开心形树形为主。近些年，随着栽植密度的增加，不少桃园尝试采用纺锤形和主干形等其他丰产树形。

1. 自然开心形

（1）树体结构　主干高30～50 cm，在主干顶端错落排列着2～4个主枝，每个主枝在背斜侧配置2～3个侧枝，或者不配置侧枝，开张角度为70°～80°，主、侧枝上按标准配置各类结果枝组。按主枝数量多少，具体可分为四主枝、三主枝、二主枝自然开心形三种基本树形。

自然开心形树形的主要特点是骨架牢固，通风透光条件好，产量高，采收管理方便，树体健壮，寿命长。

（2）整形修剪过程　整形修剪过程如下：

1）定干。春季萌芽前在距地面50～70 cm的饱满芽处剪截，干旱地区、山区的桃树及直立形品种可适当低些。剪口下留25 cm左右（5～7个健壮饱满叶芽）作为整形带。整形带内有健壮副梢的，则在合适的饱满芽上剪截作为未来主枝的基枝；细弱副梢全部疏除，成形后干高可保持在30～50 cm（图5-8）。

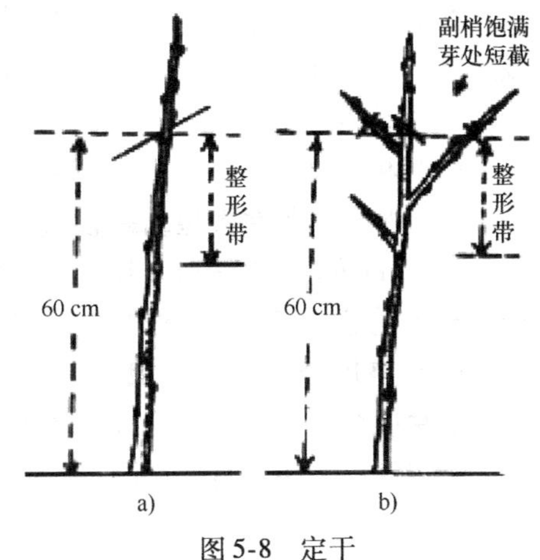

图5-8　定干
a）普通苗定干　b）带副梢苗的定干

2）主枝的培养。发芽后将整形带以下的芽全部抹除，待新梢长到50 cm左右时，选生长势均衡、方位合适的三个新梢作为将来的主枝培养，第三主枝最好向北，在第三主枝以上把中心枝剪掉，其余枝条有空间则可摘心或别枝、扭梢以培养成辅养枝，无空间的则疏除。自然开心形的三个主枝要错开，一般第一、二主枝离地面40 cm，第三主枝离第二主枝15～20 cm。第一主枝基角为60°～70°，第二主枝为50°～60°，第三主枝为40°左右（图5-9）。生产上还有另外一种方法，即选择两个距离和方位都合适的一年生枝作为下部主枝，把中心枝拉向空缺方位作为第三主枝。

第一年冬剪时，对确定的主枝延长头进行短截，剪留长度要根据枝条长势、直径、芽的饱满程度确定，一般按粗长比1∶40剪留，通常留50～60 cm在饱满芽处短截（剪口留外芽），并通过拉、撑的方法调整主枝方位和角度。经短截的主枝发芽后抽梢长到50 cm左右时，可在40 cm左右处剪梢，促发副梢增加分枝级次，对直立旺枝和徒长枝要及时采用疏除或回缩（保留2～3个副梢）的办法控制。第二、三年主枝延长枝剪去全长的1/3～1/2，剪留长度比上一年稍长。

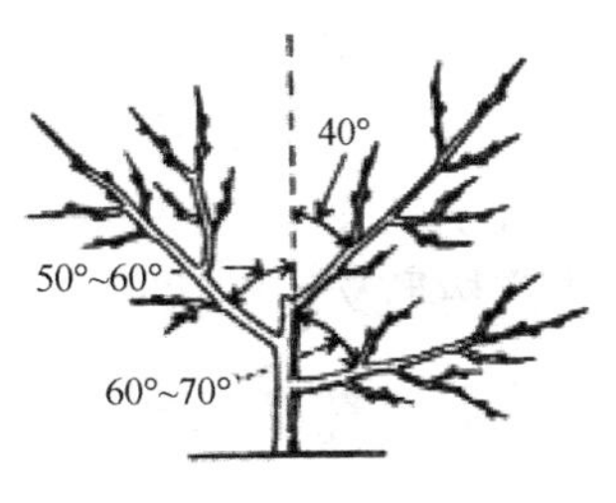

图5-9　三个主枝的角度

加大主枝开张角度可缓和长势，如第一主枝最好向南或背梯田壁生长，由于其本身生长势力较强（离根近），为增加透光可加大角度。

3）侧枝培养。在生长势强、肥水条件好的果园，当年冬剪即可利用副梢选留第一侧枝。第一侧枝向外斜侧延伸，距主干 50～60 cm，侧枝与主枝的分枝角度为 50°～60°，侧枝一般剪留 30～50 cm，在距离第一侧枝 30～50 cm 对面选出第二侧枝，稀植园还要培养第三侧枝，选留在第一侧枝同侧约 100 cm 处，同时配置好各类枝组。

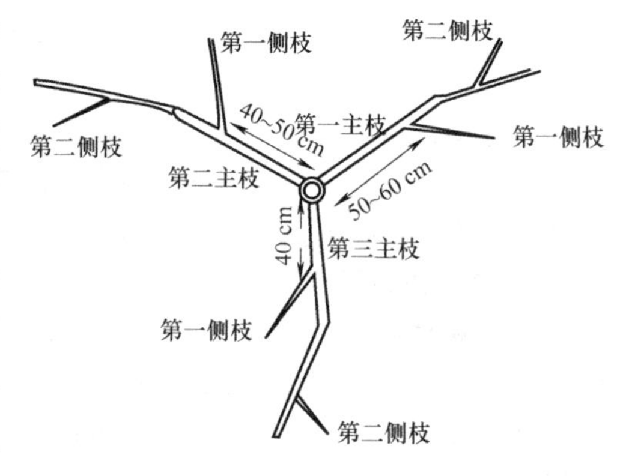

图 5-10　主、侧枝的配置

生产上为平衡各主枝长势，第二主枝的第一侧枝离主干要近一些，第三主枝的第一侧枝离主干 40 cm，如图 5-10 所示。其余的枝条和副梢，过旺的摘心以促进成花。

冬剪时，各侧枝的延长枝的剪留长度可稍短于主枝的延长枝，一般剪去约 1/3，通常为主枝延长枝剪留长度的 2/3～1/2。

在主、侧枝上还要培养一些结果枝组。若徒长性果枝、长果枝长在主、侧枝的前部，应该疏除；如要保留，则轻剪。在主、侧枝的下部，要多保留中、长果枝。

2. 主干形

（1）树体结构　主干高 30～40 cm，中心干强且直立，在其上直接分生结果枝组，下部一般配置两个永久性大型结果枝组以控制中心干长势，中上部多配置中、小型枝组，树高（露地）2 m 左右，冠径 1～1.5 m。此树形多为密植园采用，适用于株行距为(1～1.5)m×(2～3)m 的栽植密度，一般需设立支架，固定上部中心干（图 5-11）。

（2）整形修剪过程　栽植后于 60 cm 处定干，萌芽后在整形带内除选留中心干延长枝外，还应选留生长健壮、朝行向延伸、长势相当的两个新梢培养成永久性的大型结果枝组，开张角度 80°～90°。

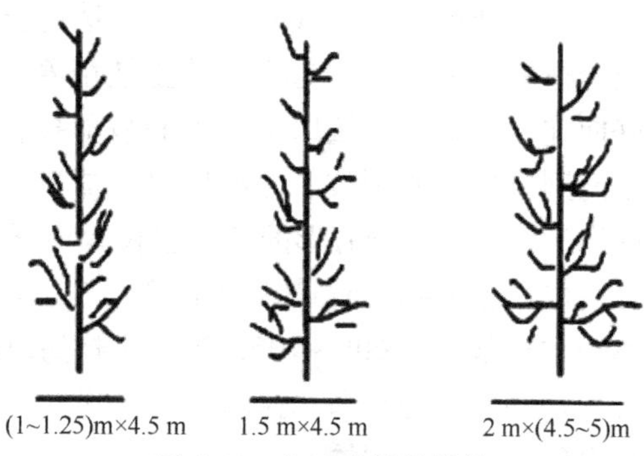

图 5-11　主干形树体结构

对中心干延长枝在其长度达 60 cm 左右时摘心以促发侧枝，并在其上每隔 20～30 cm 培养一个健壮、呈螺旋状上升的永久性中小型结果枝组。

3. 纺锤形

与苹果树的纺锤形树形相比，桃的纺锤形树形无论是干高还是主枝数量均少于苹果树，并且小主枝开张角度和长度也比苹果树大和短，具体树形结构和整形过程可参照苹果的主要丰产树形及其整形过程。

四、葡萄的架式、丰产树形及其整形过程

葡萄是多年生蔓性果树，整形方式应符合一些基本原则，如适应产地的生态条件（覆土或不覆土等）、适应园地的栽培条件（土壤肥沃与贫瘠等）、符合品种的生物学特性（生

长势强弱）、株形比较规范及便于管理和更新等。葡萄在树形选择上要与架式相适应，还需考虑北方冬季下架埋土防寒的管理措施。因此，北方果区多采用无主干的扇形和龙干形整枝，扇形又以篱架多主蔓规则扇形和双主蔓水平扇形为主，龙干形则以棚架的双龙干和多双龙干为主。

1. 架式的选择与设立

葡萄生产中应用的架式种类很多，大致上可分为篱架、棚架和柱式架三类，篱架和棚架架式的基本结构如图5-12所示，其优缺点、适宜条件和树形见表5-2。柱式架采用一根或若干根单柱起支撑支柱的作用，仅在个别地区有应用。在长期的栽培实践中，为了增加有效架面、改善通风透光条件、节省架材及便于管理等，不同地区改进和创造了许多新架形。为了葡萄良好生长，最好在第二年生长前完成设架，注意支架的牢固性和实用性，还要考虑节约架材。现以单壁篱架、小棚架和双十字形架为例说明其建架过程。

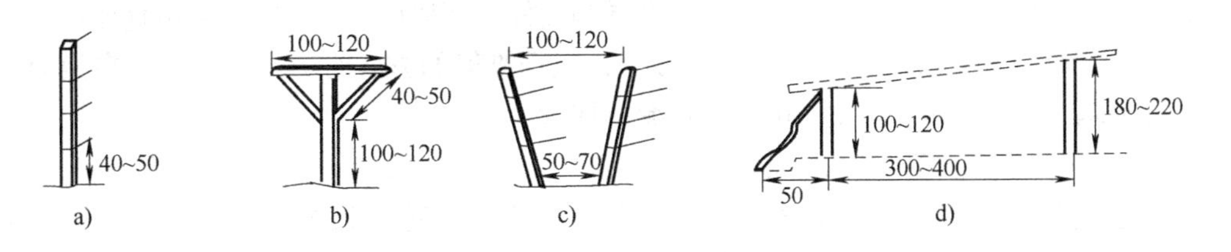

图5-12　葡萄的主要架式类型（单位：cm）

a）单壁篱架　b）宽顶篱架　c）双壁篱架　d）小棚架

表5-2　葡萄主要架式的性能

架式名称	特　点	缺　点	采用树形	适用条件
单壁篱架	通风透光，地面辐射强，利于增进品质，便于机械化管理和适于高、宽、垂栽培	有效架面小，新梢负载量较受限制，垂直叶幕对光照的截留和利用不充分，结果部位易上移。埋土防寒区结果部位低而易受病害侵染	扇形、水平形、龙干形、U形整枝	密植品种、品种长势弱、温暖地区
双壁篱架	单位面积的有效架面增大	透光条件不好，对肥水和夏季植株管理要求较高，管理不当易造成负载大而影响产量品质和新梢成熟。费架材，管理和机械化操作不方便	扇形、水平形、U形整枝	小型葡萄园
宽顶篱架（T形架）	有效架面大、作业方便、产量大、光照好、品质高	树体有主干，不便埋土防寒	单干双臂水平形	适合生长势较强的品种，不需要埋土越冬的地区
小棚架	早期丰产、树势稳、易更新	不便机耕，产量低，植株分布散漫	扇形、龙干形	长势中等品种，冬季需要埋土防寒的地区
倾斜式大棚架	建园投资少，地下管理省工	结果晚，更新慢，树势不稳	无干多主蔓扇形、龙干形	庭院栽培、寒冷地区、丘陵山地、长势较强的品种

（1）单壁篱架　架面呈单篱笆状，架高因行距而定。当行距为 3 m 时，架高宜为 2 m。一行篱架长度约 50 ~ 100 m，行内每隔 6 ~ 8 m 设一支柱（钢管或水泥柱）。水泥边柱尺寸为（10 ~ 12 cm）×280 cm，中柱尺寸为（8 ~ 10 cm）×260 cm，柱内用 4 根直径 6 mm 钢筋作为骨架，柱面按设计设置穿线孔。单壁篱架与葡萄栽植行相距 30 ~ 40 cm。

建架时，边柱埋入土中 60 ~ 80 cm，并用锚石（6 ~ 10 号镀锌钢丝牵引）或支柱加固。中柱埋入土中 50 cm，然后将 8 号镀锌钢丝按要求连接支柱，由地面向上牵引 4 道钢丝，第一道距地面 60 cm，上部每间隔 40 ~ 50 cm 再牵引一道。下层钢丝应该粗一些，并用紧丝器拉紧（先拉紧上层钢丝，再拉紧下层钢丝）。栽培实践中，为防立柱移位，也可在各柱子下垫石板并浇筑混凝土墩加固。

（2）小棚架　以行距 4 m 为例，先在葡萄行前面 0.5 ~ 1 m 处平行立第一排支柱，支柱间距为 4 ~ 6 m，地面外留 70 ~ 120 cm，然后再设第二、三排支柱，间距各 2 m。第三排支柱露出地面 2 m 左右，然后顺枝蔓延伸的方向在同列支柱顶部架设横梁。横梁采用直径 6 ~ 10 cm 的水泥杆、竹竿、木杆或 8 号镀锌钢丝。最后，根据篱架的方式将边柱固定，并在架面上顺着葡萄行每隔 50 ~ 60 cm 拉一道 10 ~ 12 号镀锌钢丝。

（3）双十字形架　双十字形架又称双十字 V 形架，是由浙江省海盐县农业科学研究所杨治元创建的一种新型实用架式，该架式是非埋土区的理想架式，已在全国大面积成功推广（图 5-13）。设置方法如下：在行距 2 ~ 3 m 的葡萄行中每隔 4 m 立一根长 2 ~ 2.6 m 的截面尺寸为 12 cm×12 cm（边柱）或（8 ~ 10）cm×（8 ~ 10）cm（中柱）的水泥柱，立柱埋入土中 50 cm。从第二年开始，在每根立柱上离地面 115 cm 和 150 cm 处分别扎两道横梁，上横梁长 80 ~ 100 cm，下横梁长 60 cm，在离地面 80 ~ 90 cm 处水泥柱两侧拉两道铁丝或再加一道长 20 ~ 30 cm 的短横梁，在每一横梁两端 5 cm 处各拉一道铁丝。这样就形成双十字六道铁丝的架式，此架式适用于水平双向四蔓形或水平单向双蔓形。实践中，该架式有很多变式，如有的果农在接近立柱顶端架设长 1.4 ~ 1.8 m 的横梁，顶端横梁下方 0.3 ~ 0.5 m 处，架设长 0.6 ~ 1.2 m 的横梁，立柱距地面上 0.7 ~ 1.2 m 处拉一道或两道铁丝。生产上除常用的水泥立柱和木质横梁的架材外，现在推广的全钢构件产品坚固耐用、外形美观。

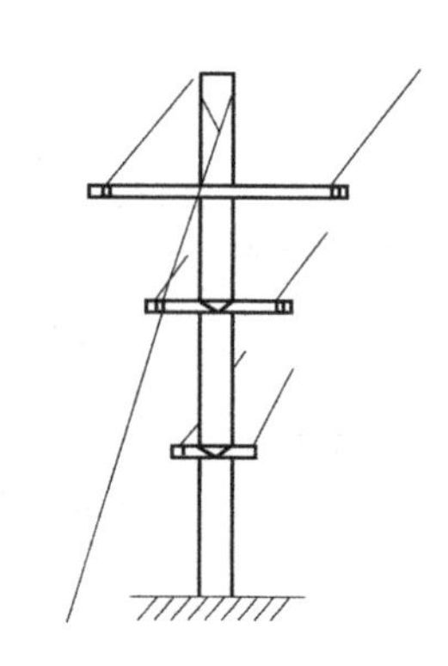
图 5-13　双十字形架

该架式横梁的长短至关重要。对于长势较弱的品种如京亚等，横梁较短，要求引缚后的枝条与中柱夹角尽量小但不小于 30°，以利于促进长势。对长势较旺的品种如美人指等，横梁适当加长，引缚后的枝条与中柱夹角大于 45°。

2. 常用丰产树形及其整形过程

（1）无主干多主蔓规则扇形　无主干多主蔓规则扇形为无主干扇形的一种，每株留 3 ~ 4 个（单篱架）或 6 ~ 8 个（双篱架）主蔓，不留侧蔓。每个主蔓上均匀分布 1 ~ 3 个结果枝组，结果枝组分一层或二层排列，每个枝组由充分成熟的一年生枝作为结果母枝（冬剪时剪留 8 ~ 10 节）和其下的替换短枝（冬剪时剪留 2 ~ 3 节）组成，靠近上部的结果枝组中结果母枝可剪留略长，修剪程度以均匀布满架面又不拥挤为原则。该树形具有可有效保持结果部位稳定、灵活调节负载量等优点（图 5-14）。其整形步骤如下：

1）第一年春季定植的一年生苗当年可从地面选出3 ~ 4 条主蔓（株距 1 m 的留 3 个，株

距长的多留），主蔓延长枝梢头保持30～40 cm距离。夏季等新梢长到80 cm以上时，留50～60 cm摘心，顶端发出的第一副梢留30 cm左右摘心，其余副梢抹去。副梢上发出的二次副梢留3～5片叶摘心，三次副梢留1～2片叶摘心。需要注意的是，为了培养壮梢，夏季摘心时，长势弱的新梢稍重些。冬剪时，弱蔓留2～4个芽短截（约30 cm），下一年继续培养主蔓，壮蔓（剪口粗度0.8 cm以上的）留50～70 cm剪截。

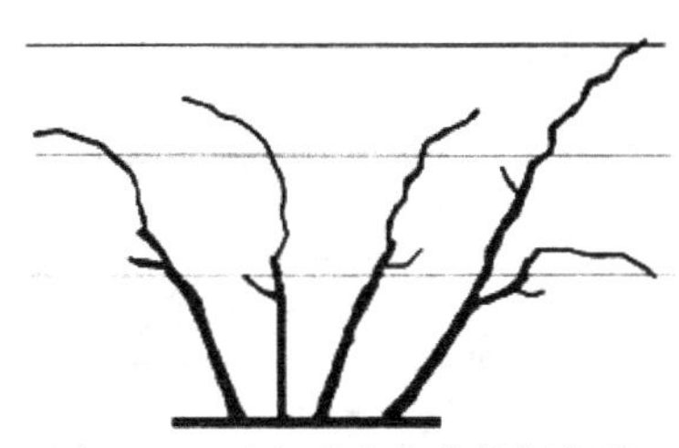
图5-14 无主干多主蔓规则扇形

2）第二年夏季，上年所留主蔓延长梢达到70 cm时，留50 cm摘心，其余新梢留40 cm摘心，以后处理方法同上年。冬季对选留的4～5个主蔓，各选择顶端一个壮枝留50～70 cm作为延长枝，其余健壮枝留2～3个芽作为来年培养结果枝组用。上一年留30 cm短截的主蔓，夏季选其上发出的一根壮梢，待长到40 cm时留30 cm摘心，冬剪时其顶部发出的健壮副梢可剪留50 cm作为主蔓延长梢，其余副梢同上处理。

3）第三年冬季，对已选好的3～4个主蔓延长枝，剪截后不超过第四道铁丝。每个主蔓上具备3～4个结果枝组，树形培养完成。以后注意使主蔓和新梢高低错落及枝组更新，力求结果母蔓均匀分布于架面上。

多主蔓规则扇形的各主蔓加粗较慢，植株易更新；负载量稳定；结果部位不会迅速上移，可防治枝蔓光秃；结果母枝质量高，利于生产优质果。根据国内外经验，这种树形被认为是埋土区篱架栽培最有前途的树形。在我国东北地区，由于行距小，取防寒土不便利，不宜推广。我国南方地区由于架式低，易染病和新梢生长旺，难控制，也不宜推广。

（2）龙干形（图5-15） 葡萄植株发出1个或2个以上主蔓，由地面倾斜上升并一直延伸到达架面顶端，无侧蔓。根据所留主蔓多少，龙干形树形分为独龙干、双龙干和多龙干。每个主蔓上间隔15～20 cm配备一个结果枝组，结果枝组多采用单枝、双枝混合修剪或单枝更新修剪，顶端延长枝采用长梢修剪。若采用多条龙干，则每根主蔓加粗较慢。生产中棚架多采用无主干双龙干整形，其整形过程如下：

1）第一年，培养龙干。一年生苗或健壮插条按所选株距（1～1.5 m）定植，留2～3个芽短截，从所发新梢中选健壮的两条引向架面，其他的抹除，对各个主梢上发出的一级副梢，第一道铁丝以下的采用“单叶绝后”法处理，第一道铁丝以上的留2～4片叶摘心培养枝组；对其上萌发的二级副梢除顶端一个留2～4片叶反复摘心外，其余依然采用“单叶绝后”法处理（图5-16）。主梢摘心一般在新梢长到12～15节、长度达80～100 cm时进行。摘心后对顶端发出的副梢除留最上面的一个继续向前延伸外，其余均采用第一道铁丝以上的副梢处理方法进行。冬剪时，各主蔓上的一级副梢基部粗度超过0.5 cm的留2～3个饱满芽进行短梢修剪，作为来年的结果母枝，不足0.5 cm的疏除。

以上提到的“单叶绝后”法处理措施，虽较为费工，但处理后不再萌发二次副梢，并且留下的叶片大小接近主梢叶片大小，与将副梢全部抹除相比，可使树体叶片数量增加，并且光合效率也大大提高，有利于树体生长后期的发育，如主梢冬芽发育充实饱满，来年双穗果枝率高。

2）第二年，开始结果，龙干继续延伸。萌芽后，在结果母枝上发出的新梢中有选择地保留花序（粗度达到0.8 cm的留一个花序），主蔓上再萌发的新梢插空保留（15～20 cm保留一个)，主蔓前面的新梢作为其延长头向前延伸，所发副梢像上年一样处理，当延长头离架梢还有 1 m 左右时摘心，摘心后仅保留前面一个副梢。

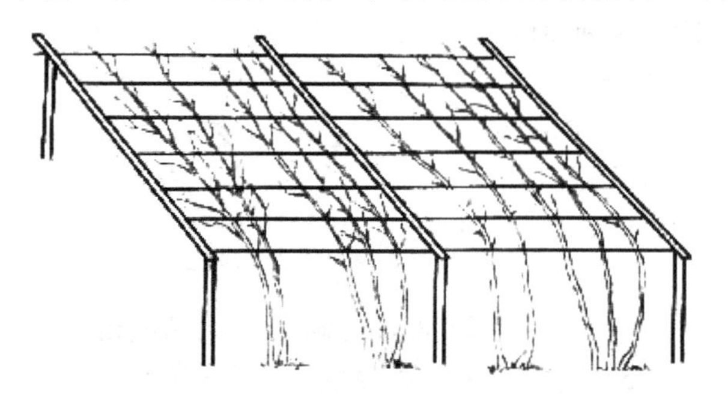
图 5-15　龙干形

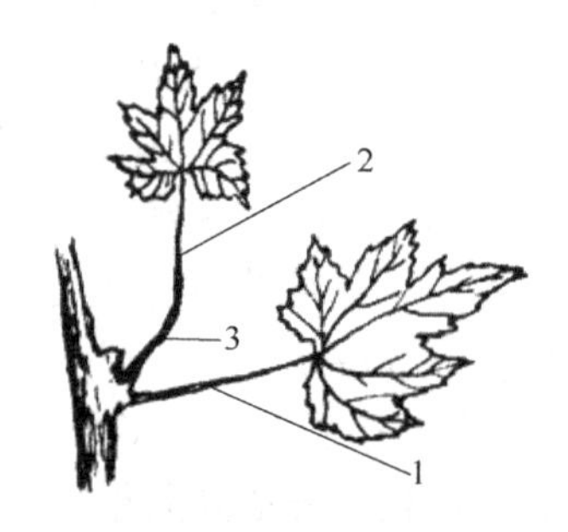

图 5-16 “单叶绝后”副梢处理法
1—主梢叶片　2—副梢叶片
3—掐去副梢叶片的腋芽处

冬剪时，各主蔓大约剪留 1.5 ~ 2.5 m，剪口留在夏季摘心处。生产上结果母枝和当年主蔓上的一年生枝一般全部采用单枝更新修剪法。虽然短枝修剪植株每平方米的果枝数和花序数都比不上长梢修剪的植株，但由于养分集中，果粒数多，果粒大，最后仍可丰产。当肥水条件好或龙干间距大时，可将少部分一年生枝剪成中梢（留 4 ~ 9 个芽），结果后疏除。对于延长头的更新，每年可从其基部选择健壮枝条替换。

五、枣的主要丰产树形及其整形过程

枣树为喜光、喜温和干燥气候的树种。枣树生长比较直立，萌芽率高，成枝力弱，骨干枝多单轴延伸，枝条稀疏。近些年，枣树整形趋势由过去的自然形逐渐走向疏散分层形、自然开心形、小冠疏层形、自由纺锤形、主干形等符合其生育特性的规范树形。在修剪时期上开始注重全年修剪，尤其是春季、夏季修剪。

1. 自然开心形（图 5-17）

（1）树形特点　树体较矮小，通风透光良好，结果枝配备多，叶面积系数较大，前期产量高，该树形适于萌芽力强、分枝多的品种，如临猗梨枣、冬枣等。

（2）树体结构　主干高 60 cm，树高 2.5 m 以下，冠幅 3 m 左右。在主干顶部轮生或错落着生 3 ~ 4 个主枝，基角为 40° ~ 60°，均匀分向四周。每个主枝上选留 2 ~ 4 个侧枝，再培养各结果枝组均匀分布在主、侧枝上，形成中心开心稍扁圆的树冠。

（3）整形过程　整形过程如下：

栽植后留 80 ~ 100 cm 定干，疏除剪口下 2 个二次枝，对第 3 ~ 5 个二次枝留 1 ~ 2 个枣股短剪。夏季对萌发的枣头留一个直立向上生长的，再留 3 ~ 4 个均衡向外斜生的作为主枝培养，调整角度为 40° ~ 60°，其余的摘心。

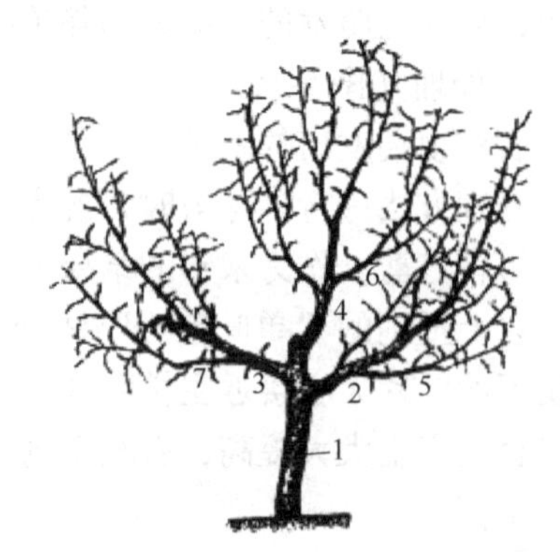

图 5-17　自然开心形
1—主干　2、3、4—主枝　5、6、7—侧枝

第二年春季，对中心干的直立枝轻剪，适度重

剪选出的3～4个斜生主枝，促其加速延长，并在夏季时调整各延长头的角度。

第三年春季，适当回缩中心枝，剪除新生部分，将其改造成一个结果枝组。夏季时，对新生枣头保留2～4个二次枝后重摘心，以后逐年回缩直至完全疏除。在整个生长季，要及时抹除骨干枝和树干上萌生的无用枣头，保持树冠的通透性。

2. 小冠疏层形（图5-18）

（1）树形特点　树体较小，成形快，产量高，树势稳定，容易管理。此树形适合长势较强的品种矮化密植栽培，适宜株行距为（2.5～3）m×（4～5）m。

（2）树体结构　树高2.5 m，主干高50～70 cm，全树有主枝6～9个，分三层着生在中心干上。第一层主枝3～4个，基部开张角度为70°；第二层主枝2～3个，与第一层层间距为60～80 cm；第三层主枝1～2个，与第二层层间距为70 cm。除辅养枝外，主枝上直接培养不同类型的结果枝组。

（3）整形过程　整形过程参考苹果小冠疏层形的整形过程。

3. 自由纺锤形（图5-19）

（1）树形特点　树冠较小，枝的级次少，风光条件好，适合于矮化密植栽培。

（2）树体结构　树高2.2～2.5 m，主干高70～90 cm，主枝6～8个，主枝上无侧枝，直接着生枝组。各主枝呈水平状均匀轮生在中心干上。主枝长度在1 m左右，主枝间距为20～40 cm。

（3）整形过程　整形过程参考苹果自由纺锤形的整形过程。

图5-18　小冠疏层形

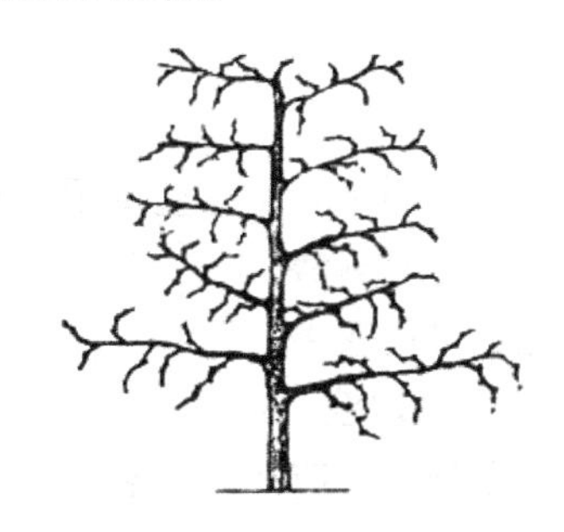

图5-19　自由纺锤形

不管采用何种树形，在培养主、侧枝以外要注意结果枝组的培养，其培养方法与主、侧枝培养方法相同。要求二次枝（结果基枝）分布合理，一般要求树冠空间内每立方米有20～25条二次枝，每立方米有90～120个枣股（结果母枝）。在幼树期也要像其他树种一样，要重视辅养枝的利用和控制。

任务4　修剪技术的综合运用

【知识目标】

熟悉果树的主要树形；掌握修剪技术的综合运用。

【能力目标】

能运用果树修剪的基本知识，具备对修剪技术进行综合运用的能力。

【基本知识】

生产中，为使果树保持中庸状态，要针对树体存在的问题采取不同的技术措施进行调节。

一、调节树体长势

对弱树弱枝应促进生长，对旺树旺枝要抑制生长，具体可采取以下措施：

1. 修剪时期的选择

落叶果树落叶后，营养物质从一、二年生枝向下部粗大枝干和根部回流，来年接近萌芽时再向上部枝梢调运。冬季修剪时剪去的大多是无用的一、二年生枝，可使剪留下的枝条养分供应更集中。而生长季树体的养分大多存在于树冠顶端和外围的枝梢中，此时修剪必然会造成养分损失。所以，如果需要促进生长，则冬剪应适当提前并重剪，在生长季应轻剪；相反为抑制生长，冬剪应推迟并轻剪，在生长季要重剪。

2. 整个树体的树势调控

由于根系供应养分的量一定，抑制树体某一部位的生长，则可促进其他部位的生长，反之亦然。

对于弱树应适当重剪，尽量少留果枝，将枝条扶直或剪口留背上枝芽，减少花芽的形成量和结果量，以恢复树势。对于旺树应轻剪缓放，多留枝，将枝条压平或剪口留背后枝芽，促进花芽分化，多留花果，以果控长，缓和长势。

3. 枝条生长势调控

为增强枝条长势，应在充分利用有效空间的前提下，尽量减少骨干枝数量并缩短骨干枝和主干的长度，修剪时去弱枝留中庸枝和强枝，去下垂枝、平生枝和斜下生枝留直立枝和斜上生枝，剪口下留壮枝芽。对枝条进行吊枝、顶枝，枝条前部不留或少留果枝等。

为抑制生长则应增加枝干长度（如采用高干），去强枝留中庸枝和弱枝，去斜上生枝和背上枝留斜下生枝、平生枝和背后枝，剪口下留弱枝芽。对枝条进行拉枝、弯枝，枝条前部多留果枝等。

另外，使枝轴保持直线延伸可促进生长；而枝轴弯曲延伸则可抑制生长。

二、枝组的培养与修剪

枝组又叫结果枝组、单位枝或枝群，是果树着生叶片和结果的独立单位，是果树经济效益的基础。为了防止大小年现象，达到连年丰产稳产的目的，就要尽早合理配置及不断更新结果枝组。

1. 枝组的培养方法

枝组的培养是指在位置、大小与结构等方面对枝组的建造过程。枝组的培养开始于幼树期留用辅养枝时，其培养原则与方法如下：

（1）培养枝组的原则　枝组配置的原则是既要最大限度地增加有效枝量，又能保证良好的通风透光条件，提高商品果率。

1）有大有小，结构各异。在骨干枝上配置枝组时，应根据栽植方式、树冠大小和树龄培养成大小和分枝结构不同的样式。生产上普遍认为，多样化的枝组组成有利于结果和修剪调整。

2）大小相间，均衡有序。不同大小的枝组在骨干枝上应错位排列，均衡有序，以保证各部位通风透光良好，并且结果时骨干枝不会发生大裂伤和扭曲。

3）外稀内密，上小下大。为了保证通风透光条件，枝组在树冠外围要留稀一些，在内膛密一些，在树冠上部小一些，而在下部大一些。如某些较大树冠的基部三主枝上的枝组数往往占到全树的60%以上；在同一骨干枝上，要注意背上以小枝组为主，两侧和背下留大型枝组和中型枝组。

4）生长健壮，结果可靠。每种果树的枝组应在其最佳年龄时期结果。此期在营养的积累与消耗、合成与分配方面比较协调。所以修剪时要根据具体情况不断调整和更新复壮枝组。

（2）培养枝组的技术方法　培养枝组的技术方法是指从实践经验中总结出的培养枝组的措施。

1）先放后缩法。对中庸健壮的平斜枝和下垂枝连年缓放不剪，当其缓出中短枝成花结果后再在其下部分枝处回缩。有经验的果农们将其生动地总结为“一甩一串花，一堵一穗果”。此外，生产上也有对角度较直立的枝条先弯曲或扭伤改变其着生角度后再采用上述方法培养枝组的。

2）先截后放再缩法。对于平斜、缓和且有发展空间的枝条，先根据品种特性进行适当的短截（萌芽率高且成枝力强的品种轻截，萌芽率低且成枝力弱的品种可重短截），当得到所需的分枝时接着缓放，结果后再回缩。

3）连续短截法。对于萌芽率低、成枝力弱的品种和空间大、枝条少的部位，先利用冬剪、夏剪配合对枝条连年进行短截或极重短截（留2~4个瘪芽），当得到较多分枝后再放缩结合的方法，此法可有效控制结果部位外移。

4）辅养枝改造法。对幼树整形期间选留的部分辅养枝在树体空间较大的情形下，进行分枝数量和体积的调控，改造为大、中型结果枝组。

5）连续缓放法。对枝组中轴延长枝连续多年缓放不剪并使其呈下垂状，对其上的侧生长枝疏除、中短枝缓放不剪，培养成单轴鞭节式结果枝组。此方法多用于红富士苹果的枝组培养。

以上五种枝组培养的基本方法在生产中应根据具体的树形和枝芽特性等实际情况灵活运用。人们在实践中认识到，单独运用某种方法很难获得理想的效果。所以，在培养结果枝组时，为了使其多样化，必须将各种方法有机结合。

2. 结果枝组的修剪技术

结果枝组的修剪是指随着树体生长、结果的具体情况变化，对结果枝组的分布与结构进行不断调整的修剪措施。

（1）枝组修剪的原则　枝组修剪的原则包括：

1）通风透光原则。要求各枝组间相互错位分布，以使整个树冠始终通风透光良好。

2）枝势中庸原则。要求各枝组在结果期应保持中庸健壮状态，全树应有15%～20%的长枝。

3）三配套原则。果树要想保持长期优质、高产和稳产，就必须培养好由结果枝、成花枝（预备枝）、发育枝组成的三配套枝组。这样，本枝组内就可做到每年轮替结果和更新。近些年，在一些树形上也有采用长果枝连年结果，并在果台细弱的情况下才更新的修剪方法。

4）从属分明原则。同一个骨干枝上的任何结果枝组，应通过向下回缩的方法保证其在生长势上不得超过该骨干枝延长头的生长势。

5）互不交叉原则。在培养结果枝组时，互相之间不得交叉摩擦。

6）酌情灵活原则。修剪枝组的方法不像培养骨干枝那样严格，可根据情况灵活掌握。

（2）修剪枝组的方法（图5-20） 有时需结合多种修剪技术与方法才能达到修剪枝组的目的。

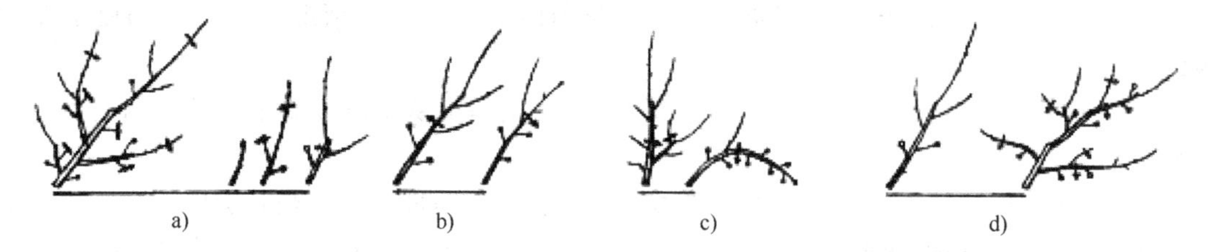

图5-20 各种枝组的修剪

a）大、小枝组 b）强、弱枝组 c）直、平枝组 d）幼、老枝组

1）对不同大小枝组的修剪。大、中型枝组由于分枝多，易在组内轮替结果，修剪时应根据各个枝条的状态截放结合，每个枝轴上选留一个中庸偏弱的带头枝。小型枝组由于分枝少，修剪时应做到相邻枝组间的轮替结果，不必在每个枝组内都留带头枝。

2）对不同强弱枝组的修剪。生长势强的枝组应去强留弱，多留花果，并配合其他造伤措施使其生长势得到缓和。生长势衰弱的枝组则相反。生长势中庸的枝组可按上一年情况修剪。

3）对不同姿势枝组的修剪。过于直立的枝组，修剪时应加大开张角度，然后去直留平，去强留弱，配合造伤技术和多留花果削弱其势力。对下垂衰弱的枝组则相反。

4）对不同年龄枝组的修剪。一般苹果、梨的适龄结果枝组是3～5年的，枣的是3～7年的。在修剪方法及程度掌握上，幼龄的宜缓放轻剪，适龄的要疏密适度修剪，老龄的应更新重剪。枝组越年轻，留的花果量越多。

三、修剪中应注意的问题

1. 修剪前的准备和安排

首先要了解果园的立地条件、建园时期、树种品种构成、砧穗组合、栽植结构、目标树形、管理水平以及先前的修剪反应与存在的突出问题等基本情况，研究好技术方案，统一修剪标准。若参加修剪的工作人员较多，有必要进行技术培训，以保证修剪质量。为提高修剪效率，修剪人员应穿软底鞋，衣裤要紧身结实，提前整修并磨快修剪工具。另外，还要准备好工具消毒剂、伤口保护剂及刷具，以便随时涂用。

2. 养成先看后剪的习惯

修剪前在不同方位认真观察树体骨架和结果枝组分布情况，找出树体存在的主要问题，并兼顾次要问题进行重点调控，这就是人们常说的“剪树前先绕树转三圈”的道理。

3. 修剪的顺序

（1）先大枝后小枝，由粗到细　剪树前，应首先考虑中心干和主枝的选留和培养调整，然后在主枝上选留侧枝。结果枝组的培养上也是先考虑按一定间距配置大、中型枝组。修剪时必须先调整中、大型枝，再修剪小枝，这样既解决了关系到树体扩张、负载能力和通风透光的大问题，又能定位、定量足够的结果部位。

（2）先外后内，由头到尾　任何枝条均应从外向内修剪。这样一方面可形成清晰的思路，另一方面有利于修剪活动顺序进行，不易出现漏剪现象。

（3）先上后下　对整形期的幼树，应根据下层主枝的着生情况，先修剪中心干延长枝和选留出上部主枝，然后再对下部已选留好的主枝进行合理修剪。对于结果期大树，也应坚持先上后下的修剪顺序，这样可避免因修剪人员上、下树及上部掉落的大枝损坏下部枝芽而造成的损失。

4. 树体中、大枝的处理

对于中、大枝较多的植株，疏除应分期分批逐年在秋季采果后进行，否则，会刺激树体长势更旺，或者因伤口过多、过大使弱树更弱。

5. 认真细致，连续到底

修剪时，必须认真对待每一个枝条，为树体打下早产、高产、稳产、优质的基础。从幼树期开始每年连续不断按照目标树形进行整形修剪，加快成形和稳定结果。

6. 剪锯口的处理

短截时，剪口一般在剪口芽的对面有一个斜面，斜面上端略高于芽尖，下端位于芽的1/2处（剪口容易愈合，并且剪口芽发枝长得直）。但对于冬季较冷地区，剪口应位于芽尖上方0.5～1 cm处。而在修剪葡萄枝条时，则应在芽上的节间中部或上一节节部剪截（不留芽），剪口为平茬，这样可有效防止芽眼受冻、抽干及埋土后剪口芽出现腐烂等现象发生（图5-21）。

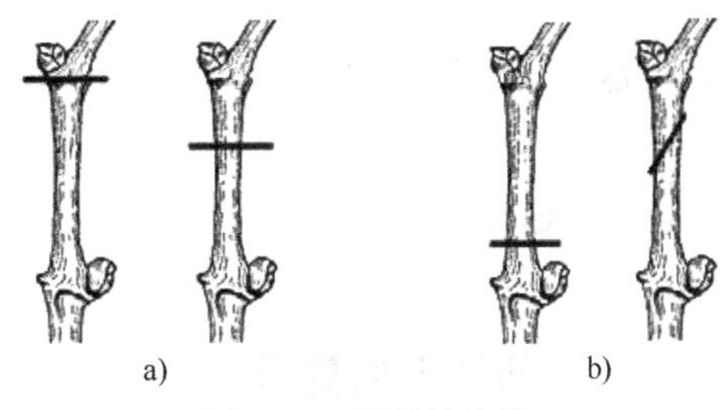

图5-21　葡萄枝修剪

a）正确剪法　b）错误剪法

疏枝时伤口不宜过大且不留桩。这样做的好处：一是避免幼龄枝隐芽的大量萌发；二是避免多年生大枝留下的短桩使伤口愈合困难而引发病虫害。由于直立枝、水平枝与母枝的夹角大，疏除时伤口基本上是平的；斜生枝疏剪的时候，上口仍要尽量贴近分枝处，下口是微有些翘起的。具体翘起多少，要根据被疏枝条的分枝角度灵活处理：分枝角度小的，下口翘起多些，避免母枝上留的伤口过大；分枝角度大的，下口少翘起一些，使剪口较平，避免有过多的残留。

锯除多年生枝时，使锯口与枝条基本垂直。锯除较细大枝时，可采用“一步法”，其顺序是先从大枝的下方向上锯入1/4～1/3，然后再从上向下锯（图5-22和图5-23），这样可防止母枝劈裂。对于较粗大枝，应该采用“两步法”，即先在要去的大枝下部距母枝较远处从下往上锯至直径的2/3处，然后在此锯口上部往外10 cm左右处从上到下锯至直径的2/3

处锯断该大枝的一部分，最后一次性从基部去除。对较大的剪锯口要及时削光、消毒、涂愈合剂保护，减少蒸腾，促进愈合。最后，锯口下方比上方应略高 1 ~ 2 cm。

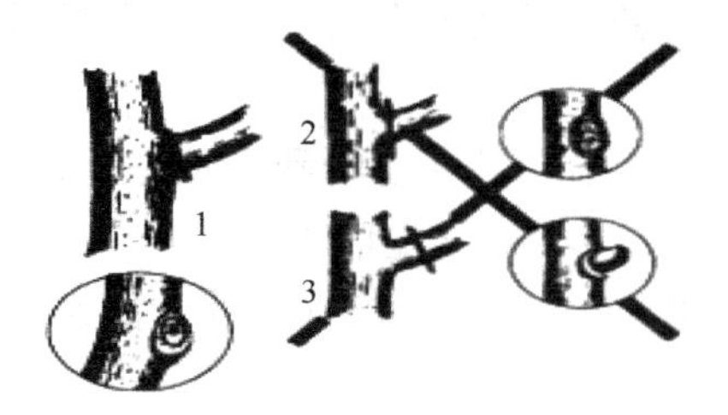

图 5-22 锯大枝的部位

1—正确锯法，锯口易愈合 2—错误锯法，伤口过大 3—留有残桩

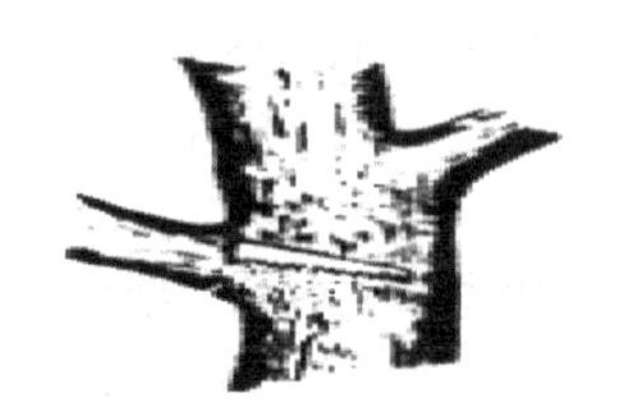

图 5-23 “一步法”锯大枝

除以上几点外，对修剪掉的病虫枝要及时烧毁或拿出园地。同时，接触过病虫枝的修剪工具必须消毒后才能继续使用。

任务 5 苹果不同年龄时期及不同品种的修剪

【知识目标】

熟悉苹果树不同年龄时期的生长特点，并掌握其修剪技术；了解苹果树不同品种的生长结果习性；掌握各自的修剪技术。

【能力目标】

能够根据苹果树的年龄时期和品种，综合运用各种修剪技术。

【基本知识】

一、幼树期的修剪

苹果幼树多是指 3 ~ 5 年生的未结果树。幼树期的苹果树树冠和根系年生长量大，分枝角度小，树势较旺。修剪任务是培养骨干枝，迅速扩大树冠，同时要缓放辅养枝，促其早结果。

根据所选树形定干（整形带内留饱满芽），定干后春季刻芽促萌。在抽生的枝条中逐年选出中心干和各层骨干（主、侧）枝，调整好所选骨干枝的方位、角度，并在每年冬剪时根据其长势和角度在中部饱满芽处留外芽进行短截，使其顺向延长。注意，骨干枝开张角度时尽量采用拉枝而不是采用里芽外蹬和背后枝换头的方法，否则会引起后部返旺，不利于缓势成花。当树冠基本达到树形要求时，对骨干枝延长头缓放，促发中、短枝，也可采用环剥、拿枝等方法促其早结果。

辅养枝不能影响骨干枝的生长，尽快增加分枝级次，达到一定程度后，缓和其生长势

（拉平或下垂），促使成花结果。

在幼树后期，为促进树体向生殖生长转化，多用夏剪会取得很好的效果。例如，对竞争枝、背上直立枝可采用摘心、扭梢的方法，对其他枝条可进行环剥等。

另外，在幼树整形过程中，不可忽视对枝组的培养，此期枝组应呈单轴延伸、细长、斜生、下垂、松散状态。

二、初果期的修剪

初果期是指苹果树开始结果到进入盛果期前的一段时间。此期的修剪任务是继续培养各级骨干枝，平衡树势。同时要注重枝组的培养，逐年增产。

此期由于产量低、树势强以及骨干枝容易直立生长，所以要注意开张骨干枝角度，具体做法是加大腰角，改善内膛光照，着重培养各类枝组保持各级枝之间的从属关系和树冠上下、左右的平衡。

1. 注重夏季修剪

对辅养枝，大枝组常用拉枝变向及刻剥等措施，促其形成较多花芽。竞争枝、徒长枝和背上直立枝及时摘心、扭梢和疏除，使其不影响骨干枝的生长。

2. 适时落头

当树高超过其规定高度，果园将郁闭时，进行落头。无论何种树形，对准备去掉的中心干部分，先长放，减弱长势，并控制其间的大分枝，再削弱，3～5年后在适当的位置去掉原头。

3. 酌情控制过密、过大的辅养枝

对过密、过大的辅养枝要逐年加以控制和回缩，以不影响骨干枝生长为宜，使结果部位逐步过渡到各级骨干枝上的各类枝组上。

三、盛果期的修剪

苹果进入盛果期后，树体结构基本形成，树冠一般不再扩大，生长势减缓，生长量下降，开花结果量大、产量高，易出现大小年结果现象，外围枝量较大，内膛光照不良，枝组易枯衰，骨干枝基部光秃，结果部位外移。此期修剪的主要任务是：保持树势平衡，调整好花芽、叶芽比例，改善光照，培养和保持结果枝的结果能力，保证优质高产、稳产，延长结果年限，延迟进入衰老期。

1. 保持树势均衡

此期在稳定树形的基础上，要保持树势的均衡，不能去大枝，要维持各主枝生长的先端优势。较弱的主枝，控制其结果量，短截弱枝，促使新梢生长转旺。对于过强的主枝，增加结果量以控制其生长势。

2. 保持新梢生长势

此期内果树新梢生长量大小与生长势强弱直接影响着果树能否高产、稳产。凡新梢生长量大且生长势强的树，其结果量既高又稳。否则，连续几年结果后易出现大小年结果现象，过早进入衰老期。因此要求树冠外围枝梢在饱满芽处短截，并抬高各类枝条的延长枝角度，增强生长势。

3. 局部更新

在枝轴过长、基部光秃、生产衰弱时，应在中下部生长势较强的新梢处回缩；对于较弱的枝组，在较强壮的分枝处进行枝轴缩剪，留壮芽短截。继续培养新的结果枝组，用新枝组代替老枝组，维持良好的结果能力。选择枝组中下部弱枝中短截，促其复壮，以利上部衰弱时回缩更新。

4. 防止和克服大小年结果

对于花量多的大年树，冬季修剪时除留结果用的花芽外，剪除一部分短果枝和中果枝的花芽，缓放中、长枝，使其次年形成花芽。

对于花芽少的小年树，应以轻剪为主，尽量多留花芽，使小年不小。中、长果枝一般不短截，生长衰弱又无花芽的结果枝组可回缩更新，一般营养枝应中短截，促进营养生长，防止次年形成过多花芽。除此之外，还应加强土肥水管理和配合疏花疏果，这样才能收到良好效果。

四、衰老期的修剪

衰老期的苹果树的新梢生长量小，发枝多，花芽多，结果少，内膛小枝组易干枯，中下部易发徒长枝；结果部位明显外移，果实变小，品质下降；伤口难愈合。此期修剪的主要任务是更新复壮，恢复树势，严格控制花果量，加强土肥水管理，恢复根系的生长和吸收功能，尽量延长经济结果年限。

老树更新要根据树的衰老程度区别对待。如果树刚开始衰老，对主、侧枝根据其衰弱程度适当回缩；若主、侧枝极度衰弱或已枯死时，则利用冠内徒长枝向原主、侧枝方向进行培养，以补充空间，增加结果面积。而对一半甚至全部大侧枝死亡、部分主枝死亡的树，锯除主枝长度的1/2~1/3，促发徒长枝培养新的骨干枝。对中心干开始衰老的树，可利用就近的直立枝或徒长枝替代原中心干，或者极度衰弱时从基部锯除，树形改成开心形。要充分利用徒长枝培养新的结果枝组，同时对原枝组进行更新复壮。

五、苹果不同品种的修剪

苹果品种不同，其萌芽力、成枝力、枝类组成、生长势、分枝角度、顶端优势的强弱、开花结果及更新复壮等能力都有一定的差异。整形修剪必须考虑到各品种的这些差别。

1. 金冠系品种

金冠系品种萌芽力和成枝力较强，干性强，但树体稳定，对修剪反应不敏感，结果早，栽后3~4年即可结果。自然小枝组多，易衰老。幼树以中、长果枝结果为主，直立旺枝上部多形成腋花芽；盛果期树以中、短果枝结果为主。中庸枝极易形成花芽，连续结果能力强，可早产、丰产、稳产。结果部位随树龄增长而外移。潜伏芽较少，后期萌芽与结果枝的更新能力弱。其修剪要点为：

1）对中心干及主、侧枝要加以控制，应使其弯曲生长，注意开张主枝角度，防止出现上强下弱。

2）辅养枝要多留，宜轻剪长放，成花结果后再回缩。

3）幼树期培养枝组，宜以“先截后缩”法为主，“先放后缩”法为辅，尽量多培养健壮的中、小型结果枝组。直立强旺枝条缓放后即可形成腋花芽，下部形成短枝，结果后回

缩，控制培养成大型枝组。对中庸枝条轻剪，能形成较好的短果枝，其成花效果好于缓放。在盲节处短截，强枝能培养成中型枝组，弱枝能促进成花。另外，还可采用夏剪措施培养枝组。

4）盛果期要防止树势早衰，或者培养新枝组代替老枝组。采取“去弱留强、去斜留直、去老留新”的方法处理弱枝组，并防止结果部位外移。成年树枝条较多，注意疏除。当肥水条件差或结果过多导致树势变弱时，要及时回缩更新。

秦冠等品种也可参照金冠的修剪方法进行。

2. 元帅系品种

元帅系品种树势强旺，枝条直立，萌芽力、成枝力强，修剪反应敏感，剪锯口易冒条。该类品种的旺枝缓放几年后才能成花。轻剪可抽生短小叶丛枝。旺盛幼树的叶丛枝或短枝当年不易成花，很少有腋花芽。初结果期树以长、中、短果枝结果，但以短果枝为主。盛果期以短果枝结果为主。其坐果率低，并且果台副梢连续结果能力差。加强夏剪有利于早结果。其修剪要点为：

1）整形时应注意采用撑、拉、背后枝换头等方法开张骨干枝角度，尤其是前期，适当结合扭梢、摘心、环割（不用环剥）、拿枝等夏剪措施，有利于培养枝组早结果。

2）为防止三叉枝、四叉枝的发生，以及当年生枝的扭曲生长，应注意不选背上芽及轮生芽作为剪口芽；剪口芽多留在迎风面，在迎风方向多留背后枝，保持开角。幼树大叶芽枝（锥形枝）应破顶芽。

3）外围枝以疏为主，直立旺枝应疏除。竞争枝可用台剪，使下部瘪芽萌生短枝。中庸枝、斜生枝缓放轻剪，可形成长果枝，结果后回缩。细弱枝、水平枝、下垂枝一般缓放2～3年后可成花，大量结果后再回缩。对弱枝可直接短截培养成结果枝组。

4）进入结果盛期后，树势变弱。采取多截营养枝，合理负载，加强土肥水管理以恢复树势，延长经济寿命。

3. 富士系品种

富士系品种萌芽率高，成枝力强；幼树直立强旺，结果后逐渐缓和。前期以中、长果枝结果为主，腋花芽也能结果；盛果期后，以中、短果枝较多。其结果枝多隔年结果。

1）幼树调整各层枝的角度，控制树冠上部过强。

2）幼树宜轻剪、多留，对骨干枝的延长枝应在中部饱满芽处短截；对斜生枝、下垂枝应轻剪缓放；对壮旺直立枝采用拿枝、拉枝、扭梢、环割等夏剪措施，促进提早成花结果。

3）由于富士苹果中、长果枝结的果较好，应对势力稳定的枝条轻剪，促发中、长果枝。

4）富士坐果率高，盛果期后，应注意合理负载和及时更新枝组，留足预备枝，防止出现大小年及树体早衰。

4. 短枝型品种

生产上常用的短枝型品种有金矮生、新红星、首红、短枝富士等。它们树冠矮小，枝条直立，节间短而壮，管理方便，适合低干小冠树形密植，同时萌芽力强而成枝力弱，易形成短枝，早果丰产。

幼树期骨干枝应重短截促发长枝并注意开张角度，辅养枝多留长放，适当疏除背上旺枝。树龄3年以后，一般发育枝摘心、短截或缓放后，均可形成较多短枝，当年即可成花。

中、短枝破除顶芽后，可成短果枝群。树龄 5 年以后，树势稳定，随结果量增加，枝势减弱，易出现大小年结果现象。因此，修剪时要注意调整花量，以提高果实产量和品质。

任务 6　梨不同年龄时期及不同品种的修剪

【知识目标】

熟悉梨树不同年龄时期和不同品种的修剪特点；掌握梨树不同年龄时期和不同种类的修剪技术。

【能力目标】

能根据梨树的生长期和品种习性制订出梨树的修剪措施或方案。

【基本知识】

一、幼树期的修剪

梨幼树期主要的修剪任务是根据所选树形培养树体骨架，开张枝条角度，平衡树势，兼顾培养枝组，同时要充分培养利用辅养枝。修剪时坚持多留、轻截、少疏枝的原则。

1. 骨干枝的选留和培养

幼树定植后，可根据预计的树形在饱满芽处短截定干，一般高度为 80 cm 左右。萌芽前在需要萌发的方位的芽上方目伤，促发长枝。第一年冬剪时，选顶端直立的枝条作为中心干，剪留 50 ~ 60 cm，同时在其下选择方位、角度较好的枝作为主枝，并注意培养侧枝。随后几年基本剪法相同。几年后要对生长过密、过旺的枝条适当疏除。整形过程中，一要注意及时开张主、侧枝角度，能结合夏季的拉枝、撑枝效果更好；二要调节各级骨干枝之间的平衡关系和从属关系；三要充分利用由中、短枝不剪转化而成的长枝作为选留的骨干枝进行培养；四要坚持随枝做形，防止为追求树形而造成的过重修剪。

2. 辅养枝的利用和控制

幼树期间，对于梨树辅养枝，常采用开张角度、缓放并结合刻芽、环剥、拿枝等措施加以利用和控制，促其早成花。

二、初果期的修剪

梨的大多数品种 3 ~ 4 年开始结果，此期树体骨架已基本成形。修剪的主要任务是继续选留树冠上部骨干枝和培养结果枝组，调整好结果枝与营养枝的比例。当树体达到一定高度时，要对中心干及时进行落头。同时还要注意均衡各主枝长势，对生长势较弱的主枝，可抬高角度，多留枝且少留果，使其转旺；对生长势较强的主枝，则采取相反的修剪措施。

梨树结果枝组的培养以先放后缩法为主。但对于要培养的大、中型枝组宜少放多截，保

证壮枝和壮芽带头，迅速增加分枝数量，占领空间。

三、盛果期的修剪

盛果期梨树的树冠已成形，枝量增大，结果几年后，树冠易郁闭，使内膛小枝衰弱或死亡，导致结果部位外移，整体树势衰弱，短枝量增加，极易出现大小年结果现象，并且果实品质下降。所以，此期修剪的主要任务是调节生长和结果的平衡关系，保持中庸健壮树势，维持树体结构和枝组健壮，实现高产、稳产、优质。此期修剪的主要技术措施有：

1. 改善光照

当树体达到一定高度时，适时落头开心，疏除树冠外围主、侧枝上的临时性过大、过多枝组。对其他影响光照的枝组要及时拉枝、回缩，改善通风透光条件。

2. 保持健壮树势，维持树冠结构

外围新梢长30 cm，短枝健壮、花芽饱满为树势中庸健壮的标志。修剪时应通过强树强枝轻剪多留果缓势和弱树弱枝重剪少留果增势，以及枝组交替更新复壮等措施保持中庸树势。

3. 更新和复壮枝组

首先对缓放过久、过长并且长势弱的大、中型结果枝组要及时回缩到壮枝壮芽处，以增强长势；在大、中型枝组不衰弱的前提下，以小型枝组局部更新为主；单轴延伸的枝组可采用“齐花剪”，以保持长势，等完全衰弱时再回缩或重新培养；对短果枝群所抽生的果台副梢，应去弱留强、去远留近，一般每个枝群留4～6个壮枝，结合疏花疏果使其半数结果。如此交替更新，就能达到连年丰产、稳产的目的。

四、衰老期的修剪

梨树经过多年结果后，产量剧减。此期修剪的主要任务是养根壮树以及更新复壮骨干枝和枝组。

树势轻度衰弱时，及时采用抑前促后的办法进行局部更新，即在大枝前部2～3年生分枝处轻回缩，选择角度小、长势比较健壮的背上枝作为主、侧枝的新延长枝头，去掉原头；当树势严重衰弱时，部分骨干枝即将枯死，可及早进行大更新，即选择树冠内膛着生部位适宜的徒长枝，通过短截促长以替代骨干枝；其余的枝条尽量多留，用拉、别、压等方法培养成长放枝组。注意利用徒长枝时防止劈裂，也可采用反向拉枝法。

在大枝更新的同时，利用回缩小枝时抽生的徒长枝，一部分可选作新的骨干枝进行培养，其余的培养成枝组。

五、梨不同品种的修剪

1. 白梨系品种

白梨系品种一般干性强，成年树较开张。萌芽率高，成枝力较低，短枝发达，易连续结果。长枝缓放也易成花，不少品种有腋花芽，骨干枝更新容易。代表品种有河北鸭梨、雪花梨、山东莱阳茌梨、长把梨、酥梨（贡梨）等。

幼树整形时宜采用高干疏层形，为防止干性过强，应及时控制中心干生长势，及时落头，主枝开角不宜过大，非骨干枝少疏多放，骨干枝的延长枝长留；如果辅养枝与侧枝相当，可将辅养枝改造成枝组；中、短枝缓放培养成小型枝组；长枝可适当短截，培养成大、中型枝组。

大树为防止外围枝过强、过密，要注意保持骨干枝梢角，对不易形成短果枝群的品种，应注意大型枝组轮替更新。

2. 砂梨系品种

砂梨系品种一般树冠较小，干性中强或较弱，寿命较短，枝条粗壮直立。萌芽率高，成枝力弱，短枝发达，大枝稀疏。幼树较旺，成年树较弱。一般栽后2~4年即可结果。日本砂梨的果台副梢较多，容易形成短果枝群，老枝不耐更新。我国砂梨的果台副梢少，不易形成短果枝群，但老枝更新能力较强。代表品种有丰水、幸水、晚三吉等。

整形时宜采用自然圆头形、挺身形和延迟开心形等。幼树修剪应少疏、多截和多留，以增加枝叶量，直立旺枝拉平利用，还可通过目伤造枝促发长枝。对较直立的骨干枝为防背上冒条，其开张角度不宜过大。盛果期树的修剪主要是调节生长与结果的关系。对日本梨品种，主要是按三套枝技术管理好短果枝群，骨干枝应尽量维持原来枝头的枝势，不要轻易换头更新。对中国梨品种，主要是通过对大、中型枝组和长、中果台枝的先放后缩法来维持其枝势，促发新结果枝。

3. 秋子梨系品种

秋子梨系的多数品种耐旱、抗寒，适应性强，但品质差，在生产上栽培较多且表现较好的仅有北京京白梨、南果梨、兰州软儿梨和辽宁香水梨等少数几个优良品种。一般树体高大，干性中强，寿命较长，枝条细软、较密，树姿开张。大树因结果树势渐弱。萌芽率高，成枝力较强，顶芽延伸力强。中、长枝多，短枝不发达，栽后4~5年结果。多数品种以短枝结果为主，部分品种有腋花芽。果台枝连续结果能力低，枝组的更新能力弱。

幼树整形应注意开张角度，延长枝轻剪长留。其他长枝应少短截，多留长放。中枝剪除顶芽。大树应疏除密枝，适时更新枝组。

4. 西洋梨系品种

西洋梨系各品种间的差异较大，一般干性强，易上强下弱。萌芽力和成枝力强，枝条较密。幼树枝条直立而较软。各类果枝均可结果，成年树以短果枝结果为主，挂果后骨干枝易下垂。幼树整形宜采用分层开心形、主干疏层形，下层主、侧枝数可较多。主枝基角保持45°左右。

任务7　桃不同年龄时期的修剪

【知识目标】

熟悉桃树不同年龄时期的修剪特点；掌握桃树不同年龄时期的修剪技术。

【能力目标】

能根据桃树的生长期和品种习性正确进行修剪。

【基本知识】

一、幼树期和初果期的修剪

此两个时期从定植后开始，到树冠占地面积达70%为止。这一时期桃树树冠不断扩大，长势旺，经常萌发大量的徒长枝性果枝、长果枝、发育枝和副梢，花芽着生节位高，坐果率低。此期整形修剪的主要任务是完成整形工作，基本完成枝组培养，适当多留结果枝和辅养枝，控制枝梢密度，促进早果丰产。所以，此期修剪量要小，在没有达到整形要求时，骨干枝延长头可适当短截，并利用副梢结果。生长季做好抹芽、摘心、剪梢、绑缚、扭梢、控制竞争枝、利用副梢开张角度等措施，既减少了冬剪工作量，也不浪费树体养分。

骨干枝轻剪长放，同时考虑调整骨干枝开张角度和平衡势力。其延长头剪留长度根据生长势来定，为平衡树势，弱的适当长留。北方品种群比南方品种群要长留或不剪。总之，以不会刺激徒长，也不造成下部脱节为宜。选剪口下第3～4个芽培养成侧枝，冬剪时，考虑到从属关系，侧枝延长头剪留长度约为主枝延长头剪留长度的2/3～3/4。

这一时期开始培养结果枝组，因树势旺，徒长枝和徒长性果枝比较多，在骨干枝后部培养大、中型果枝比较方便，通过摘心、曲枝等夏剪措施，促进下部发枝培养或通过剪截等方法也可培养。结果枝适当长留，待结果下垂再回缩至后部发枝处。及时疏除过密的中、短枝，其余留3～4对花芽短截。一般的桃树结果枝组培养过程如图5-24所示。

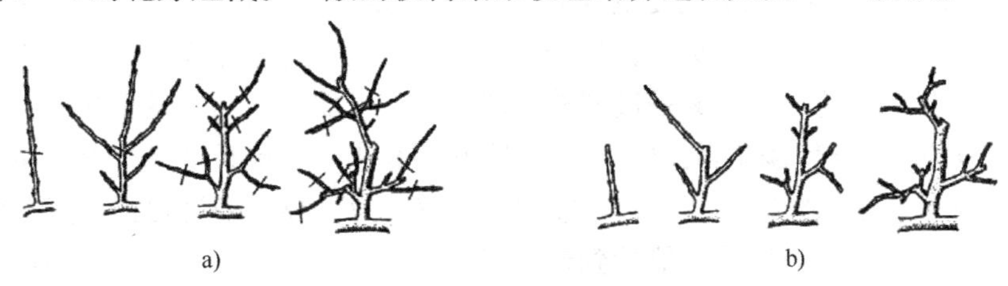

图5-24　桃树结果枝组培养过程

a）修剪前　b）修剪后

二、盛果期的修剪

桃树一般6～7年进入盛果期，此期长短因品种、栽植方式、所用树形、管理水平的不同而差别很大，一般可维持10～15年。这一时期，整形基本完成，树势趋于缓和，树冠扩大缓慢，各类枝组已齐备，结果枝增多，中短果枝所占比例高，有些骨干枝上的小枝组渐渐衰亡，主要结果部位转向大、中型枝组。修剪的主要任务是维持树体结构，调节主、侧枝生长势的均衡和更新枝组，以及调节枝量和负载量。

1. 夏剪

盛果期桃树的夏剪一般要进行3～4次。管理得越精细的桃园越重视夏剪，这样可减轻冬剪的工作量。

抹芽在叶簇期进行（华北地区为4月下旬至5月上旬）。这次修剪的主要任务是抹芽、除梢、调节剪口芽角度并缩剪剪留过长或没挂果的结果枝。抹芽在芽长3 cm时进行，主要

是剪锯口下的密生芽、无用徒长芽等，使养分集中供应给留下的单芽。

（1）第一次夏剪　在坐果后新梢迅速生长期（华北地区为5月中旬至6月中旬）进行第一次夏剪，目的是保持主、侧枝生长势平衡，控制徒长枝、竞争枝生长，防止上强下弱，扩大有效叶面积。其主要任务有：

1）延长枝的调整。可对其扭梢控旺或新梢长40～45 cm时选择一个合适的副梢代替原头。严格控制该副梢延长枝的竞争枝，摘心控制其他副梢，分别培养成侧枝、结果枝组等。

2）竞争枝、旺枝和直立枝的控制。背上过密竞争枝应疏除，其他无副梢的竞争枝摘心控制，有副梢的竞争枝可剪留基部两个方向较好副梢，使其变直立生长为斜生生长，或者进行弯枝、扭枝，培养结果枝组。旺枝一般长度为35～50 cm，粗0.6～0.8 cm，中上部有副梢，当旺枝生长长度超过30 cm时，也留两个副梢培养枝组。

3）结果枝的更新。对过密的结果枝必须进行疏剪和回缩。对于果枝或结果枝组的基部发出的新梢，可以疏掉或用于该结果枝组的更新。

4）摘心促花。对健壮、有空间的新梢摘心，可促使其抽生带花芽副梢。对当时没有副梢的新梢，不要摘心，以免枝条太密，提高结果部位。

（2）第二次夏剪　在新梢缓慢生长期（华北地区为7月上中旬）进行第二次夏剪，目的是改善光照，抑制枝条旺长，促进养分供应果实（中晚熟品种）和花芽。由于已进入生长后期，不可再进行大改造。继续利用副梢培养结果枝，为使基部芽充实，可对上次修剪调整过的旺枝再次留1～2个副梢短截。对未停长长枝，全部剪去1/4～1/3。

（3）第三次夏剪　第三次夏剪也称为秋剪，一般是在新梢停止加长生长后（华北地区一般为8月中下旬至9月中旬）进行，目的是全面控长，促进枝芽充实，提高越冬能力，并提高晚熟桃品质。主要的疏除对象是过密枝、旺长枝、细弱枝、雨季发生的发育枝，以及新出现的二、三次幼嫩副梢。影响通风透光的较粗壮的长果枝和徒长性果枝可轻短截。

需要注意的是，桃树枝叶毕竟是桃树重要的营养器官，修剪适当可提高光合效率，修剪过重会削弱长势。所以，如果采用能达到修剪目的的其他措施（如扭梢、拿枝、拉枝、撑、顶、坠等），就不必过多地进行疏除。

2. 冬剪

（1）主枝延长枝的修剪　对主枝延长枝一般栽后第一年剪留长度为50 cm左右，第二年剪留长度为50～70 cm，以后各年均剪留30～40 cm。当树冠大小基本确定时，采用缩放交替进行的方式来维持延长枝的长势和树冠大小。经数年结果，当主枝角度开张过大时，可采用撑或背上枝（枝组）换头的办法来抬高主枝角度；若主枝角度变小，则采用背后枝换头的方法来加大其角度；若主枝整体衰弱，则采用缩剪的方法进行更新复壮（图5-25）。

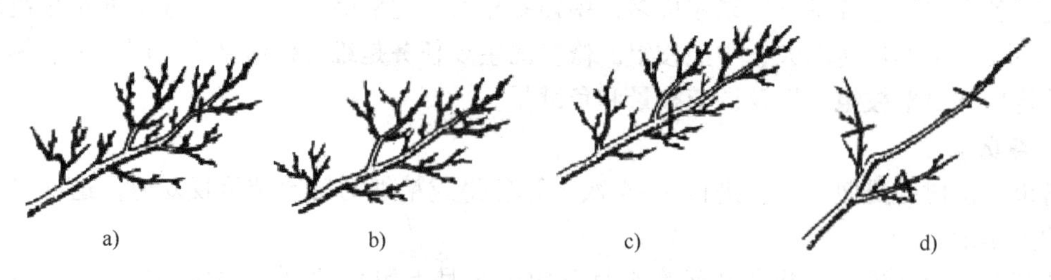

图5-25　盛果期主枝头的修剪

a）背上枝换头抬高角度　b）背后枝换头加大角度　c）背上枝组做头，将原头缩剪　d）主枝衰弱，缩剪下部枝

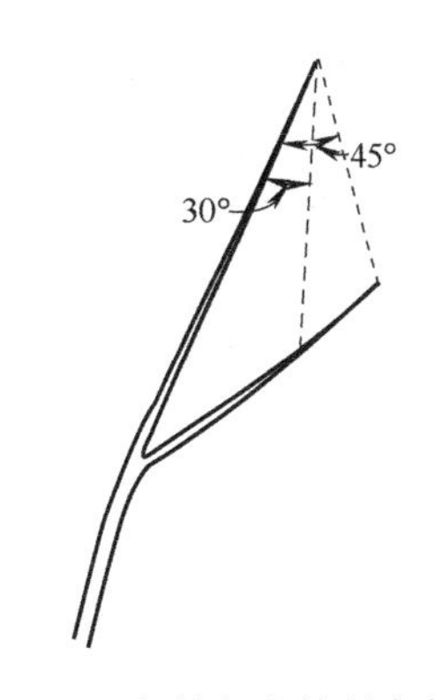

图 5-26 侧枝与主枝所成角度

(2) 侧枝的修剪 侧枝要从属于主枝，要注意同一主枝上各侧枝之间及侧枝本身前后的平衡，可采用抑前促后的方法来调节。侧枝在必要时可疏除或回缩修剪变成大型结果枝组。骨干枝上部侧枝应重短截，下部的要轻短截。外侧枝生长势的强弱可用侧枝的枝头与主枝的枝头所成的角度来衡量。正常角度应为30°～45°（图 5-26）；小于 30°，说明侧枝弱小，可缩回剪成枝组；大于 45°，说明侧枝太强，需加控制。

(3) 结果枝组的修剪 盛果期要培养和更新结果枝组，维持结果能力。顶部少留枝组，下部多留枝组。结果枝组要去强留弱、抑前促后、平衡长势。对角度过大、过长、过分衰弱的枝组，回缩到极短枝或花束状果枝处，使其紧靠骨干枝，保持其长势，或者从基部疏除过弱的小枝组。树冠内膛大、中型枝组出现上强下弱的现象时，可缩剪降低高度，为限制其发展，还要以果枝带头。若枝组中庸，只疏除强枝。为维持结果空间，侧面、外围生长的大、中型枝组也应像侧枝修剪一样，放缩结合。

调整好结果与发枝的关系。控制部分旺枝，选一些徒长性果枝或强旺长枝进行短截，留作预备枝。北方品种群应适当多短截短果枝和花束状果枝，多留果枝。南方品种群应短截长、中果枝，疏除长势弱的短果枝，长果枝留 5～8 节短截，中果枝留 3～4 节短截。

北方品种群修剪后各枝条顶端距离为 10 cm，大约每平方米内有 70～80 个枝条；南方品种群修剪后枝条顶端距离为 15 cm，每平方米内有 40～50 个枝条（图 5-27）。

结果枝修剪后剪口芽的选留方向能调节发出枝条的强弱（枝条角度和生长势），从而使新梢长势平衡（图 5-28）。

图 5-27 结果枝修剪后的枝条顶端距离

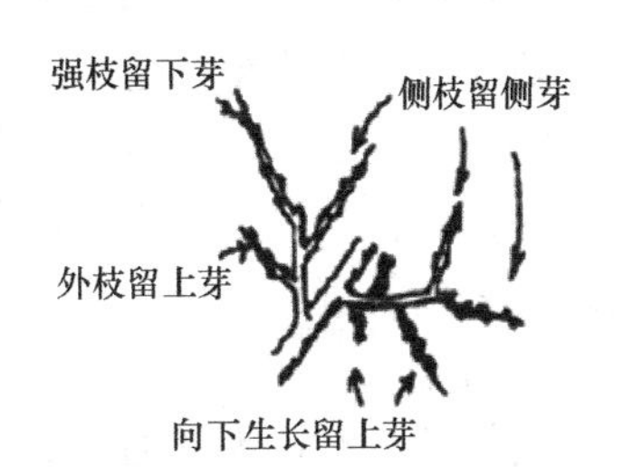

图 5-28 留芽方位

(4) 预备枝的选留 预备枝是用以代替结果枝组或结果枝的。盛果期的中后期要注意选留预备枝，防止结果部位上移。对肥水条件较好或复芽着生节位低、健壮的果枝，可用单枝更新。树冠上部结果枝和预备枝的比例为 2∶1，树冠中部为 1∶1，树冠下部为 2∶1。预备枝来源于无结果能力的弱枝、结果不好的强枝或有空间的徒长枝，留 2～3 个芽短截，不挂果。

三、衰老期的修剪

桃树进入衰老期，骨干枝的延长头年生长量小于 30 cm，中、小枝组大量死亡，大枝组变弱；树冠内出现秃裸，中短果枝比例多；全树产量明显下降。修剪的主要任务是在维持经济产量的前提下，通过缩剪更新骨干枝，利用内膛徒长枝更新树冠，维持树势。枝组更新时，疏除细弱枝，多留预备枝。

骨干枝视衰老程度而定，一般在3~5年生的分枝部位处缩剪，回缩时仍然保持主、侧枝间的从属关系。对树冠外围的徒长枝，可培养成骨干枝。内膛发生的徒长枝可培养成新枝组，填补空缺部位。

任务8 葡萄的冬剪、夏剪

【知识目标】

了解葡萄的生物学特性，正确掌握其冬剪、夏剪技术。

【能力目标】

能根据葡萄的生长期和品种习性进行正确修剪。

【基本知识】

一、葡萄冬剪的基本方法

1. 修剪时期

理论上讲，自葡萄自然落叶后2~3周至第二年春季树液开始流动为止均可进行冬剪。我国北方埋土防寒区为防止早霜危害，在土壤封冻前必须完成冬剪，一般为10月下旬至11月上旬。在冬季较寒冷地区，为减少枝芽受冻，可采用春季复剪，即在埋土之前，将所有不成熟的部位剪除，在春季出土后再确定负载量，萌芽之前完成修剪。在栽培面积比较大的地方为赶时间，还可提前带叶冬剪，可以促进枝蔓老熟。

2. 修剪技术要点

葡萄冬剪大体可以概括为“看、疏、截、查”四个字。“看”就是根据品种、架式、树势等大体确定修剪量；“疏”就是疏掉病虫枝、枯枝、密枝、细弱枝、无用萌蘖枝；“截”就是短截一年生枝，确定母枝留量；“查”就是复查补剪。

（1）芽眼负载量和结果母枝留量的确定　芽眼负载量是指单位面积或植株所留芽眼的数量。芽眼负载量过大或过小都不利于生长与结果关系的平衡。生产中要根据品种、树势及栽培条件等确定合理的芽眼负载量。过去人们采用式（5-1）计算芽眼负载量。

$$\text{芽眼负载量(芽眼数/亩)}=\frac{\text{计划产量}}{\text{萌芽率}\times\text{结果枝率}\times\text{结果系数}\times\text{穗重}} \tag{5-1}$$

式（5-1）中的萌芽率、结果枝率、结果系数（平均单个果枝上的果穗数）和穗重四个指标，经过2~3年调查可得到。正常管理水平下，基本上可以作为常数用于公式中。

芽眼负载量确定之后，根据结果母枝平均剪留长度确定所留结果母枝数及替换短枝数。

在埋土防寒地区，考虑到损失可适当增大芽眼负载量。

近年来，科技工作者通过研究和实践认为用结果母枝留量来计算产量比芽眼负载量更为科学和简便。因为不论当年的结果枝或营养枝，只要健壮充实，修剪后都是结果母枝，所以估产较为可靠。其计算公式如下：

$$结果母枝留量(个)=\frac{计划产量}{每个母枝平均留果枝数\times 结果系数\times 平均穗重} \quad (5\text{-}2)$$

同样考虑到枝条和果穗的损伤，多留10%~20%的富余。具体修剪时，旺树多留，弱树和小树少留。

以玫瑰香为例，计划亩产量为1500 kg，通常情况下每个结果母枝平均按抽生两个果枝计算，每个果枝平均着生1.5个穗果，每穗果平均重0.25 kg，代入式（5-2）得

结果母枝留量 $=1500/(2\times1.5\times0.25)=2000$（个）。

若每亩栽植37株，则每株应留结果母枝54个。多留20%后，每亩实际结果母枝留量应为2400个，每株应为65个。

应该指出的是，以结果母枝留量的多少作为葡萄修剪量的标准，就必须明确结果母枝剪留的长度，即明确采用哪种修剪方式。采用长、中、短梢混合修剪的，要确定每个结果母枝平均留芽数。

生产中也有根据品种特性、产量和架式特点等因素凭经验选留的。通常长势旺、果穗大、高产的品种，如红地球、里扎马特等宜少留结果母枝，反之则多留。生产上一般每米主蔓上剪留3~5个结果母枝。

（2）母枝剪留长度的确定　在生产中，结果母枝剪留长度可以依据品种、整枝形式、立地条件和栽培技术来确定，分为长梢修剪、中梢修剪、短梢修剪三种。长梢修剪一般剪留长度为8节以上，中梢修剪为5~7节，短梢修剪为1~4节。

1）根据品种的结果习性剪留。一般生长势强、成花节位高的品种多采用中、长梢修剪。

2）根据架式及整枝形式剪留。棚架龙干整形及篱架单干双臂整形等一般采用以短梢为主，中、长梢为辅的修剪方法；多主蔓扇形则采用以中、短梢结合修剪为主的方法。

3）根据立地条件剪留。土肥水较好地区宜采用以长、中梢修剪为主的方法，干旱瘠薄地宜采用以中、短梢修剪为主的方法。

4）根据芽眼部位及枝条生长状况剪留。若一年生枝的中上部芽眼质量较好，则采用中、长梢修剪。若一年生枝的中下部芽眼质量较好，为避免结果部位迅速外移，则宜采用中、短梢修剪。

（3）正常结果树结果母枝的修剪　为了保持树势的平衡和健壮，各种整形方式均需要考虑更新修剪。由于结果部位逐年外移，很容易造成枝蔓基部秃裸，影响产量。因此，结果母枝要每年更新，其方法有双枝更新和单枝更新。

1）双枝更新（结果枝组）。结果枝组的培养是将老蔓上基部相近的两个枝作为一组，或者将老蔓上的一年生枝留2~3个芽短截，第二年从抽生新梢中选留两个健壮的培养。冬剪时，上部新梢采用中、长梢修剪，一般留3~5个芽作为结果母枝，下位枝留2~3个芽短截作为预备枝，即成为结果枝组。理想状态下，结果枝组春季萌芽后，上位结果母枝结果，在预备枝上选位置相近的两个健壮的新梢，冬季修剪时从基部疏除已结过果的结果母枝，剩

下的预备枝上的两个一年生枝按照上一年的方法修剪，年年如此，循环往复（图5-29）。

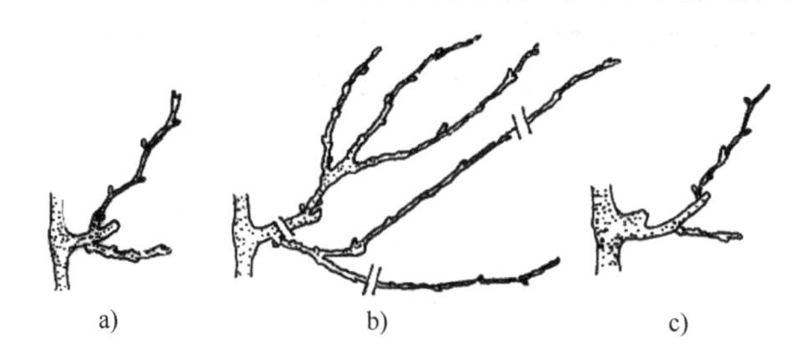

图5-29　葡萄双枝更新修剪

a）第一年冬季修剪之后　b）第二年冬季修剪之前　c）第二年冬季修剪之后

由于树势不平衡或结果过多等原因，生产中常常出现预备枝仅萌发出一个新梢或没有萌发新梢，不能形成理想的结果枝组的情况，此时可将它仍剪作新的预备枝，并在以上的枝条中选一壮枝进行中梢修剪，当作下一年的结果母枝，其他枝条疏去。或者从原结果母枝基部选留新的预备枝，从上方选一结果母枝，连同老预备枝的其他枝条都剪去。

对肥水条件好、长势强的植株，可剪成加强枝组，即每个枝组留两个中、长梢结果母枝和一个适当长留3~4个芽的替换短枝。为保持以后的疏枝口留在老蔓同一侧，修剪时要注意选留的预备枝基部第一个好芽朝向枝组外侧。

采用双枝更新法时，新梢负载量较大，要加强控制，否则极易造成架面郁蔽。该法适用于各品种。

2）单枝更新。冬剪时，将结果母枝回缩到最下位的一个枝，留2~3个芽短截，既作为结果母枝，又是来年的更新枝。春季萌芽后，将该枝水平或向下弯曲引缚，促进基部芽眼的萌发和生长，并培养为预备枝。冬剪时，根据预备枝粗度，采用中、长梢修剪或短截，预备枝以上部位的枝条全部疏除（图5-30）。该法只适合于花芽分化节位极低的欧美杂交种户太8号、京亚等品种。

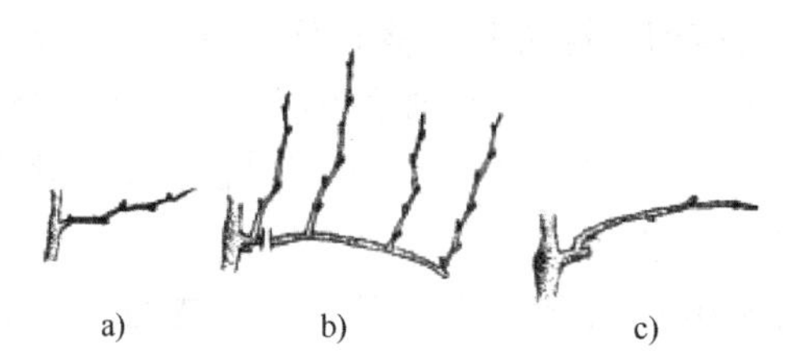

图5-30　葡萄单枝更新修剪

a）第一年冬季结果母枝修剪后　b）第二年冬季修剪之前　c）第二年冬剪之后

（4）结果枝组的更新　随着树龄的增加，结果部位外移，为控制枝条的发展高度和体积，就要对结果枝组进行更新。

1）选留新枝法。一年生枝基部或主蔓、结果枝组基部都会有少数基底芽和隐芽萌发，对当年萌发的枝条留2~3个芽短截，衰老枝组继续正常修剪，保持产量。对第二年培养的两个新梢采用双枝更新修剪成为新的结果枝组，并去除衰老的结果枝组。

2）极重短截法。对衰老的结果枝组留1~2个瘪芽进行极重短截，来年冬剪对瘪芽萌发培养出的枝条留2~3个饱满芽短截，第三年春天萌发出2~3个新梢重点培养，冬剪时剪成

双枝更新结果枝组。

对于个别结果部位严重外移枝组，可单独使用上述方法中的一种；对于大部分枝组严重外移的树，应交替使用上述两种方法。采用方法得当，可保护树体，稳住产量。

（5）多年生枝蔓的更新　多年生枝蔓的更新可分为局部更新和全部更新。当植株的某一枝蔓生长衰弱，不能正常结果时，可采用局部更新。当整个植株衰弱时，应采用全部更新，全部更新可逐年完成或一年完成。局部更新就是将老蔓回缩到较健壮的多年生蔓（图5-31），或者用生长健壮的枝蔓代替生长明显衰弱的侧蔓。全部更新首先利用萌蘖枝培养新的主蔓，随着新主蔓结果实能力的扩大，将衰老的老蔓从基部逐渐向上疏枝或逐步回缩，最后完全疏除，这样可减少更新所造成的产量损失。

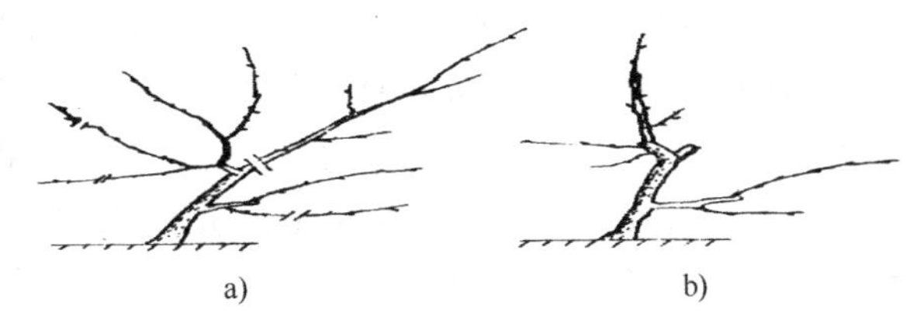

图5-31　局部更新

a）更新之前　b）更新之后

3. 冬剪时应注意的事项

1）选留生长健壮、成熟度好的一年生枝作为结果母枝。成熟度好的枝条一般较粗、皮色深、横截面较圆、髓部较小、芽眼饱满，弯曲枝条时有纤维断裂的声音。剪口处粗度应保持在0.8 cm以上。对粗度达0.7 cm以上且成熟度好的健壮副梢，宜剪留2～4节用作结果母枝。

2）剪截一年生枝时，剪口最少高出芽眼上方3～4 cm，也可在上节的节部破芽剪截。否则对所留剪口芽的生长不利。剪除一年生枝时，可留高2～3 mm的残桩，以防伤口过大而影响母枝。疏除多年生枝蔓时，也可暂留高约5 cm的短桩，待第二年修剪时再去除。主蔓上的各疏枝口避免对接或邻接，上下伤口之间应保持20 cm以上的间距。

3）修剪前，应先疏除树体上的病虫枝和发育不充实的枝条，然后再对所留枝蔓进行修剪。

二、葡萄夏剪的基本方法

1. 出土上架和枝蔓、新梢的引缚

（1）出土上架　在埋土防寒区，欧洲种葡萄一般在当地杏栽培品种的花蕾显著膨大期或山桃初花期出土为宜，美洲种及欧美杂交种萌芽较早，要提前4～6天出土。过早，枝芽易抽干；过晚，则已萌动的芽易被碰掉。植株出土后，为防芽眼抽干，枝蔓可在地上先放几天，等芽开始萌动时再上架绑蔓。

（2）上架绑蔓和新梢引缚　埋土区葡萄出土后或不埋土区葡萄冬剪后，按照树形将枝蔓均匀合理地分布于架面上。枝蔓的引缚可用玉米皮、塑料绳、麻绳、马蔺、稻草等材料，棚架上较粗大的枝蔓还可用铁丝钓吊。绑蔓时注意给枝蔓留有一定的生长余地，以利于枝蔓增粗，同时又要被固定牢固。枝蔓的引缚通常采用称为“猪蹄扣”的8字形引缚方法（图5-32）。生产上还有一种将绳套住新梢，绳头两端等长，然后穿过铁丝系上口的引缚方法。

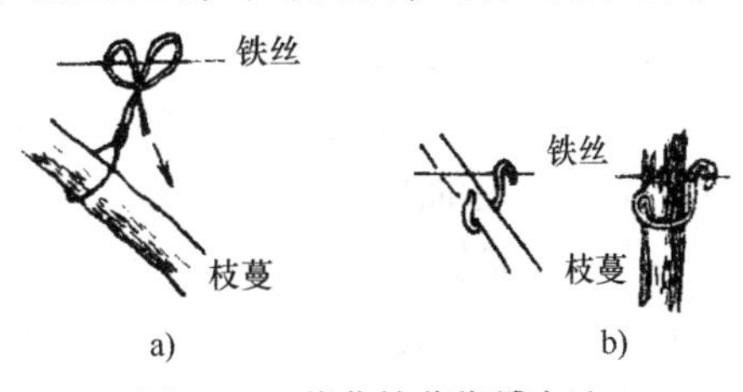

图5-32　葡萄枝蔓绑缚方法

a）猪蹄扣　b）铁丝钓

1）主侧蔓的引缚。对于棚架龙干形的主蔓向立面引缚时，考虑到是否埋土，有两种引缚方法。埋土时，主蔓出地面顺行向与地面呈45°，在主蔓40 cm高处向立架面呈60°~70°引缚上架。不埋土时，主蔓直接以70°引缚上架。棚架龙干形主蔓间距为50~200 cm，篱架多主蔓规则扇形主蔓间距为40~50 cm。

2）结果母枝的引缚。根据开张角度可分为四种方式：垂直引缚，长势强，抽生的新梢粗壮节间长，消耗多，积累少，不坐果；向上倾斜引缚，枝势中等，利于成花；水平引缚，最有利于缓和长势，新梢发育均匀，也有利于成花结果；向下倾斜引缚，生长势减弱，对新梢生长和开花结果都不利。结果母枝水平或倾斜引缚，主蔓延长头一般直立或向前引缚，以促使其迅速生长，扩大结果部位。实践中根据不同目的灵活运用，如对长结果母枝引缚成弧形或水平，以缓和长势。

2. 抹芽定梢

葡萄春季萌芽后，1个芽眼往往长出两个以上新梢，植株还会产生大量萌蘖柱、隐芽新梢，如不及时控制，势必影响当年的产量和品质，也会使枝条不充实。因此，萌芽后必须及时抹芽定梢，使营养集中供给留下的枝条，促进植株枝条的花序良好发育。此外，对出土时所损伤的枝蔓一并加以疏除。

抹芽时，抹掉弱芽（双芽或三芽只留一个壮芽）、杈口芽、无头芽及老蔓上萌发的没有利用价值的隐芽和基部萌蘖。

定梢一般在新梢长到10~12 cm且能看清花序时进行。若过早，可能会把优良的结果枝去掉；过晚，则浪费营养较多，并且新梢基部已半木质化难以抹除，甚至会造成母枝损伤。所以，抹芽定梢必须在新梢基部半木质化以前完成。一般单篱架新梢间距为8~10 cm，棚架每平方米架面留10~15个新梢。在采用双枝更新的结果枝组上，下位替换短枝上尽量选留两个健壮的结果枝，或者基部选留1个无花壮梢，上部选留1个带花新梢，上位结果母枝上选留2~3个壮结果枝。采用单枝更新的结果枝组，首先在结果母枝基部选一新梢作为来年的替换枝，挂不挂果都可以，然后在上部选留1~2个结果枝。为使树势平衡，根据品种差异，定梢后留下的结果枝与发育枝的比例一般保持在（2~4）∶1。

3. 新梢摘心和副梢处理

（1）结果枝摘心　结果枝摘心的目的是暂时抑制新梢顶端的生长，促使养分较多地转入花序中，提高坐果率。结果枝摘心主要应用于因养分竞争而易严重落花落果的品种，如玫瑰香、巨峰、京亚等品种。据许多地区经验，巨峰和玫瑰香结果枝摘心宜在开花前3~5天至初花期进行，也有这两个品种在盛花期摘心效果显著的报道。根据不同品种、生长势和栽培条件的不同，其摘心时期和强度不同。摘心后一般在花序上保留4~8片叶。对一般坐果率较高的品种，如牛奶、龙眼、黑汉、白鸡心等，开花期生长与坐果之间养分竞争不激烈，结果枝摘心的意义不大。

（2）发育枝摘心　发育枝摘心的目的是抑制加长生长，促进增粗。摘心时期可根据新梢的培养目标而定。

1）对准备培养为主蔓、侧蔓的发育枝或萌蘖枝，当其长度大于所需分枝部位时，可进行摘心，以利用所发副梢进行快速整形。

2）替换短枝上的新梢一般摘心较晚或不摘心，以培养下一年的健壮结果母枝。

3）对结果母枝上的和一般的发育枝，在不影响其他结果枝生长的情况下，可任其自由

生长。若生长过长而影响到邻近结果枝或架面无法容纳，可进行适当摘心控长。摘心后保留顶端1个副梢自由生长，秋后从基部抹除。龙干形植株延长枝按同样原则处理。

(3) 副梢的处理　由于主梢摘心加快了副梢的萌发生长，若任其生长，就会造成架面郁蔽。为更好地达到摘心效果，减少养分的消耗和改善通风透光状况，必须及时处理副梢。对副梢不仅要控制，有条件的还要加以利用。在生产实践中，因品种、地区、栽培条件的不同，副梢的处理方法主要有以下几种：

1）主梢摘心后，顶端留1个（长势旺者留两个）副梢，此副梢留4~6片叶摘心，其上发出的二次副梢，只留先端一个并留3~5片叶摘心，其他副梢全部抹除。三次以上副梢留1~2片叶摘心或完全疏除。这种方法较省工，而且通风透光好，但后期主梢叶片光合能力下降，主梢上冬芽发育不充实。此方法适合冬芽不易萌发的品种，如巨峰、京亚等。

2）主梢摘心后，顶端处理同1）中的论述方法，保留少量侧面副梢，主梢花序以下的副梢全部疏除，花序以上副梢留1~2片叶反复摘心或采用“单叶绝后”处理，即每一副梢留1片叶摘心，同时将其腋芽完全去除，使其不能萌发二次副梢。这种方法增加光合面积，但较为费工，若不能及时处理副梢，易造成架面郁蔽。此方法适合冬芽不易萌发、坐果率高的品种，如维多利亚、超宝等。对采用短梢修剪的植株，为促新梢基部芽眼的发育，新梢基部只保留2~3个副梢，留1~2片叶摘心，二次副梢萌发后留1片叶反复摘心。有的为防果穗日灼，只保留花序附近的两个副梢反复处理。

3）主梢摘心后，顶端处理同1）中的论述方法，对于结果枝，花序以上副梢采用“留双叶摘心”处理，花序以下副梢全采用“单叶绝后”；对于营养枝，摘心后除顶端副梢外其他副梢全部采用“单叶绝后”的处理方法。此法适合冬芽易萌发、生长势强的品种，如克瑞森无核、美人指等品种。

4. 新梢引缚

当新梢长到50 cm左右长时进行新梢引缚，这项工作在整个生长季要重复多次。虽然新梢受主、侧蔓和结果母枝姿态的影响，但从某种意义上说，它本身的引缚姿态能保证冬剪目标的正确表现。新梢引缚方法同结果母枝引缚一样，要根据生长的强弱来调节。值得注意的是，当新梢还未达到铁丝位置时，可以将新梢顶端拴住并吊在上部铁丝上。但在春风较大地区少用吊枝这种方法。

5. 除卷须、摘老叶

人工栽培条件下，卷须既消耗养分，又给枝蔓管理带来不便，所以生长季中随时注意掐除卷须。葡萄老叶片光合效率不断下降，生产中，在未套袋果开始转色或套袋果摘袋后，将果穗周围遮光的2~3片老叶除去，促进果穗上色。对旱地葡萄或枝叶少、生长弱的植株，则不宜摘叶。

6. 利用副梢二次结实技术

(1) 目的和意义　葡萄利用夏芽副梢或冬芽副梢结二次果，甚至结三次果、四次果，其目的和意义是：在基本不增加新梢负载量的情况下增加产量；在南方一些栽培区，可以弥补一次果因气候条件不良（花期多雨，坐果差；成熟期高温多湿，糖分积累少）产生的缺点，避开不利时期，达到优质高产；在自然灾害较严重的地区和年份，还可在相当程度上补偿产量。现在利用副梢二次结实技术更是提高保护地栽培效益的关键。但在具体应用时，还应考虑到植株的总体负担和长势，以及肥水条件和生长期等因素。

(2) 利用夏芽副梢二次结实技术　据观察，许多夏芽在其形成时已分化出花序原基，但在自然萌发状态下，多因营养不足而退化消失。主梢的合理摘心和科学的副梢处理，可使新梢内营养物质集中分配到少数当年萌发的夏芽上，促使夏芽内部的花序原基继续分化。其技术要点如下：

1）主梢摘心。花前主梢生长到适宜长度时及早轻摘心，以免夏芽分化花序的能力降低。玫瑰香的主梢摘心期为花前 15 ~20 天；其他品种的摘心期一般应比正常摘心提前 1 ~2 周。

主梢摘心后除上部留 1 ~3 个完全未萌动的夏芽外，其余夏芽全部抹除，以便集中营养，促使保留夏芽内花序原基继续发育成花。在北京地区，玫瑰香的主梢花序上方 1 ~3 节夏芽形成花芽的能力较强。顶端夏芽在摘心后 3 ~5 天即可萌发。

2）副梢处理对有果副梢，可在花序上方留 2 ~3 片叶摘心，二次副梢全部抹除，促进二次果的发育，或者在确认副梢无果后，立即对其摘心，诱发二次副梢结果。

(3) 利用冬芽副梢二次结实技术　据观察，大部分葡萄品种的冬芽通常在主梢开花期即已开始花芽形态分化。但是，一般新梢上的冬芽当年不能自行萌发。因此，要想利用冬芽副梢当年结实，必须采用相应的夏剪进行刺激，促进冬芽花序原基完成分化并于当年萌发形成结果枝，其技术要点如下：

1）主梢摘心。不同品种的摘心期不尽相同，一般为花前 1 周左右，摘心程度为主梢花序以上保留 4 ~6 节。

2）抹除夏芽副梢。主梢摘心的同时，将所有夏芽副梢全部抹除，促进顶端冬芽的发育。约半个月后，顶端 1 ~2 个冬芽即可萌发。若萌发后的顶端冬芽副梢无花序，应及时剪除，刺激下方冬芽的萌发和形成花序。

对花原基形成较慢、二次结实能力差的品种，可先仅留顶端 1 ~2 个夏芽副梢，并对其留 2 ~3 片叶反复摘心，这样可促进顶端的冬芽继续分化而避免过早无花序萌发。接着距第一次抹除副梢后 10 ~15 天左右（个别品种 20 天），抹除顶端的两个夏芽副梢，10 天以后，顶端冬芽即可萌发而形成结果枝。

(4) 利用副梢二次结实的注意事项　具体内容为：

1）选择二次结果能力较强的品种。要选择生长势较强的早、中熟品种，否则二次果无食用价值。例如，玫瑰香、巨峰、黑奥林、佳利酿、潘诺尼亚、葡萄园皇后、乍娜、亚历山大、白香蕉、红富士、新玫瑰、黑汉、莎巴珍珠、索罗门、赛比尔 2 号等品种利用夏芽副梢二次结果能力强；而龙眼、牛奶、黑鸡心、白鸡心等东方品种利用夏芽副梢二次结果能力较差，不宜选用。

对于利用冬芽副梢结果来说，可选择玫瑰香、莎巴珍珠、黑汉、新玫瑰、白玫瑰，以及其他欧亚品种中的西欧品种群、黑海品种群和欧美杂交品种等二次结果能力较强的品种。而一般东方品种群利用冬芽结二次果比较困难，或者果枝率较低。

2）加强管理，增强树势。二次结果使植株负载量增加，往往会使一次果延迟成熟，而且二次果采收期晚，夏芽副梢二次果一般比一次果晚采收 15 天左右。因此，负载量必须适当，除在果枝上保留足够的叶片外，必须加强肥水等管理措施，确保树势健壮。

3）要适应当地的气候条件。在北方由于秋天日照渐短，二次果果皮厚、色深、含酸量高，品质较一次果差，因此，葡萄陆地栽培应以一次果为主。在无霜期短的地区，更不宜利

用夏芽副梢结二次果。

三、葡萄下架埋土防寒

葡萄起源于温带，耐寒性差，一般认为冬季－17 ℃的绝对最低温等温线是我国葡萄冬季埋土防寒与不埋土露地越冬的分界线。该分界线大致在从山东莱州到济南，河南新乡，山西晋城、临猗，陕西大荔、泾阳、乾县、宝鸡，甘肃天水，然后南到四川平武、马尔康、云南丽江一线。

此线以北，冬季绝对低温为－17～－21 ℃，葡萄需要轻度埋土防寒才能安全越冬；而此线以南地区除个别海拔高、寒冷处以外，葡萄均可露地安全越冬；而在冬季绝对最低温－21 ℃线以北的地区，冬季要严密埋土防寒。埋土防寒是关系到葡萄的产量、品质和寿命的关键措施。

1. 越冬防寒的时期

各地埋土防寒的时间早晚不同，但均应在落叶后至土壤结冻前1周左右进行。埋土过晚，葡萄植株有可能受冻，而且土壤一旦结冻，除埋土困难外，冻土块之间还会出现大空隙，冷空气灌入致使植株受冻。埋土过早，一方面植株养分没有完全回流，植株没有得到充分抗寒锻炼，在土层下葡萄的抗寒能力下降；另一方面，土堆内高温条件下易滋生霉菌而损伤枝芽。华北地区一般于11月初左右开始埋土防寒较为适宜。适时晚埋，就是在气温接近0 ℃，土壤还没冻结时埋土。为了避免埋土时间过早或过晚带来的不利影响，寒冷地区葡萄可分两次埋防寒土。第一次先在枝蔓上覆以有机物，有机物上先覆一层薄土；第二次在表土夜间刚开始结冻时，白天解冻后及时覆土至所需要的宽度和厚度。

2. 越冬防寒的技术和方法

葡萄防寒有以下五种主要方法：

（1）地面实埋防寒法　地面实埋防寒法是目前生产上普遍采用的一种方法，操作技术如下：①将修剪后的枝蔓依次顺行向一个方向下架并整理捆好，平放在地面上。弯曲大的用树杈倒挂钩压平固定，在每株的基部垫上草把或土（俗称垫枕）防止压断，有些地区还要在该处投放杀鼠药。②有些寒冷地区习惯在枝蔓的两侧和上部堆放秸秆、稻草或其他有机物。③埋土时先将枝蔓两侧用土挤紧，然后覆土至所需要的标准。④取土沟靠近植株一侧距防寒土堆外沿应大于50 cm，以防止根系侧冻。为防止土堆内透风，埋土时要边培土边拍实。当土壤开始结冻后，取土沟内最好灌1～2次水，以防止侧冻和提高防寒土堆内的温度。用干土埋至25 cm时，再取半干不湿的土加厚到所需厚度，用铁锹轻轻拍实。一些土质较松软的地区，由于在埋土时水分含量大，严冬里土堆会裂缝，若不及时将裂缝弥合严实，就有可能造成冻伤。

（2）地下开沟实埋法　在行边离根颈30～50 cm处沿行向开一条宽和深各为40～50 cm的防寒沟，将枝蔓软化以后捆好放入沟中，然后覆土。在特别寒冷的地区，为了加强防寒效果，可先在植株上覆盖一层塑料薄膜、树叶或干草，然后再覆土。这种方法每年对根系都有损伤破坏作用，而且费工，目前仅在少数较寒冷的地区应用。

（3）深沟栽植防寒法　深沟栽植防寒法适合气候寒冷干燥的地区和排水良好的地块，内蒙古地区应用较多。栽植前，先挖30～40 cm的深沟，葡萄栽植在沟中，冬季采用以下两种防寒方式：

1）实埋防寒。将枝蔓捆好顺行向摆放于沟中，覆土前先在枝蔓上盖一层有机物，然后覆土。此法较地上实埋法省土、省工，安全系数较高。

2）空心防寒。将枝蔓捆好顺行向摆放于沟中，在沟上每隔 40 ~ 50 cm 横放一根横木，其上铺一层秸秆，然后在其上覆土 20 ~ 40 cm 厚。此法比实埋法保温效果好，安全系数大，但较费材料和人工。

（4）塑膜防寒法　近年来，黑龙江省和辽宁省有些葡萄园试用塑膜防寒，效果很好。先在枝蔓上盖厚度为 40 cm 的麦秆、稻草等有机物，上盖塑料薄膜，周围用土培严。随时检查薄膜密封性，以免冷空气灌入。

（5）冰冻防寒法　黑龙江省有的葡萄园采用冰层保温，使葡萄安全越冬。这种方法的优点是用工数和用土量少，同时，融化的冰水可适当缓和春旱。该方法适合在机械化程度低、面积不大、水源方便的葡萄园。具体做法是：枝蔓上先盖一层草袋，其上用 5 cm 左右的土封严。为了保护土层，在土层上可再盖一层草袋或秸秆，当气温降到 -20 ℃左右时均匀地浇两次水，使其冻成一个保温冰盖。

3. 防寒土堆的规格

北方产区多年的生产实践表明，如果能保持葡萄根颈周围 1 m 以内和地表下 60 cm 土层内的根系不受冻，第二年葡萄植株就能正常生长结果。研究者调查发现，自根葡萄根系受冻深度与冬季地温 -5 ℃所达到的深度大致相符。这样，可根据当地历年地温资料，以 -5 ℃的土层深度作为防寒土堆的厚度。而防寒土堆的宽度为 1.0 m 加上 2 倍的土堆厚度。例如，沈阳 -5 ℃的土层深度是 60 cm，则防寒土堆的厚度和宽度分别为 60 cm 和 220 cm。此外，沙地葡萄园由于沙土导热性强，而且易透风，防寒土堆的厚度和宽度需相应增加 20% 左右。对于一些采用防寒砧木嫁接的葡萄，其根系抗寒力是自根苗的 2 ~ 4 倍，以及抗寒性强的品种，如巨峰、白香蕉等覆土可略薄一些，节省用土 1/3 ~ 1/2。

任务 9　枣的冬剪、夏剪

【知识目标】

熟悉枣树的主要树形；掌握冬剪与夏剪技术的综合运用。

【能力目标】

能运用枣树的树形和修剪基本知识，对修剪技术进行综合运用。

【基本知识】

一、枣冬剪的基本方法

枣树冬剪可在落叶后至萌芽前进行。北方干旱多风地区，为防止剪口失水，多推迟到 3

月份前后进行。修剪过迟（如已萌芽）会影响新枣头和二次枝生长。

1. 短截

短截是指剪去一年生枣头（包括主轴和二次枝）的一部分。为了树冠的扩大和树形的培养，枣头必须短截，否则只是顶端主芽萌发单轴延伸。短截程度根据枣头强弱而定，通常可分为轻短截、中短截和重短截三种。仅剪去枝条的 1～2 个顶芽，称为“轻打头”。轻短截是指剪去枝条的1/4 左右，中短截是指剪去枝条的1/2 左右，重短截是指剪去枝条的3/4 以上长度（图5-33）。

对各级骨干枝的延长枝进行短截时，若需刺激剪口下发出健壮的新枣头，继续延伸生长，培养成各级骨干枝，操作时必须同时将剪口附近的二次枝也疏除掉，才能促使主芽萌发，即“一剪子堵，两剪子发”（图5-34）。对于不用于扩大树冠的枣头，可采用短剪一次枝，以二次枝带头的方法控长促果。

此外，在各级骨干枝延长枝枣头的二次枝上留 1～3 节后短截，促发二次枝上枣股萌发抽生新枣头，可以调整骨干枝的角度和方位（图5-35）。

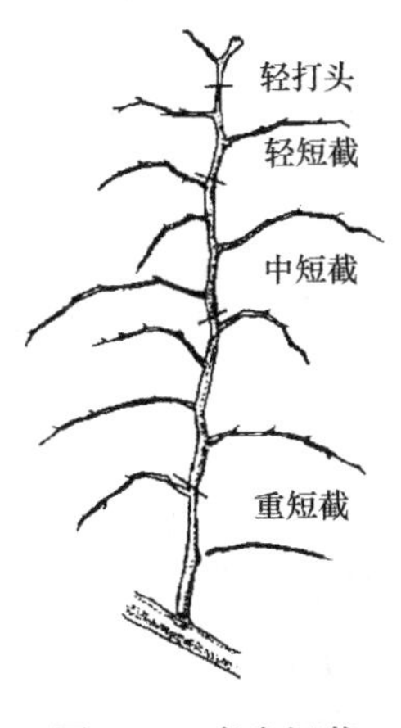

图5-33　枣头短截

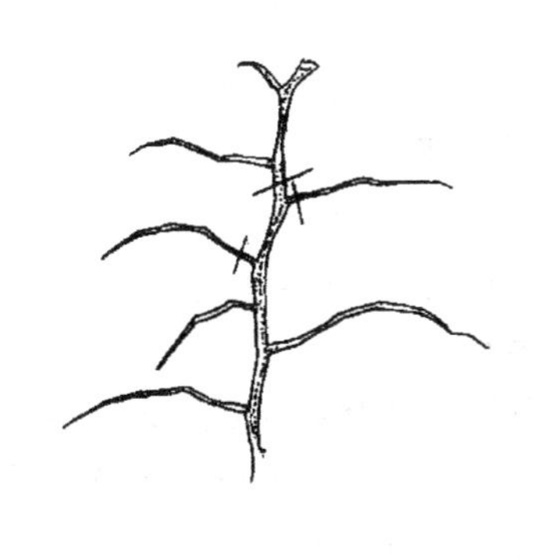
图5-34　“一剪子堵，两剪子发”

2. 疏剪

疏剪的主要对象是夏剪疏于控制的多余枝条。例如，骨干枝前端的竞争枣头；骨干枝上的直立枣头；剪锯口附近刺激萌发的枣头；树冠内膛的过密枝、交叉枝、枯死枝、并生枝、重叠枝、下垂枝、病虫枝、徒长枝等无用枝及结果树秋季萌发的细弱枣头。疏除枝条时，顺枝条基部环痕下剪，剪口平整、尽可能小、不留残茬，有利于剪口尽快愈合。

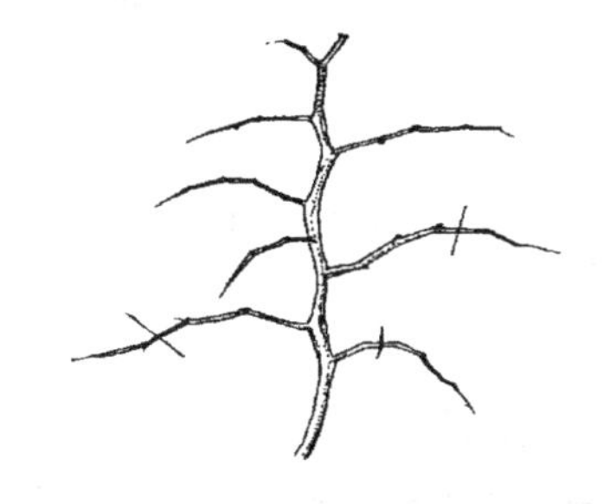
图5-35　二次枝留 1～3 节后短截

3. 缓放

对树冠外围偏弱的枣头或斜生的中庸枝缓放，利用较健壮的顶芽抽枝，扩大树冠。

4. 缩剪

缩剪主要用于枣树衰老树树冠的更新及枝组更新，由于其对象为多年生枝，通常采用两种方式：一种是对于较粗枝条，在基部留短桩（10 cm 左右）锯除，利用潜伏芽萌发新的枣头，选择角度、方位理想的留下进行绑缚保护；另一种是在需要更新的枝条或枝组下部，在新枝分枝处剪截选为带头枝。通过回缩可调整枝龄和枝位，并控制树冠大小。此外，缩剪时留桩要短并注意伤口保护。

二、枣夏剪的基本方法

枣树的夏季修剪也叫生长季修剪。夏季修剪的主要目的同其他果树一样，即调节枣头生长与结果的关系，减少养分消耗，改善光照条件，从而达到优质丰产。

图 5-36　抹芽

1. 抹芽除萌

4 月中旬至 5 月上旬，枣萌芽后，对根颈处的根蘖、各级骨干枝及剪锯口附近的多余萌芽要及早抹除，以防扰乱树形和消耗养分。此外，在夏季摘心后也要及时抹除一、二次枝上萌发的主芽。抹芽时，抹除弱芽、直立芽、内芽，留下壮芽、斜生芽、外芽（图 5-36）。

2. 刻芽

在幼树整形期，刻芽常与短截结合使用。具体操作方法是在芽的上方 1 ~ 2 cm 处横刻一刀或两刀，刻痕长达半圈到一圈，深达木质部造成月牙形伤口。

3. 拉枝与撑枝

拉枝与撑枝多用于幼树的整形。因枣树枝条比较脆硬，为防止劈裂，适宜在树液开始流动且枝条较软时进行拉枝与撑枝，操作前先做好枝条基部的软化工作。

4. 枣头摘心

枣头摘心是指对当年生枣头的主轴在适当部位进行掐尖。其作用是控制枣头长度，调节营养分配，增强摘心口下枣头二次枝的长势。根据掐尖的时间不同可分为重摘心、中摘心、轻摘心三种类型。当枣头上长出 1 ~ 2 个永久性二次枝时（约在 5 月下旬前后），即摘去生长点及 1 个二次枝，只保留 1 个二次枝或不留二次枝（在二次枝以下留 5 ~ 7 cm 摘掉）的称为重摘心；当枣头长出 5 ~ 6 个永久性二次枝时（约在 6 月中旬前后），保留 4 ~ 5 个二次枝的称为中摘心；当枣头长到 8 个永久性二次枝以上（约在 7 月上中旬），此时主轴将接近停长，也同样去掉生长点及 1 个二次枝的称为轻摘心。具体操作时，采用何种类型的摘心应以枣头的生长部位和强弱来决定，强枝可多留一些二次枝。有些地区的枣农把培养木质化或半木质化枣吊（只有重摘心后才会产生）结果当成密植园早果丰产的一项重要措施。

二次枝一般有 10 个节左右，有效节位多为第 3 ~ 7 节，生产上为了集中养分，通常摘掉二次枝末端的 2 ~ 3 个节。各品种在不同生长阶段和长势下，二次枝的节数和长度有所区别，操作时要灵活掌握（图 5-37）。

图 5-37　枣头与二次枝摘心
1—轻摘心　2—二次枝摘心

5. 枣吊摘心

当枣树进入初花期后，北方枣区一般在 6 月上旬，枣头和枣吊仍未停长，养分竞争激烈，这是造成枣坐果率低的内在因素之一。因此，对枣吊进行摘心可有效提高坐果率。即摘去枣吊的前

1~3节，使枣吊长度约为自然长度的80%左右，在摘心时间的掌握上要恰到好处（图5-38）。

6. 枣股主芽摘心（掰芽）

正常情况下，枣股主芽萌发后的年生长量仅为1~3 mm，但生产实践中，由于诸多因素的影响会导致枣股上的主芽萌发后生长旺盛，从而影响到枣吊生长及开花坐果的正常进行，所以，必须进行摘心处理。具体做法是在其尚未木质化之前即加以掰除，此项工作需及时且经常进行。

图5-38 枣吊摘心

7. 疏枝

对骨干枝上没有用的新生枝，以及冠内过密枝、交叉枝、重叠枝等要及时疏除。

8. 扭梢与拿枝

对着生不够理想的长势强的新枣头，一般在40 cm左右，基部已半木质化时，用手捏住其下部3~5 cm处扭向所需方位和角度。也可以用拿枝方法改变枝条角度，培养成小型枝组。由于此时枣头容易折断，采用以上方法时，要选好时间并掌握好力度。

9. “开甲”技术

枣树“开甲”（环状剥皮）又称“枷树”，同其他果树一样，“开甲”可以在花期应用于主干、主枝或结果枝组基部。这是人们不断实践总结的一项易操作的有效增产技术。据统计，该技术一般可增产30%~40%，多的可达60%。在盛花初期（总花蕾数的30%~40%已开）时进行“开甲”最好，因为此时操作伤口愈合得好。

主干上第一次环剥可在距地面20~30 cm处的平滑部位进行，以后环剥口逐年上移5~10 cm，到达第一主枝后，再从基部开始，新口与旧伤尽量错开。在事先用弯镰刮出的5 cm左右宽的粉白色韧皮部上环剥，宽度为0.4~0.6 cm。宽度可根据树势强弱进行调整（树势越强越宽），以剥后30天左右能够愈合为度，过宽会削弱树势甚至导致死树。伤口要平滑不留毛茬，不可过宽。为了提高操作效率并保证环剥质量，生产中可供选用的环剥刀有多种，可根据便利性和效率选用（图5-39和图5-40）。

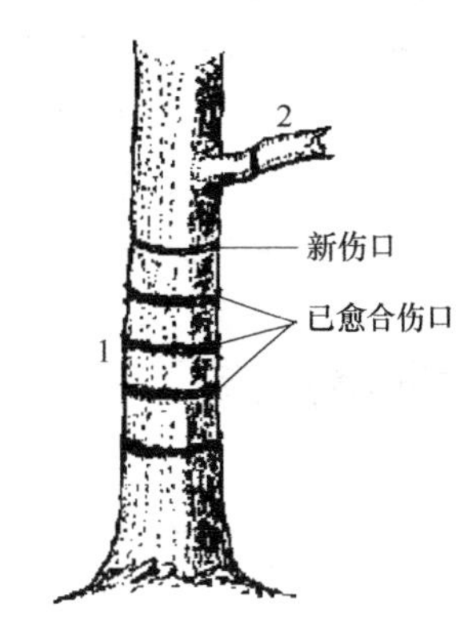

图5-39 环剥方法

1—主干环剥部位 2—主枝环剥部位

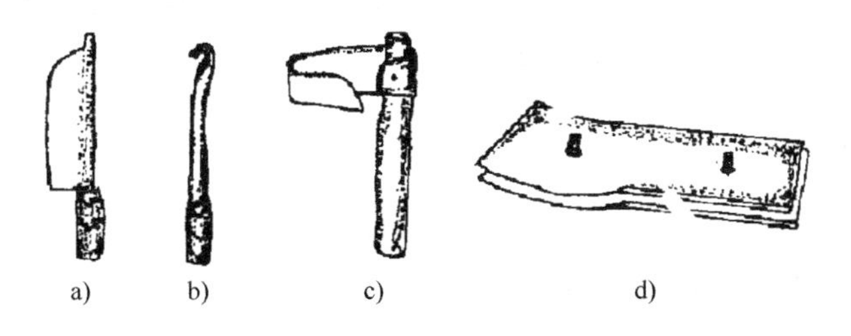

图5-40 环剥工具

a）环剥刀 b）环剥钩 c）弯镰 d）双刃刀（其中有螺栓，可调节宽度）

生产中因主干环剥完全切断了对根系的营养供应，若地上部有机养分较长时间不能供应根系，则会减弱根系的吸收功能，导致树势衰弱。为防止死树和树势过弱现象的发生，近年来多在主枝上轮流环剥。具体操作是，为辅养树体，留少部分主枝不环剥或在环剥口下部留枝条进行主干环剥。此外，结合叶面喷肥和灌水，环剥效果会更好。

环剥后，伤口能否及时愈合尤为重要。在实践中，伤口不愈合的原因，主要有以下几种：

（1）树体过弱　如对幼树、衰老树、营养不良树或上年早期落叶树等树势过弱的树，进行环剥，造成伤口难以愈合。

（2）操作不当　环剥时过度损伤了木质部，或者剥得过宽（如肥水配合不好的情况下，超过0.7 cm），会造成伤口愈合延迟或不能完全愈合。

（3）病虫危害　灰暗斑螟幼虫（甲口虫）喜食枣树的愈伤组织，环剥口如不涂药，常会导致甲口虫危害。

（4）气候过度干旱　环剥后30天内若过度干旱，应适当灌水，这样可提高坐果率。

（5）未及时采取补救措施　如对当年不能及时愈合的伤口，可先进行清理再造伤并涂抹赤霉素，用塑料布密封，促使愈伤组织产生，一般1～2个月后可完全愈合。再如环剥过宽时，还可通过桥接来挽救。若剥口下有可用枝条的，可单头桥接；没有时，就利用健壮的1～2年生枣头一次枝进行双头桥接。

以上的冬剪、夏剪技术要综合运用，从而调节各类枝条的生长势，使生长势基本平衡，从属关系分明。要注意培养不同类型的结果枝组。大型枝组分布于树冠下部骨干枝和辅养枝两侧有空间的部位；中、小型枝组多分布于树冠中上部骨干枝和下部侧枝和辅养枝上。另外，枣树的结果母枝（枣股）虽然寿命很长，但大部分品种2～3年生枣股的结实力最强，修剪时要对结果枝组及时更新，使树冠中相当比例的枝条结实力较强。

【实训13】果树枝接

一、实训目标

掌握当地常见果树的枝接时期和常用方法。熟练操作技能，提高枝接成活率。

二、材料与用具

材料：当地常见果树适宜做枝接用的砧木和接穗、包裹用的塑料薄膜条。
用具：修枝剪、切接刀、劈接刀、手锯、磨石、水桶。

三、实训内容

1. 枝接时期

落叶果树主要在春季树液开始流动、芽尚未萌发时进行枝接。

2. 接穗采集

选择生长健壮的具有饱满芽的一年生发育枝或新梢作为接穗。春季枝接可结合冬剪时采集，将接穗埋在低温处湿沙中储藏，供春季枝接用。

3. 枝接操作

采用低砧枝接，嫁接完后，可用塑料薄膜包扎，也可在扎口处培土保湿。在春季寒冷的干燥地区，培土需高出接穗顶部。采用高砧枝接，接好后，需用塑料薄膜包扎于接口周围呈筒状，筒高出接穗6~8 cm，下部用塑料条扎紧，内可装湿土，湿土厚度以埋住接穗顶端为宜，然后将塑料筒口扎紧，以保持筒内一定的温度与湿度。扎口时注意筒内土面之上留有3 cm高的空隙，以使接芽萌发生长。

4. 枝接后的管理

低砧枝接，一般在接后25~30天接穗成活萌发。成活时一般留一旺盛新梢，疏除多余新梢和砧木所发出的萌蘖。若砧木粗，可适当多留新梢，并在枝接部位的对面留一萌蘖作为活支柱，将接芽萌发新梢绑缚在支柱上，防止被风吹折。当新梢长到一定高度时可摘心整形。未接活者，可在砧木上保留1~2个萌蘖，作为秋季芽接之用。高砧枝接，一般在接后20~25天，当透过塑料薄膜看到接穗萌发的新梢长到3~4 cm时，可将筒口解开，使萌发的嫩梢逐渐适应外界条件，并伸出筒外继续生长。当新梢长到30~40 cm时，可将塑料筒完全去掉，并在砧木上设支柱，将新梢缚在支柱上，以防被风吹折。对于较粗的砧木，塑料筒当年可不去除，到次年萌芽前去除，并解开接口的绑缚物。

四、实训作业

1）统计枝接株数及成活率，总结提高枝接成活率的技术要点，填入表5-3。

表5-3 果树枝接成活率统计表

枝接方法	砧木名称	接穗名称	枝接株数	成活数	成活率	枝接时间	检查时间	不成活的原因分析	提高枝接成活率的技术要点
1									
2									
3									
4									

2）每人选两种枝接方法，每种方法枝接5株。要求操作熟练，方法正确，在规定时间内完成。

【实训14】果树芽接

一、实训目标

通过田间芽接实践，使学生掌握当地果树常用的芽接方法。熟练操作技能，提高芽接成活率。

二、材料与用具

材料：当地果树适宜做芽接用的砧木和接穗、绑缚用的塑料薄膜条。

用具：修枝剪、芽接刀、磨石、水桶。

三、实训内容

1. 芽接时期

凡在生长季节接芽发育充实、皮层容易剥离、砧木达到芽接的粗度时，均可进行芽接。落叶果树主要芽接时期是夏季、秋季。

2. 芽接方法的应用

在夏季、秋季宜用T字形芽接法，如接穗或砧木不离皮时，宜用嵌芽接法。

3. 接穗采集

选择生长健壮的当年生新梢或一年生枝作为接穗（柿树的花前芽接成活率高，此时新梢尚嫩，一般采集二年生枝基部的肥厚潜伏芽作为接穗）。夏季与秋季芽接所用的接穗一般都是在接前采集，从树上采下接穗后立即除去叶片，保留叶柄，注明品种名称，用湿布包好，放在嫁接地附近阴凉处，将接穗下端插入水中或湿沙中，随接随取。

4. 芽接操作

实践材料根据当地条件选用1～2种。如果砧木苗不离皮，应于接前1周左右浇水。如果接穗、砧木均不离皮，可用嵌芽接法。

5. 芽接成活检查

芽接后10～15天进行成活检查。凡接芽呈新鲜状态，带叶柄的接芽上的叶柄一触即落者，表示成活。再根据绑缚材料掌握适时解绑。接芽干枯和叶柄干枯不易脱落者，说明没有成活，可及时进行补接。

四、实训作业

1）个人统计芽接株数及成活率，并总结芽接成活的主要关键环节。

2）调查总结当地果树适宜的芽接时期及芽接方法。

3）掌握几种主要的芽接方法和操作技术。

【实训15】果树树形的观察

一、实训目标

认识果树常见树形和主要树形的树冠结构。

二、材料与用具

材料：各种树形的果树植株。

用具：钢卷尺、记录本。

三、实训内容

1. 主要树形

（1）主干形　由自然形适当修剪而成，此树形有中心干，主枝分层或分层不明显，树冠较高。常用于核桃等果树。

（2）小冠疏层形　一般第一层主枝有3个，第二层主枝有2个，第三层有1个，疏散排列。此形为我国苹果、梨等树种最常用的树形。

（3）自由纺锤形　中心干直立，其上下均匀配置10～15个小主枝，各小主枝直接着生枝组，外观呈纺锤形。中心干、主枝、枝组间的从属关系明确、通透性好、树势缓和，适宜苹果、梨、枣等常见树种密植栽培。

（4）自然开心形　主干顶端着生3个主枝，各与地面呈45°斜向延伸，在主枝侧面分生侧枝。核果类果树常用此形，梨、苹果等树种也有应用。这种树形在桃树生产上采用较多。桃树的生长特性是中心干易衰弱，而且极喜光，因此，宜在距地面30～50 cm的主干上培养3个主枝，主枝上配置6个侧枝，构成1个开心的自然树形。

（5）篱架形　篱架形常用于葡萄和矮化苹果等树种。

（6）棚架形　棚架形主要用于蔓性果树。

2. 苹果小冠疏层形、桃自然开心形树冠结构观察

（1）苹果小冠疏层形　观察主枝数目与排列、各层主枝数、层间距、各层主枝角度、各层主枝上的侧枝数和排列位置，以及侧枝与主枝的角度关系。

（2）桃自然开心形　观察主枝数和角度、每个主枝的侧枝数和排列位置，以及侧枝的生长方向和角度。

四、实训作业

总结所观察树形的树冠结构和适用于何种果树。

【实训16】苹果、梨夏季修剪

一、实训目标

掌握苹果树、梨树夏季修剪的时期和基本方法。

二、材料与用具

材料：苹果或梨生长旺盛的幼树或初结果树。

用具：修枝剪、芽接刀（或环剥刀）、塑料薄膜带、撑棍或拉绳。

三、实训内容

不同的修剪方法和时间，所收到的效果不同，要根据果树的具体情况和要达到的目的，选用适当的方法。常用的方法有：

1. 开张角度

在5～6月，利用拉、撑、坠、压等方法加大主、侧枝角度，可缓和树势，扩大树冠，有利于树冠内部通风透光及枝组的形成，提高坐果率，增进果实色泽和品质，促进花芽形成。操作时间多在萌芽后。但不能拉当年生嫩梢，要拉二年生枝。有的枝条的生长影响骨干枝或其他枝的生长，则用拉枝法拉平，使其长势缓和，早成结果枝。

2. 花前复剪

从芽开绽到开花，根据树的负载量，对花芽过多的树，要适当剪掉一部分枝条。花芽少的树，把冬剪误认为花芽而保留下来的枝按要求缩剪更新。腋花芽枝，一般剪留 2 ~ 4 个腋花芽；成串花芽枝，一般留 1 ~ 3 个花芽。

3. 疏枝

在 5 月下旬至 6 月上旬，树冠内部过密无用的枝条应全部疏去，以利于树冠内部通风透光，同时减少消耗，节约养分。也可在秋季 9 月下旬至 10 月中下旬，疏除大枝或树冠落头，这样能够减轻冬季修剪时疏大枝或落头后的反应。疏枝主要是疏去过密枝、交叉枝、病虫枝、过弱枝、下垂枝等，对于树冠郁密的部位，适当疏枝开“窗户”。

4. 拿枝

对竞争枝、强旺枝，以及部位不适当的其他枝梢，当有空间可以利用时，将这些枝梢从基部开始，用手轻折，适当折伤木质部，发生轻微的折裂声使其软化，直至枝条折平或梢部下垂，改变其方位。拿枝可以控制枝梢生长，促进萌发短枝，有利于花芽的形成。休眠期在花芽刚要萌动前进行拿枝，生长季在新梢刚开始木质化时进行拿枝。

5. 环剥及倒贴皮

在主枝、侧枝和徒长枝上进行环剥。根据枝条的粗细，剥去一圈或半圈树皮。宽度在枝条直径的 1/10 以内，最宽不超过 1.0 cm。一般为 2 ~5 mm。也可将剥下的一圈树皮上下颠倒，重新贴在切口上，用塑料薄膜包扎，以利于愈合。环剥可使伤口以上各类枝条加速营养物质的积累，促进花芽形成，并能使伤口以下部位发生枝条。在叶丛枝、短枝停止生长时进行环剥。

6. 短截

夏季新梢生长到一定长度时，对部位适合、有空间、需要分枝培养枝组的，可短截枝条，以促进分枝。如果发枝力强，可连续短截加以控制。

幼树各级枝头生长到 40 ~45 cm 时，剪去 5 ~10 cm，促发二次枝。当秋后二次分枝仍可长到 40 ~50 cm 以上时，可扩大树冠和增加分枝级数，这样有利于缓和树势，提早结果。

7. 抹芽

对不需要继续生长的嫩梢，如竞争枝、徒长枝，可在生长初期及时抹芽。

8. 摘心

对可以利用而又需要控制生长的竞争枝、背上枝或徒长枝，在新梢生长到 40 ~50 cm 时，将顶端 5 ~10 cm 幼尖摘去（摘心），促生分枝，削弱生长。对于生长旺盛的幼树，也可以对骨干枝的延长枝摘心，促进二次枝，增加中、短枝数量，加快形成树冠。摘心后养分消耗减少，促使嫩叶早熟，有利于养分积累，也有利于花芽分化。

9. 扭梢

在旺长新梢长到 5 月中下旬时，在新梢基部 3 ~5 cm 处，用手捏住新梢扭转 180°并向下折倒，以削弱长势，促使形成花芽。一般只适用于苹果树，梨树新梢质脆易断，不宜应用。

四、实训作业

根据所进行的夏季修剪的方法，总结其要点和效果。

【实训17】桃夏季修剪

一、实训目标

掌握桃树夏季修剪的方法。

二、材料与用具

材料：桃的幼旺树或结果旺树。

用具：修枝剪、梯子。

三、实训内容

根据桃树的特点合理应用夏季修剪，可以起到加速树冠形成、调节枝条间生长势、缓和树势、改善光照、促进花芽形成等作用，尤其对幼旺树更为重要。夏季修剪方法不同，所起的作用也不同。在修剪时，应根据树体情况及要求，选用适宜的方法。具体方法如下：

1. 抹芽除萌

萌芽后到新梢生长初期，抹除并列萌发芽及无用新梢。抹芽，即抹掉树冠内膛无用的徒长芽和剪口下部的竞争芽。除萌是当萌发的嫩枝长到5 cm左右时及时抹掉，一般幼树去强留弱，这样可以缓和树势、改善光照、节约养分。

2. 摘心

在新梢迅速生长期，将新梢顶端5～10 cm嫩梢摘去。在幼树整形期，当主、侧枝的延长新梢长到35～45 cm时摘心，促使副梢萌发，加速树冠形成。对树冠内膛可以利用而需要控制的直立旺枝或徒长枝可早摘心，使其由直立生长变为斜向生长，形成各类结果枝。

3. 疏枝

在新梢生长期，疏除树冠内膛的无用直立旺枝、过密枝和纤弱枝，以节省养分，改善树冠内膛光照。

4. 短截

在新梢缓慢生长期，对直立旺枝进行短截，剪去未木质化部分，可以控制其生长，促发分枝。5～6月短截新梢不但可以改善光照条件，而且可以促使下部抽出两个结果枝，短截长度以留基部3～5个萌芽为宜。

5. 拉枝

对于三年生以上的大枝可以在5～6月树液流动、枝干变软时按树形所要求的角度采取“拉、撑、吊、别”等方法，将枝拉开定形。拉枝的角度以80°左右为宜。

四、实训作业

总结夏季修剪的方法及修剪效果。

【实训 18】葡萄树体结构观察和夏季修剪

一、实训目标

了解葡萄树体结构的组成，掌握葡萄夏季修剪的时期和基本方法。

二、材料与用具

材料：篱架栽培的结果葡萄植株，绑缚材料（稻草、麻皮、聚丙烯包装条等）。
用具：修枝剪。

三、实训内容

1. 葡萄树体结构

葡萄树体结构由主干、主蔓、侧蔓、结果母枝、结果枝、发育枝和副梢组成。

（1）主干　是指从植株基部（地面）至茎干上分枝处的部分。主干的有无或高低因植株整形方式的不同而不同。依据主干的有无，可分为有主干树形和无主干树形。

（2）主蔓　主蔓是指着生在主干上的一级分枝。无主干树形的主蔓则直接由地面处长出。主蔓的数目因树形和品种的生长势而异。

（3）侧蔓　侧蔓是指主蔓上的分枝。侧蔓上的分枝称为副侧蔓。主蔓、侧蔓、副侧蔓组成植株的骨干枝。

（4）结果母枝　成熟后的一年生枝，其上的芽眼能在翌年春季抽生结果枝。结果母枝可着生在主蔓、各级侧蔓或多年生枝上。将结果母枝下方成熟的一年生枝剪留 2～3 个芽，即可作为预备枝，发生的新梢将成为翌年的结果枝。

（5）新梢、结果枝、发育枝　各级骨干枝、结果母枝、预备枝上的芽萌发抽生的新生蔓，在落叶前均称为新梢。带有花序的新梢为结果枝，不带花序的新梢为发育枝（或生长枝）。结果母枝抽生结果枝的比例与品种、栽培条件有关。

（6）副梢　落叶前，从新梢叶腋间抽生的枝条称为副梢。直接着生在新梢上的副梢称为二次梢，二次梢上的副梢称为三次梢。在良好的条件下，许多品种的副梢也可着生花序，并能结二次果。

2. 葡萄树夏季修剪方法

葡萄树的夏季修剪通常包括抹芽、除梢、新梢摘心、副梢处理、花序整形和疏果等措施。

（1）抹芽　抹芽在春季萌芽时进行，抹去萌芽和老蔓上萌发的无用隐芽。对双生芽或三生芽，只留一个主芽。若负载量不足，可在空间大的地方留母枝先端带花序的双生芽。要根据芽萌发的情况判别芽的质量。通常，萌发早而饱满圆肥的芽多为花芽，萌发晚而尖瘦的芽多为叶芽或发育不好的花芽。应抹除过密芽和质量差的芽。一节上萌发 2～3 个芽时，选留一个发育好的芽。进入初夏，应及时将葡萄主芽旁边萌生的副芽和隐芽全部抹掉，以减少养分的消耗，避免枝叶重叠、密集而互相遮阴。

（2）定枝（定梢）　当新梢长到 10 cm 左右，能明显辨别有无花序和花序多少、大小

时，进行定枝。篱架一般每隔10~15 cm留一新梢。原则上留结果枝，去发育枝；留壮枝，去弱枝。在枝条稀的部位和需要留预备枝或更新枝的部位，如无结果枝可留，也可留一定数量的发育枝。多余的新梢全部去掉。

（3）摘心　结果枝一般于开花前至花初开时期，在花序以上留5~7片叶摘心；一般发育枝留10~12片叶摘心，主蔓延长枝或更新枝可根据冬季修剪的要求长度再多留2~3片叶摘心。

（4）副梢处理　对副梢的处理，较常用的有两种方式：

1）结果枝上只保留顶端一个副梢，其余的均及时抹去。顶端留下的（一次）副梢，留4~6片叶摘心，其上再发生的（二次）副梢，除顶端一个副梢上留2~3片叶摘心外，其余的（二次）副梢留1片叶摘心。待三次副梢萌发后，也按此法处理。这种副梢处理方式多用于生长较弱的品种。

2）花序以下的副梢抹除。花序以上的副梢留1~2片叶摘心，以后再发生的二、三次副梢，再留1~2片叶反复摘心。此种副梢处理方式多用于生长较旺或易被日灼的品种。在开花前，结果枝中、下部的副梢已萌发，在进行结果枝摘心的同时，对已萌发的副梢一并加以处理。一般一年内需要进行3~5次副梢处理或摘心。对发育枝的副梢处理和结果枝基本相同。

（5）疏花序及掐花序尖　开花前两周，根据树势和负载量，疏去弱小和过多的花序。对落果较重、花序大而长的品种，可掐去花序顶端的穗尖，使果穗紧凑，果粒整齐。

（6）疏果　对果穗十分紧密、有小粒和青粒的品种，在果粒膨大前疏粒，以增大果粒，保持果形整齐。

（7）绑蔓和除卷须　新梢长到30 cm左右时开始绑蔓，使新梢均匀地固定到架面上。生长期大约需绑缚2~3次。卷须不但消耗营养，而且缠绕在果穗、枝蔓上，造成枝梢紊乱。因此，要及时除去，一般在摘心、去副梢、绑蔓时除去。

四、实训作业

根据所进行的夏季修剪项目，总结其要点和效应。

【实训19】葡萄冬季修剪

一、实训目标

学会葡萄常用整形方式的冬季修剪方法。

二、材料与用具

材料：整形方式不同的葡萄幼树和结果树。
用具：修枝剪、手锯。

三、实训内容

1. 整形

篱架多用多主蔓扇形、双臂（主蔓）水平形等；棚架多用多主蔓扇形、龙干形等。

(1) 多主蔓扇形　多主蔓扇形的整形方法为：

第一年，葡萄定植后，在地面以上留4~5个芽短截。萌芽后，培养4个新梢作为主蔓。如果新梢数不足，可在新梢长到20~30 cm时留2~3节摘心，促进分枝。培养作为主蔓的新梢，叶腋间发出的副梢均留2~3片叶摘心或疏除，8月下旬对培养的主蔓进行摘心。秋季落叶后，对各主蔓根据粗度进行短截，粗度在0.7 cm以上的，留8~15节短截；粗度较细的，留2~3节短截，使下一年能发出较粗壮的新梢，以便培养为主蔓。

第二年，上年长留的主蔓，当年可发生数个新梢。秋季落叶后，选顶端粗壮的作为主蔓延长蔓，留8~15节短截，其余的留2~3芽短截，以培养枝组。上年短留的主蔓，当年可发1~2个新梢。冬剪时留一壮枝作为主蔓，其余的留2~3芽作为枝组。

第三年，仍按上述方法继续培养主蔓和枝组。当主蔓高度到达篱架第三道铁丝，并且各主蔓上有3~4个结果枝组时，树形基本完成。如果棚架架面较宽，各主蔓可逐年培养延长。

(2) 双臂水平形　双臂水平形的整形方法为：

第一年，葡萄定植后，在地面以上留3~4个芽短截。萌芽后，选留两个健旺的新梢培养，其余的早期抹除或摘心。秋季落叶后，按无主干双臂水平形整形的，选留两个枝蔓，根据其粗壮程度留8~15节短截后作为两个主蔓（臂）。第二年春天，分开水平绑缚于篱架第一道铁丝处的主蔓上发出的副梢，按水平方向每隔20~30cm选取一个向上引缚，培养为结果母枝，其余芽、梢全部抹除，其余的剪除。

第二年冬天，上年已选留两个主蔓的，各在先端选一个延长蔓，留8~15节短截，其余枝蔓继续每20~30 cm留一个，作为结果母枝或培养为枝组。上年留一个枝蔓培养主干的（按有主蔓双臂水平形整形），在此主干上所发的枝蔓中，选顶端两个健旺的枝蔓，按8~15节短截，培养为主蔓，其余的枝蔓剪除或留作结果母枝。

第三年及以后，主蔓继续留延长蔓，若相邻两株的主蔓已交接，则短截控制其延长。在主蔓上继续每隔20~30 cm选留1个壮枝，作为结果母枝或培养枝组。

2. 修剪

(1) 结果母枝的修剪　剪留长度分为长梢、中梢、短梢三种。剪留1~4节的为短梢修剪，剪留5~7节的为中梢修剪，剪留8节以上的为长梢修剪。三种剪留长度的具体应用，要根据品种特性、枝蔓生长情况和整形方式而定。花芽分化节位低、生长势较弱的植株或枝蔓，多用短梢修剪；花芽分化节位高、生长势强的植株或枝蔓，多用长梢或中梢修剪。生产实践中，有时主要用一种剪法，有时三者结合应用。

(2) 母枝或芽的剪留数　每株剪留的结果母枝数或芽数要根据计划产量和架面空间而定。如果知道某品种往年每个结果母枝平均留果数、每果枝平均果穗数及果穗平均重量，可根据对单株的产量要求确定剪留数。

(3) 枝组修剪和更新　对枝组上结果母枝的选留，掌握的原则是：去高留低，去密留稀，去弱留强，去徒长留健壮，去老留新。结果母枝不论单枝更新或双枝更新，结果部位都会逐年外移。在枝组基部如发生健壮枝蔓，可留作结果母枝或预备枝，将枝组前端部分剪除，使结果部位不远离主蔓。

(4) 主蔓更新　主蔓结果部位严重外移或衰老，结果能力下降时，要进行更新。为了减少更新后对产量的影响，应在前1~3年有计划地选留和培养由基部发出的萌蘖，培养预备主蔓。当培养的预备主蔓能承担一定产量时，再将要更换的主蔓剪除。

（5）其他枝蔓　修剪不作结果母枝或预备枝用的枝蔓，不论是一年生枝、多年生枝或徒长枝、瘦弱枝等，都应疏去。

四、实训作业

1）总结在修剪时，对长梢、中梢、短梢修剪法的具体运用。

2）调查修剪后单株的结果母枝或芽眼数，并按每亩株数折算出每亩的总留量，并计算出年亩产量。

果树花果管理

果树花果管理主要是指直接用于花和果实的各项技术措施。在生产实践中，既包括生长期中的花、果管理技术，又包括果实采后的商品化处理。通过精心的养护管理，可获得优质、高产的商品果实。加强果树花期和果实管理，对提高果品的商品性状和观赏价值，增加经济收益具有重要意义，也是实现优质、丰产、稳产和壮树的重要技术环节。

任务1　保 花 保 果

【知识目标】

了解各种果树落花落果的时期和原因；掌握提高坐果率的各项技术措施。

【能力目标】

能正确运用各项技术措施进行保花保果的生产管理，达到连年丰产、稳产。

【基本知识】

一、落花落果的时期及原因

坐果率是形成产量的重要因素，而落花落果是造成产量低的重要原因之一。通常枣的坐果率仅为0.13%～0.4%，最高不超过2%；李、杏的花果也少；芒果坐果率仅为10%～20%。因此，通过实行保花保果措施提高坐果率，是获得优质、丰产的关键环节，特别是对于初果期和自然坐果率偏低的树种、品种尤为重要。下面以苹果为例，介绍落花落果的时期及原因。

由于树体内在原因而不是自然灾害或病虫害造成的落花落果，统称为生理落果。生理落果可分为早期落花和采前落果。大多数苹果品种，早期落果一般有三个高峰。

第一次落果（即落花），出现在花期刚结束后，子房尚未膨大时。这次落果的原因有两种，一种是花芽发育不良，使花器生活力减弱，没有授粉和受精条件；另一种是花芽虽发育良好，但因气候条件不良或花器特性限制，没有获得授粉、受精的条件。两者都未达到受精的目的，使子房内缺乏激素而早衰脱落。

第二次落幼果，出现在花后1～2周，主要是由于授粉、受精不充分，子房所产生的激素不足，不能充分调运营养促进子房膨大，子房停止生长而脱落。此外，幼果脱落与储藏养分不足、幼果发育不良也有关。

第三次落果出现在第二次落果后2～4周（大体在6月），又称6月落果。此次落果往往是由于同化养分供应不足而引起的，主要原因是：①储藏养分少，对果实供应不足；②养分消耗过多，多数是由于营养生长过旺引起的，但坐果过多也会发生落果；③果实的胚没有形成，争夺养分的能力不如新梢。此外，当年同化养分形成少、光照不足、干旱缺水等对落果也有影响。

采前落果于果实采收前3～4周开始，随着采收期越近而落果加剧。苹果品种一般以早熟者采前落果较严重，其次为元帅系品种、红玉等，原因是过早地形成乙烯，促使果柄产生离层而脱落。

二、提高坐果率的措施

各种果树引起落花落果的原因各不相同，较为复杂。因此，必须具体分析实际情况，抓住主要原因，制订相应措施，才能有效地提高坐果率。提高坐果率的途径主要包括以下几个方面：

1. 加强管理，提高树体营养水平

良好的肥水管理条件、合理的树体结构和及时防治病虫害，是保证树体正常生长发育、增加树体储藏养分积累、改善花器发育状况和提高坐果率的基础措施。

2. 保证授粉受精

对雌雄异株、雌雄同株异花树种，以及异花授粉品种，应合理配置授粉树，并采取以下辅助措施以加强授粉效果。其方法有：

（1）人工辅助授粉　人工辅助授粉的作用是提高花序和花朵坐果率，从而增加当年产量。同时，由于授粉受精良好，心室内种子多且发育正常，所以端正果率明显提高，有利于保持品种的标准果形。

1）采花。采花品种应是能产生大量可稔花粉的品种。为了保证花粉的亲和力，最好采用混合花粉。苹果的采花、取粉要在主栽品种开花之前进行，以采集授粉树上的大铃铛花最合适。采花时，花多的树可多采，花少的树要少采或不采；弱树要多采，强树要少采；树冠外围要多采，树冠内膛要少采。一般一个苹果花序采集1～2朵边花即可。每50 kg可出花药2.5 kg，干花粉0.5 kg，可供1.32～2 hm^2盛果期树授粉。

2）取花粉。将当天采集的花蕾、初开的花及时拿回室内取粉，不要推迟过夜，更不要堆成大堆或放在包内。取花药时，只拨开铃铛花的瓣，将两朵花相对摩擦，使花药落在事先铺好的油光纸上。然后用簸箕簸出碎花瓣、花丝等杂质，再把花药薄薄地摊在纸上阴干。这过程中要不时翻动，以加速散粉。阴干花粉的房间要求干燥、通风、无尘，温度保持在20～25 ℃，过高的温度（>30 ℃）会降低花粉的生活力；过低的温度，花粉不易散出。如果室温不够，也可吊电灯泡于花药附近增温，但不宜超过28 ℃，切不可将花药放在阳光下暴晒，或者放在火上烘烤。花药经1～2天阴干后便会自然开裂并散出黄色花粉。少量采粉时，可用镊子拨开花瓣，钳掉花药再阴干。如有恒温箱，最好将花粉放在恒温箱内，温度控制在24～26 ℃，花粉干燥散粉后，将黄色花粉收集起来（除去花药壳）放在玻璃瓶中，置于冷凉、干燥条件下保存，以维持花粉的生活力。有资料显示，苹果混合花粉在室温条件下，其花粉授粉的有效期为12天，但高效授粉期只有6天左右。在0～4 ℃的低温条件下，以氯化钙为干燥剂密封保存，花粉生活力可推迟1～2天；在-10 ℃条件下，可维持10年左右。在生产上，要保持花粉的良好生活力，从采花开始就要注意不能使鲜花药受热，不使鲜花粉受30 ℃以上的温度影响，也不能让干花粉受潮。

3）授粉时间。苹果开花进程是顶花芽的中心花先开，两天内边花相继开放；梨是边花先开，中心花后开。一个花序的花朵，从开花到谢花，一般需经5～6天时间。单花开放时间持续4～5天，开放3天以后，柱头开始变黄、萎蔫。以花朵开放当天授粉坐果率最高，开放4天后，授粉则不能坐果。苹果花期长短与气温有关，花期气温低时，花期延迟2～3天；气温高时，花期缩短1～2天。通常，第一批花坐果率高，第二批坐果率中等，第三批坐果率较低。据观察，苹果授粉有效期为开花前一天至开花后的第三天，以单花开放的当天授粉效果最佳。一天中，以无风、微风、晴天上午9时至下午16时为佳。因此，人工授粉要在初花期抓紧授粉。

4）授粉方法包括：

① 人工授粉。为经济利用花粉，将花粉按照1∶2～1∶5的比例填充滑石粉、干燥细淀粉，充分混合后稀释备用。另外，要做好简易授粉工具，用旧报纸卷成香烟粗细的纸棒，纸头用糨糊粘住，截成15～20 cm一段，再在砂纸或粗砖上将其一端磨成削好的铅笔状，用来蘸粉。此外，还可用毛笔、橡皮头、气门芯等做授粉工具。

授粉前，将制备好的花粉装入洗净晾干的洁净小瓶中，用上述任何一种工具蘸取花粉；点授到刚开放花的柱头上，每蘸一次可点授5～7朵花，使花粉均匀地粘在柱头顶上。重点点授第一、二批花，如前两批花开放时天气条件不利，也可加量点授第三批花。不论哪批花，都要点授在刚开放的花柱上。但点授数量可因被授粉树的花数量和质量而定。开花少或幼树，一般要点授在刚开放的花柱上；旺树多点授，弱树少点授或不点授；花多的树可隔三岔五或按一定距离点授。每个花序重点点授中心花或1～2朵边花。疏过花的要逐个点授，否则坐果不足会影响产量。注意不要点授过多，否则坐果过量，既浪费树体养分，又增加疏果工作量。

为了省工，可将花粉按1∶10～1∶20的比例填混滑石粉或干细淀粉，混好后装入用2～3层纱布制成的撒粉袋，吊在竹竿头上，敲打竹竿，使花粉落在柱头上，以辅助授粉。

② 液体授粉。人工授粉虽然省花粉，但毕竟费时费工。应用花粉液机械喷粉，能提高授粉效率5～10倍。其授粉效果与人工授粉效果相近，但需要大量的花粉。

准备干花粉10～12.5 g、水5 kg、蔗糖250 g、尿素15 g、硼酸5 g和展着剂“6501”5 mL。将蔗糖、水、尿素拌匀，配成5%的糖尿液，然后加干花粉调匀，用2～3层纱布滤去杂质，喷前加硼酸和展着剂，迅速搅匀后即可喷施。因为花粉在溶液中经2～4 h便能萌发，所以，配成的花粉液一定要在2～4 h内喷完。当园中一半以上的树有60%花朵（每棵树）开放时，为最适喷布时间。

花粉液要随配随用，不可久放，否则，会因花粉萌发而失效。喷布时离花宜近，要快速周到，喷布均匀。为节省花粉液，最好用超低容量喷雾剂。一般大树喷花粉液100～150 g。喷布5～6 h后，要用清水清洗喷头，以免糖液堵塞喷头，影响工作。

（2）蜜蜂、壁蜂授粉　利用昆虫为果树授粉，可以解决人工授粉需要大量劳动力的问

题。同时，可以使人工授粉难以授到的树冠内膛和上部花得到充分授粉的机会。另外，还可提高坐果率，增大果个，减少偏斜果率，并增强花期的抗逆性，以减轻霜冻危害。

1）蜜蜂授粉。一般放蜂时间安排在整个花期。每（4～6）m^2 ×667m^2 的果园放一群蜂，蜂群间距离以不超过400 m 为宜，这样可使全园花朵充分授粉。每群蜂约有8000只蜜蜂，每天有1/3的工蜂外出采蜜，其中采粉蜂约为1/3，即1000只左右。每只蜂在每朵花上采粉停留约5 s，每小时可采700朵花。每株树上只要有3～5只蜂活动，便可在短时间内将盛开的花采粉一遍。每天盛开的花被蜜蜂采粉次数越多，其授粉效果越好。注意在放蜂时间内一定要禁用杀虫农药，以免蜜蜂中毒死亡，影响授粉效果。

2）壁蜂授粉。近年来，由于生产上大量使用农药，导致野生昆虫急剧减少，果树授粉不良，产量、品质均受影响。因此不得不进行人工辅助授粉，但因花期短、用工多、树顶部授粉不便，导致投资多，难度大。用蜜蜂授粉，一要饲养，二要移动，三是早春低温寡照导致授粉能力差。国外研究应用壁蜂代替蜜蜂授粉和人工授粉获得了成功。

壁蜂是独栖野生花蜂，是苹果树的重要传粉昆虫，主要有角额壁蜂、凹唇壁蜂、紫壁蜂、圆蓝壁峰和橘黄壁蜂等。中国农科院生防室从日本首先引进角额壁蜂，以后陆续搜集和利用了凹唇壁蜂和紫壁蜂等。壁蜂授粉能力强，对北方果树的多数种类都有良好的授粉效果，据测算，角额壁蜂个体授粉能力是意大利蜜蜂的80倍。

3）壁蜂管理技术：

① 蜂茧存放。为使壁蜂在苹果花期出巢访花，应在春季气温回升前，将越冬的壁蜂蜂茧于0～5 ℃冷藏。为除去壁蜂天敌，应于12月至次年1月从巢管中取出蜂茧，随后将蜂茧装瓶，每个罐头瓶可装100头左右，用纱布扎口，放入冰箱内。

② 蜂巢制作。一种是用内径5～7 mm 的苇管，锯成15～16 cm 长，其一头留茎节，另一头开口，开口端磨平，用广告色将管口分别染成红、绿、黄、白四种颜色，混合后50支扎成一捆；另一种方法也可制成与苇管相似的纸管，内壁为牛皮纸，外壁为报纸，管壁厚1 mm 以上。捆扎后，一端用胶水和纸扎实，再粘上一层厚纸片。

选用25 cm×15 cm×20 cm 的纸箱，以25 cm×15 cm 一面为开口，箱内放6～8捆巢管，分为上下两层，做成可以放到田间的蜂巢箱。

③ 田间设巢。壁蜂主要在蜂巢附近40～50 m 范围内访花授粉，刚开始放壁蜂的果园，每30～40 m 设一蜂巢箱，蜂巢越多，回收壁蜂也越多。当壁蜂数量增多后，可以40～50 m 设一蜂巢。用支柱将蜂巢箱架起，使箱底距地面40～50 cm，上部设棚防雨，也可以用砖石砌成固定蜂巢。应选避风向阳、开阔无遮蔽处设巢，巢口向东或向南，以利于壁蜂营巢。

④ 蜂茧释放。蜂茧放到田间以后，壁蜂咬破茧壳，7～10天可全部出巢，因此应于花前7～10天放出蜂茧。若提前将冰箱温度由0～5 ℃上调到8～10 ℃，2～3天后将蜂茧放到田间，这样可缩短壁蜂出茧时间。若开花后再放出蜂茧，可能壁蜂出巢后已经错过了盛花期，既不能发挥授粉作用，也不能多回收壁蜂。

⑤ 提早种开花植物。如果园行间秋种越冬油菜，春栽打籽白菜，在蜂巢旁有1 m^2 即可，可为在果树花开前出巢的壁蜂提供蜜源。

⑥ 蜂巢管理。蜂巢管理的内容主要是防雨和防治天敌。当巢管受潮时，其花粉团易发霉，幼蜂死亡较多，所以要防止风雨淋湿蜂巢。另外，壁蜂有许多天敌，如蚂蚁、蜘蛛和鸟类。防蚂蚁可用毒饵诱杀，毒饵的制作方法是，将花生饼或麦麸250 g 炒香，混入猪油

100 g、糖 100 g、敌百虫 25 g，再加水少许，混匀即成。每蜂巢旁施毒饵 20 g，上盖碎瓦防雨和防止壁蜂接触。在蜂巢的木支架上也可涂凡士林或机油，以防治蚂蚁危害巢管内的花粉团及幼蜂。对捕食壁蜂的结网蜘蛛，可用人工捕捉法清除。在鸟类危害严重的地区，可在蜂巢前拉张捕鸟网。在成蜂活动期，不要随意翻动巢管，否则壁蜂难以找到自己定居的巢管而影响繁殖和访花。

⑦ 收回巢管。5 月底至 6 月初收回田间巢管，剔除空巢管后，把有蜂的巢管放入纱布袋中。另有部分尚未封闭巢管管口的，可用棉球堵住，同时将蜘蛛、蚂蚁逐出巢管。然后将这些巢管也放入纱布袋中，吊在不放粮食和杂物的通风、清洁的房间内，以防米蛾、谷盗、粉螨等粮食害虫的侵害。

3. 应用植物生长调节剂和矿质元素

落花落果的直接原因是果柄离层的形成，而离层的形成与内源激素（如生长素）不足有关。此外，外界条件，如光照、湿度、温度、环境污染等都可能引起果柄基部产生离层而脱落。应用植物生长调节剂，可以通过改变果树体内内源激素的水平和不同激素间的平衡关系来提高坐果率。生理落果和采收前是生长素最缺乏的时期，这时，在果面和果柄上喷生长调节剂，可防止果柄产生离层，减少落果。但使用生长调节剂的种类、用量、时间等，应按照具体条件和对象进行必要的预备试验。

用萘乙酸（NAA）40 ~ 50 mg/L、萘乙酸钠 20 ~ 30 mg/L 或 2、4、5-三氯丙酸（2、4、5-TP）20 mg/L 这三种溶液都可防止采前落果，对元帅系苹果效果很好。NAA 为速效性调节剂，作用效果持续时间短，应在预定采收前 4 周喷一次即可，喷布过晚则无效。经喷 2、4、5-TP 后能促进着色，提前成熟，但果实变软而不耐藏，应早日供应市场。喷 NAA 和 2、4、5-TP 有使果肉变软的特点，因此生产上应用比久在华北地区自开花后至采前 40 ~ 80 天之间喷 2000 mg/L 1 ~ 2 次，防止采前落果效果较好，并能增进着色，提高果肉硬度。据美国试验，2、4、5-TP 20 mg/L 与马来酰肼（MH，又名青鲜素，化学名称是顺丁烯二酰肼）500 ~ 1000 mg/L 合用可防止采前落果效果好，而无果肉软化的弊病。

盛花期喷防落素 20 mg/L 加 0.5% 尿素，元帅系品种花序坐果率为对照的 294%，花朵坐果率为对照的 277%；30 mg/L 防落素处理，坐果率分别为对照的 128% 和 122%。红星苹果盛花期喷施 500 ~ 600 倍普洛马林，可提高坐果率，增加果形指数。

许多研究表明，油菜素内酯（BR）对温州蜜柑和脐橙的保果效果非常明显；在葡萄和柿子上研究表明 KT-30（又名 CPPU）具保花保果作用。目前，在应用生长调节剂保花保果方面，已由单一种类向多种类混合及调节剂与矿质元素混合使用的趋势，其目的是提高坐果率，同时增进果实品质。

用于喷施的矿质元素主要有尿素、硼酸、硼酸钠、硫酸锰、硫酸锌、钼酸钠、硫酸亚铁、硝酸钙、高锰酸钾及磷酸二氢钾等。生长季节使用浓度多为 0.1% ~ 0.5%。喷施时期多在盛花期和 6 月落果以前，以 2 ~ 3 次为宜。

4. 高接花枝

在授粉品种缺乏或不足时，在树冠内高接授粉品种的带有花芽的多年生枝，以提高主栽品种的坐果率。对高接枝在落花后要做好疏果工作，否则坐果过多，当年花芽形成少，影响来年授粉效果。也可在开花初期剪取授粉品种的花枝，插在水罐或瓶中，挂在需要授粉的树上，用以促进授粉，达到坐果目的。此法简便易行，但只能作为局部补救措施。

5. 修剪措施

通过摘心、环剥和疏花等措施，调节树体内营养分配转向开花坐果，使有限的养分优先输送到子房或幼果中去，以促进坐果。我国枣产区长久以来就用花期主干环剥法提高坐果率，效果显著；苹果、柿树等，在盛花期和落花后环剥，也有促进坐果的良好作用。葡萄花前主副梢摘心，生长过旺的苹果、梨于花期对外围新梢和果台副梢摘心，均有提高坐果率的效果。生产上多种果树的疏花、核桃去雄、葡萄去副穗、掐穗尖均可提高坐果率。

6. 防治病虫害

病虫害常常会直接或间接危害花芽、花或幼果。许多病虫害能造成早期落叶，使同化器官遭到破坏，这些都能造成落果。因此，防治病虫害也是一项保花保果的重要措施。

任务2 疏花疏果

【知识目标】

了解疏花疏果的作用、时期及负载量确定等知识；掌握疏花疏果各种方法的技术要点。

【能力目标】

能熟练进行疏花疏果的正确操作。

【基本知识】

一、疏花疏果的作用

在树木花量过大、坐果过多、树体负载量过大时，正确运用疏花疏果技术，控制坐果数量，使树体合理负担，是调节大小年和提高果实品质的重要措施。疏花疏果的作用是：

1. 使树体连年丰产稳产

树体的花芽分化和果实发育往往是同时进行的，当营养条件充足或花果负载量适当时，既可保证果实肥大，也可促进花芽分化；而营养不足或花果过多时，营养的供应与消耗之间产生矛盾，过多的果实抑制了花芽分化，易削弱树势而出现大小年结果。因此，进行合理的疏花疏果，是调节生长与结果的关系，达到连年丰产稳产的必要措施。否则，即使肥水充足，因受根和叶功能及激素水平的限制，坐果过多也会导致大小年。

2. 提高坐果率及果实品质

疏花疏果时，尽管疏去了一部分果实，但它的作用在于节省了养分的无效消耗，减少了由于养分竞争而出现的幼果自疏现象，并且减少了无效花，增加了有效花比例，从而可以提高坐果率。疏花疏果时，由于减少了结果数量，可使留下的果实肥大，整齐度增加。此外，疏果时疏掉了病虫果、畸形果和小果，提高了好果率。

3. 促使树体健壮

开花坐果过多，消耗了树体储藏的营养，叶果比变小，树体营养的制造状况和积累水平下降，影响次年生长。疏去多余花果，可提高树体的营养水平，有利于枝、叶和根系生长，树势健壮。

二、疏花疏果的时期

为了节省营养，疏花疏果越早越好，除了冬剪时剪除过多的花芽，使留下的花芽营养状况得到改善、发育良好及提高坐果率外，只要在花期无晚霜和大风危害的地区，以及没有病虫害的情况下，对坐果率高的品种可以放心地疏花。而对易落果的品种疏去花蕾，也可以提高坐果率。

疏果宜早，一般从谢花后一周开始，在短期内完成。疏果过晚，由于消耗树体内养分过多，加之幼果中赤霉素的影响，不利于留下的果实发育和花芽分化。疏果完成时期，如红富士及国光是在落花后 25 天左右，元帅系是在落花后 30 天左右，但最迟都必须在开花期过后 40 天内完成，才能收到预期的效果。

三、果实负载量的确定

1. 树木过量负载的弊端

果实产量不足使树木应有的生产潜力得不到充分发挥，造成经济上的损失，而过量负载同样会产生严重的不良后果。首先，结果太多易造成树体营养消耗过大，果实不能进行正常的生长发育，导致果实偏小、着色不良、含糖量降低、风味变淡，严重影响果实的商品品质。其次，在过量负载的情况下，易引起果树大小年结果现象。由于结果太多，树体营养物质积累水平低，同时，源于种子和幼果中的抑花激素物质 GA、IAA 等含量增加，在树体内激素平衡中占优势，不利于当年花芽形成，导致第二年或第三年连续减产而成为小年。再次，过量结果树的树势明显削弱。树体营养水平低，新梢、叶片及根系的生长受到抑制，不利于同化产物的积累和矿质元素的吸收。超量负载的苹果大年树，其根系第二、三次生长明显减弱，或者缺乏第二次生长高峰，活跃的吸收根数量较小年树少 70% ~75%。此外，过量负载还会加剧风害和加重果树病害的发生。

2. 确定负载量的依据

合理的负载量是疏花疏果的重要依据和根本目的。确定合理的负载量是果园疏除前的首要工作，其内容是根据果园目标产量和树体的具体生长情况，确定每株树的产量和留果数。生产上可采用以下方法确定：

（1）枝果比法（图 6-1） 枝果比法就是利用果树上各类一年生枝条的数量和果实总个数的比值来确定负载量的方法。苹果的枝果比，中庸树一般为 3∶1 ~4∶1，弱树为 4∶1 ~5∶1。

（2）叶果法 叶果法是指利用果树上叶片的总数（或总叶面积）与果实个数的比值来确定负载量的方法。例如，苹果乔化砧一般 30 ~40 个叶片留一个果，或者 600 ~800 cm^2 叶面积留一个果；矮化砧一般 20 ~30 个叶片留一个果，或者 500 ~600 cm^2 叶面积留一个果。盛果期鸭梨的叶果比为 15∶1，温州蜜柑为 20∶1 ~25∶1，早生温州蜜柑为 40∶1 ~50∶1。

（3）按距离疏果法 按距离疏果法，是指以果与果之间的距离为标准来确定负载量的方法，如元帅系品种每 20 ~24 cm 留一个果实。按距离疏果法，主要疏掉密挤的果实、成串的果实，疏后使全树果实分布较均匀一致。在按距离疏果法基础上进一步发展，把疏果的工

a)

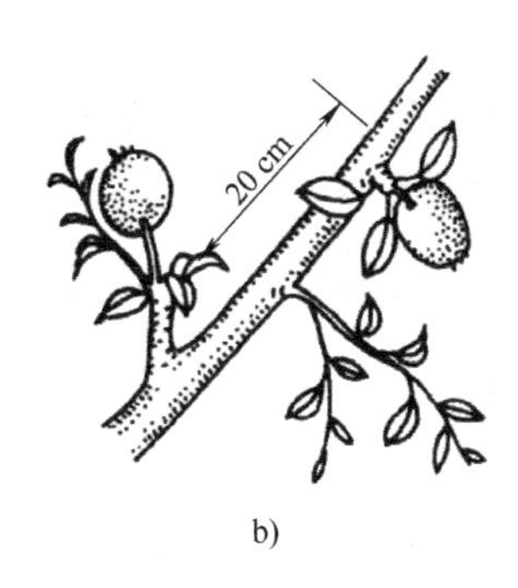

b)

图6-1　疏果定果

a）枝果比法　b）按距离疏果法

作提前到花前疏花序、疏花蕾，这种方法称为“以花定果”，具体做法是：在花序分离期，根据树势强弱和品种特性，按20～25 cm间距留一个花序，其余花序全部疏除，留下来的花序将边花全部疏除，保留中心花。“以花定果”的时间以花序分离至开花前为宜。

（4）按结果点疏果法　结果点是指当年和第二年两年都能结果的部位，也就是当年已结果的长、中、短果枝和能形成花芽且次年可以结果的长、中、短果枝，合起来称为结果点。对于中庸枝组，每三个结果点留一个点结果，一个点结两个果。

（5）隔码留果　留果的花序留一个果，而另外一个花序则全部疏除，使其成为“空台”码。此方法操作容易，并且符合光合产物分配局限性的原则，留果相对集中，使“空台”容易形成花芽。

（6）干截面积法　干截面大小代表全树总生长量和总枝量的多少，因为总产量与全树总枝量高度相关，所以，用树干粗细表示结果量是可靠的，也是切实可行的。一般成龄苹果树干截面积留果指标，健壮树为0.4～0.45 kg/cm^2，中庸树为0.25～0.4 kg/cm^2，弱势树为0.2 kg/cm^2；对于初果期梨树可按0.6～0.75 kg/cm^2留果。

按树干横截面积留果，首先要经过干周测定和换算，其方法是先量出树干中部的干周（cm），然后按式（6-1）计算出主干截面积：

$$S=L^2/4\pi \tag{6-1}$$

式中，S是主干横截面积（cm^2）；L是干周（cm）。

求出主干横截面积后，再根据品种品系、果园管理水平、树体状况等，确定合理的负载量，再乘以每千克果个数（5），即为单株留果数，其公式为

单株留果数＝主干截面积×每平方厘米干截面积留果量×每千克果个数　　（6-2）

例1　一株干周为50 cm的红富士苹果树，应留多少果？

解：根据式（6-1），得

$$S=(50\times 50)/(4\times 3.14)=199.1(cm^2)$$

按每cm^2留0.4 kg果计，则

单株留果数＝199.1×0.4×5＝392.8（个）

（7）干周法　干周法适用于初果期树体完整、管理较好且比较丰产的树。对于新红星和红富士等品种，可用公式（6-3）算出：

$$Y=0.2C^2 \tag{6-3}$$

式中，Y 是单株适宜留果数；C 是树干中部干周长度（cm）。

实际操作中为留有余地，应加总量的10%作为保险系数。另外，旺树和弱树应在此基础上再增减15%作为调节值。

四、疏花疏果的方法

1. 人工疏花疏果

人工疏花疏果可以从花前复剪开始，以调节花芽量，开花后可疏花和疏幼果，直到6月落果后再定果一次。疏果应在幼果第一次脱落后及早进行，这样不仅可以提高当年果实品质，而且重要的是保证次年结果量。

依照负载量标准，采用果台间距为指标进行疏果和留果具有较强的可行性。在苹果树、梨树进行疏果时，果台间距多控制在20～25 cm。对于大果型品种，如雪花梨、红富士苹果和元帅系品种等，在花量充足时，全部留单果。留果时，苹果多留花序中心果，梨多留基部低序位果。此外，应及早疏除梢头果、弱枝果、小果、病虫果和畸形果。

2. 化学疏花疏果

化学疏花疏果就是用喷布化学药剂的方法疏除过多的花和幼果。化学疏花疏果具有疏除及时、省工和经济效益好的特点。

（1）疏花　常用的疏花剂为石灰硫黄合剂（石硫合剂）和二硝基化合物（DNOC）。

石硫合剂的疏花机制是杀死柱头，抑制花粉发芽和花粉管伸长，从而阻碍受精，对已受精的子房则无效。所以，应在中心花已经受精，即盛花期至落花期施用。对金冠等的盛花期施用较好，而元帅系、红玉等品种以刚过盛花期施用较好。石硫合剂对施用时期要求比较严格，否则无效或疏除过度，而且喷布后马上降雨可能发生药害。石硫合剂疏花时常用浓度为0.5～1°Bé，树势弱浓度要低，以免发生药害和疏除过度。

二硝基化合物（DNOC）的疏花机制同石硫合剂，浓度为0.08%～0.20%。

（2）疏果　常用的疏果剂有萘乙酸（NAA）和乙酰胺（NAD）、西维因和乙烯利。

萘乙酸和萘乙酰胺的疏除机制可能与促进乙烯形成有关。萘乙酸在一定浓度范围内，从花瓣脱落期到落花后2～3周施用都有相同效果，但越迟，疏果作用越弱，浓度需相应增加。萘乙酰胺是一种比萘乙酸更缓和的疏除剂，对萘乙酸敏感的品种应用萘乙酰胺较安全，但使用萘乙酰胺疏果会使部分果实产生缩萼现象，元帅系使用易产生畸形果。对红星用10～15 mg/L、对金冠用15～20 mg/L萘乙酸于盛花后两周喷施，具有良好的疏果效果。

西维因也是一种疏果剂，比NAA和NAD效果稳定，浓度范围较广和使用期限较长，对果实和枝叶无不良影响。在盛花后14～21天，用600～2000 mg/L西维因液喷施都有效，可达到良好的效果。它的疏果机制是堵塞果柄维管束，使幼果种子败育。其在树体内移动较差，喷布时要直接喷到果实和果柄部位。缺点是杀死红蜘蛛天敌，并使金冠品种致锈。

乙烯利也有疏果作用，一般常用浓度为200～450 mg/L。有关科研单位在国光苹果初花期喷布一次300 mg/L乙烯利，盛花后10天再喷布一次300 mg/L乙烯利与20 mg/L萘乙酸混合剂，疏除效果显著。

疏花疏果药物虽然已用于生产，但由于品种、树势、气候条件的不同，疏除效果变化很大。因此，生产上在大面积应用前必须进行试验，寻找适宜的浓度及施用时间。化学疏除能节省大量人力，但它只能作为人工疏除的辅助手段，不能完全代替人工疏除。因此，化学疏

除的适宜疏除量应是标准疏除量的1/3～3/4，其余采用人工疏除。

任务3 果实的人工增色

【知识目标】

掌握果实人工增色技术中的果实套袋、铺反光膜、摘叶转果、采后增色、秋季修剪知识。

【能力目标】

在进行果实套袋、铺膜、摘叶转果等措施操作时正确无误。

【基本知识】

果实的色泽发育是复杂的生理代谢过程，并受到很多因素影响，在栽培措施方面应根据不同种类品种果实的色泽发育特点和机理进行必要的调控，制订和实施有效的技术措施，增加果实的色泽，达到该品种的最佳色泽程度，这对着色的品种尤为重要。

一、果实套袋

果实套袋是提高水果果实品质的重要技术措施之一。我国在苹果、梨、桃、葡萄、荔枝等树木栽培中实施了套袋技术，果实外观品质大为改善。套袋技术除了能改善果实的色泽和光洁度外，还可减少果面污染和农药的残留，预防病虫和鸟类的危害，避免枝叶的擦伤。下面以苹果为例，对套袋的技术方法介绍如下：

1. 果袋的选择

果袋的种类很多，按袋体的层数分，果袋有单层袋、双层袋和三层袋；按大小分，果袋有大袋和小袋；按捆扎丝的位置分，果袋有横丝袋和纵丝袋；按涂布药剂的种类分，果袋有防虫袋、杀菌袋、防虫杀菌袋；按袋口的形状分，果袋有平口袋、凹形袋和“V”字形口袋等；按袋体原料分，果袋有纸袋和塑膜袋。双层纸袋一般比单层纸袋遮光性强，但成本也较高，一般为单层纸袋的两倍左右。三层纸袋使果实的着色及光洁度等效果更佳，但成本更高。塑膜袋价格低廉，一般用于综合管理水平低及非优生区的地方。

2. 套袋

（1）套袋前喷药　套袋前对树体喷药，是套袋成败的一个关键环节。除进行园区全年正常的病虫害防治外，在谢花后7～10天应喷药一次，一般应以喷保护性杀菌剂代森锰锌为主。盛花期禁喷高毒农药。套袋前必须对全园喷一次杀虫剂和杀菌剂，以保证不将病菌和害虫套在袋内。喷药时，喷头应距果面50 cm远，不宜过近，以免因药液冲击力过大而形成果锈。喷出的药液要细而均匀，布洒周到。

（2）套袋时间　一般红绿色品种，如金冠、金矮生、王林等，落花后10天套袋；易着色的红色中熟、中晚熟品种，如新红星、乔纳金、红津轻，5 月下旬至 6 月上旬套袋；难着色的红色品种，如红富士，落花后 40 ~ 50 天套袋。套袋的适宜时期确定后，还应掌握一天中套袋的具体适宜时间。一般情况下，自早晨露水干后到傍晚都可以进行，但在天气晴朗、温度较高和太阳光较强的情况下，以上午 8 时 30 分至 11 时 30 分和下午 14 时 30 分至 17 时 30 分为宜，这样可以提高袋内温度，促进幼果发育，并能有效防止日灼。

（3）套袋方法　套袋时，首先小心除去附在幼果上的花瓣及其他杂物，然后左手托住纸袋，右手撑开袋口，或者用嘴吹开袋口使袋体膨胀，袋底两角的通气放水孔张开，手执袋口下 2 ~3 cm 处，使袋口向上或向下，将果实套入袋中。套入后，使果柄置于袋口中央纵向切口基部，然后将袋口两侧按折扇方式折叠于切口处，将捆扎丝翻转 90°，扎紧袋口于折叠处，使幼果处于袋体中央，并在袋内悬空，不紧贴果袋，防止纸袋摩擦果面，切忌不要将捆扎丝缠在果柄上，同时，应尽量使袋底朝上，袋口向下。

3. 去袋

（1）去袋时期　黄绿色品种，如金冠等于采果前 5 ~7 天去袋；易着色的中熟、中晚熟品种，如新红星、乔纳金等于采果前 10 ~ 15 天去袋；难着色的品种，如红富士等于采前 20 ~30 天去袋。最好选择阴天或多云天气时去袋，要尽量避开日照强烈的晴天，以免去袋后发生日灼现象。若在晴天去袋，应于 14 时至 16 时摘除树冠东部和北部的果袋，这样就使果实由暗光中逐步过渡到散射光中。如果天气干旱，去袋前 3 ~5 天应全园浇一次透水，以防止去袋后果实发生日灼现象。当地面干后，即可入园去袋。

（2）去袋方法　摘除内袋为红色的双层纸袋时，应先沿除袋切线摘掉外层纸，保留内层袋。一般在摘除外袋 5 ~7 个晴天后摘除内层袋。摘除内层袋应在上午 10 时至下午 16 时进行，不宜选择在早晨或傍晚，这样可以避免因摘除内袋而引起果实表面温度的大幅度变化。此外，若遇阴雨天，摘除内袋的时间应相应推迟，防止果面出现“水裂口”。

摘除内层为黑色的双层纸袋时，要先将外袋底口撕开，取出内层黑袋，使外袋呈伞状罩于果实上，6 ~7 天后再将外袋摘除。对于单层袋和内外层粘连在一起的台湾佳田纸袋，先在上午 12 时前或下午 16 时后将底撕开，使果袋呈伞形罩于果实上；也可将背光面撕破以透风，过 4 ~6 天后将纸袋全部摘除。

果袋全部摘除完后，应立即喷一次杀菌剂防治轮纹病和炭疽病等，同时混喷钙肥。

二、铺反光膜

1. 银色反光膜

日本用的是在无纺布上涂银色反光材料的反光布，还有一种是涂反光材料的塑料膜，反光纸，如银色反光塑料薄膜，贴于牛皮纸上的反光银纸，以及 GS-2 型果树专用反光膜。这种果树专用膜膜面呈凹凸波纹状，反射树下地面光为乱反射，所以反射光照射面大，果树对光的利用率高。膜面有透水孔，雨水和灌溉水可由透水孔流入膜下渗入土壤，膜孔间距为 10 cm，在透水同时，能将膜面上的灰尘、泥土等冲刷干净，保持膜面高清洁度，有利于增加反光效率。由于该膜采用编织物加工而成，因此质地结实，有一定硬度，抗力强。应用时，人踩、灌溉、风雨等都不影响其正常使用。一般银膜可连续使用 3 年左右，但这种果树专用膜的使用寿命可长达 5 ~10 年，每年使用时间为 60 天左右。

2. 使用方法

1）在树冠下，覆反光膜的时期为果实着色期（开始着色至采收），一般红富士苹果开始铺放时期为 9 月上旬。

2）铺膜前 5 天清除铺膜地段的残茬、硬枝、石块和杂草，打碎大土块，把地整成中心高，外围稍低的弓背形，铺膜面积限于树冠垂直投影范围。密植园可于树两侧各铺一长条反光膜，要求膜面平整并与地面贴紧，交接缝及周边盖土。果实采收前，去掉膜面的树枝、落果、落叶等，小心揭起反光膜并卷叠起来，用清水漂洗晾干后放入无腐蚀性室内，以备下年重复使用。

3）在应用果树反光膜时，应做好相应的配套措施。一是枝量适宜，保证每亩枝量不超过 9 万条；二是摘叶，采前一个月内进行两次摘叶，两次摘叶量以不超过全树总叶量的 30% ~50% 为度，这对次年树势、产量和品质均无不良影响；三是转果，当果实阳面着色达到要求程度时，将果实阴面转向阳面。

三、摘叶、转果

摘叶的目的是提高果实的受光面积，增加果面对直射光的利用率。通常，摘叶时期与果实着色期同步。我国北方红富士苹果的摘叶期大约在每年的 9 月中下旬，摘叶过早虽着色良好，但对果实增大不利，影响产量，还会减低树体储藏营养的水平；摘叶过晚则因直射光利用量减少而达不到预期目的。摘叶对象是指树冠上部和外围果实周围 5 cm 以内的叶，树冠内膛、下部果实周围 10 ~20 cm 的叶。摘叶前要保留叶柄。通过摘叶，树冠透光率明显增加，一般可增加着色面 15% 左右。

在正常的光照条件下，果实的阳面着色较好，阴面着色较差，通过转果，可改变果实自然着生的阴阳位置，增加阴面受光时间，达到全面着色的目的。苹果转果时间可在果实采收前 4 ~5 周进行。转果的方法是将果实的阴面轻轻转向阳面，必要时可夹在树杈处以防回位，也可通过转枝和吊枝起到转果的作用。转果宜在早晚进行，避开阳光暴晒的中午，以防日灼。通过转果，可使果实着色增加 20% 左右。

四、采后增色

对达到一定成熟度但着色差的果实，可在采后促进着色，其适宜的环境条件是：10% 左右的光照，10 ~20 ℃的温度，90% 以上的空气湿度和果皮着露。具体做法是：选地势高燥、宽敞平坦又背阴通风处，先在地面铺 3 cm 的洁净细沙，将苹果果柄向下平排好，果实间有空隙。天气干旱或无露水时，每天早晚用干净喷雾器向果面喷一次清水，以果面布满水珠为度。太阳出来后，用草帘或牛皮纸遮阴。3 ~4 天果实着色后，翻动一次果实，使果柄向上，经 2 ~3 天整个果面便可全部着色。

五、秋季修剪

通过秋季修剪，不仅能增加光照，而且能提高果实的品质。树体要想有一个良好的受光环境，就必须进行合理的整形修剪，而仅靠冬季的一次修剪是远不能满足果实正常生长所需光照的。树冠内的相对光照量控制在 20% ~30% 为宜，为了达到这个目的，常剪除树冠内的徒长枝、剪口枝和树冠内的遮光强旺枝，疏剪外围竞争枝，以及骨干枝上的直立旺枝，这样就能大大改善树冠内的光照条件。树冠下部的裙枝和长结果枝在果实重力作用下容易压弯下垂，可以采取支柱顶枝或吊枝等措施，解决其受光不足的问题。

任务4　植物生长调节剂在果树上的应用

【知识目标】

了解植物生长调节剂在果树生产上的意义、种类及其作用知识；掌握植物生长调节剂的种类和使用方法、配制与应用注意事项。

【能力目标】

能根据生产实际，正确选择相应的生长调节剂对树体进行调控。

【基本知识】

一、植物生长调节剂在果树生产上的意义

果树生长发育，不仅受遗传因素的控制和环境条件与栽培措施的影响，还受树体内部植物激素的调节影响。植物激素是植物体内天然合成，并由合成部位移动到作用部位，在低浓度时即对生理过程产生调节作用的、非营养的微量有机物。植物体内各种生理过程都不是只由单一激素起调节作用的，而是由多种激素处于某种平衡状态下产生调节反应的。迄今人们发现的植物激素可分为五大类，即生长素类、赤霉素类（GA）、细胞分裂素类（CTK）、脱落酸（ABA）和乙烯。新的植物激素还可能被不断发现。

随着生物科学研究和有机化学工业的发展，人们一方面从植物体内提取某些激素（如赤霉素）和一些具有生理活动的物质（如三十烷醇、EF植物生长促进剂）；另一方面，根据对激素结构与活性关系研究及激素合成、运转与影响因子研究的成果，合成了许多有机化合物。它们或是结构上类似体内的植物激素，如吲哚丁酸、萘乙酸和6-苄基腺嘌呤；或是结构上虽与植物激素不同，但施用于植物体后可影响体内激素的平衡和水平，从而有调节生长发育的作用的有机化合物，如矮壮素、多效唑等。上述天然提纯或人工合成的有机化合物统称为植物生长调节剂。所以，植物生长调节剂是指从外部施用于植物体的、非营养的、可以影响植物体内激素平衡从而调节植物生长发育的物质。

植物生长调节剂最早在20世纪30年代应用于果树生产上，主要是促进插条生根。60年代后有了较大发展，其应用范围逐渐扩大。如今在果树生产技术先进的国家，应用植物生长调节剂已是果园管理中不可缺少的技术措施。

果树生产要获得高产、优质、高效，有赖于多方面的技术措施，如区域化的优种、优质的苗木、矮化密植、先进的土壤管理制度、科学施肥、合理整形修剪、综合防治病虫害、现代化的储运与加工技术及掌握商品信息等。而应用植物生长调节剂有其独特的作用。

1）可弥补品种的遗传缺陷。例如，无核白葡萄果粒小，用赤霉素处理后可以使果粒增大一倍多。

2）可在某种程度上帮助果树适应环境。例如，红富士苹果幼树新梢生长期长，在某些地区冬前往往不能充分成熟，越冬时极易受冻或失水抽干，应用多效唑或比久可使新梢及时停长、成熟，提高越冬能力，如再辅以其他管理措施，即可安全越冬。

3）可解决果树生产中用常规技术不易解决的特殊问题。例如，元帅系苹果易发生采前落果，用萘乙酸可以有效地加以控制。黑鸡心葡萄未经过异花授粉只能结出很小的青粒葡萄，全无商品价值，用赤霉素处理后就可使这种葡萄果粒长成正常大小，得到正常产量。对不易发生副梢的苹果品种，用发枝素可使其发生副梢，使幼树枝量迅速增加，并且发枝角度大，便于整形、控制乔化密植树的营养生长、调节器官脱落等。用一般农业技术措施无效或不易在短期内奏效，而应用植物生长调节剂却不失为一条方便而有效的途径。

总之，植物生长调节剂作为果树生长发育的一种化学调节手段，近二十年来在国内外发展迅速。它对果树表现了多方面的效应，其中不少已广泛应用于生产，还有不少正处于试验阶段。实践表明，它们在果树生产上有广阔的应用前景。

二、植物生长调节剂的种类及其作用

1. 生长素类

人工合成的生长素分三类：①吲哚类，如吲哚乙酸（IAA）、吲哚丁酸（IBA）、果宝素（吲哚唑乙酸乙酯，IZAA）等；②萘酸类，如萘乙酸（NAA）；③苯氧酸类，如2，4-D（2，4-二氯苯氧乙酸）、2，4，5-T（2，4，5-三氯苯氧乙酸）、促生灵（对氯苯氧乙酸，PCPA）、增产灵（对溴苯氧乙酸）等。其中，吲哚丁酸活力强，较稳定，使用安全，主要用于促进插条生根；萘乙酸价格低廉，作用广，使用最广泛，常用于促进发根、疏花疏果及防止采前落果和抑制萌蘖发生。

生长素类调节剂的生理作用和生长素一样，主要是使植物细胞伸长、可使幼茎伸长、促进形成层活动、维持顶端优势、参与木质部和离层分化、促进生根等。其作用特点具有两重性：较低浓度促进生长和较高浓度抑制生长。无论对新梢生长还是对果实生长，均如此。另外，不同器官对生长素的敏感程度不同。其中，新梢较不敏感，芽其次，根最敏感。生长素对这三者促进生长的适宜浓度范围也依次降低。使用生长素类药剂时必须充分注意。

2. 赤霉素类

植物体内赤霉素现已发现有72种，按其发现先后顺序写为GA_1，GA_2，GA_3，…，GA_{72}。它们之间可互相转化。不同树种和品种所含的种类不同，不同器官、不同生育阶段其赤霉素种类和水平也不同。人工合成利用的药剂仅有两种商品，即GA_3（九二零）和GA_{4+7}（含$GA_4$30%、$GA_7$70%）。这就是外用赤霉素药剂效果不够稳定的内因。

赤霉素药剂对果树的效应有打破种子休眠、促进新梢节间伸长、促进坐果、增大果实、诱导无核和抑制仁果类果树的花芽分化等。赤霉素既能促进新梢生长，又能促进坐果和果实生长，而两类生长在一些树种中存在营养竞争激烈的矛盾。所以，外用赤霉素时要尽量用在需要用药的部位。在果树上的试验表明，外用赤霉素对果树生长发育的效应有明显局限性。例如，同一苹果果实只处理一半，则仅使处理的一半果实增大。因此，在应用赤霉素时必须十分注意。

3. 细胞分裂素类

人工合成的细胞分裂素有六种，果树生产上较常用的只有6-苄基腺嘌呤（BA）。BA具有类似细胞分裂素的活性，主要生理作用是促进细胞分裂和调运养分，因而可以促进坐果（葡萄）、提高果实品质（与GA_{4+7}合用使元帅系苹果果实的果形指数增大和萼端突起明显）、解除顶端优势、促进侧芽萌发。BA在树体内移动性很小，局部反应明显。

发枝素也是含有此类成分的一种新型植物生长调节剂。

4. 乙烯释放剂

作为外用的生长调节剂，乙烯释放剂是一些能在代谢过程中释放出乙烯的化合物，主要的一种为乙烯利。其对果树的作用有：抑制新梢生长和类似于摘心而使枝条变粗与促进侧芽萌发，促进花芽形成，疏除花果，促进果实成熟、上色与降低含酸量，促使果实脱落以利采收。

5. 生长延缓剂和生长抑制剂

（1）生长延缓剂　生长延缓剂是目前果树生产上应用最多的一类生长调节剂，主要有矮壮素（CCC）、多效唑（PP_{333}）、助壮素（DPC）等。此类药剂在果树上有多方面的效应，其共同的效应是抑制新梢生长，并且这种抑制作用可被赤霉素药剂逆转。抑制新梢生长的同时，可促进花芽形成。另外，此类药剂常被用作制造养分“库”的工具，以控制树体中同化产物的流向。例如，同化产物流向果实，可提高坐果率、增大果实、增进品质等。

（2）生长抑制剂　生长抑制剂主要有脱落酸（ABA）、青鲜素（MH）、调节膦、整形素等。生长抑制剂抑制新梢生长的作用较生长延缓剂强，可完全抑制或杀死顶芽，并且这种抑制作用不能为外用赤霉素所逆转。其中，调节膦可抑制葡萄梢生长、促使有色品种着色良好并提高含糖量。整形素在我国仅应用于桃上，可抑制新梢生长、降低花芽形成节位，有利于密植早果。

6. 其他

（1）三十烷醇（TRIA）　三十烷醇是一种具有30个碳原子的直链伯醇，是一种广谱性植物生长调节物质。这种物质广泛存在于植物体和自然界中。因为它是天然物质，对人类安全、对环境无污染，所以引起国内外广泛重视。经过各地试验，认为其主要功能是影响植物的生长进程。在果树上使用可以提高坐果率、增加产量、改善品质。

（2）EF植物生长促进剂　EF植物生长促进剂是我国开发研制的一种新型植物生长调节剂，是从桉树中提取的一种黄酮类生理活性物质，是完全的天然物质。果树试验表明，EF植物生长促进剂能明显促进葡萄、苹果、梨和山楂的花芽分化，提高坐果率和单果量。对葡萄萌芽与生根、干物质积累和增强抗性（抗霜霉病）均有明显效果。

（3）“常乐”益植素　“常乐”益植素是硝酸稀土的商品名称，习惯上称为稀土微肥，从实际看来，它是一种植物生长调节剂。它可以改善树体的生理机能，对苹果、葡萄、梨可明显提高产量和品质。

三、果树常用生长调节剂及其使用方法

1. 多效唑（PP_{333}）

（1）性质及来源　多效唑又名控长灵，代号PP_{333}，商品名为多效唑。多效唑有很强的活性抑制作用，几乎对所有的果树都有明显的抑制作用。

发明者英国ICI公司生产的多效唑，浓缩液的有效成分为25%，可湿性粉剂的有效成分

为50%。

（2）作用机理及效应　苹果、梨和桃等果树的大量试验表明，多效唑在果树上的形态学效应主要是减缓新梢的延长生长，缩短节间长度，促发侧枝，增加短果枝，促进花芽形成和侧根生长，增加吸收根的粗度，增加根冠比。多效唑的生理效应有：增加叶绿素、蛋白质和碳水化合物含量，促进矿质元素的吸收，调节蒸腾强度和叶片水平。多效唑的主要作用机理是抑制树体内赤霉素的生物合成，对其他植物激素也具有一定的调节作用。

多效唑主要通过根和幼嫩茎进入树体，积累于叶内，并在叶内被分解。秋末向下运转到根储藏起来，第二年又向上运转到地上部而起作用。它在土壤中有效期长，一般在18个月以上，可持续供给果树而延缓果树的生长。一般多效唑的药效可达2~3年。

（3）施用方法及应用成效　具体施用方法及应用成效如下：

1）施用方法。土壤施用，即在枝展下挖15~30 cm深的环状沟，然后将多效唑配成水溶液（用水量以能均匀地浇到环沟为准，水多些更好）浇入环状沟，待渗入后覆盖土壤。

叶面喷施，即配成一定的浓度溶液均匀地喷到叶和枝干上，尤其是幼嫩部分，以滴水为度。

土壤施用有省工、有效期长、效果好的优点。叶面喷施省药、见效快，对树冠不同部位可选择控制，并可与农药、化肥混用，但药效仅限当年。

土壤施用多效唑的适宜时期是秋季9~11月或春季3~5月。叶面喷施的适宜时期是春季或夏季新梢迅速生长之前。一般土壤施用剂量为每平方米树冠投影面积为0.5~1.0 g有效成分。叶面喷施浓度为250~500 mg/L喷2~3次或1000~2000 mg/L喷1次。配合夏剪措施（如晚剪、刻芽、环剥、拉枝等）时，施用量或浓度可降低30%~50%。

各种果树具体施用方法、时期、浓度和数量见表6-1。

2）应用效果。多效唑在桃树上的主要应用成效：一是解决了桃树的夏剪问题，基本上可以免除繁重的夏季修剪工作，同时也大大地减少了冬季修剪用工；二是能够提高桃树的早期产量，特别是对进入丰产期较迟的品种；三是缓和旺树生长，促进花芽形成，提高产量；四是改善果实品质。

多效唑对苹果树的主要应用成效：一是减少延长枝加长生长，使树体矮化紧凑，短果枝大量增加，短果枝在树体枝类中的比例有的高达90%以上；二是促进花芽形成，使幼树提早结果和促进适量不结果果树大幅度提高产量（表6-2和表6-3）；三是提高坐果率，尤其是处理第二年的坐果率，花序坐果率有的高达90%以上；四是可提高树体抗旱性和幼树越冬性。

表6-1　果树施用多效唑的方法、时期、浓度和数量

树种	品种	树龄	方法	时期	浓度/（mg/L）	有效成分用量（g/株）	备注
桃	早凤、京红等直立旺长型品种	2~3年生	土壤施用	春季（5月）		1.5	早熟桃的施用量大于晚熟桃
		4~7年生	土壤施用	秋季（10~11月）或春季（3~4月）		2.5~3.5	
		>8年生	土壤施用	秋季（10~11月）或春季（3~5月）		2.0~2.5	
	大久保等开张型品种	3~4年生	土壤施用	春季（4~5月）		1.0~1.5	
		5~7年生				2.0~2.5	
		>8年生				2.0	

（续）

树种	品种	树　龄	方法	时　期	浓度/（mg/L）	有效成分用量（g/株）	备　注
苹果	富士	2~3年生	（1）土壤施用 （2）叶面喷施	春季（5月） 夏季（6~8月）	500	1.0~1.5	（1）需配合主干环剥或主枝环割或刻芽加拉枝。（2）红星系和金冠系品种减少施用量约20%，短枝型品种可参照相应的品种，施用量减少30%左右
		4~5年生	（1）土壤施用 （2）土壤施用+叶面喷施	秋季（9~11月） 秋季（9~11月）+春季春梢5 cm时	500	2.0~2.5 1.5~2.0	
		6~8年生	（1）土壤施用 （2）土壤施用+叶面喷施	同上	1000	3.0~4.0 2.0~2.5	
		9~12年生	土壤施用	秋季		3.0~3.5	
梨	鸭梨	3~5年生	土壤用施+叶面喷施	秋季（9~11月）		1.5~2.0	加大氮肥和钾肥的施用量
	雪花梨	6~9年生		夏季（二次梢2~5 cm时）			
葡萄	巨峰等	2~4年生	土壤施用	落花后1~7天		0.15~0.45	（1）花前或秋季施用，坐果率过高，果粒生长不开；（2）加大钾肥施用量
		5~6年生		同上		0.35~0.55	
		>7年生		春季（3~5月）		0.5~0.7	
山楂	大金星等	3~5年生 >7年生	（1）叶面喷施 （2）土壤施用	春季（春梢10~15 cm） 秋季或春季	100~200	1.0~1.5	花期或幼果期必须喷赤霉素50 mg/L 1~2次
					100~150	1.5~2.0	

表6-2　土壤施用多效唑对处理二年生秋富1苹果生长和处理第二年开花结果的影响

处　理	春梢长度/cm	秋梢长度/cm	主干周长/cm	短果枝数		第二年开花数量		第二年株产	
				个/株	占对照百分比（%）	花序数/株	占对照百分比（%）	株产/kg	占对照百分比（%）
对照	82.1	12.4	21.9	98	100	18	100	2	100
土壤施用多效唑（1.5 g/株）	43.6	3.4	21.3	191	195	112	622	15	750

表6-3　多效唑对富士、国光苹果初结果树生长结果的影响

品种和树龄	多效唑处理/[g(纯量)/株]	新梢长度/cm		短果枝量占总枝量的百分比(%)		株产/kg		处理第二年开花数量/(花序数/100个生长点)
		处理当年	处理第二年	处理当年	处理第二年	处理当年	处理第二年	
富士（六年生）	0（对照）	82.8	83.6	64.1	68.6	14.2	20.4	12.9
	土壤施用3.0	60.3	36.8	82.7	85.5	33.8	65.6	55.8
国光（十二年生）	0（对照）	68	55.7	45.9	39.6	40.3	109.6	22.3
	土壤施用4.0	36.4	20.8	89.7	75.9	121.8	264.8	76.7

(4) 注意事项　由于多效唑具有药性强、残留期长、在土壤中不易分解的特性，使用时要特别注意浓度不宜过高。低浓度多次喷布比高浓度一次喷布效果好。

由于土壤有机质对多效唑有固定作用而影响多效唑的效应，因此，黏性大的土壤应采用叶面喷施或土壤施用结合叶面喷施。一般苹果未结果幼树以叶面喷施为主（这样较为省药），五年生以上树以土壤施用为主，而过旺树也以土壤施用为主并配合叶面喷施加以调控。桃树试验表明，同样施用量，土壤施用效应比叶面喷施大50%左右，因此从省药角度考虑，桃树上不宜提倡叶面喷施。

桃树、葡萄、山楂对多效唑反应较敏感，一般土壤施用后一个月就起明显作用。苹果和梨起作用时间较慢，往往要在处理后的第二年才起明显效果。因此，前者可于春季土壤施用，后者于秋季土壤施用为好。

2. 乙烯利

(1) 性质及来源　乙烯利，英文名称为Ethephon。乙烯是植物体内产生的一种气态激素，具有促进器官成熟、衰老、脱落等多种生理功能。由于乙烯是气体，所以生产上应用很不方便，人工合成的乙烯利就是一种乙烯释放剂。乙烯利是一种强酸性液体，有毒，对皮肤有刺激作用。pH小于3比较稳定，几乎不释放乙烯。加水稀释到为pH 4.1以上时，开始分解释放乙烯气体。pH越高，释放乙烯的速度越快。因为植物细胞内的pH一般都在4.1以上，所以，乙烯利进入植物体内就可以自然地分解产生乙烯。

目前，国内生产的乙烯利又名“一试灵”，为40%的水剂，使用时应以有效成分计算。

(2) 作用机理及效应　乙烯利进入植物体内，自然分解产生乙烯。乙烯可以抑制赤霉素、生长素的合成，抑制生长，促进脱落和成熟。

乙烯利对果树的作用如下：

1）抑制新梢生长。当年春季施用乙烯利可使苹果新梢长度缩短3/4。当年秋季施用乙稀利可使第二年春梢生长减弱。乙烯利还可使枝顶脱落，枝条变粗，促进侧芽萌发，也可抑制萌蘖枝生长。

2）促进花芽形成。乙烯利可促进苹果、梨和山楂形成花芽，其促花作用优于比久。

3）疏除花果。乙烯利可疏除苹果、梨、桃的花果。

4）促进果实成熟、着色，降低含酸量。乙烯利可促进苹果、梨、桃、葡萄、李等果树成熟，但有时易使果实变软、过熟、早衰。

5）促使果实松动，有利于机械采收，如山楂、枣等。

（3）施用方法及施用时期与浓度

1）施用方法。一般均采用叶面喷施法。将药液稀释成一定浓度进行叶面喷施。

2）施用时期与浓度如下：

① 控长促花。苹果在 6 月上中旬和 8 月中下旬各喷布一次 400 ~ 500 mg/L 乙烯利加 1500 ~ 2000 mg/L 比久；梨树在新梢长 20 ~ 40 cm 时喷乙烯利比较适宜，间隔 20 ~ 30 天再喷一次，效果更好，浓度为 250 mg/L；山楂于新梢旺长期喷布 800 mg/L 乙烯利。

② 疏除花果。苹果在初花期或盛花后 10 天喷布 150 ~ 300 mg/L 乙烯利。

③ 催落果实。山楂在采收前 7 ~ 10 天喷布 600 ~ 800 mg/L 乙烯利，枣果在采收前 5 ~ 7 天喷布 200 ~ 300 mg/L 乙烯利。

（4）注意事项　单独使用乙烯利诱导成花，不宜在有果的树上采用。利用乙烯利疏花疏果的敏感程度依品种不同而异。因此，使用前要进行试验，以免给生产带来损失。利用乙烯利采收时，务必掌握适宜浓度和喷药技术，否则会引起落叶或达不到预期效果。乙烯利不能与碱性农药混合使用，以免失效。另外，喷布时间不宜在中午，以免溶液挥发和叶片中毒。

3. 发枝素

（1）性质及来源　发枝素是原北京农业大学园艺系研制的果树化学整形的一种新型植物生长调节剂，呈白色膏状体。

（2）作用机理及效应　发枝素能刺激果树生长发育，促进细胞分裂，使侧芽、隐芽或叶丛枝顶芽膨大、萌发，继而加长生长，可用于果树定位发枝和幼树增加枝量。

1）促使新梢侧芽发枝。苹果树一般新梢侧芽当年不萌发或少萌发。虽经摘心、剪梢及加大角度，萌发率也只有 10% ~ 30%，并且多集中于新梢先端。应用发枝素可使发芽率达 80% 以上，可用于加速苹果幼树整形和促使幼树增加枝量、增大光合面积。

2）促使 1 ~ 3 年生枝侧芽、隐芽和短枝顶芽萌发。树体偏斜的幼树，一半长枝多，另一半只有短枝。对这种树，在一年生短枝或当年新形成的短枝顶芽上涂发枝素，可抽出长枝，形成丰满的树冠；对 1 ~ 3 年生枝上的侧芽、隐芽涂抹发枝素同样有萌发成枝的作用。这就为解决幼树树冠层间和局部光秃，以及为短枝型品种短枝转化为长枝、培养纺锤树形开辟了新途径。

发枝素的药效迅速、持久。一般涂抹后 5 ~ 7 天芽明显膨大，10 ~ 15 天能萌发抽枝。涂抹一次即可维持从萌芽抽枝到新梢生长的全过程，不怕风吹、日晒、雨淋。发枝素对苹果树的芽体、枝条、树体无任何不良作用。

（3）施用方法及效果　具体施用方法及效果如下：

1）施用方法。采用涂抹法，即用小竹签或小木针取绿豆粒大小药膏，准确地涂在芽上并使之贴紧芽体。新梢用药时要用手先将叶片翻下，注意避免药粒被托叶或叶柄架空。涂药后不需要做任何保护。一般每千克药膏可涂抹 5000 ~ 8000 个芽。

2）涂抹日期。5 ~ 8 月，即萌芽开始到新梢生长期均可进行涂抹。一般 5 ~ 6 月涂抹 1 ~ 3 年生枝，5 月下旬至 8 月上旬涂抹新梢。

3）应用效果。1 ~ 3 年生枝上的饱满芽或短枝顶芽涂抹发枝素，80% 可以抽出长枝；隐芽反应较弱，多萌发短枝，有时可形成花芽。新梢侧芽涂抹发枝素的效果是：前期处理的多发长枝，生长量可达 50 ~ 60 cm，并且角度开张，显著大于人工摘心和自然生长副梢的角

度；后期处理的多萌发短枝，健壮新梢上促进萌发短副梢顶芽，有时可形成花芽；新梢上处理芽，有的当年不萌发，但可看到芽体膨大，第二年再萌发成枝。在新梢上涂芽比一年生枝上涂抹萌发率高，在新梢上部比基部效果好，腋芽饱满的比瘪芽效果好，树体生长健壮、水肥良好时效果好。干旱会影响萌芽率和副梢生长。

发枝素在苹果1～4年生幼树、高接树、更新的旺枝上效果都好。国光系、富士系和元帅系及其短枝型品种，以及王林、乔纳金等品种应用效果很好，金冠稍差。在山楂上应用，萌芽率为50%左右，发出的枝条大都可形成果枝。梨上应用效果不稳定。

（4）注意事项　枝叶上的水、露水、药液未干时不宜进行涂抹；瘪芽或已停止生长的弱枝、水平枝、下垂枝不宜涂抹；早春气温低于10 ℃时药膏硬，不能涂抹。

4. 赤霉素

（1）性质及来源　赤霉素又名“九二零”，是一种高效植物生长调节剂，是中国农业科学院土壤肥料研究所通过微生物液体发酵和化学提炼而获得的具有生物活性的高科技产品。产品规格有85%的白色或微黄色结晶粉、20%的棕褐色结晶粉、10 mg片剂和4%的乳化剂等。结晶粉难溶于水，易溶于酒精，在常温、干燥条件下可以保存10年以上；片剂和乳化剂可直接兑水使用。

（2）作用机理和效应　外用赤霉素进入植物体，可暂时改变植物体内源激素的平衡而起到刺激生长、促进发育的作用。赤霉素在使用上具有用量小、作用快、效果大、应用范围广、无毒害的特点。

果树生产中，应用赤霉素对枣、山楂有促进坐果、增加产量的显著成效，对苹果和葡萄的应用研究也取得了一定效果。

（3）施用方法及效果　具体施用方法及效果如下：

1）枣树。盛花期用赤霉素15～20 mg/L喷花，可提高坐果率50%以上，使枣树增产40%～100%。

2）山楂。盛花期用赤霉素30～50 mg/L喷洒结果枝，能明显提高坐果率，增加单果重和体积，增产30%，还能促使果实提早成熟，改善品质。但有的地方应用后表现出不同程度地加重果实日灼、降低果肉硬度、抑制花芽分化等副作用。

3）苹果。盛花期喷布普洛马林（GA_{4+7}与BA合剂，喷洒浓度均为18～45 mg/L），可显著地使元帅系苹果果形指数变长，萼端五棱突起。

4）葡萄。应用赤霉素于无核栽培有两种方式：一种方式是处理无核品种，如无核白、无核黑等，使用浓度是75～100 mg/L，处理适期为盛花后4天和15天，使用方法是喷布果穗，早期处理可提高坐果率和促进果粒增大，晚期处理只有增大果粒的功效，新疆于1964年便开始大面积推广使用这项技术，增产幅度达30%～50%；另一种方式是有核品种经处理后果粒无核，使含糖量提高，促进果实早熟、浆果增大、穗重增加、果穗均匀，从而提高产量。一般应用于大粒的鲜食葡萄，例如，采用促生灵（PCPA）和赤霉素混合处理巨峰葡萄，用药两次：第一次于花前2～10天用促生灵15 mg/L和赤霉素10～25 mg/L浸沾花序，第二次于盛花后10～15天单用赤霉素浸沾或喷布果穗，无核果粒率高达91%～99%，肉质硬皮薄，风味好，单粒重达10 g以上，成熟期提早10～15天。巨峰系中的高尾、伊豆锦也可这样处理。先锋品种于盛花后用混合液处理一次即可。

（4）注意事项　施用赤霉素时应注意：

1）使用时，要先用少量酒精或60°白酒溶解，然后再倒入预先计量好的水中搅匀，不可提高温度，不能与碱性农药混合使用。赤霉素的水溶液性状不稳定，要现用现配，不可久存。

2）赤霉素对生长促进作用的时间大约是7~15天，可根据需要确定应用的最适时间和次数。

3）赤霉素的效应有明显的局限性，使用时在需要用药部位务必处理周到、均匀。

4）赤霉素属于促进型生长调节药剂，本身不是营养物质，因此必须加强肥水管理，这样才能有效地发挥赤霉素的增产效应。

5. 其他植物生长调节剂在果树上的应用

其他植物生长调节剂在果树上的应用见表6-4。

表6-4　部分植物生长调节剂在果树上的应用

药剂种类	处理对象	使用浓度/(mg/L)	使用时期和方法	作　用
吲哚丁酸（IBA）	葡萄插条	25~100	浸泡插条下部12h	促进生根
		2000~5000	速蘸3~5 s	提高扦插成活率
ABT生根粉（2号）	葡萄插条	100	浸泡插条下部2 h	
根宝（3号）	葡萄插条	100000（加少量细土配成泥浆）	插条基部蘸泥浆	
萘乙酸（NAA）	山楂苗木	10	浸泡根系12 h	提高栽植成活率，促进枝叶生长
	苹果（元帅系、津轻系）	10~40	喷布两次（采前30~40天和采前1~20天）	防止采前落果。第二次用药比第一次浓度高
矮壮素（CCC）	苹果	2000~4000	喷布三次：花后15天，隔20天，再隔20天	抑制新梢生长，使节间变短，促进花芽分化。抑制主梢和副梢生长，促花芽分化，提高坐果率，果穗变紧，减少小粒增产50%。用于幼旺树
	葡萄	100~500	花前喷布	
	葡萄（玫瑰香）	60~100	花前5天至始花期喷布	
植物细胞分裂素	桃	600~1200	落花后喷布	提高坐果率，增加单果重，增加着色，提早成熟3~5天
促生灵（PCPA）	葡萄（玫瑰香）	100~300	喷布三次：5月下旬，6月上旬，6月下旬	提高坐果率，增加产量，提高品质
	梨	300	花谢75%时喷布	
增产灵（对溴苯氧乙酸）	苹果	10~30	盛花期喷布	提高坐果率30%~66%，改善品质
三十烷醇	枣	0.5~1.0	喷布，开花前和盛花期	提高坐果率，增产30%~40%
	山楂	0.2~0.5	盛花期喷布	提高坐果率
	葡萄	0.15~4.0	浆果膨大期喷布	提高浆果含糖量和维生素C含量

（续）

药剂种类	处理对象	使用浓度/(mg/L)	使用时期和方法	作　用
EF 生长促进剂	葡萄	25～75	喷布三次：新梢长 10～15 cm，5 月中旬，隔一周后盛花期喷布	叶片增厚，新梢增粗，浆果增重，增产 37%～42%，促进花芽分化
	山楂	25～100		提高坐果率，日灼发生少
调节膦	葡萄	500～7500	浆果开始变软期喷布	提高浆果含糖量显著，促进着色，抑制秋季副梢生长
助壮素（DPC）	葡萄	500～1000	浆果膨大后喷布	抑制副梢生长，提高浆果含糖量
果宝素	桃（早凤）	100～150	正常采收前 3～4 周喷布	提高品质，提早采收 3～10 天
	桃（大久保）	200		
整形素 C	桃	50～75	喷布两次：新梢长 10～20 cm，3 周后	控制桃梢生长，降低分枝和成花部位，取代夏剪，提早采收 3～5 天。适用于幼龄桃树

四、植物生长调节剂的配制与使用时的注意事项

1. 生长调节剂的配制

（1）生长调节剂使用浓度及表示方法

生长调节剂使用的浓度较低，需要稀释配制。其浓度常用的表示方法有两种：一种是用百万分比浓度表示，过去简称 ppm。ppm 为英文 parte per million 的缩写形式，意思是“百万分率”。现改为“ mg/L”（每升溶液含药剂纯品的毫克数）或“mg/kg”（每千克溶液含药剂纯品的毫克数），还有的直接写为“$\times10^{-6}$”。例如，100 ppm 就改为 100 mg/L 或 100 mg/kg，或者 100×10^{-6}，其意思均表示为百万分之一百。另一种表示方法是用倍数表示，例如，稀释一万倍，即纯品与溶液的比为 1∶10000，表示一份纯品稀释于 1 万份溶剂中。

这两种表示方法实质上是一致的，即 100 mg/L 等于稀释 1 万倍，由此可得出两种表示方法互相换算的公式：

1000000 ÷ 百分比浓度（mg/L）＝倍数。

1000000 ÷ 倍数 = 百分比浓度（mg/L）。

（2）用药量和用水量的计算　配制时可按下列公式计算：

$$\text{用水量(kg 或 L)} = [1000\times\text{药剂量(g 或 mL)}\times\text{药剂纯品的百分含量}]/\text{需配液浓度(mg/L)} \tag{6-4}$$

$$\text{用药量(g 或 mg)} = [\text{需配药液浓度(mg/L)}\times\text{用水量(kg 或 L)}]/(1000\times\text{药剂的百分含量}) \tag{6-5}$$

$$\text{用药量(g 或 mL)} = \text{纯量}/\text{百分含量} \tag{6-6}$$

例 2　今有工业产品“九二零”0.5 g，该产品的含量为 95%，要配制 50 mg/L 的药液，需加水多少千克?

解：根据式（6-1），得

$$加水量(kg)=(1000\times0.5\times95\%)/50=9.5(kg)$$

例3　喷布1500 mg/L多效唑，若配制15 kg的药液，需要加多效唑多少克（有效含量为15%）？

解：根据式（6-2），得

$$用药量(g)=(1500\times15)/(1000\times15\%)=150(g)$$

例4　土壤施入多效唑1.5g/株（纯量），那么实际需要施入含量为15%的多效唑多少克？

解：根据式（6-3），得

$$用药量=1.5/15\%=10(g)$$

（3）展着剂的使用浓度　展着剂是以木质素磺酸钙为主要原料加工制成的。使用植物生长调节剂时加入适量的展着剂，可增加药剂的悬浮性、黏着性、渗透性和残效期，具有增强药效的作用。展着剂使用方便，与生长调节剂混用无不良反应。展着剂的加工剂型有粉剂和水剂两种，pH均为5～6。粉剂的使用浓度为2000倍，水剂为2000～3000倍。

2. 使用生长调节剂的注意事项

如前所述，植物生长调节剂对果树有多方面的效应。但在实际应用中，有的效果较好，有的较差。这是因为生长调节剂的作用与其他许多因素密切相关。

（1）生长调节剂与综合技术措施的关系　大量实践证明，生长调节剂的作用与各项栽培措施密切相关。例如，应用生长调节剂促进坐果和果实增大时，一般需要注意配合肥水管理，以满足对养分需求的增加。过于徒长的旺树如果不从水肥、修剪等方面加以控制，单靠生长延缓剂并不能达到满意的效果。尤其对于极度衰弱的树，如果不从根本上改善树体营养状况，单用生长促进剂绝不能达到刺激生长的预期目的。所以，从生产上来看，根本措施仍然是保证果树正常生长与结果的各种基本条件，如土肥水管理、整形修剪、防治病虫等。只有在采取综合技术措施的基础上，在关键时期合理应用生长调节剂，才能充分显示其效应。

（2）使用的浓度、次数、剂量　生长调节剂对果树的效应同使用浓度的关系极大。浓度过低时一般不能产生应有的效果。例如，比久的浓度小于1000 mg/L时一般就达不到控长促花的明显效果（对苹果）。然而，浓度过高也会破坏植物体内正常生理过程而表现不良的相反效果。又如，应用乙烯利增进元帅系苹果着色时，超过1000 mg/L就会引起落果和使果肉软化。因此，确定最适浓度是应用生长调节剂时需要解决的重要问题之一。同一种药剂应用于同一目的，对不同的树种或品种来说，最适浓度各不相同。另外，最适浓度在不同地区、不同年份和不同气候状况下也有所变化。所以，最适浓度一般有一定的范围，以便根据具体情况加以掌握。

考虑浓度时，还必须同时考虑用药体积及次数，即实际的用药量。通常在关键时刻用一次即有效。但如果有效期较长或需要较长时期保持其效果，可以分次施用。在应用生长延缓剂抑制生长时，小剂量多次比大剂量一次应用的效果好。因为小剂量施用可经常保持抑制效果所需的水平，并避免高浓度所致的毒害作用。例如，整形素C应用于桃树的控长促花，新梢长10～20 cm时喷一次25～75 mg/L整形素C液，喷后第二周显著发挥药效，枝条大约在30 cm处弯曲，花芽和分枝即可在20～30 cm处出现，这和第二次夏剪人工摘心的效果一样，是理想部位。整形素C药效可维持23天，可于3周后再喷第二次药，这样可使新梢在

50 cm处再一次弯曲，秋后使新梢总长控制在70 cm，完全可以取代桃树的夏季修剪。如果只喷一次，控制不了中后期新梢旺长；若一次浓度增大至100 mg/L，则使叶片变形及对新梢抑制过度。

（3）使用时期　使用时期是影响生长调节剂效果的关键问题。一种药剂在使用时期不当时，或者无效，或者会产生相反的效果。例如，萘乙酸在采前使用可防止苹果落果，而花后使用则作用相反，会促进落果。适宜的使用时期决定于药剂种类、药效延续时间、预期达到的效果及果树生长发育的阶段等因素，而不应以日历时期为准。例如，发枝素促使苹果抽梢效应在涂芽10天后。若用于定位培养骨干枝，可于5月、6月早期处理以促发长枝；如为增加幼树短枝量，则适宜的时间在7月下旬以后涂抹新梢侧芽以促生副梢短枝。

（4）使用方法　生长调节剂的使用方法有喷布、浸蘸、羊毛脂膏涂抹、土壤处理等。但无论用哪种方法，重要的是要保证药剂能充分到达作用部位。例如，喷布萘乙酸防止采前落果，主要应喷至果梗部位及附近的叶片。用赤霉素处理葡萄时，要求全面均匀地喷布或浸蘸果穗。

几种生长调节剂混合或先后配合使用是新的趋势。例如，BA和GA_{4+7}合用可改善元帅系苹果果形，乙烯利加萘乙酸可作为不易疏除的国光苹果的疏除剂等。这些混合有些是利用其相互增益的作用，有的是要利用其相互拮抗的作用，具体根据要达到的目的而定。例如，比久和乙烯利于苹果盛花后合用，可共同促进花芽分化，而后期合用却在对果实硬度和脱落效应上相互抵消，在促进着色方面共同增进。又如，为提高巨峰葡萄的坐果率，可于花期喷比久，但比久有可能使果粒变小，为抵消这一效应，可混喷赤霉素。

任务5　稀土的应用

【知识目标】

了解稀土对果树生长、结果及品质的作用、机理；掌握其使用技术及注意事项。

【能力目标】

能正确无误地运用稀土技术。

【基本知识】

稀土是稀土元素的简称。稀土元素与常见的铜、铁一样，是一组金属元素，包括镧、铈、镨、钕等15个镧系元素及与它们化学性质相似的钪、钇等共17个元素。

从1794年发现稀土至今，已有200多年历史，稀土农用研究已有60年的历史，是一个新兴学科。我国从1972年开始稀土农用研究，20世纪80年代列入国家重点攻关项目，经过多年的试验示范和大面积推广应用，稀土农用方面取得了突破性进展，在国际上处于领先地位。目前，我国农业上应用的稀土产品主要是硝酸稀土，商品名为“常乐”益植素（简称“常乐”）。产品系列有NL-1（固体粉末）和NL-2（液体），其成分是以镧、铈为主，包含少量镨、钕等元素的无机盐或有机盐。

一、稀土对果树生长、结果及品质的作用

用稀土溶液喷布苹果、梨、山楂、葡萄和草莓的研究结果表明，稀土元素均增加了新梢的生长量、茎粗、叶片数、叶面积、百叶鲜重，提高了坐果率、单果重及单位面积的产量，提高了果实的总糖、维生素 C、花青素苷含量，促进了果实的着色，减少了裂果，增强了果实的耐储性能。苹果生产应用表明，春梢长度可增加 14.2% ~14.8%，花朵坐果率提高 5% ~7%，百果重增加 5% ~15%，增产 16.1%，总糖量提高 5% ~20%，维生素 C 含量增加 22% ~39%，花青素苷含量增加 1.6 ~3.2 倍。巨峰葡萄三次喷施，增产 12% 左右，含糖量提高 1°Bé。酥梨施用增产 10.7%。

二、稀土对果树的作用机理和安全性

至今尚未有证据证实稀土是植物的必需元素，因为在缺乏稀土的情况下，植物并不表现缺素症状。因此，仍应把稀土作为一种植物生长调节剂看待。

稀土元素具有一定的生理活性，各树种施用稀土后，均显著增加叶绿素含量和提高叶片光合强度。苹果叶绿素含量提高 10% ~16.8%，光合强度提高 10% ~28%；雪花梨分别提高 3.2% ~19% 和 6% ~16.4%；葡萄分别提高 11.7% ~21.7% 和 88.3% ~109.7%。

喷施稀土后，均能增强树体对氮、磷、钾的吸收。元帅苹果叶片含磷量提高 8.3%；葡萄含氮量提高 3.4% ~12.7%，含磷量提高 0.7% ~34.5%，含钾量提高 5.4% ~21.8%。

综合上述两方面，对果树施用稀土改善了树体的碳素营养和根系营养，因此可使果树增加产量并改善品质。

为了对人民的健康负责，全国稀土农用协作网对稀土农用的卫生毒理按卫生部颁布的《食品安全性毒理学评价程序》进行了 6 年系统的研究，其评价是：稀土“常乐”属低毒物质，不是阳性致畸、致癌物，施用稀土“常乐”后被植物吸收极微，经过对连续 8 年施用“常乐”的小麦定位试验，测定小麦中稀土含量没有明显变化。因此，稀土“常乐”对环境无污染，对人畜无害。

三、稀土施用技术及注意事项

稀土元素在果树上应用的关键技术是根据果树种类、应用目的、施用方法和时期及土壤特点，及时、适量地把稀土化合物通过种子（浸种、拌种）、繁殖枝条和苗木（蘸根、浸蘸或涂抹）、叶面（树冠喷施）供给果树吸收。应用效果与施用剂量、浓度、方法和时期等有关。

1. 稀土施用技术

（1）施用剂量与浓度　由于稀土在低浓度时对果树生长发育有促进作用，而在高浓度时有抑制作用，因此，“常乐”的施用剂量和浓度成为施用效果的主要因子之一。不同果树、同一果树不同施用时期和不同施用方法要求的剂量和浓度是不同的，几种果树的不同施用方法及适宜浓度见表 6-5。

表6-5　稀土施用浓度及次数

树种	有效浓度范围/(mg/L)	最佳浓度/(mg/L)	受害临界浓度/(mg/L)	施用次数	施用时期
苹果	100～1000	500	2000	2	花期、果实膨大期（约7月初）
梨	100～500	300	1000	3	盛花期、新梢旺长期
葡萄	100～3000	500～1000	10000	3	花期、生理落果期、浆果着色期
柿	500～2000	1500			花期

（2）施用方法　稀土能促进种子萌发、生根、发芽及地上部分的生长发育，而且稀土在植物体内移动性较差。根据稀土的生理作用和特性以及应达到的目的采用不同的施用方法。经常采用的方法有浸种、拌种、灌心、叶面喷施等，其中叶面喷施是最常用的方法。例如，以种子进行实生繁殖时，可采用浸种、拌种的方法来提高出苗率，加快苗木的生长发育。再如，以枝条进行无性繁殖或苗木移栽时，可采用浸蘸或蘸根的方法以促进生根，提高扦插或移栽的成活率。叶面喷施的主要作用是促进树体生长、增加营养面积，从而达到提高果实产量和品质的目的。由于稀土元素易被土壤固定而失效，因此“常乐”不宜土施。

（3）施用时期和次数　在采用叶面喷施时，选用适宜的时间施用很重要。大量试验证明，施用稀土的显效期具有阶段性。施用稀土后的第一周，果树生长没有明显变化，施用稀土的第二周是促进生长期，第三周是继续显效期，从第四周开始，施用稀土的效果日渐消失。整个显效期大约30天。为了适应稀土显效的阶段性特点，一般选择果树各生长发育阶段的初始期施喷稀土，因为施用一周之后是稀土的显效时间，正好与该生长阶段最需要养分的时间吻合，往往能充分发挥稀土促进果树生长的作用。根据稀土作用的周期性，多次适时喷施可以进一步提高应用效果，但要综合考虑人工和成本的花费，选择适当的次数。

（4）稀土“常乐”与化肥、农药、生长调节剂、除草剂配合施用　在用化肥进行根外追肥、喷施农药、生长调节剂、除草剂时，如果与喷施稀土“常乐”的时间相吻合，则可采取喷施“常乐”与根外追肥、喷施农药、生长调节剂、除草剂相结合，一次完成两种以上的作业。采用这种配合施用的方法，既省工、省时，如果配合得当，还可起到互相促进的作用。例如，在果树生理落果期，在施用“常乐”的同时配合根外喷施保果肥，配合喷施具有保果作用的生长调节剂，可以起到防止落果、促进果实膨大和糖分积累的作用。但应注意，配合施用的各种化合物不能产生沉淀或其他化学反应，否则就会互相影响施用效果。一般来说，稀土“常乐”可以与酸性、中性物质混合，而不能与碱性物质混施。实践证明，“常乐”与除草剂2，4-滴丁酯混喷，除草作用与增产效果都能达到预期效果。“常乐”可以配合尿素、钾、硼酸和钼酸铵等肥料进行根外追肥，也可与酸性农药混合施用，还可与乙烯利、赤霉素、叶面宝等中性或酸性调节剂配合施用。混施时，可先按规定的浓度配好稀土液，再按应配的浓度加入另一种混施的物质。

（5）配制稀土溶液的计算公式　已知所需配制的溶液量，求需要加多少稀土“常乐”，计算公式为

需要加入的稀土重量＝需配制的溶液重量×使用浓度/所含稀土氧化物的百分数　（6-7）

例5　已知硝酸稀土含稀土氧化物为38.8%，要配制0.05%浓度的稀土溶液50 kg，需要加稀土“常乐”多少？

解：根据式（6-7），得

$$加稀土“常乐”量=50\times1000\times0.05\%\div38.8\%=64.4(g)$$

2. 注意事项

1）稀土“常乐”在土壤中易被氧化固定，因此不宜土施，只能叶面喷布。稀土“常乐”施用效果与土壤有效态稀土含量成反比关系，含量低的土壤（沙质、石灰质土壤）施用稀土的效果好。

2）因“常乐”偏酸性，若天然水偏碱性则不能全溶，这时可添加几滴盐酸或醋，调节水的 pH 为 5 ~6。施用时也不要与碱性农药或磷酸二氢钾混喷。

3）稀土“常乐”对果树生长发育的影响具有两重性，即低浓度时有促进作用，高浓度时有抑制作用。果树中，梨树对稀土“常乐”敏感，1000 mg/L 时即有药害；葡萄较不敏感，1000 mg/L 才有药害。因此，喷施时应注意掌握适宜的浓度。

4）稀土不能代替施肥，只有在正常施肥基础上使用效果才明显。

任务 6　果实采收、分级、包装、运输

【知识目标】

了解果实采收、分级、包装、运输等知识。

【能力目标】

能准确进行各树种果实成熟度的判断。

【基本知识】

一、果实采收

采收是果品生产的最后一个环节，也是果品储藏的关键性环节。如果采收不当，不仅降低产量，而且影响果实的耐储性和产品质量，甚至影响来年的产量。因此，必须对采收工作给予足够重视。

1. 适时采收的重要性

采收期是否适当，对果实的产量和采后储藏品质有着很大的影响。采收过早，果实还未达到成熟的标准，单果重量小，产量低且品质差，果实本身固有的色、香、味还未充分表现出来，耐储性也差；采收过晚，果实已经成熟，接近衰老阶段，采后必然不耐储藏和运输，在储运中自然损耗大，腐烂率明显增加。因此，确定适宜的采收期是至关重要的。另外，适宜的采收期的确定不仅取决于果实的成熟度，还取决于果实采后的用途、采后运输距离的远近、储藏方法、储藏期和货架期的长短及果实的生理特点。一般就地销售的果实可以适当晚些采收，而作为长期储藏和远距离运输的果实则应该适当早些采收。对葡萄等采后不能进行

后熟的果实则应该待果实风味、色泽充分形成后再采收。

2. 果实成熟度

根据果实不同的用途，果实成熟度可分为三种。

（1）可采成熟度　果实的大小已定形，但其应有的风味和香气尚未充分表现出来，肉质硬，适合储运和罐藏、果脯蜜饯加工。

（2）食用成熟度　果实已经成熟，并且表现出该品种应有的色、香、味，内部化学成分和营养价值已达到该品种指标，风味最好。这一成熟度采收，适合当地销售，不宜长途运输或长期储藏。此时采收的果实适合作为制作果汁、果酱、果酒的原料。

（3）生理成熟度　生理成熟度因果实类型不同而有差别。水果类果实在生理上已达充分成熟阶段，果实肉质松软，种子充分成熟。此时，果实化学成分的水解作用加强，风味淡薄，营养价值大大降低，不宜食用，更不耐储运，多作为采种用。以种子为食用的板栗、核桃等干果，此时采收，种子粒大，种仁饱满，营养价值高，品质最佳，播种出苗率高。

3. 采收成熟度的确定

果实的采收成熟度在生产中常用以下方法来确定：

（1）果实生长日数　在同一环境条件下，各品种从盛花到果实成熟各有一定的生长日数范围，可作为确定采收期的参考，但还要根据各地气候变化、肥水管理及树势旺衰等条件决定。例如，苹果的早熟品种盛花后100天左右成熟，中熟品种100～140天成熟，晚熟品种140～170天成熟。

（2）果皮的色泽　许多果实在成熟时都显示出它们固有的果皮颜色，因此，果皮的颜色可作为判断果实成熟度的重要标志之一。判断果实成熟度的色泽指标，是以果面底色和彩色变化为依据的。不同种类、品种间有较大差异。绿色品种主要表现为底色由深绿色变浅绿色再变为黄色，即达成熟。红色果实则以果面红色的着色状况为果实成熟度重要指标之一。

（3）果实的硬度　果实的硬度是指果肉抗压能力的强弱，抗压力越强，果实的硬度就越大。一般随着成熟度的提高，硬度会逐渐下降，因此，根据果实的硬度可判断果实的成熟度。果实硬度的测定通常用硬度计（图6-2），如金冠苹果硬度为7.7 kg/cm以上，国光苹果硬度为9.1 kg/cm以上，鸭梨硬度为7.2～7.7 kg/cm。此外，桃、李、杏的成熟度与硬度的关系也十分密切。

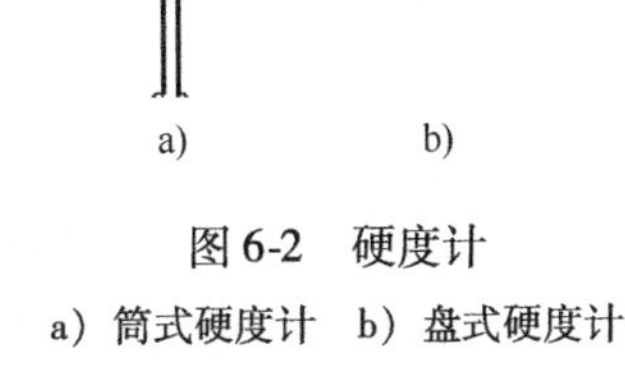

图6-2　硬度计

a）筒式硬度计　b）盘式硬度计

（4）果实中主要化学物质含量　与成熟度有关的化学物质有淀粉、糖、有机酸、可溶性固形物等。可溶性固形物主要是指糖分，其含量高标志着含糖量高，成熟度高。简单测定含糖量的方法是用手持折光仪（图6-3）测定果实的可溶性固形物，代表其含糖量。

（5）果实脱落难易度　核果类和仁果类果实成熟时，果柄和果枝间形成离层，稍加触动果实即可脱落，由此判断成熟度。但有些果实，萼片与果实之间离层的形成比成熟期迟，则不宜用离层作为判断成熟的标志。

4. 果实采收的方法

（1）人工采收　人工采收时应防止一切机械伤害，如指甲伤、碰伤、擦伤、压伤等，还要防止折断果枝，碰掉花芽和叶芽，以免影响次年产量。果柄与果枝容易分离的仁果类、核果类果实，可以用手采摘。采收仁果类果实应保留果柄，无果柄的果实不仅降低果品等级，而且不耐储藏。果柄与果枝结合较牢固的果实，如葡萄、柑橘等，可用剪刀采果。板栗、核桃等干果，可用木杆由内向外顺枝振落，然后捡拾。果实采收时，一般按先下后上、先外后内的顺序采收，以免碰落其他果实，减少人为损失。

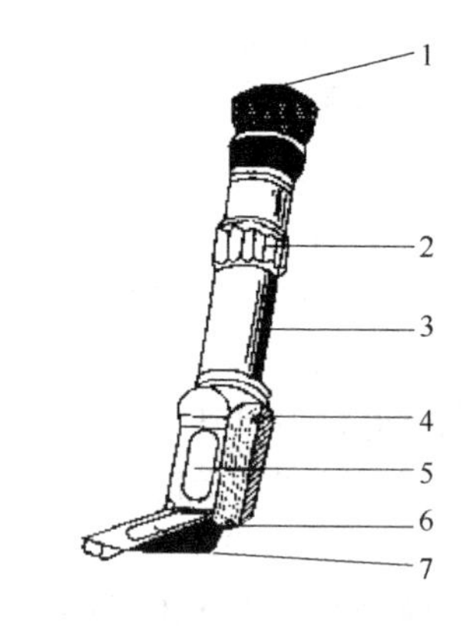

图 6-3　手持折光仪

1—眼罩　2—旋钮　3—望远镜管
4—校正螺丝　5—折光棱镜
6—棱镜盖板　7—进光窗

为保证果品的质量，采收中应尽量使果实完整无损，供采果用的筐或箱内部应衬垫蒲包、袋片等软物。采果和捡果时要轻拿轻放，尽量减少转换筐的次数，运输过程中要防止挤、压、抛、碰、撞。

（2）机械采收　用于新鲜上市或加工用的果实可采用机械采收的方式，机械采收可以节省劳力，但对果实损伤较严重，无法判断成熟度的差异。果品的机械采收适用于那些果实在成熟时果梗与果枝间易形成离层的种类，如苹果、李子、樱桃。通常是用一个器械夹住树干，开动风压振动器迫使果实脱落，树下设有柔软的收集架以接住果实，并通过传送带送到分级包装机内。有时为提高采收效率，在采前应用催熟剂、脱落剂促进离层的形成。

二、果实分级

果实分级是指根据果实的大小、重量、色泽、形状、成熟度、病虫害及机械损伤等情况，按照国家规定的内销与外销分级标准，进行严格挑选、划分等级，并根据不同的果实采取不同的处理措施。通过分级，可使果品规格、质量一致，实现生产和销售标准化。在分级前，应先进行初选，将病虫果、畸形果、小型果和机械损伤果全部拣出。

1. 果实分级的依据和标准

果品分级一般将果形、大小、新鲜度、成熟度、色泽、病虫害和机械伤作为分级依据，根据果品种类可分为三级或四级。

我国现行标准分为四级：国家标准、行业标准、地方标准和企业标准。现有果品质量标准约有 16 个，其中苹果、梨、柑橘、香蕉、鲜龙眼、核桃、板栗、红枣等已制定了国家标准。此外，行业还制定了一些行业标准，如香蕉的销售标准、梨的销售标准，出口鲜甜橙、鲜宽皮柑橘、鲜柠檬标准。具体的标准可根据需要查找。

2. 分级方法

目前的分级方法有人工分级和机械分级两种。

（1）人工分级　人工分级主要是依靠工作人员的感觉器官，同时借助一些简单的分级器械（如分级板等）对产品进行分级。其优点是可最大限度地减轻操作过程中造成的机械损伤，适合各种果品的分级。但这一方法工作效率低，分级标准结果不易统一，特别是对于形状、颜色上的判断偏差较大。

（2）机械分级　机械分级在果品的分级上应用较多，在我国已广泛使用，如对苹果的分级就采用了全自动光电比色分级机，从苹果的清洗、大小分级、干燥、涂膜、色选、包装等全部自动化。机械分级的优点是工作效率高，可使分级标准更加一致，误差小，适用于大小、形

状差异不大的果实，但易使果实在分级中产生机械损伤，分级设备适合品种较单一的果实。

三、果实包装、运输

1. 包装

（1）包装容器 果实包装要求做到美观、大方、诱人、轻便、牢固，有利于储藏堆码和运输。过去多用筐、篓、纸箱，现在开始用塑料水果箱和优质纸箱，可容纳水果重量一般为8~25 kg。

包装容器内要衬垫纸条、网套等软质材料，或者用包果纸（质地坚韧细软，最好用二苯胺处理，具有防病作用）包果。近年来，用特制薄膜袋包装效果较好。

（2）包装方法 外销果实包装较为严格，要求包果纸大小一致，清洁、美观并包成一定形状；也可用泡沫塑料网袋包装果实后装箱。箱内用纸板间隔，每层排放一定数量的果实，装满箱后捆扎牢固。果实在包装箱内的排列形式有直线排列，其方法简单，但底层受压力大；对角线排列，其底层承受压力大，但通风透气较好。

2. 运输

果实包装后，需采用各种运输工具将果品从产地运到销售地或储藏库。运输过程中要尽量做到快装、快运和快卸，不论利用何种运输工具，都应尽可能保持适宜的温度、湿度及通气条件，这对于保持果品的新鲜品质有着十分重要的意义。

（1）温度 温度是运输过程中的重要环境条件之一。低温运输对保持果实的品质及降低运输中的损耗十分重要。随着冷库的普及使用和运输工具性能的改进，国内在果品的运输流通过程中也逐渐实现了冷链流通。例如，加冰冷藏保温车、机械冷藏保温车、冷藏集装箱等都为低温运输提供了便利。对于耐储运的果品，预冷后采用普通保温运输工具可进行中、短途运输，也能达到同样的效果。但对于秋冬季节，南方果品向北方调运时，要注意加热保暖以防冻伤。

（2）湿度 湿度在运输中对果实的影响极小，但如果是长距离运输或运输所需时间较长时，就必须考虑湿度的影响。果实由于有良好的内、外包装，在运输途中失水造成品质下降的可能性不大，但要注意因温度控制不稳定而造成结露现象的发生。

（3）气体成分的控制 对于采用冷藏气调集装箱运输的方式和长距离运输，要注意气体成分的调节和控制，气体成分浓度的调节和控制方法可依据所运果实在气调储藏时的相关要求和技术进行。对较耐二氧化碳的果实，可采用塑料薄膜袋的内包装方式，达到微气调的效果；对二氧化碳敏感的果实，应注意包装不能太严密或进行通风处理。

（4）防振动处理 运输途中剧烈的振动会造成新鲜果品的机械损伤，而机械损伤会促使水果乙烯的产生，加快果品的成熟；同时易受病原微生物的侵染，造成果品的腐烂。因此，在运输中尽量避免剧烈的振动。

【实训20】果树人工辅助授粉

一、实训目标

通过实际操作练习，了解人工授粉的作用，掌握人工授粉的技术。

二、材料与用具

材料：苹果、梨等异花授粉的结果树。

用具：采花专用塑料袋、塑料瓶、授粉工具、白纸、干燥器、农用喷粉器、喷雾器。

三、实训内容

1. 因地适宜，选择授粉品种

选择与主栽品种亲和力强、开花期早或相近的品种作为采花树种。

2. 采集花蕾

在主栽品种开花前1～3天，选取采花树种上含苞待放的铃铛花或刚开的花，将花蕾从花柄处摘下。

3. 收取花粉

采用“阴干取粉”法。

4. 人工授粉方法

（1）人工点授　在主栽品种的盛花初期，将花粉装在塑料瓶内，用授粉工具从瓶里蘸取花粉，在初开的花朵柱头上轻轻一点即可。

（2）机械授粉　常用喷雾和喷粉两种方法。

四、实训提示

1）此次实训以人工点授为主，实训前1～3天，教师应组织学生采集花粉，以备实训时使用。

2）在授粉树缺乏的果园进行实训时，可选几株条件相似的结果期树作为对照，不进行人工授粉，以便与人工授粉的树比较。

3）实训时，将学生3人一组定树，人工授粉后挂写标签牌并注明授粉组合、授粉日期、班级和姓名，以便进行考核。

五、实训作业

1）通过调查授粉树和对照树的效果，比较两者的坐果率。

2）简述人工授粉的技术要点。

【实训21】疏花疏果与果实套袋

一、实训目标

熟悉疏花疏果和果实套袋的操作程序，掌握疏花疏果和果实套袋的技术要点。

二、材料与用具

材料：盛花期的苹果树。

用具：套果袋、疏果剪、喷雾器。

三、实训内容

1）疏花疏果的时期和方法。

2）果实套袋的程序。

四、实训提示

1）实训分2～3次完成，采取以组定树的方法，从疏花疏果到果实套袋按操作流程连续进行。

2）实训中留若干棵树不疏作为对照。选择化学药剂进行疏花疏果时，可结合生产进行小型试验，定期观察和记载新梢生长、果树产量和果实品质等情况。

五、实训作业

根据实训态度、操作的规范与熟练程度、疏除与套袋效果及学生的创新等综合评分。

【实训22】生长调节剂的配制和应用

一、实训目标

通过实际操作，能初步掌握果树生产上常用生长调节剂的配制和应用技术。

二、材料与用具

材料：乙烯利、比久、赤霉素、萘乙酸、2，4-滴丁酯、吲哚乙酸、吲哚丁酸等生长调节剂；70%酒精、蒸馏水、羊毛脂、0.1 mol/L氢氧化钠、硬脂酸、三乙醇胺。

用具：100 mL容量瓶、天平、大烧杯、小烧杯、温度计、酒精灯、玻璃棒、有色玻璃广口瓶、胶水、喷雾器。

三、实训内容

1. 室内药剂配制

（1）配制水剂　对不易溶于水的药品，如赤霉素、萘乙酸等按照以下步骤进行：

1）称取药品。用天平称取所需药品量。

2）溶解药品。将药品放入小烧杯中，倒入70%酒精至药品完全溶解。

3）热水稀释。将50～60 mL热水倒入大烧杯中，立即将溶解后的药剂用玻璃棒边搅拌边缓慢倒入，然后倒入100 mL的烧杯中，加入热水至一定刻度即成一定浓度的母液（也可用0.1 mol/L的氢氧化钠溶解，再用水稀释至所需浓度）。

4）装瓶备用。配好后将母液用有色玻璃广口瓶收藏，盖紧瓶塞，贴好标签，放于阴凉处备用（低浓度药液要随配随用）。

（2）配制羊毛乳剂　现将一定量的羊毛脂与硬脂酸加热溶解后进行搅拌，同时将生长调节剂溶解于70～80 ℃三乙醇胺中，在温热状态下，将后者加入前者中进行搅拌，随后将同温度的水在强烈搅拌下缓缓加入上述混合物中，使之成为乳剂。再把冷水加入乳剂中，使之达到所需的浓度。配制的乳剂可放在冰箱或冷库中低温保存。

2. 生长调节剂的应用技术

1）扦插生根。

2）抑制新梢生长，促进花芽形成。

3）促进坐果，增大果实。

4）提前或推迟果实成熟。

5）防止采前落果。

6）幼树整形，增加枝量。

3. 果园使用方法

生长调节剂的使用方法有喷布、涂抹、浸蘸、茎干包扎、土壤处理和注射。实训时以药液喷布为主，也可结合自身条件使用其他方法。

四、实训提示

1）本实训分室内和室外两次进行，室外实训时所需母液浓度应在室内提前准备。

2）室外实训时可采用不同浓度进行对比实验。

五、实训作业

比较使用不同生长调节剂浓度的效果。

果树病虫害防治

果树病虫害防治技术是果树生产中非常关键和综合性极强的一项技术，也是果园管理中一个重要的环节。一方面由于果树病虫害的发生会导致果树产量、品质和经济效益的降低，另一方面由于长期大量使用化学农药，果实中有残留，并且造成环境污染、生态破坏，危及人们的健康。因此，果树病虫害防治的任务就是采用以环境安全为前提的无公害防治技术，长效地控制病虫害的危害。

任务1　果树病虫害基本知识

【知识目标】

了解果树病害的概念、果树病原及病害的分类；掌握病害主要症状类型及特点、果树昆虫九个目的形态特征、果树病虫害防治的基本方法。

【能力目标】

根据病害的症状能诊断果树的常见病及多发病；根据昆虫的形态特征识别昆虫的类别。

【基本知识】

一、果树病害的主要类群

1. 果树病害的概念

果树病害是指果树在生长发育及储藏运输过程中，受到其他生物的侵染或不利的非生物因素的影响，使其生长和发育受到严重阻碍，造成产量降低、品质变劣，甚至死亡，最终造成经济上的损失。由此可以看出，果树病害的定义包含病因、病程和结果三部分。病因是指果树病害的原因是由病原生物或不良环境条件引起的；病程是指正常的生理功能受到严重影响的病理程序；结果是指果树在外观上表现出异常或产生经济损失。

2. 果树病原的分类

（1）果树病原的概念　病原是指引起果树生病的原因，它是果树病害在发生过程中起直接作用的主导因素。

（2）果树病原的分类　果树病害的病原种类很多，依据性质的不同可分为生物因素和非生物因素两大类。生物因素导致的病害叫作侵（传）染性病害；非生物因素导致的病害叫作非侵（传）染性病害，又称生理病害。

生物性病原也称为病原生物或病原物。果树病原物大多具有寄生性，所以，病原物也称为寄生物。病原物所寄生的果树称为寄主植物，简称寄主。病原物主要有真菌、细菌和植原体、病毒和类病毒、线虫、寄生性植物。

非生物性病原是指引起果树病害的各种不良环境条件，包括各种物理因素与化学因素，如温度、湿度、光照的变化及营养失衡（包括大量和微量元素）、空气污染、化学毒害等。各种果树在其适宜的生长发育环境条件下都能正常生长，如果环境条件超过其适应的范围，果树就会生病。例如，温度过高或过低、光照过强或过弱、水分过多或过少、营养物质的失衡、土壤通气不良、空气中存在有害物质等都会影响果树的正常生长发育，使其表现出病态。

果树病害的发生需有病原、寄主植物、一定的环境条件三个因素同时存在，三者相互依存，缺一不可。这三者之间的关系称为“病害三角”或“病害三要素”。

3. 果树病害的类别

（1）按照病原类别划分　按照病原类别划分，果树病害可分为侵染性病害和非侵染性病害。非侵染性病害是由不良环境条件引起的，存在病原和寄主两个因素病害即可发生。但若仅有病原和寄主两个因素同时存在，果树也不一定会发生病害，病害的发生还需要一定的环境条件。侵染性病害可分为真菌病害、细菌病害、病毒病害、线虫病害和寄生性植物病害等。非侵染性病害是由植物自身生理缺陷或遗传性疾病，或者由于生长环境中不适宜的物理、化学等因素直接或间接引起的一类病害，因其没有病原生物侵染，在植物的不同个体间不能互相传染，又叫非传染性病害或生理性病害。

（2）按照寄主作物类别划分　按照寄主作物类别划分，果树病害可分为苹果病害、梨病害、葡萄病害、柑橘病害、桃病害等。这种分类方法便于统筹制订某种果树多种病害的综合防治计划。

（3）按照病害传播方式划分　按照病害传播方式划分，果树病害可分为气传病害、土传病害、水传病害、虫传病害、种苗传播病害等。这种分类方法可以依据传播方式考虑防治措施。

（4）按照发病器官类别划分　按照发病器官类别划分，果树病害可分为叶部病害、果实病害、根部病害等。同类病害的防治方法有很大的相似性。

4. 果树病害的症状

果树病害症状是指果树生病后的不正常表现。病害的症状由病状和病征两类不同性质的特征组成。病状是指果树自身的不正常表现。病征是指病原物在发病部位的特征性表现。一般情况下，病害都有病状和病征，但也有例外，如非侵染性病害不是由病原物引发，没有病征。侵染性病害中也只有真菌、细菌、寄生性植物有病征，病毒、类病毒、植原体、线虫所致的病害无病征。也有些真菌病害没有明显的病状，在生产中识别病害时要注意。

非侵染性病害和侵染性病害都是由生理病变开始，然后发展到组织病变和形态病变的。症状是果树内部一系列复杂病理变化在外部的表现。各种果树病害的症状都有一定的特征和稳定性，所以，在生产中对于果树的常见病和多发病，可依据症状进行诊断。果树病害的病

状主要分为变色、坏死、腐烂、萎蔫、畸形五大类型。

(1) 变色 变色是指果树局部或全株失去正常的颜色，是由色素比例失调造成的，细胞并没有死亡。变色以叶片变色较为常见，主要表现在以下几个方面：花叶，即叶绿素不均匀减少造成叶片出现形状不规则而轮廓清楚的深绿色、浅绿色、黄绿色或黄色相间的杂色；斑驳，即变色部分的轮廓不清晰，发生在花朵（碎色）或果实（花脸）上；褪绿，即叶片内叶绿素减少而表现为浅绿色；黄化、红化、紫化，即叶片均匀地变为黄色、红色和紫色；白化，即由遗传引起的叶片不形成叶绿素，表现为白色；明脉，即叶脉变为半透明状。

(2) 坏死 坏死是指果树叶片、果实或枝条局部细胞和组织的死亡而形成颜色、形状、大小不同的斑点，有的斑点上伴生轮纹或花纹等，一般不改变植物原来的结构。主要变现在以下几个方面：病斑，根据斑点特征分别称为褐斑、黑斑、紫斑、角斑、圆斑、条斑、大斑、小斑、轮纹斑、环斑或网斑等；晕圈，即病斑周围的变色环；叶枯，即叶片大面积枯死，枯死叶的轮廓边缘不明显；穿孔，即叶片病斑坏死造成组织脱落；轮斑或环斑，即病斑上的轮纹呈轮状或环状，环斑多为同心圆组成；叶枯，即叶尖和叶缘大面积枯死；疮痂，发生在叶片、果实和枝条上，病部较浅、面积小且多不扩散，表面粗糙，上有增生的木栓层；溃疡，即果树木质部坏死，病部湿润稍有凹陷，周围的寄主细胞有时会呈现木栓化；梢枯，即果树枝条从顶端向下枯死，一直扩展到主茎或主干。

(3) 腐烂 腐烂是指果树组织大面积的分解和破坏，多发生在幼嫩多汁的根、茎、花和果实上。

根据腐烂组织的状态，腐烂可分为干腐、湿腐和软腐。干腐是指组织腐烂时细胞解体较慢，水分及时蒸发造成病部表皮干缩。湿腐是指组织腐烂时细胞很快解体，失水不及时而造成的腐烂现象。软腐是指中胶层受到破坏，组织的细胞离析后再发生细胞的消解而形成的。根据腐烂的部位腐烂可分为根腐、茎基腐、果腐、花腐等。流胶是细胞和组织分解的产物从受害部位流出形成的，多在木本植物上发生。

(4) 萎蔫 萎蔫是指根、茎的维管束受到毒害或破坏，水分吸收和运输困难造成的果树整株或局部因脱水而枝叶下垂的现象。病原物侵染引起的萎蔫一般不能恢复。萎蔫分为局部性萎蔫和全株性萎蔫，后者较为常见。主要表现在以下几个方面：生理性萎蔫，即果树由于干旱失水使枝、叶萎垂的现象；青枯，即果树的根、茎维管束组织受到毒害或破坏，植株迅速失水，死亡后叶片仍能保持绿色的现象；枯萎和黄萎，即果树的根、茎维管束组织受到毒害或破坏，叶片不能保持绿色而呈现出枯黄、凋萎的现象。

(5) 畸形 果树受病毒、类病毒、植原体等病原物分泌激素物质的刺激或干扰寄主代谢的刺激而引起的病变，使被害植物全株或局部形态异常。主要表现为以下几种：矮化，即果树的枝、叶等器官的生长发育受阻，全株生长成比例地受到抑制；矮缩，即果树的茎干或叶柄的发育受阻，植株不成比例地变小，叶片卷缩；丛枝，即果树的主、侧枝顶芽被抑制，侧芽受刺激大量萌发形成簇生枝条；皱缩，即果树叶片的叶面高低不平；卷叶，即果树叶片沿主脉平行方向向上或向下卷曲的现象；缩叶，即果树叶片沿主脉垂直方向向上或向下卷曲的现象；线叶，即果树叶片叶肉发育不良或完全不发育的现象；肿瘤，即果树的根、茎、叶病组织的薄壁细胞分裂加快，数量迅速增多的现象；花变叶，即果树的花瓣变为绿色叶片状；袋果，即果树的果实变长呈带状，膨大中空，果肉肥厚呈海绵状。

此外，根据真菌和细菌形成的分泌物划分，果树病害可分为以下五大类：一是产生霉状物，是指由真菌的菌丝、孢子梗和孢子在病部产生各种颜色的霉层，色泽多为赤色、青色、黑色、绿色、灰色、白色等。二是产生粉状物，根据颜色不同可分为黄色、褐色、棕色、白色、黑色等。三是产生颗粒状物，由真菌的子囊壳、分生孢子器（盘）或真菌菌丝体在病部产生的形状、大小、色泽和排列方式各不相同的针尖大小的小黑点或菌核。四是产生伞状物或线状物，伞状物是真菌形成的较大的子实体，蘑菇状，有多种颜色；线状物是真菌菌丝体形成较细的索状结构，白色或紫褐色。五是产生脓状物，是由病部溢出的含有细菌菌体的脓状黏液，一般呈露珠状，或者散布为菌液层，白色或黄色，气候干燥时形成菌膜或菌胶粒。

5. 果树病害症状的变化及在病害诊断中的应用

果树病害的症状是识别和诊断的各种病害的重要依据。但在实际生产中，病害症状会随环境条件、寄主种类的变化而变化。所以，诊断时必须了解这些变化才能及时、准确地做出判断。这种变化主要表现在异病同症、同病异症、症状潜隐三个方面。

（1）异病同症　不同的病害表现出相同的症状，桃细菌性穿孔病、褐斑穿孔病及霉斑穿孔病，在叶片上都表现穿孔症状。黄瓜霜霉病和细菌性角斑病初期在叶片上都表现为水浸状斑，随后叶面出现多角形褪色黄斑，但病原物分别为真菌和细菌，防治方法也有所不同。

（2）同病异症　果树病害症状因发病的寄主种类、部位、生育期和环境条件而改变。苹果褐斑病在苹果不同品种的叶片上可产生由同一病原引起的同心轮纹型、针芒型和混合型三种不同的症状。

（3）症状潜隐　有些病原物在其寄主植物上表现为潜伏侵染，就是指病原物在植物体内还在繁殖和蔓延，但外面不表现出明显的症状，只有在环境条件适宜时才显出症状。例如，苹果腐烂病的病菌是夏季侵入树干皮层，但此时是果树生长旺季，不表现症状，次年春季在果树萌芽之前，是症状表现的高峰期。有些病毒病的症状还会因高温而消失。

二、果树虫害的主要类群

昆虫是动物界中种类繁多的一个类群，已经命名的有 100 多万种。昆虫的形态千差万别，通过分析、比较、归纳、综合的基本方法，根据昆虫的特征、特性及生理、生态等的特殊性，把昆虫由低级到高级、由简单到复杂、由亲缘到远缘，按界、门、纲、目、科、属、种七个基本阶元进行划分。在昆虫分类中，与果树生产关系密切的有九个目，现将这九个目和主要科的形态特征说明如下。

1. 直翅目

全世界记载约有 2 万种，我国记载约有 500 多种。其中包括很多主要害虫，如东亚飞蝗、华北蝼蛄、大蟋蟀等。

直翅目昆虫的主要特点是后足为跳跃足或前足为开掘足；咀嚼式口器；前胸背板发达，多呈马鞍状；前翅革质，后翅膜质，少数翅一对或无翅；雌虫腹末多有明显的产卵器（蝼蛄例外）；雄虫多能用后足摩擦前翅或前翅相互摩擦发声；多有听器（腹听器或足听器）；渐变态，若虫与成虫相似；一般为植食性，多为害虫。

2. 半翅目

全世界已记载约有 3 万种，我国记载约有 1200 种。常见的半翅目昆虫有：蝽（过去称椿象），其中包括为害果树的梨网蝽、茶翅蝽等主要害虫和猎蝽、姬猎蝽、花蝽等益虫。上

述益虫可捕食蚜、蚧、叶蝉、蓟马、螨类等害虫害螨。

半翅目昆虫的主要特点是刺吸式口器；具分节的喙，喙从头端部伸出；前翅为“半翅”，栖息时平覆背上；前胸很大，中胸小盾片发达（一般呈倒三角形）；腹面中后足间多有臭腺开口；陆生或水生；植食性或捕食性；渐变态。

3. 同翅目

全世界已记载的约有3.2万种，我国记载约有700种，它是外翅部中第一大目。其中包括蚜虫、蚧类、叶蝉类、飞虱类等许多主要害虫，除直接吸食为害外，不少种类还能传播植物病害。例如，灰飞虱能传播小麦丛矮病，可以造成严重减产。

同翅目昆虫的主要特点是刺吸式口器，具分节的喙，但喙出自前足基节之间（与半翅目不同）；前翅质地相同（全为膜质或全为革质），栖息时呈屋脊状覆在背上，也有无翅或一对翅的；多为陆生；植食性；多为渐变态。

4. 缨翅目

全世界已记载约有3000种，我国已发现100多种。其中包括为害果树、蔬菜等作物的橘蓟马、烟蓟马、温室蓟马、葱蓟马等许多害虫和六点蓟马、纹蓟马等益虫，少数种类捕食蚜、螨等害虫害螨。

缨翅目昆虫的主要特点是翅极狭长，翅缘密生长毛（缨翅），少或无脉，无翅或一对翅；足跗节末端有一个能伸缩的泡；口器刺吸式，但不对称（右上颚口针退化）；多为植食性，少为捕食性；过渐变态（幼虫与成虫外形相似，生活环境也一致；但幼虫转变为成虫前，有一个不食不动的类似蛹的虫态；其幼虫仍称为若虫）。许多种类喜活动于花丛中；有些种类除直接吸食为害外，还可以传播植物病害，或者使植物形成虫瘿。

5. 鞘翅目

全世界已记载约有27万种，我国已记载约有7000种，鞘翅目是昆虫纲中也是整个生物中最大的一目。其中包括许多蛴螬类、金针虫类等地下害虫，天牛类、吉丁类蛀干类害虫，叶甲类、象甲类等食叶性害虫，以及许多主要的仓库害虫等。鞘翅目昆虫还包括捕食性瓢虫、步行虫等许多益虫。

鞘翅目昆虫的主要特点是前翅为鞘翅，静止时覆在背上盖住中后胸及大部分甚至全部腹部；也有无翅或短翅型；口器咀嚼式；触角多为11节，形态不一；跗节5节；多为陆生，也有水生；食性各异，植食性包括很多害虫，捕食性多为益虫，还有不少为腐食性；全变态，少数为复变态（幼虫各龄间在形态和习性上又有进一步的分化现象）。

6. 脉翅目

全世界已记载约有5000种，我国已知约有200种。几乎都是益虫，成虫和幼虫基本上都是捕食性，以蚜、蚧、螨、木虱、飞虱、叶蝉及蚁类、鳞翅类的卵及幼虫等为食；少数水生或寄生。其中最常见的种类是草蛉、褐蛉等。我国常见的草蛉有大草蛉、丽草蛉、叶色草蛉、普通草蛉等十多种，有些已经应用在生物防治上。

脉翅目昆虫的主要特点是翅两对，膜质而近似，脉序如网，各脉到翅缘多分为小叉，少数翅脉简单但体翅覆盖白粉；头下口式；咀嚼式口器；触角细长，线状或念珠状，少数为棒状；足跗节5节，爪2个；卵多有长柄；全变态。

7. 鳞翅目

全世界已记载约有14万种，我国记载约有7000种，是昆虫纲中第二大目。其中包括桃小食心虫、苹果小卷叶蛾、棉铃虫、菜粉蝶、小菜蛾等许多主要害虫和印度谷螟等许多鳞翅目仓虫。家蚕、柞蚕也属于本目昆虫。

鳞翅目昆虫的主要特点是虹吸式口器；体和翅密被鳞片和毛；翅两对，膜质，各有一个封闭的中室，翅上被有鳞毛，组成特殊的斑纹；少数无翅或短翅；跗节5节；无尾须；全变态。幼虫多足型，除三对胸足外，一般在第3~6腹节及第10腹节各有腹足一对，但有减少及特化情况，腹足端部有趾钩；蛹为被蛹。成虫一般取食花蜜、水等物，一般不为害（除少数外，如吸果夜蛾类为害近成熟的果实）。幼虫绝大多数陆生，植食性，为害各种植物；少数水生。

8. 双翅目

全世界已记载约有85000种，我国记载有1700多种，昆虫纲中第四大目。其中包括蚊类、蝇类、牛虻许多主要卫生害虫和农业害虫，以及食蚜蝇、寄生蝇类等益虫。

双翅目昆虫的主要特点是前翅一对，后翅特化为平衡棒，少数无翅；口器刺吸式或舐吸式；足跗节5节；蝇类触角具芒状，虻类触角具端刺或末端分亚节，蚊类触角多为线状（8节以上）；无尾须；全变态或复变态。幼虫为无足型，蝇类为无头型，虻类为半头型，蚊类为显头型。蛹为离蛹或围蛹。

9. 膜翅目

全世界已记载约有12万种，我国记载约有1500种，它是仅次于鞘翅目、鳞翅目居第三位的大目。其中除少数为植食性害虫（如叶蜂类、树蜂类等）外，大多数为肉食性益虫（如寄生蜂类、捕食性蜂类及蚁类等）。蜜蜂就属于本目昆虫。

膜翅目昆虫的主要特点是翅两对，膜质，前翅一般较后翅大，后翅前缘具一排小翅钩列；口器咀嚼式或嚼吸式；腹部第一节多向前并入后胸（称为并胸腹节），并且常与第二腹节间形成细腰；雌虫一般有锯状或针状产卵器；触角多为膝状；足跗节5节；无尾须；全变态或复变态。幼虫为无足型和多足型（叶蜂类，除三对胸足外，还具6~8对腹足，着生于腹部第2~8节上，但无趾钩）。蛹为离蛹，一般有茧。几乎全部陆生。主要为益虫类，除大多数分为天敌昆虫外（如寄生蜂类、捕食性蜂类与蚁类），尚有蜜蜂等资源昆虫及授粉昆虫。一些种类营群居性或“社会性”生活（蜜蜂和蚁）。

三、果树病虫害防治方法

1. 果树病虫害综合防治的概念

病虫害综合防治是对有害生物进行科学管理的体系，是指从农业生态系统总体观点出发，根据有害生物和环境之间的相互关系，充分发挥自然控制因素的作用，因地制宜地协调运用必要的措施，将有害生物控制在经济损失允许水平之下，以获得最佳的经济、生态和社会效益。综合防治主要有以下几个特点：一是从生态全局和生态总体出发，以预防为主，强调利用自然界对病虫的控制因素，达到控制病虫害发生的目的；二是合理运用各种防治方法，使其相互协调，取长补短，在综合考虑各种因素的基础上，确定最佳防治方案；三是综合防治并非以“消灭”病虫为准则，而是把病虫控制在经济允许水平之下；四是综合防治并不是降低防治要求，而是把防治技术提高到安全、经济、简便、有效的水平。

2. 果树病虫害防治的基本方法

（1）植物检疫　植物检疫也叫法规防治，是指一个国家或地方政府颁布法令，设立专

门机构，禁止或限制危险性病、虫、杂草等人为传入或传出，或者传入后为限制其继续扩展所采取的一系列措施。

（2）园艺技术措施防治　园艺技术措施防治是指通过栽培技术改进，使环境条件不利于病虫害的发生，有利于园艺植物的生长发育，直接或间接地消灭或抑制病虫的发生与为害。这种方法不需要额外投资，而且又有预防作用，可长期控制病虫害，是最基本的防治方法。园艺技术措施主要有清洁田园、合理轮作、合理间作、加强园艺管护、选育抗病虫品种等措施。

（3）物理机械防治　物理机械防治是指利用各种简单的器械和各种物理因素来防治病虫害的方法。在生产中主要采用捕杀法、诱杀法、阻隔法、汰选法、温度处理及物理技术等方法。

（4）生物防治　生物防治法是指利用生物及其代谢物质来控制病虫害。特点是对人、畜、植物安全，害虫不产生抗性，天敌来源广，并且有长期抑制作用。但此方法往往局限于某一虫期，作用慢，成本高，人工培养及使用技术要求比较严格，必须与其他防治措施相结合，才能充分发挥其应有的作用。生物防治主要有以虫治虫、以菌治虫、以鸟治虫、以蛛螨类治虫、以激素治虫、以菌治病、以虫除草、以菌除草等方法。

（5）化学防治　化学防治是指用各种有毒的化学药剂来防治病虫害、杂草等有害生物的一种方法。此方法具有快速高效、使用方法简单、不受地域限制和便于大面积机械化操作等优点。但也有引起人、畜中毒，以及环境污染、杀伤天敌和引起次要害虫再猖獗及抗药性等缺点。这些缺点可通过发展选择性强、高效、低毒、低残留的农药及通过改变施药方式、减少用药次数等措施逐步加以解决，同时还要与其他防治方法相结合，扬长避短，充分发挥化学防治的优越性，减少其毒副作用。

任务2　安全科学使用农药

【知识目标】

了解农药的选购及农药的安全科学使用方法；掌握农药的稀释、配制和使用方法。

【能力目标】

根据农药的剂型能准确地稀释、配制和施用。

【基本知识】

一、农药的选购

农药质量的优劣直接影响果树病虫害防治的效果，是安全、合理使用农药的前提。因此，购买农药时，应对农药质量进行简易识别，必要时可送至有关单位进行质检。一般情况

下，消费者在购买农药时，可通过检查农药标签和包装外观，识别农药物理形态、测试农药理化性能、核对“农药登记证”等简单便捷方法，对所购农药的质量做出初步判断。

1. 识别农药外观

（1）标签内容　农业行政主管部门审查备案的标签内容，要求注明产品名称、农药登记证号、产品标准号、生产许可证号（或生产批准文件号）及农药的有效成分、含量、重量、产品性能、毒性、用途、使用方法、生产日期、有效期、注意事项和生产企业名称、地址、邮政编码等内容；分装的农药还应当注明分装单位（进口农药产品没有产品标准号和生产许可证号或生产批准文件号）。

（2）产品名称　标签上的产品名称必须标明中英文通用名。

（3）产品包装　相同规格的相同产品应包装相同，内、外包装应完整、无破损。同时，不要购买私自分装的农药产品。

（4）产品合格证　每个农药产品的包装箱内都应附有产品出厂检验合格证。

2. 识别农药物理形态

（1）粉剂、可湿性粉剂　疏松粉末，无团块，颜色均匀，无结块。

（2）乳油　均相液体，无沉淀或悬浮物；不出现分层和混浊现象，或者加水稀释后，乳状液应均匀，不能有浮油、沉淀物出现。

（3）悬浮剂、微乳剂　无结块的流动悬浮液。长期存放可有少量分层现象，但经摇晃后应能恢复原状。

（4）熏蒸片剂　由农药加入填料、助剂等均匀搅拌，压成片剂或成一定外形的块状物。特点是使用方便，容易计量。熏蒸用的片剂若呈粉末状，表明已失效。

（5）水乳剂、颗粒剂　水乳剂为均相液体，无沉淀或悬浮物，加水稀释后不出现混浊沉淀。颗粒剂粗细均匀，含有少量粉末。

3. 农药理化性能测试方法

（1）可湿性粉剂　取盛满水的透明玻璃瓶，水平放置，在距水面 1 ~ 2 cm 高度处一次倾入半匙药剂，若在 2 min 内能于水中逐步湿润分散，则为合格的可湿性粉剂。优良的可湿性粉剂投入水中后，不加搅拌就能形成较好悬浮剂，摇匀静置 1 h，底部沉降物较少。

（2）乳油　取盛满水的透明玻璃瓶，滴入药液后，合格的乳油（或乳化性能良好的乳油）能迅速扩散，稍加搅拌后形成白色牛奶状乳液，静置半小时，无可见油珠和沉淀物。

（3）可溶性液剂　可溶性液剂与水互溶，不形成乳白色，国内较少见。

（4）干悬乳剂　用水稀释后可自发分散，有效成分以 1 ~ 5 μm 的粒径微粒分散于水中，形成相对稳定的悬浮液。

4. 核对“农药登记证”

国家规定，生产农药必须办理“农药登记证”或“农药临时登记证”。经营单位和农民购买农药时，可以要求生产厂家、经销单位出示该产品的农药登记证复印件，并与该产品的标签核对。

二、农药的稀释、配制及施用

1. 农药的稀释

（1）液体农药的稀释　液体量少时可直接进行稀释，就是在准备好的配药容器内盛好

需要的清水，将定量的药剂渐渐倒入水中，用木棒轻轻搅匀便可使用。需要配制较多药量时，采取二步配制法，即用少量的水先将农药原液配制成母液，再将制好的母液按稀释比例倒入准备好的清水中，充分搅匀便可使用。

（2）可湿性粉剂的稀释　可湿性粉剂采用二步配制法进行稀释，即先用少量水配制好较为浓稠的母液，再倒入盛有水的容器中进行最后稀释。配置时应注意所需水量与理论用水量相等。

（3）粉剂农药的稀释　粉剂农药利用填充料进行稀释，就是将所需的粉剂农药混入草木灰、米糠、干细泥等填充料中进行搅拌，反复添加，直到达到所需倍数。

（4）颗粒剂农药的稀释　颗粒剂农药利用干燥的沙土或中性化肥作为填充料与之混合，按一定比例搅匀即可。

2. 农药的配制

（1）粉剂农药的配制　低浓度粉剂农药，如果粉剂不结块、不结团则可直接喷施，不需要配制。在配制毒土时，选择较干燥的细土（如用于喷粉则应是很干的细土）与农药混合均匀方可使用。

（2）可湿性粉剂农药的配制　配制时，先按使用面积计算好所需的用量，然后准确称好药粉，在药箱中加入少量的水（药量：水量约为2：1），用木棒调和成糊状，不能有小团、小粒，再加水调和，以上面没有浮粉为限，最后加足剩余的稀释用水。使用时，要不时地搅动药液以避免上下浓度不均。

（3）液体药剂的配制　先加入少量水，配好母液，然后再按照所需浓度加足水量，这样可提高药剂的均匀性。配制药液时要使用清洁的江、河、湖、溪和沟塘的水，尽量不用井水，更不能使用污水、海水或咸水。

3. 农药的施用

农药施用时，因防治对象对果树的为害部位、为害方式及环境条件的不同和农药品种及加工剂型的多种多样，使得农药的施用方法不同。生产中，根据药剂的性能及病虫害的特点可使用以下几种施药方法。

（1）喷雾　喷雾是目前生产上应用最广泛的一种方法，是用喷雾器械将药液均匀地喷布于防治对象及被保护的寄主植物上的施药方法。适用喷雾的剂型有乳油、可湿性粉剂、可溶性粉剂、胶悬剂等。地面喷雾时控制雾滴直径为50~80μm为宜，喷雾时间不要在中午进行，以免发生药害和人体中毒。

（2）喷粉　喷粉是适于干旱缺水地区使用的一种施用方法，是利用喷粉器械产生的风力，将粉剂均匀地喷布在果树上。适用的剂型是粉剂。缺点是粉剂黏附性差，用药量大，效果不如乳油和可湿性粉剂好，并且易被风吹失和雨水冲刷，污染环境。因此，喷粉时宜在早晚叶面有露水或雨后叶面潮湿且无风条件下进行，使粉剂易于沉积附着，提高防治效果。

（3）土壤处理　土壤处理是将药粉用细土、细沙、炉灰等混合均匀，撒施于地面，再进行耧耙翻耕等的施药方法。土壤处理主要用于防治地下害虫或某一时期在地面活动的昆虫，如用5%辛硫磷颗粒剂与细土按1：50比例拌匀，制成毒土。

（4）拌种、浸种和浸苗、闷种　拌种是指在播前将种子与一定量的药粉或药液搅拌均匀，用以防治种子传染的病害和地下害虫。拌种用的药量一般为种子重量的0.2%~0.5%。浸种和浸苗是指将种子或幼苗浸泡在一定浓度的药液里，用以消灭种子、幼苗所带的病菌或虫体。闷种是把稀释好的药液均匀地喷洒于种子上，搅拌均匀后堆起熏闷，并用麻袋等物覆盖，经一昼夜晾干后即可。

（5）毒谷、毒饵　毒饵是用害虫喜食的饵料与农药混合，使取食害虫产生胃毒作用将害虫毒杀的施药方法。常用的饵料有麦麸、米糠、豆饼、花生饼、玉米芯、菜叶等。毒谷是用谷子、高粱、玉米等谷物作为饵料，煮至半熟有一定香味时，取出晾干，拌上胃毒剂与种子同播或撒施于地面。常用的胃毒剂有敌百虫、辛硫磷等，此法主要防治蝼蛄、地老虎、蟋蟀等地下害虫。

（6）熏蒸　熏蒸是利用有毒气体来杀死害虫或病菌的施药方法，主要用于防治温室大棚、仓库中的害虫和蛀干害虫及种苗上的病虫。例如，将浸有熏蒸性杀虫剂的竹签塞入虫孔防治天牛。

（7）涂抹、毒笔、根区撒施　涂抹又称内吸涂环法，是指利用内吸性杀虫剂在植物幼嫩部分直接涂药，或者将树干刮老皮露出韧皮部后涂药，让药液随植物体运输到各个部位。例如，在桃树上涂40%乐果5倍液，用于防治桃蚜。毒笔是采用触杀性强的拟除虫菊酯类农药为主剂，与石膏、滑石粉等加工制成的粉笔状毒笔，主要防治具有上、下树习性的幼虫。根区撒施是指利用内吸性药剂埋于植物根系周围，通过根系吸收运输到树体全身，害虫取食时使其中毒死亡的施药方法。

（8）注射法、打孔法　注射法是用注射机或兽用注射器将内吸性药剂注入树干内部，使其在树体内传导运输而杀死害虫或用触杀剂直接接触虫体的施药方法，一般将药剂稀释2~3倍，可用于防治天牛等。打孔法是用木钻、铁钎等利器在树干基部向下打一个45°的孔，深约5 cm，然后将5~10 mL的药液注入孔内，再用泥封口，药剂浓度一般稀释至原液浓度的20%~50%。

三、农药的科学、安全使用

安全科学用药是农药使用的基本原则，可以有效提高农药防治效果、降低用药成本、延缓农药抗性产生、减少农药对人畜健康和生态环境带来的负面影响。安全合理用药应遵循以下几个原则。

1. 选择适宜的农药产品

选用农药时，要根据果树品种和防治对象，尽可能地选择对主要防治对象特效且对天敌杀伤作用小的农药品种。例如，咬食叶片的害虫可选用胃毒作用强的药剂，吮吸植物汁液的害虫宜选用内吸性药剂。

2. 选择适宜的施药器械

施药器械以弥雾机和手持喷雾器最为常见。使用时，应做好日常维护保养，并定期更换磨损的喷头，避免跑、冒、滴、漏。常见的喷头有扇形喷头和空心圆锥形喷头两种。扇形喷头喷雾面呈扇状平面，雾滴较大，飘移较少，适合于喷洒除草剂；空心圆锥形喷头雾滴较细，容易飘移，雾滴可以从更多方向接触叶子，适合于叶面喷施杀虫剂，不适合喷洒除草剂。

3. 正确配制农药

（1）准确计算用药量　根据实际施药面积和农药标签上推荐的使用剂量计算用药量（农药标签上推荐的用药量一般是每亩用多少克或每亩用多少毫升）。

（2）根据剂型、酸碱度不同科学配制农药　配制农药时，必须遵循以下三个原则：一是先加入杀菌剂，再加入杀虫剂，最后再加入叶面肥和生长调节剂；二是先加入粉剂或颗粒剂，再加入液剂；三是各品种必须进行二次稀释，并且注意农药的酸碱性是否适宜混合配制。

（3）注意配药安全　配制农药应在远离住宅区、牲畜栏和水源的地方进行，药剂要随配随用；已配好的药液应尽可能采取密封施药的办法，当天配好的药液当天用完，开装后余下的农药应封闭在原包装中安全储存，不得转移到其他包装中；不能用瓶盖量取农药或用装饮用水的桶配药，不应用盛药液的桶直接下沟河取水，不能用手或胳臂深入药液、粉剂或颗粒剂中搅拌；处理粉剂和可湿性粉剂时要防止粉尘飞扬，如要倒完整袋装的可湿性粉剂，应在避风处将口袋开口尽量接近水面倒药。

4. 合理使用农药

农作物病虫害防治应遵循“预防为主，综合防治”的方针，尽可能减少农药的使用次数和用量，以减轻对人畜健康、生态环境和农产品质量安全的影响。

（1）掌握用药期　根据病虫等有害生物的发育期、果树生长进度和农药品种确定施药时期，尽可能躲开天敌对农药的敏感时期施用，既不能单纯强调“治早、治小”，也不能错过有利时期。杀菌剂一般在发病期施用，杀虫剂一般在卵孵盛期或低龄幼虫期施用。

（2）把握用药量及喷药质量　按照农药标签上推荐的用药量使用农药，药量过大会使病菌和害虫产生抗药性，还会造成药害，造成果品农药残留超标；把握好喷药质量，如喷施土壤封闭除草剂时，必须均匀喷施足够的药液以形成封闭膜，否则药液只呈点状分布，达不到封闭除草的效果。在喷施杀虫剂、杀菌剂时也必须做到施药均匀，使药液均匀分布在叶面、叶背或茎基部，从而达到彻底杀除的效果。

（3）注意轮换用药，延缓抗药性的产生　同一地方长期连续使用单一的农药品种，易使病虫等有害生物产生抗药性。特别是一些菊酯类杀虫剂和内吸性杀菌剂，连续使用数年，防治效果大幅降低。轮换使用作用机理不同的农药品种，是延缓有害生物产生抗药性、保证防治效果的有效方法。

（4）严格遵守安全间隔期规定　农药安全间隔期是指最后一次施药到果树采收时的天数，即收获前禁止使用农药的天数。在实际生产中，最后一次喷药到果树收获的时间应比标签上规定的安全间隔期长。为保证农产品残留不超标，在安全间隔期内不能采收果品。

5. 做好安全防护

1）施药人员应该经过培训且身体健康，年老体弱人员、儿童，以及经期、孕期、哺乳期妇女不能施药。

2）施药时，要检查施药器械是否完好；喷雾器中的药液不能装得太满，以免药液溢漏，污染皮肤和防护衣物；施药场所应备有足够的水、清洗剂、急救药箱、修理工具等。

3）穿戴防护用品，如手套、口罩、防护服等，防止农药进入眼睛，以及接触皮肤或吸入体内。

4）选择无风晴天施药，尽量避免阴雨天或高温炎热的中午施药。有微风的情况下，工作人员应站在上风头，顺风喷洒，风力超过4级时停止用药。

5）施药时，禁止谈笑打闹、吃东西、抽烟等，不要用嘴去吹堵塞的喷头。若有不适感时，应立即离开现场，症状严重者，立即送往医院。

6）施药前，应搞清所用农药的毒性，尽量选择高效、低毒或无毒、低残留、无污染的农药品种；施药完毕后，需用肥皂洗净手、脸及工作服。

7）施药器械每次用后要洗净，不要在河流、小溪、井边冲洗，以免污染水源。同时，要妥善处理农药包装等废弃物，农药空瓶（袋）要集中存放，妥善处理，不得随意乱丢，不得盛装其他农药，更不能盛装食品。

6. 安全储存农药

1）尽量减少农药的储存量和储存时间。应根据实际需求量购买农药，避免积压变质和安全隐患。

2）将农药储存在安全、合适的场所。少量剩余农药一是要保存在原包装中，密封储存于上锁的地方，不得用其他容器盛装；二是储放到儿童和动物接触不到的凉爽、干燥、通风、避光的地方；三是不要与食品、粮食、饲料靠近或混放；四是不要与种子一起存放，以防降低种子的发芽率。

3）农药包装上应有完整、牢固、清晰的标签。要健全领发制度，专库储存，专人负责。

任务3　苹果主要病虫害及其防治

【知识目标】

了解苹果主要病虫害的特征；掌握苹果主要病虫害的发生规律及综合防治措施。

【能力目标】

根据苹果主要病虫害的特征及发病规律，能够识别其主要病虫害。

【基本知识】

一、苹果主要病害及其防治

我国记载的苹果病虫害超过117种，其中真菌病害84种，细菌病害2种，病毒病害8种，线虫病害14种，其他病害9种。常见的主要病害有苹果腐烂病、苹果干腐病、苹果枝溃疡病、苹果银叶病等枝干类病害，苹果白粉病、褐斑病、轮斑病、斑点落叶病、锈病等叶部病害，苹果花腐病、轮纹病、炭疽病、黑星病、霉心病等花和果实病害，苹果小叶病、黄叶病、缩果病、苦痘病等生理性病害。

1. 苹果腐烂病（图7-1）

苹果腐烂病是我国北方苹果树的主要病害，除为害苹果及其苹果属植物外，也为害梨、桃、樱桃和梅等多种落叶果树。

（1）田间诊断　苹果腐烂病俗称烂皮病，主要为害果树枝干，病部树皮腐烂，表现为

溃疡型和枝枯型。

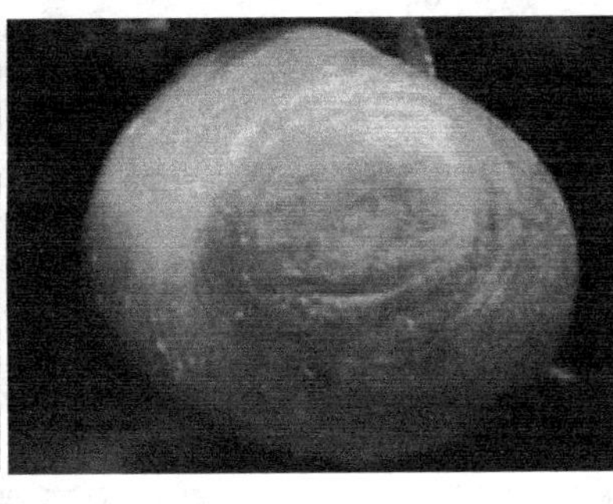

图 7-1 苹果腐烂病为害枝及果实

溃疡型病斑主要发生在冬春和极度衰弱的树体上。发病初期为红褐色，略隆起，呈水渍状，组织松软，病皮易于剥离，内部组织成暗红褐色，有酒糟气味。溃疡型病斑在早春扩展迅速，在短时间内发展成为大型病斑，围绕枝干造成环切，使上部枝干枯死。

枝枯型多发生在2~3年生或4~5年生的枝条或果苔上，在衰弱树上发生更明显。病部为红褐色，呈水渍状，不规则，迅速延及整个枝条，使其枯死。病枝上的叶片变黄，后期病部产生小粒点。果实上的病斑为红褐色，圆形或不规则形，有轮纹，边缘清晰。病组织腐烂，略带酒糟气味。

（2）发病规律　腐烂病以菌丝体、分生孢子器、分生孢子角等在病树皮和木质部表层蔓延越冬。早春产生分生孢子，遇雨由分生孢子器挤出孢子角，分生孢子分散，随风长年飞散在果园上空，萌发后从皮孔、果柄痕、叶痕及各种伤口侵入树体，在侵染点潜伏，使树体普遍带菌。6~8月树皮形成落皮层时，孢子侵入并在死组织上生长，后向健康组织发展。翌春扩展迅速，形成溃疡斑，病部环缢枝干即造成枯枝死树。

（3）发病条件　凡引起树势衰弱的因素都可引起腐烂病的发生，如树体负载量过大、冻害及日灼、树体营养缺乏、愈伤能力低、自然伤害、整形修剪不当或修剪过重等都可引起腐烂病的发生，但引起腐烂病发生流行的主要原因是树势衰弱和愈伤力低。

（4）防治方法　防治方法如下：

1）加强栽培管理。通过合理调整结果量、改善立地条件、实行科学施肥、合理灌水、防治病虫害等方法调整。

2）铲除树体所带病菌。通过采用重刮皮、药剂铲除、枝干喷药等方法铲除果树落皮层、皮下干斑、皮下湿润坏死点、树杈夹角皮下的褐色坏死点来清除潜伏病菌。

3）治疗病斑。采用刮治和包泥方法及时治疗病斑。

4）桥接复壮。治疗后及时做好桥接工作，其具有恢复树势的作用。

2. 苹果轮纹病（图7-2）

苹果轮纹病也称粗皮病、轮纹褐腐病，除为害苹果外，还为害梨、山楂、桃、梨、栗和枣等果树。

（1）田间诊断　苹果轮纹病为害树干和果实，树干以皮孔为中心产生红褐色圆形病斑，中心隆起瘤状，后凹陷为眼状，又称为粗皮病，一般在病健交界处开裂，病斑翘起或剥落。

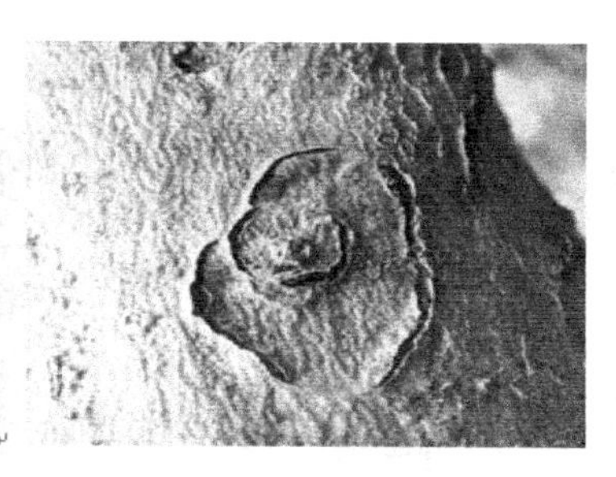

图 7-2　苹果轮纹病为害果实和树干

（2）发病规律　病原菌以菌丝体、分生孢子器及子囊壳在被害枝干上越冬。翌春在适宜条件下产生大量分生孢子，通过风雨传播，从皮孔侵入枝干引起发病。轮纹病当年形成的病斑不产生分生孢子，故不再侵染。病菌侵染果实多集中在 6 ~ 7 月，幼果受侵染不立即发病，病菌侵入后处于潜伏状态，当果实近成熟期或储藏期，潜伏的菌丝迅速蔓延形成病斑。果实采收期为田间发病高峰期，果实储藏期也是该病的主要发生期。

（3）发病条件　轮纹病是一种弱寄生菌，易在树势衰弱、温暖多雨或晴雨相间时期长的年份发病，也可在树体环剥、环割过重造成树势衰弱的情况下发病。不同的品种受害程度也不同，如富士、青香蕉、红星、金冠、新乔纳金受害重，元帅、国光、祝光等也易感病，秦冠、红魁、红玉发病较轻。

（4）防治方法　防治方法如下：

1）药剂防治。轻微发病时，按靓果安 800 倍液稀释喷洒，10 ~ 15 天用药一次。病情严重时，靓果安按 500 倍液稀释，7 ~ 10 天喷施一次。

2）清除侵染源。晚秋、早春刮除粗皮，集中销毁，并喷 45% 代森铵水溶液 1000 倍液或 75% 五氯酚钠粉 100 ~ 200 倍液，3 月下旬至 4 月初喷 3°Bé 石硫合剂为宜。

3）果实套袋。落花后一个月内套完，每果一袋，红色品种采收前一个星期拆除即可。

4）生长期涂树干。8 月份用 1.8% 辛菌胺醋酸盐水剂 50 倍液涂刷粗皮病部，可加药液 1% 的腐植酸钠，促进健皮生长。

5）储藏期管理。严格剔除病果，注意控制温、湿度。

3. 苹果白粉病（图 7-3）

苹果白粉病在我国苹果产区发生普遍，除了为害苹果外，还为害沙果、海棠、槟子和山定子等。

图 7-3　苹果白粉病为害叶片、嫩梢及果实

（1）田间诊断　苹果白粉病为害苹果树的幼苗、嫩梢、叶片、芽、花及幼果。嫩梢染

病，生长受抑，节间缩短，其上着生的叶片变得狭长或不开张，变硬变脆，叶缘上卷，初期表面被覆白色粉状物，后期逐渐变为褐色，严重的整个枝梢枯死；叶片染病，叶背初现稀疏白粉，新叶略呈紫色，皱缩畸形，后期白色粉层逐渐蔓延到叶正反两面，叶正面色泽浓淡不均，叶背产生白粉状病斑，病叶变得狭长，边缘呈波状皱缩或叶片凹凸不平；严重时，病叶自叶尖或叶缘逐渐变褐，最后全叶干枯脱落。幼果受害多发生在萼的附近，萼洼处产生白色粉斑，病部变硬，果实长大后白粉脱落，形成网状锈斑，变硬的组织后期形成裂口或裂纹。

（2）发病规律　病菌以菌丝体在冬芽的鳞片内越冬。春季冬芽萌发时，越冬菌丝产生分生孢子经气流传播侵染。4～9月为病害发生期，4～5月气温较低，为白粉病的发生盛期。6～8月发病缓慢或停滞，待9月秋梢萌发时又开始第二次发病高峰。春季温暖干旱、夏季多雨凉爽、秋季晴朗有利于该病的发生和流行；连续下雨会抑制白粉病的发生。栽植密度大、树冠郁闭、通风透光不良、偏施氮肥和枝条纤弱的果园发病重。修剪时枝条不打头，长放，保留大量越冬病芽的发病重。

（3）发病条件　苹果白粉病的发生与气候条件、栽培条件和品种关系密切。春季温暖干旱的年份有利于病害前期的流行；夏季多雨凉爽、秋季晴朗则有利于后期发病；地势低洼、果园密植、土壤黏重、偏施氮肥、钾肥不足，造成树冠郁闭及枝条细弱时发病重；果园管理粗放，修剪不当，不适当地推行轻剪长放，使带菌芽的数量增加也会加重白粉病的发生。一般倭锦、红玉、红星、国光等品种较易感病；秦冠、青香蕉、金冠、元帅等发病较轻。

（4）防治方法　防治方法如下：

1）加强栽培管理。采用配方施肥，避免偏施氮肥，控制灌水，使果树生长健壮；增施有机肥和磷、钾，提高抗病力；合理密植抗病品种，逐步淘汰高感抗品种。

2）清洁田园。结合冬季修剪，剪除病梢、病芽；早春复剪，剪掉新发病的枝梢，集中烧毁或深埋，防止分生孢子传播。

3）药剂防治。发芽前喷洒70%硫黄可湿性粉剂150倍稀释液；春季在发病初期，喷施70%甲基硫菌灵（甲基托布津）1000倍液、12.5%特谱唑2000倍液、6%乐必耕可湿性粉剂1000～1500倍液，10～20天喷一次，共喷3～4次。在苗圃中幼苗发病初期，可连续喷2～3次0.2～0.3°Bé石硫合剂、70%甲基托布津可湿性粉剂1000～1200倍液、45%晶体石硫合剂300倍液。

4. 苹果炭疽菌叶枯病（图7-4）

苹果炭疽菌叶枯病简称炭疽叶枯病，是近年来发生在嘎拉、花冠、秦冠、晨阳、新红星、早熟红富士等众多早、中熟品种上的一种新的病害，主要危害叶片及果实，高温季节雨后，病菌繁殖迅速，短短3～5天便可导致大量枯叶及果实布满病斑而失去商品价值。

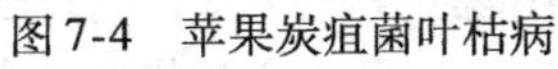

图7-4　苹果炭疽菌叶枯病

（1）田间诊断　初发病时，叶片上分布多个干枯病斑，病斑初为棕褐色，在高温及高湿条件下，病斑扩展迅速，1～3天内可蔓延至整张叶片，3～5天即可致全树叶片干枯脱落。枯叶颜色发暗，呈黑褐色。环境条件不适宜时，叶片上会形成大小不等的枯死斑，病斑周围的健康组织随后变黄，病重叶片很快脱落。病斑较小、较多时，病叶的病状与褐斑病的症状非常相似。受害果实果面出现多个直径2～3 mm的圆形褐色凹陷病斑，病斑周围果面呈红色，病斑下果肉呈褐色海绵状，深约2 mm。自然条件下果实病斑上很少产生孢子梗，与常见苹果炭疽病的症状明显不同。

（2）越冬场所及传播途径　一般情况下苹果炭疽叶枯病菌以菌丝体在病果、果台、干枝、僵果及被潜叶蛾为害的枝条上越冬。春季条件适宜时产生分生孢子，借风雨、昆虫传播。也有发现此病菌在病叶上有大量的子囊壳越冬。

（3）发病条件　苹果炭疽菌叶枯病在日平均气温上升至18℃以上且环境条件适宜时产生分生孢子，成为初侵染源。病原孢子借雨水和昆虫传播，经皮孔或伤口侵入叶片、果实。潜育期一般在7天以上。分生孢子萌发的最适温度为28～32℃，菌丝生长的最适温度为28℃。苹果炭疽菌叶枯病最早于6月下旬至7月上旬雨后开始发病，由于其可连续侵染，故发病高峰主要出现在7～8月连续阴雨后。

（4）防治方法　防治方法如下：

1）栽植抗病品种和提高叶片生理功能。建立新园时，尽量选择不易感病的苹果品种，如美国8号、藤牧1号、晚熟红富士系列品种等，并实行起垄栽培。此外，在苹果树进入生长季后，结合喷药加入功能性液肥强壮树势，提高叶片抗病能力。

2）铲除越冬病菌。例如，早春彻底清理果园，清扫枯枝落叶，并及时喷施清园药剂；苹果萌芽后，继续选用杀灭性较强的铲除剂和叶面肥，目的是铲除在枝条及休眠芽和健壮叶片上越冬的病菌。

3）高温季节防治。自6月中旬后，可交替喷施石灰倍量式波尔多液或80%全络合态代森锰锌500～800倍液＋叶面肥800～1000倍液或60%百泰（5%吡唑醚菌酯＋55%代森联）1500倍液＋叶面肥800～1000倍液或80%丙森锌600倍液＋叶面肥800～1000倍液与其他防治该类病菌的药剂（如45%咪鲜胺水乳剂2000倍液、15%多抗霉素可湿性粉剂1500倍液、50%异菌脲悬浮剂1500倍液等交替混合喷雾）。每10～15天施用一次，保证每次出现超过两天的连续阴雨前，叶面和枝条都处于药剂的保护之中。

4）雨后补药。如果降雨前没有及时喷药，可在连续阴雨间歇期或雨后及时补喷80%全络合态代森锰锌500～800倍液＋60%百泰（5%吡唑醚菌酯＋55%代森联）1500倍液＋叶面肥800～1000倍液，对发病严重的苹果园，可间隔7天左右，连喷两次，以后按照高温季节防治方法进行用药。

5. 苹果褐斑病（图7-5）

苹果褐斑病为常发性病害，是造成苹果早期落叶的重要病害之一，主要为害叶片，也侵染果实和叶柄。若防治不当，可引起苹果树早期大量落叶，导致果实品质低劣，严重影响到当年经济效益及来年树体的正常生长发育。

（1）田间诊断　叶片上病斑的形状可分为轮纹型、针芒型及不规则混合型病斑三种类型。轮纹型病斑发病初期，叶片的正面出现黄褐色小点，后逐渐扩大至直径10～15 mm的圆形病斑，病斑中心暗褐色，边缘不明显，病斑上产生黑色小粒点，形成同心状轮纹，叶的

背面暗褐色；针芒型病斑斑点较小，呈放射状向外扩展，这是由于黑色菌索穿行于表皮组织之下而形成的，病斑背面为绿色；混合型病斑兼有轮纹型和针芒型两者的特点。三种病斑都使叶片变黄，但病斑边缘仍旧保持绿色形成晕圈，这是此病的重要特征。老病斑中央多呈灰白色，病叶稍触即落。叶柄受害后有长圆形黑色斑，使输导组织受阻致病叶枯死。果实染病时，表皮上初生浅褐色小点，逐渐扩大成圆形或不规则形，边缘清晰，稍凹陷的病斑直径为6～12 mm，病部果肉疏松干腐，褐色，中间产生黑色小点，有光泽，一般不深入果肉内部。

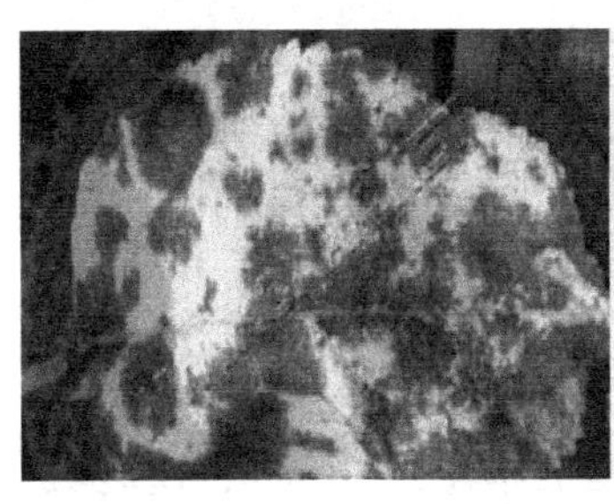

图7-5 苹果褐斑病

（2）发病条件 苹果褐斑病的发生、流行与雨水、树势、栽培管理技术及品种有关。分生孢子萌发的适宜温度为20～25 ℃。分生孢子的传播和侵入多借助风雨，春雨早而多的年份有利于病害发生与流行，特别是秋雨季节提前且降雨量大的年份，病害必定发生严重。同一品种中，幼树较老树抗病，树冠内膛、下部比外围、上部发病早且多，这与树冠内膛、下部郁蔽及通风透光不良、湿度过高有关。

（3）发病规律 苹果褐斑病以菌丝、分生孢子盘或子囊盘在落地的病叶上越冬，春季产生的分生孢子随雨水冲溅至近地面的叶片上，成为初侵染源。潮湿是病菌扩展及产生分生孢子的必要条件，干燥及沤烂的病叶均无产生分生孢子的能力。病菌多从叶的正面或背面侵入，一般潜育期为6～12天，干旱年份长达45天，潜育期随气温升高缩短，高温时仅为3～7天。病菌从侵入到引起落叶为13～55天，一般开始发病在5～6月，7～8月为发病盛期，10月停止扩展。

（4）防治方法 防治方法如下：

1）合理修剪，控制树冠大小及骨干枝数量，改善园内通风透光条件。

2）秋季、冬季剪除树上残留的病枝和摘除病叶并清扫地面落叶，深埋或烧毁。

3）喷药保护。一般从发病前15天左右开始喷药，隔15天左右一次，连喷46次。常用石灰倍量式波尔多液［1∶2∶（180～200）］、43%戊唑醇2000～2500倍液+80%代森锰锌可湿性粉剂800～1000倍液、60%百泰（5%吡唑醚菌酯+55%代森联）1500倍液+15%多抗霉素可湿性粉剂1500倍液等药剂交替使用。注意在幼果期慎用波尔多液以防果锈产生。

二、苹果主要虫害及其防治

苹果害虫的种类约有350种，根据发生轻重的不同划分为三类：第一类为主要害虫，包括食心虫类、卷叶蛾类、红蜘蛛类，统称为苹果的三大害虫；第二类为较主要害虫，包括毛虫类、蚜虫类、蚧虫害虫类；第三类为一般害虫，包括刺蛾类、吸果夜蛾类、金龟子类、潜夜蛾类、蚧壳虫类。

1. 桃小食心虫（图7-6）

桃小食心虫又称桃蛀果蛾，简称桃小，国内各果区都有发生，还为害桃、梨、花红、山楂和酸枣等树种。

（1）田间诊断　幼虫多从果实萼洼蛀入，蛀孔流出泪珠状的果胶，干涸呈白色蜡质粉末。幼虫入果直达果心，在果肉中乱窜，排粪便于隧道中，没有充分膨大的幼果受害多呈畸形，俗称“猴头果”。被害果实渐变黄色，果肉僵硬，俗称黄病。

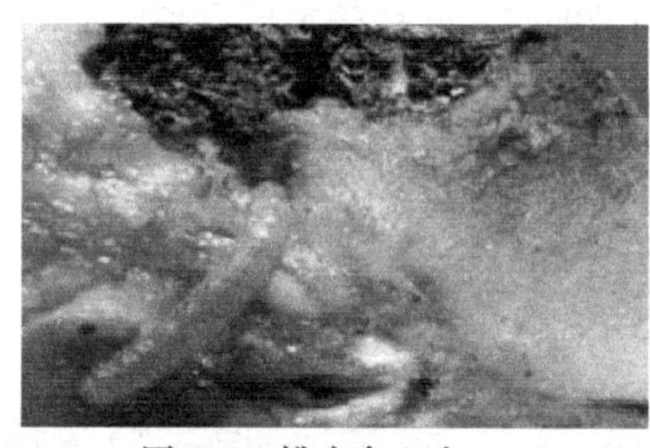

图7-6　桃小食心虫

（2）形态特征　幼虫体长13～16 mm，桃红色，腹部色浅，无臀栉，头为黄褐色，前胸盾为黄褐色至深褐色，臀板为黄褐色或粉红色。腹足趾钩单序环10～24个，臀足趾钩9～14个。成雌虫体长7～8 mm，翅展16～18 mm；雄虫体长5～6 mm，翅展13～15 mm，全体白灰色至灰褐色，复眼为红褐色。雌虫唇须较长且向前直伸，雄虫唇须较短并向上翘。前翅中部近前缘处有近似三角形蓝灰色大斑，近基部和中部有7～8簇黄褐色或蓝褐色斜立的鳞片，后翅为灰色，缘毛长且为浅灰色。雄虫有翅缰1根，雌虫有2根。

（3）发生规律　在山东、河北一带每年发生1～2代，以老熟的幼虫作茧在土中越冬。山东、河北越冬代幼虫在5月下旬后开始出土，出土盛期在6月中下旬，出土后多在树冠下荫蔽处（如靠近树干的石块和土块下，裸露在地面的果树老根和杂草根旁）做夏茧并在其中化蛹。越冬代成虫后羽化，羽化后经1～3天产卵，绝大多数卵产在果实茸毛较多的萼洼处。

（4）防治方法　防治方法如下：

1）农业防治。通过更换无冬茧的新土，减少越冬虫源基数；清除树盘内的杂草及其他覆盖物，随时捕捉；在越冬幼虫出土前，用宽幅地膜覆盖。

2）生物防治。在越冬代成虫发生盛期，释放桃小寄生蜂；在幼虫初孵期，喷施细菌性农药（Bt乳剂），也可使用桃小性诱剂在越冬代成虫发生期进行诱杀。

3）化学防治。地面防治采用撒毒土或地面喷施48%毒死蜱乳油300～500倍液药，在越冬幼虫出土前喷湿地面，耙松地表；树上防治在幼虫初孵期，喷施40%毒死蜱微乳剂1000～1500倍液或喷施20%杀灭菊酯乳油2000倍液或2.5%高效氯氟氰菊酯微乳剂1500倍液或2.5%敌杀死（溴氰菊酯）乳油2000～3000倍液。

2. 苹果红蜘蛛（图7-7）

苹果红蜘蛛又名苹果全爪螨，分布全国，尤以北方发生普遍，为害苹果、月季、海棠、榆、梨、樱花等。

（1）田间诊断　苹果红蜘蛛主要为害叶片。叶片受害初期出现白色小斑点，后期叶片苍白，光合作用减弱。虫口密度大时，叶片布满螨蜕，但很少落叶。

（2）形态特征　雌成虫呈半卵圆形，体长约0.3 mm，体为红色，足为黄色，整个体背躬起，刚毛13对；雄成虫略小，腹末尖。卵呈葱头形，顶端有1个短柄，深红色。若虫有足4对，体色为深红色。

（3）发生规律　每年发生6～9代，以卵在枝条、果台等处跃动。苹果开花至落花后1

周卵孵化。6～7月为全年为害最重时期。

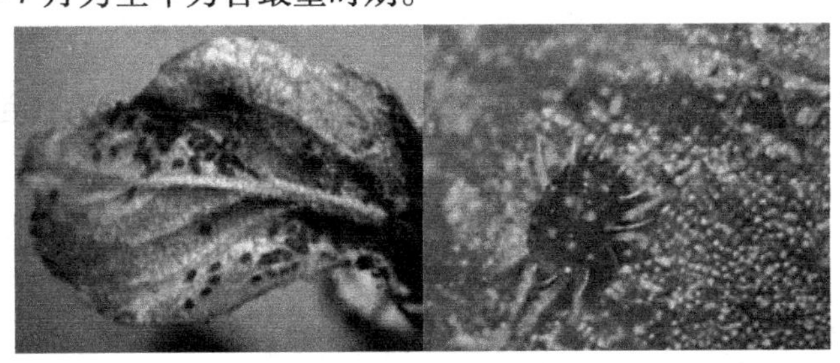

图7-7　苹果红蜘蛛

（4）防治方法　防治方法如下：

1）在早春树木发芽前，用20号石油乳剂20～40倍喷树干，或者用石硫合剂300～500倍液喷树干，以消灭越冬雌成虫及卵。

2）及时消除花圃、果园的杂草。

3）为害期喷施扫螨净1000倍液或螺螨酯、哒螨灵等药剂防治，均可收到较好的防治效果。但要注意炔螨特和三唑锡可能会产生药害，慎用。螨类易产生抗药性，要注意杀螨剂的交替使用。

4）保护和引进天敌。

3. 苹果小卷叶蛾（图7-8）

苹果小卷叶蛾又名小黄卷叶蛾、棉褐带卷叶蛾、苹小卷叶蛾，属鳞翅目，卷叶蛾科，主要为害苹果、梨、桃、山楂等果树。

图7-8　苹果小卷叶蛾

（1）田间诊断　幼虫主要危害苹果、梨、桃等的嫩叶、新芽、花蕾和果实。幼虫吐丝卷叶，食害叶肉或缠绕新芽和花蕾，使芽、蕾不能展开。大龄幼虫啃食叶片覆盖下的果皮组织，形成深浅不一的条、点状斑痕，影响果品的质量。

（2）形态特征　成虫体长6～8 mm，翅展15～20 mm，黄褐色，前翅有两条褐色斜纹。卵呈扁平椭圆形，长径0.7 mm，浅黄色半透明状，孵化前为黑褐色，数十粒卵排列成鱼鳞状，多产于叶面、果面上。幼虫体长13～18 mm，细长，翠绿色。蛹体长9～11 mm，较细长，黄褐色。

（3）发生规律　一年发生3～4代。以低龄幼虫在树皮裂缝、剪锯口及枯叶等处结茧越冬。次年苹果发芽后开始出蛰。幼虫在嫩芽、幼叶、花蕾等处为害。虫体稍大，吐丝，缀叶连成虫苞，潜伏其中为害。越冬幼虫一般在5月中下旬化蛹，6月羽化。成虫日伏夜出，具趋化性。卵块产于叶片或果实上，呈鱼鳞状排列。幼虫极活泼，有假死习性，老熟后在卷叶内结茧化蛹。

（4）防治方法　防治方法如下：

1）冬春刮除老鞘皮，清除部分越冬幼虫。春季结合疏花疏果，摘除虫包，集中处理。生长季节及时摘除虫叶、虫梢。

2）花芽分离期至盛花期及幼虫发生期是全年喷药防治的重点时期，可用25%灭幼脲悬浮剂1500倍液或4.5%氟铃脲悬浮剂1500~2000倍液+甲维盐2000~2500倍液及时进行喷雾防治，成虫期用黑光灯或杀虫剂消灭成虫。

3）在各代成虫发生期，采用“迷向法”在果园内各个方向的果树上挂性诱芯，使雄性成虫不能和雌蛾进行交配，阻止其繁育后代进行为害。

4）在各代卷叶虫卵发生期，根据性外激素诱蛾情况释放赤眼蜂。

4. 苹果绵蚜（图7-9）

绵蚜群落寄生在苹果树上，吸取树液，消耗树体营养。果树受害后，树势衰弱，寿命缩短，世界各国都把苹果绵蚜列为进出口检疫对象。

（1）田间诊断　成虫、若虫群集于背光的树干伤疤、剪锯口、裂缝、新梢的叶腋、短果枝端的叶群、果柄、梗洼和萼洼等处，为害枝干和根部，吸取汁液。被害部膨大成瘤，常因该处破裂，阻碍水分、养分的输导，严重时树体逐渐枯死。幼苗受害，可使全枝死亡。

图7-9　苹果绵蚜

（2）形态特征　无翅胎生蚜体呈卵圆形，暗红褐色，头部无额瘤，复眼为暗红色，口器末端达后足基节窝。体背有4排纵列的泌蜡孔，白色蜡质绵毛覆盖全身。有翅胎生蚜头部及胸部为黑色，腹部为暗褐色，复眼为暗红色，翅透明，翅脉及翅痣为棕色。有性雌蚜口器退化，头、触角及足均为浅黄绿色，腹部为红褐色，稍被绵状物。卵呈椭圆形，初产为橙黄色，后渐变为褐色，表面光滑，外露白粉，较大一端精孔突出。幼虫与若虫呈圆筒形，绵毛稀少，体被有白色绵状物，喙长超过腹。

（3）发生规律　我国一年发生12~18代，以1~2龄若虫在枝、干病虫伤疤边缘缝隙、剪锯口、根蘖基部或残留的蜡质绵毛下越冬。4月上旬，越冬若虫即在越冬部位开始活动为害，5月上旬开始胎生繁殖，初龄若虫逐渐扩散、迁移至嫩枝叶腋及嫩芽基部为害。5月下旬至7月初是全年繁殖盛期，6月下旬至7月上旬出现全年第一次盛发期。7月中旬至9月上旬，气温较高及受天敌影响，绵蚜种群数量显著下降。9月中旬以后，天敌减少，气温下降，出现第二次盛发期。至11月中旬平均气温降至7℃，即进入越冬。

（4）防治方法　防治方法如下：

1）冬季修剪。彻底刮除老树皮，修剪虫害枝条、树干，及时清除杂草和干枯树枝，破坏和消灭苹果绵蚜栖居、繁衍的场所。

2）人工繁殖释放或引放苹果蚜小蜂、瓢虫、草蛉等天敌。

3）苗木、接穗及包装材料要用48%毒死蜱乳油500倍液浸泡2~3 min。

4）加强检疫。禁止从苹果绵蚜发生疫区调进苗木、接穗。

5）生长季树上喷药，可选用1000～1500倍毒死蜱，1500～2000倍10%吡虫啉可湿性粉剂液等药剂，要喷透剪锯口、伤疤、缝隙等处。所用药剂要注意交替使用，以免发生抗性。

5. 苹果山楂叶螨（图7-10）

苹果山楂叶螨又名山楂红蜘蛛、樱桃红蜘蛛，主要为害梨、苹果、桃、樱 桃、山楂、李等多种果树。

（1）田间诊断　苹果山楂叶螨吸食叶片及幼嫩芽的汁液。叶片严重受害后，先是出现很多失绿小斑点，随后扩大连成片，严重时全叶变为焦黄而脱落，严重抑制了果树生长，甚至造成二次开花，影响当年花芽的形成和次年的产量。

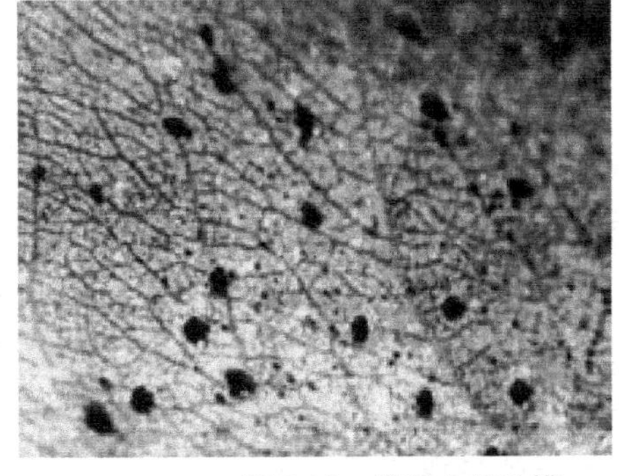

图7-10　苹果山楂叶螨

（2）形态特征　雌成螨呈卵圆形，体长0.54～0.59 mm，冬型为鲜红色，夏型为暗红色。雄成螨体长0.35～0.45 mm，体末端尖削，橙黄色。卵呈圆球形，春季产的卵为橙黄色，夏季产的卵为黄白色。初孵幼螨呈圆形，黄白色，取食后为浅绿色，3对足。若螨4对足。前期若螨体背开始出现刚毛，两侧有明显的墨绿色斑；后期若螨体较大，体形似成螨。

（3）发生规律　北方地区一年发生6～10代，以受精雌成螨在主干、主枝和侧枝的翘皮、裂缝、根颈周围土缝、落叶及杂草根部越冬，第二年苹果花芽膨大时开始出蛰为害，花序分离期为出蛰盛期。出蛰后一般多集中于树冠内膛局部为害，以后逐渐向外堂扩散。苹果山楂叶螨常群集叶背为害，有吐丝拉网习性。9～10月开始受精，雌成螨越冬，高温干旱条件下发生并为害重。

（4）防治方法　防治方法如下：

1）引放和保护天敌，尽量减少杀虫剂的使用次数或使用不杀伤天敌的药剂，在树木休眠期刮除老皮，主要刮除主枝分杈以上老皮，主干可不刮皮以保护主干上越冬的天敌。

2）在树干基部培土拍实，防止越冬螨出蛰上树。

3）发芽前，刮皮后喷洒石硫合剂或45%晶体石硫合剂20倍液、含油量3%～5%的柴油乳剂；在花前繁殖前，施用45%晶体石硫合剂300倍液或10%哒螨灵乳油6000～8000倍液或20%灭扫利乳油3000倍液或15%扫螨净乳油3000倍液或21%灭杀毙乳油2500～3000倍液或20%螨卵酯可湿性粉剂800～1000倍液或25%除螨酯（酚螨酯）乳油1000～2000倍液等多种杀螨剂。注意药剂的轮换使用，可延缓叶螨抗药性的产生。

三、苹果周年病虫害防治混合用药建议方案

1. 清园

惊蛰后8～15天进行清园，用40%硫磺·甲硫磷200～300倍液+48%毒死蜱800～1000倍液+3%硫酸锌（开水化开）+3%石化尿素（热水化开）进行混合喷雾。

2. 花露红期

开花前3~5天，用55%戊唑·多菌灵+10%吡虫啉800~1000倍液+1%甲维盐2000倍液+1.8%阿维菌素2000~2500倍液+0.3%硼（开水化开）+98%复硝酚钠（100 kg水/g）进行混合喷雾。

注：苹果红蜘蛛严重园不要用阿维菌素，可改用25%三唑锡可湿性粉剂1500~2000倍液进行喷雾。

3. 花后第一次用药

谢花后7~10天，用50%纯白多菌灵800~1000倍液+80%多·锰锌800~1000倍液+20%甲维·氟铃脲1500倍液+10%吡虫啉1500~2000倍液+钙800~1000倍液进行混合喷雾。

注：50%纯白多菌灵与多锰锌的比例为2:1。

4. 花后第二次用药

距上次用药15天左右，用70%甲基硫菌灵800~1000倍液+2%阿维菌素2000~2500倍液+15%哒螨灵1500~2000倍液+1%甲维盐2500倍液+15%吡虫啉1500~2000倍液+钙800~1000倍液进行混合喷雾。

5. 花后第三次用药

距上次用药10~15天，用60%百泰（5%吡唑醚菌酯+55%代森联）1500倍液+2.5%氯氟氰菊酯1500~2000倍液+3%甲维盐微乳剂2500~3000倍液+24%阿维螺螨酯2000倍液+钙800~1000倍液进行混合喷雾。

注：喷药6~12 h后再套膜袋；膜袋+纸袋苹果园在套纸袋前再用50%纯白多菌灵500~600倍液喷膜袋外面。

6. 套袋后第一次用药

距上次用药20~25天，用43%戊唑醇2000~2500倍液+80%代森锰锌800~1000倍液+哒螨灵2000倍液或三唑锡1500~2000倍液+高氯·毒死蜱2000倍液（不套袋品种用1%甲维盐2000~2500倍液）+5%啶虫脒2000倍液（无蚜虫则不加）+黄腐酸1500~1800倍液（空气湿度大时不加）进行混合喷雾。

注：炭疽菌叶枯病严重园应在雨前喷药，提早预防。

7. 套袋后第二次用药

距上次用药20~25天，用60%百泰（5%吡唑醚菌酯+55%代森联）1500倍液+10%多抗霉素1500倍液+25%三唑锡可湿性粉剂1500~2000倍液+1%甲维盐2000倍液+5%萘乙酸（每瓶100 g配水250 kg）+5%啶虫脒2000倍液（无蚜虫则不加）进行混合喷雾。

8. 套袋后第三次用药

距上次用药20~25天，用43%戊唑醇2500倍液+80%代森锰锌1500倍液+高氯·毒死蜱2000倍液+5%萘乙酸（每瓶100 g溶液配水200 kg）进行混合喷雾。

注：此次喷药防治天牛（钻心虫）很关键，切不可忽视。

上述建议方案只供参考，各地应根据当地具体情况灵活掌握用药时间、种类、浓度及次数。

任务4　梨主要病虫害及其防治

【知识目标】

了解梨主要病虫害的特征；掌握梨主要病虫害的发生规律及综合防治措施。

【能力目标】

根据梨主要病虫害的特征及发病规律，能够识别其主要病虫害。

【基本知识】

一、梨主要病害及其防治

我国已知的梨树病害约有80种。梨树主要病害包括梨黑星病、腐烂病、干腐病、轮纹病、锈病、黑斑病和褐斑病。

1. 梨黑星病（图7-11）

梨黑星病又称疮痂病，是梨树的一种主要病害。我国梨产区均有发生。

（1）田间诊断　梨黑星病为害所有幼嫩的绿色组织，以果实和叶片为主。果实发病初期产生浅黄色圆形斑点并逐渐扩大，以后病部稍凹陷，长出黑霉，最后病斑木栓化，凹陷并龟裂。叶片和新梢受害后可长出黑色霉斑。

图7-11　梨黑星病

（2）发病规律　菌丝体及未成熟的子囊壳在落叶上越冬。华北地区第二年春季4月下旬至5月上旬开始发病，一般在新梢基部最先发病，病梢是最重要的侵染中心。病害流行的适宜温度为11～20℃。阴雨连绵、气温较低则蔓延迅速。

（3）发病条件　病菌在芽鳞、病叶、病果和枝条上越冬，次年借风雨传播。发病轻重与当年降雨量密切相关。

（4）防治方法　防治方法如下：

1）农业防治。加强栽培管理，增施有机肥，提高抗病力；晚秋清除落叶、病果、病枯枝等，减少越冬病原；生长期及早摘除病花丛和病梢。

2）化学防治。花蕾膨大期及落花后期各喷一次药，后隔2～3周喷一次，共3～4次。要特别注意喷叶背。可用0.5：1：100的波尔多液或30%氧氯化铜600倍液或50%多菌灵

500～800 倍液或 70% 甲基托布津 500～800 倍液。

2. 梨锈病（图 7-12）

梨锈病又称赤星病、羊胡子，我国南北果区均有发生，但一般不造成严重危害，仅在果园附近种植桧柏类树木较多的风景区和城市郊区造成较重危害。梨锈病除为害梨树外，还能为害山楂、棠梨和贴梗海棠等。

（1）田间诊断　梨锈病为害叶片、新梢和幼果。叶片受害时，在叶面上出现橙黄色有光泽的小斑，逐渐扩大为近圆形的病斑，直径 4～5 mm，中部为橙黄色，边缘为浅黄色，外圈的黄绿色的晕环与健部分开，病斑性孢子器由黄色变为黑色后向叶背面隆起，叶面微凹，以后病斑变黑。发病严重时引致早期落叶。新梢、幼果及果柄病斑与叶相似。幼果受害畸形、早落；新梢受害易被风折断。转生寄主为柏科植物桧柏（圆柏）等。

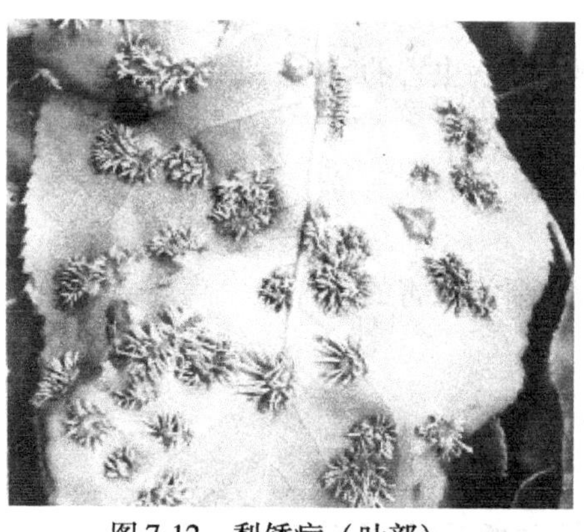

图 7-12　梨锈病（叶部）

（2）发病规律　病菌以冬孢子角在桧柏上越冬。次年 3 月，冬孢子角吸水后膨胀成黄色胶块，并散出担孢子借风力传播到梨树的新梢、嫩叶和幼果上为害，产生性孢子器和锈孢子，但不再侵染梨树，5～6 月再借风力传播到桧柏上完成其生活史。

（3）发病条件　春季梨树萌芽展叶时，在有桧柏、龙柏等转主寄主存在条件下，降雨、温度适宜，风力和风向都对梨锈病的发生有较大影响。同时，越冬病菌基数、梨树品种的抗性都与梨锈病的发生有着密切联系。

（4）防治方法　防治方法如下：

1）梨园 5 km 内不种植桧柏，中断转主寄主。

2）梨园附近有桧柏，2 月下旬至 3 月上旬在桧柏上喷 1～2°Bé 石硫合剂，杀灭越冬后的冬孢子和担子孢子。

3）从梨展叶开始至 5 月下旬为止，可喷 1∶3∶(200～240) 倍波尔多液或 65% 代森锌 500 倍液。也可选用氟硅唑（或氟环唑）＋醚菌酯、特富灵等药剂进行防治。开花期不能喷药，以免产生药害。

3. 梨黑斑病（图 7-13）

梨黑斑病是梨树主要的病害之一，在中国主要梨区普遍发生。西洋梨、日本梨、酥梨、雪花梨最易感病。

（1）田间诊断　梨黑斑病主要为害果实、叶和新梢。叶部受害，幼叶先发病并形成黑褐色圆形斑点，后逐渐扩大，形成近圆形或不规则形病斑，中心为灰白色至灰褐色，边缘为黑褐色。病叶焦枯、畸形，早期脱落。果实受害，果面

图 7-13　梨黑斑病

出现一个至数个黑色斑点，逐渐扩大，颜色变浅，形成浅褐色至灰褐色圆形病斑，略凹陷。发病后期病果畸形、龟裂，裂缝可深达果心，果面和裂缝内产生黑霉，引起落果。果实近成熟期染病，前期表现与幼果相似，但病斑较大，黑褐色，后期果肉软腐而脱落。新梢发病，病斑呈圆形或椭圆形、纺锤形，浅褐色或黑褐色，略凹陷，易折断。

（2）发病规律　病菌以分生孢子和菌丝体在被害枝梢、病叶、病果和落于地面的病残体上越冬。第二年春季产生分生孢子后借风雨传播，从气孔、皮孔侵入或直接侵入寄主组织引起初侵染。初侵染发病后病菌可在田间引起再侵染。一般4月下旬开始发病，嫩叶极易受害。6～7月如遇多雨，更易流行。地势低洼、肥料不足、修剪不合理、树势衰弱及梨网蝽、蚜虫猖獗为害等不利因素均可加重该病的流行与造成的危害。

（3）发病条件　温度和降水量对病害的发生发展影响很大，气温为24～28 ℃且连续阴雨利于梨黑斑病的发生；气温达30 ℃以上且连续晴天，病害停止蔓延。此病在南方一般从4月下旬开始发生，至10月下旬逐渐停止发展，6月上旬至7月上中旬梅雨季节发病最为严重。在华北梨区，6月开始发病，7～8月雨季为发病盛期。树势、树龄与发病也有密切关系，强树和树龄较小的树发病较轻，弱树和老树发病较重。施肥不足或偏施氮肥、地势低洼、植株过密、结果量过大都可能促进此病发生。不同品种感病性差异显著，一般砂梨系统品种感病，西洋梨次之，中国梨较抗病。

（4）防治方法　防治方法如下：

1）农业防治。发芽前剪除病梢，清除落叶落果，认真清园。改善栽培管理，增强树势。低洼果园雨季及时排水。重病树要重剪，以通风透光，清除病原。

2）药剂防治。发芽前喷药铲除树上越冬病菌，生长期及时喷药预防侵染以保护叶和果实。南方一般在4月下旬至7月上旬，每间隔10天左右喷洒一次。华北从初见病叶到雨季喷药4～6次，可基本控制此病害。50%异菌脲（扑海因）可湿性粉剂或10%多抗霉素1000～1500倍液对黑斑病效果最好，75%百菌清可湿性粉剂800倍液、90%三乙膦酸铝500倍液、65%代森锌可湿性粉剂600～800倍液、1∶2∶240波尔多液等也有一定效果。为延缓抗药性的产生，异菌脲和多抗霉素应与其他药剂交替使用。

3）果实套袋。

4）在病害流行地区选栽抗病品种。

二、梨主要虫害及其防治

我国梨树害虫记载有697种，目前为害严重的害虫有梨二叉蚜、梨小食心虫、梨木虱、梨黄粉蚜、山楂叶螨、梨大食心虫。

1. 梨二叉蚜（图7-14）

梨二叉蚜是梨树的主要害虫。全国各梨区都有分布，以辽宁、河北、山东和山西等梨区发生普遍。

（1）田间诊断　梨二叉蚜以成虫、若虫群集于芽、嫩叶、嫩梢上吸取梨汁液。早春若虫集中在嫩芽上为害。随着梨芽开绽而侵入芽内。梨芽展叶后，则

图7-14　梨二叉蚜

转至嫩梢和嫩叶上为害。被害叶从主脉两侧向内纵卷成松筒状。

（2）形态特征　无翅胎生雌成蚜体长约 2 mm，绿色、暗绿或黄褐色，头部额瘤不明显，口器为黑色，背中央有一条深绿色纵带。有翅胎生雌成蚜体长 1.5 mm 左右，翅展约 5 mm，头胸部为黑色，腹部为绿色，额瘤微突出，口器为黑色，复眼为红色，前翅中脉分二叉，故称二叉蚜。若蚜与无翅胎生雌蚜相似，体小；有翅若蚜胸部较大，具翅芽。

（3）发生规律　一年发生 20 代左右。以卵在梨树芽腋内和树枝裂缝中越冬。次年 3 月中下旬梨芽萌发时开始孵化，并以胎生方式繁殖无翅雌蚜。以枝顶端嫩梢、嫩叶最多。4 月中旬至 5 月上旬为害最严重。5 月中下旬产生有翅蚜，陆续迁到狗尾草上为害。9～10 月又迁回梨树上为害繁殖，产生有性蚜。雌雄交尾后，于 11 月开始在梨树芽腋产卵越冬。卵多散产于枝条、果台的皱缝处，以芽腋处较多，严重时常数十粒密集在一起。梨二叉蚜在春季为害较重，秋季为害远轻于春季。

（4）防治方法　防治方法如下：

1）早期摘除被害叶，集中处理，消灭蚜虫。

2）抓好开花前喷药防治工作，在越冬卵全部孵化未造成卷叶时应喷药。用 10% 吡虫啉（一遍净）2000 倍液，20% 速灭杀丁 1000～1500 倍液等。

3）保护并利用天敌。

2. 梨小食心虫（图 7-15）

梨小食心虫简称梨小（又名梨小蛀果蛾、东方果蠹蛾、梨姬食心虫、桃折梢虫、小食心虫、桃折心虫）小卷叶蛾科。梨小食心虫在各地果园均有发生，是梨树的主要害虫，在梨树、桃树混栽的果园为害尤为严重。

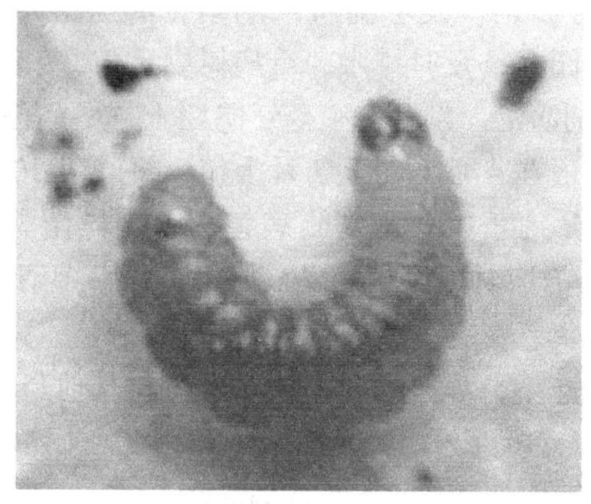

图 7-15　梨小食心虫

（1）田间诊断　梨小食心虫为害果实和新梢。幼虫蛀果多从萼洼处蛀入，直接蛀到果心，在蛀孔处有虫粪排出，被害果上有幼虫脱出的脱果孔。幼虫蛀害嫩梢时，多从嫩梢顶端第三叶叶柄基部蛀入，直至髓部，向下蛀食。蛀孔处有少量虫粪排出，蛀孔以上部分易萎蔫干枯。

（2）形态特征　成虫体长 6～7 mm，黑褐色；前翅前缘有 7～10 组白色短斜纹，外缘中部有 1 个灰白色小斑点。卵近扁圆形，稍隆起，浅黄色且有光泽。初孵幼虫为黄白色，老熟幼虫为浅红色至桃红色；头为浅褐色，前胸背板为浅黄白色；腹末有臀栉 4～7 个。蛹体长约 6 mm，黄褐色，腹部 3～7 节背面各有两排小刺。

（3）发生规律　老熟幼虫在树干翘皮下、粗皮裂缝和树干绑缚物等处做一薄层白茧越冬或在根颈部周围的土中、杂草和落叶下越冬。梨树落花后，越冬幼虫开始化蛹，并羽化成虫，成虫在傍晚活动、交尾、产卵，对糖醋液和人工合成的梨小食心虫性外激素有强烈趋性。成虫产卵于果实萼洼和梗洼处，为害嫩梢时产卵于叶片背面。幼虫孵化后爬行一段时间即蛀入果实或嫩梢。幼虫在果内和嫩梢内生长至老熟后便脱果、脱梢，寻找适当场所化蛹。

（4）防治方法　防治方法如下：

1）人工防治。早春刮树皮，消灭翘皮下和裂缝内越冬的幼虫；秋季幼虫越冬前，在树干上绑草把，诱集越冬幼虫，入冬后或翌年早春解下烧掉，消灭其中越冬的幼虫；春季发现部分新梢受害时，及时剪除被害梢，深埋或烧掉，消灭其中的幼虫。

2）药剂防治。在各代成虫产卵盛期和幼虫孵化期，为防止果实受害，重点防治第二、三代幼虫。用梨小食心虫性外激素诱捕器监测成虫发生期，指导准确的喷药时间。一般情况下，在成虫出现高峰后即可喷药。在发生严重的年份，可在成虫发生盛期前、后各喷一次药，控制其为害。在没有梨小食心虫性诱剂的情况下，可在田间调查卵果率，当卵果率达到1%时就可喷药。常用药剂有50%杀螟松乳油1000倍液、80%敌百虫晶体1000倍液、20%速灭杀丁乳油3000倍液、2.5%功夫菊酯乳油3000倍液。

3）生物防治。在虫口密度较低的果园，可用松毛虫赤眼蜂治虫。成虫产卵初期和盛期分别释放松毛虫赤眼蜂一次，每100m^{2}果园放蜂4500头左右，能明显减轻危害。

4）果实套袋是防止梨小食心虫危害的较好方法。

5）刮皮消灭越冬幼虫。

3. 梨木虱（图7-16）

梨木虱又叫梨虱，主要寄主是梨树。梨木虱是梨园常见且为害十分严重的一种害虫，套袋果园常受害较重。

（1）田间诊断　若虫常聚集于叶背主脉两侧为害，使叶片沿主脉向背面弯曲，呈匙状，叶片皱缩，甚至枯黄、变黑、脱落。幼龄若虫将叶片沿叶缘卷曲成筒状，受害部位虫体分泌的黏液在秋季湿度大时会引起煤污病，污染叶和果面，造成落叶及枝条和果实发育不良。

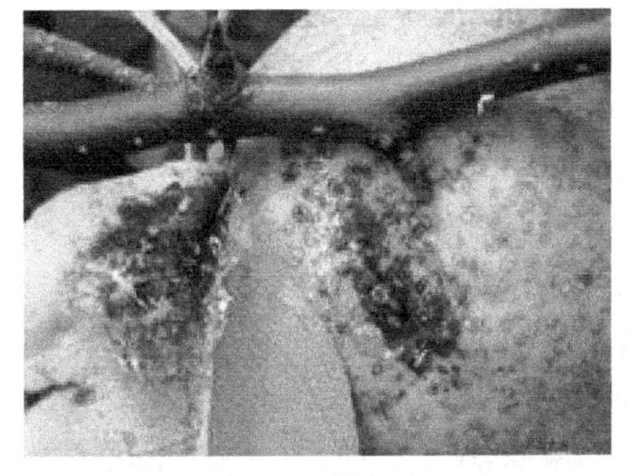

图7-16　梨木虱

（2）形态特征　成虫分冬型和夏型。冬型体长2.8～3.2 mm，褐色至暗褐色；卵具有黑褐色斑纹。夏型成虫体略小，黄绿色，翅上无斑纹，复眼为黑色，胸背有4条红黄色或黄色纵条纹；卵呈长圆形，一端尖细。若虫呈扁椭圆形，浅绿色，复眼为红色，翅芽为浅黄色，突出在身体两侧。

（3）发生规律　一年发生4～5代，以成虫在落叶、杂草、土石缝隙及树皮缝内越冬。3月上中旬成虫开始活动、交尾，在芽基部、短果枝叶痕处产卵。4月上旬卵开始孵化，初孵化若虫聚集于新梢、叶柄等处为害，也有把卵直接产于刚展开的细叶上，呈线性排列。以后各代成虫多将卵产于叶柄、叶脉或叶缘锯齿间，孵出的若虫为害叶片。幼果的果柄、萼部及果面都可能有卵附着。套袋前若不彻底杀死，则为害更重。10月上中旬出现最后一代成虫并越冬。

（4）防治方法　防治方法如下：

1）清除虫叶。早期摘除被害卷叶，集中处理。

2）药剂防治。蚜卵孵化，梨芽尚未开放至发芽展叶期是防治最适期。在梨木虱严重发生时，可选用240g/L螺虫乙酯、虫螨腈、（1.8%、3.2%、5.0%）阿维菌素防治梨木虱。若要求速效，可添加菊酯类药剂酌量。因梨木虱对吡虫啉等药剂抗性的加大，使用时应缩小倍数。

3）保护天敌。梨蚜天敌有瓢虫、草蛉、食蚜蝇、蚜茧蜂等，应注意加以保护。

三、梨周年病虫害防治混合用药建议方案

1. 清园

惊蛰后7~10天进行清园，用40%硫黄·甲硫磷200~300倍液+48%毒死蜱800~1000倍液+10%吡虫啉1500倍液+98%工业用硫酸锌30~50倍液（开水化开）+3%石化尿素（热水化开）进行混合喷雾。

2. 花露白期

开花前3~5天，用10%苯醚甲环唑2000~2500倍液+10%吡虫啉1500倍液+1%甲维盐2500倍液+2%阿维菌素2000~2500倍液+0.2%硼砂（开水化开）进行混合喷雾。

注：盛花后期梨茎蜂大发生时，可用2.5%高效氯氟氰菊酯3000倍液喷雾防治；铁头梨、公梨（无萼洼）发生严重园，花露白期喷药时再加入15%多效唑1800~2000倍液进行混合喷雾。

3. 花后第一次用药

谢花后5~8天，用80%代森锰锌800~1000倍液+80%纯白多菌灵1000~1500倍液+10%吡虫啉1500~2000倍液+2%阿维菌素乳剂2500倍液+20%甲维·氟铃脲1500倍液+钙800~1000倍液+0.2%硼砂（开水化开）进行混合喷雾。

4. 花后第二次用药

距上次用药8~10天，用70%甲基硫菌灵800倍液+10%吡虫啉1500倍液+2.5%高效氯氟氰菊酯1500倍液+1%苦参碱水剂1500倍液+24%阿维·螺螨酯2000倍液+钙800~1000倍液+0.2%硼砂（开水化开）进行混合喷雾。

注：此次喷药为防止梨木虱的关键时期，要求喷雾必须均匀周到，盛果期梨园用药液量每亩应不少于250 kg。

5. 花后第三次用药

距上次用药15天左右，用10%苯醚甲环唑2500倍液+20%甲维·氟铃脲1250倍液+24%阿维·螺螨酯2000倍液+钙800~1000倍液+98%复硝酚钠（每克配水50 kg）进行混合喷雾。喷完药后第二天套袋。

注：若梨木虱严重，可在药剂中加入洗洁净200~300倍液，勿在中午喷药。

6. 套袋后第一次用药

距上次用药15~20天，用12.5%烯唑醇800~1000倍液+50%纯白多菌灵1500倍液+5%啶虫脒1500~2000倍液+2%阿维菌素2000~2500倍液+1%甲维盐2500倍液进行混合喷雾。

7. 套袋后第二次用药

距上次用药15~20天，用10%苯醚甲环唑2500倍液+24%阿维·螺螨酯2000倍液+20%甲维·氟铃脲1250倍液+20%黄腐酸1500~1800倍液进行混合喷雾。

8. 套袋后第三次用药

距上次用药20天左右，用60%百泰（5%吡唑醚菌酯+55%代森联）1500倍液+1%甲维盐2500倍液+24%阿维·螺螨酯2000倍液+98%复硝酚钠（每克配水50 kg）进行混合喷雾。

上述建议方案只供参考，各地应根据当地具体情况灵活掌握用药时间、种类、浓度及次数。

任务5　桃主要病虫害及其防治

【知识目标】

了解桃主要病虫害的特征；掌握桃主要病虫害的发生规律及综合防治措施。

【能力目标】

根据桃主要病虫害的特征及发病规律，能够识别其主要病虫害。

【基本知识】

一、桃主要病害及其防治

我国已知的桃树病害有50余种，其中桃褐腐病、桃疮痂病、桃细菌性穿孔病、桃炭疽病和桃缩叶病是主要的桃树病害。

1. 桃褐腐病（图7-17）

桃褐腐病又名菌核病、灰腐病、灰霉病，是桃树的主要病害之一，可为害桃、李、杏、梅及樱桃等核果类果树，主要发生在浙江、山东沿海地带区和长江流域。

图7-17　桃褐腐病为害果实

（1）田间诊断　桃褐腐病主要为害花、叶、枝梢和果实。果实染病后，果面开始出现小的褐色斑点，后急速扩大为圆形褐色大斑，果肉为浅褐色，并很快全果烂透。同时，病部表面长出质地密结的串珠状灰褐色或灰白色霉丛，初为同心环纹状，并很快遍及全果。烂病果除少数脱落外，大部分干缩呈褐色至黑色僵果，经久不落；病花瓣、柱头初生褐色斑点，渐蔓延至花萼与花柄，天气潮湿时病花迅速腐烂，长出灰色霉层。气候干燥时则萎缩干枯，长留树上不脱落。嫩叶发病自叶缘开始，初为暗褐色水渍状病斑，并很快扩展至叶柄，叶片萎垂如霜害，病叶上常具灰色霉层，也不易脱落；枝梢发病多为病花梗、病叶柄及病果中的菌丝向下蔓延所致，渐形成长圆形溃疡斑，边缘为紫褐色，中央微凹陷，灰褐色，病斑周缘微凸，被覆灰色霉层，初期溃疡斑常有流胶现象。病斑扩展环绕枝条一周时，枝条即萎蔫枯死。

（2）发病规律　病菌在僵果和被害枝的病部越冬。翌年春季借风雨、昆虫传播，由气孔、皮孔、伤口侵入，引起初次侵染。分生孢子萌发产生芽管，侵入柱头、蜜腺，造成花腐，再蔓延到新梢。病果在适宜条件下长出大量分生孢子，引起再侵染。

（3）发病条件　桃树开花期及幼果期如遇低温多雨，果实成熟期又逢温暖、多云多雾、

高湿度的环境条件，发病严重。前期低温潮湿容易引起花腐，后期温暖多雨、多雾则易引起果腐；树势衰弱、管理不善和地势低洼、枝叶过于茂密、通风透光较差的果园，发病较重；果实储运中如遇高温高湿，则易于发病；成熟后果实质地柔嫩、汁多、味甜、皮薄的品种比较易感病。

（4）防治方法　防治方法如下：

1）清除病原。休眠期结合冬剪彻底清除树上和树下的病枝、病叶、僵果，集中烧毁。秋冬深翻树盘，将病菌埋于地下。

2）药剂防治。芽膨大期喷布石硫合剂 +80% 五氯酚钠 200～300 倍液。花后 10 天至采收前 20 天喷布 65% 代森锌 400～500 倍液，或 70% 甲基托布津 800 倍液或 50% 多菌灵可湿性粉剂 800～1000 倍液，或 50% 硫悬浮剂 500～800 倍液，或 30% 碱式硫酸铜悬浮剂 400～500 倍液，或 20% 三唑酮乳油 3000～4000 倍液等药剂。药剂应交替使用。

3）生长期及时防治蛴象、象鼻虫、食心虫、桃蛀螟等害虫，减少伤口。

2. 桃疮痂病（图 7-18）

桃疮痂病又名黑星病，在我国各地普遍发生，尤以高温多湿的江浙一带发病最重，主要为害果实，油桃更容易感染。此病除为害桃外，还能侵害李、梅、杏、樱桃等核果类果树。

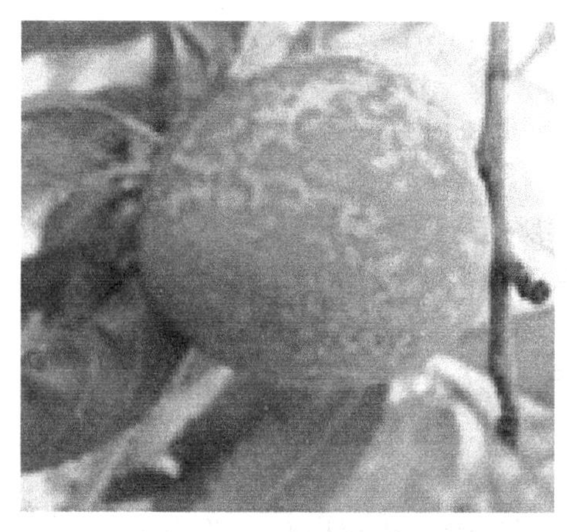

图 7-18　桃疮痂病

（1）田间诊断　桃疮痂病主要为害桃树果实、枝梢和叶片。果实发病先发生暗绿色圆形斑点，逐渐扩大，严重时病斑融合连片，随果实增大，果面往往龟裂。当果柄被害时，病果常脱落。枝梢染病后，起初发生浅褐色椭圆形斑点，边缘带紫褐色。秋季病斑表面呈紫色或黑褐色，微隆起，常流胶。翌年春季，病斑变灰色，产生暗色绒点状分生孢子丛。叶片初发病时，叶背出现不规则形或多角形灰绿色病斑，渐变为褐色或紫红色，后期形成穿孔，严重时落叶。

（2）发病规律　病菌在一年生枝的病斑上越冬，翌春病原孢子以雨水、雾滴、露水传带并感染发病。从侵入到发病，病程较长，果实为 40～70 天，新梢、叶片为 25～45 天。发病适宜温度为 20～27 ℃。

（3）发病条件　桃疮痂病的发生与气候、果园地势及品种有关，春季和初夏及果实近成熟期的降水量是影响该病发生和流行的重要条件，此间若多雨潮湿则易发病。果园地势低洼、栽植过密、通风透光不好、湿度大则发病重。一般情况下，早、晚熟品种均发病较重。

（4）防治方法　防治方法如下：

1）加强栽培管理，提高树体抗病力，增施有机肥，控制速效氮肥的用量，适量补充微量元素肥料，以提高树体抵抗力。合理修剪，注意桃园通风透光和排水。

2）清除病原。秋末冬初结合修剪，彻底清除园内树上的病枝、枯死枝、僵果、地面落果，集中处理，以减少初侵染源。

3）药剂防治。芽膨大前期喷布石硫合剂 +80% 五氯酚钠 200～300 倍液，铲除越冬病

原；花露红期及落花后间隔10～15天喷布一次10%苯醚甲环唑2000～2500倍液或50%多菌灵可湿性粉剂800倍液或50%甲基托布津可湿性粉剂500倍液或40%氟硅唑1000～1500倍液或50%克菌丹可湿性粉剂400～500倍液，注意药剂交替使用。

3. 桃细菌性穿孔病（图7-19）

桃细菌性穿孔病是桃树上最常见的叶部病害，在世界各桃产区都有发生，广泛分布于我国各地桃产区。

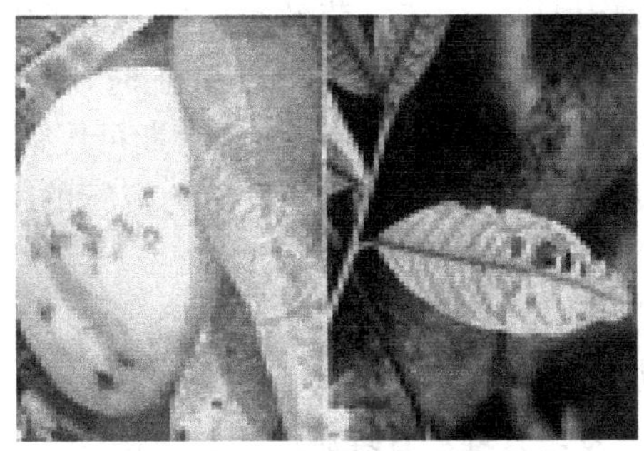

图7-19 桃细菌性穿孔病

（1）田间诊断 桃细菌性穿孔病主要为害叶片，在桃树新梢和果实上均能发病。叶片发病初期为水渍状小圆斑，后逐渐扩大成圆形或不规整形病斑，边缘有黄绿色晕环，以后病斑干枯、脱落、穿孔，严重时病斑相连，造成叶片脱落。新枝染病，以皮孔为中心树皮隆起，出现直径1～4 mm的疣，其上散生针头状小黑点，即病菌分生孢子器。在大枝及树干上，树皮表面龟裂、粗糙。之后瘤皮开裂，陆续溢出树脂，透明、柔软状，树脂与空气接触后，由黄白色变成褐色、红褐色至茶褐色硬胶块。病部易被腐生菌侵染，叶片变黄，严重时全株枯死。果实发病，由果核内分泌黄色胶质，溢出果面，病部硬化，初为浅褐色水渍状小圆斑，稍凹陷，以后病斑稍扩大，天气干燥时病斑开裂，严重影响桃果品质和产量。

（2）发病规律 病原细菌在病枝条组织内越冬，翌春开始活动。桃树开花前后，病菌从病组织中溢出，借风雨或昆虫传播，经叶片的气孔、枝条的芽痕和果实的皮孔侵入，潜育期为7～14天。春季溃疡斑中的病菌在干燥条件下经10～13天即死亡。气温19～28 ℃，相对湿度70%～90%利于发病。该病一般于5月出现，7～8月发病重。

（3）发病条件 温暖、雨水频繁或多雾、重雾季节，利于病菌侵染和繁殖，发病重。树势强发病轻且晚；树势弱发病早且重。果园低洼、排水不良、透光、通风差、偏施氮肥发病重。早熟品种比晚熟品种发病轻。

（4）防治方法 防治方法如下：

1）加强桃园综合管理、增强树势、提高树体抗病力是防治穿孔病最重要的措施。

2）新建桃园注意选栽抗病品种，选好土壤、地势条件。

3）药剂防治。可参考桃炭疽病、褐腐病、疮痂病的药剂防治方法，综合进行喷药。

4. 桃炭疽病（图7-20）

桃炭疽病是桃树的主要病害之一，分布于全国各桃产区，尤以长江流域、东部沿海地区发病较重。

图7-20 桃炭疽病

（1）田间诊断 桃炭疽病主要为害果实，也为害枝叶。果实被害处先产生水渍状褐色斑，后逐渐扩大呈暗褐色圆形斑，斑稍凹陷，病斑上产生黑褐色颗粒状点（分生孢子盘），组成同心轮纹状。后期病斑扩大成圆形或椭圆形，具有同心轮纹状的分生孢子盘，雨季孢子盘变成红色或粉红色黏质颗粒状，病害严重时常造成大量落果。新梢受害出现暗褐色病斑，略凹陷。病斑蔓延后可导致枝条死亡。天气潮湿时，病斑表面可出现橘红色小点，叶片发病后呈纵筒状卷曲。

（2）发病规律　病菌以菌丝在病枝、病果中越冬，翌年遇适宜的温湿条件，即当平均气温达 10 ~ 12 ℃，相对湿度达 80% 以上时开始形成孢子，借风雨、昆虫传播，形成第一次侵染。该病为害时间长，在桃整个生育期可侵染。

（3）发病条件　高湿是此病发生与流行的主导诱因。花期低温多雨有利于发病。果实成熟期温暖、多雨，以及粗放管理、土壤黏重、排水不良、施氮过多、树冠郁闭的桃园发病严重。一般早熟桃发病重，晚熟桃发病轻。

（4）防治方法　防治方法如下：

1）加强栽培管理。合理施肥，及时排除果园积水。夏季及时去除直立徒长枝，改善树体通风透光条件；冬季修剪时，彻底剪除干枯枝和残留在树上的病僵果，集中烧毁。

2）药剂防治。在花芽膨大期，喷洒 1：1：160 波尔多液，或 5°Bé 石硫合剂。落花后，及时喷洒杀菌剂，可用 70% 甲基托布津可湿性粉剂 1000 倍液、50% 多菌灵可湿性粉剂 800 倍液、10% 苯醚甲环唑水分散粒剂 2000 ~ 2500 倍液，或 75% 百菌清可湿性粉剂 1000 倍液。根据天气情况，可间隔 10 ~ 15 天喷一次药，注意不同药剂的轮换使用。

二、桃主要虫害及其防治

1. 桃蚜

桃树蚜虫分为桃蚜、桃粉蚜、桃瘤蚜（图 7-21）三种，分布范围广，在国内大部分桃产区都有发生。以成蚜、若蚜密集在叶背面吸食汁液，导致桃树生长缓慢或叶片卷缩，其排泄物可诱发煤污病。

（1）田间诊断　春季桃树萌芽长叶时，桃蚜群集在嫩梢、嫩芽及幼叶背面，使被害部位叶片扭曲，卷成螺旋状，严重时造成落叶，新梢不能生长，影响产量及花芽形成。桃蚜还危害花蕾，影响坐果，降低产量。其桃蚜排泄的蜜露，污染叶面及枝梢，易造成煤污病，桃蚜还能传播桃树病毒。

（2）形态特征　无翅蚜体浅色，头部深色。额瘤显著，中额瘤微隆。腹管长筒形，端部黑色。尾片黑褐色，圆锥形，近端部 1/3 收缩；有翅蚜头部和胸部黑色，腹部浅色。触角第 3 节有小圆形状的感觉圈 9 ~ 11 个。腹部第 4 ~ 6 节背中融合为一块大斑，第 2 ~ 6 节各有大型缘斑，第 8 节背中有一对小突起。其形体构造因种类不同而异。

（3）发生规律　在北方果区，桃蚜年发生 10 余代，以卵在桃树芽鳞片间隙、树皮裂缝和小枝杈等处越冬。翌年 3 月中、下旬，卵开始孵化出幼蚜，

桃粉蚜群集叶背

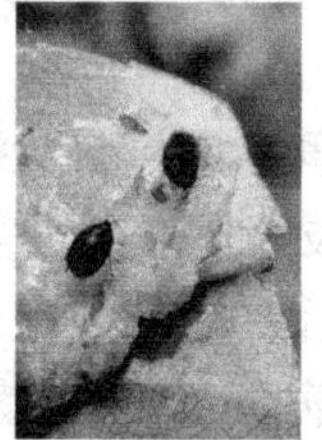

桃瘤蚜

图 7-21　桃蚜、桃粉蚜、桃瘤蚜

群集嫩叶上为害。嫩叶展开后，群集叶背及幼果果面为害，排泄蜜状黏液。被害叶呈现出不规则的卷缩状，影响新梢和幼果生长。于4月下旬至5月危害最为严重。5月下旬以后，产生有性蚜，交尾产卵越冬。

（4）防治方法 防治方法如下：

1）清除虫源。桃树落叶后，如清理枯枝落叶、树干涂药等。

2）药剂防治。桃花期前后及幼果期是药剂防治的关键时期，（日平均气温小于30℃）。可选用10%的吡虫啉1000～1500倍+40%吡蚜酮1500～2000倍或25%丁硫克百威1500～2000倍液进行防治，中后期（日平均气温大于30℃），可选用5%啶虫咪1000～1500倍+4%吡蚜酮1500～2000倍或22.4%螺虫己酯4000倍或40%噻嗪酮3000～4000倍液混合喷雾，注意药剂要交替使用。

2. 桃红颈天牛（图7-22）

桃红颈天牛俗称水牛、铁炮虫、木花，全国各桃产区均有分布，主要为害桃、杏、李、梅、樱桃、苹果、梨、柳等，对核果类果树为害尤为严重，是桃树主要害虫之一。

图7-22 桃红颈天牛

（1）田间诊断 以幼虫蛀食干和主枝，小幼虫先在皮层下串蛀，然后蛀入木质部，深达干心，受害枝干被蛀中空阻碍树液流通，引起流胶，使枝干未老先衰，严重时可使全株枯萎。蛀孔外堆满红褐色木屑状虫粪。

（2）形态特征 成虫长28～37 mm，虫体为黑色，颈部为棕红色，有光泽。前胸两侧各有一刺突，背面有瘤状突起。卵呈长椭圆形，长6～7 mm，乳白色。幼虫体长50 mm，白色。前胸背板呈扁平方形，前缘为黄褐色，中间色浅。蛹长25～35 mm，浅黄白色，羽化前为黑色。

（3）发生规律 华北地区2～3年发生一代，以幼虫在树干蛀道内越冬。翌年3～4月恢复活动，在皮层下和木质部钻不规则的隧道，并向蛀孔外排出大量红褐色或类似木屑类粪便碎屑，堆满孔外和树干基部地面。5～6月为害最严重，此时树干全部被蛀空而死。幼虫老熟后，向外开一排粪孔，用分泌物黏结粪便、木屑，在隧道内作茧化蛹。6～7月成虫羽化后，咬孔钻出，午间多静息在枝干上并交配产卵。卵多产于树干基部和主枝枝杈粗皮缝内或剪锯口处，幼虫孵化后，先在皮下蛀食，经过滞育过冬，第三年5～6月老熟化蛹，羽化为成虫。

（4）防治方法 防治方法如下：

1）清除虫源。幼虫孵化期，人工刮除老树皮，集中烧毁。成虫羽化期，人工捕捉，主要利用成虫中午至下午两三点钟静栖在枝条上，特别是下到树干基部的习性，进行捕捉。成虫产卵期，经常检查树干，发现有方形产卵伤痕，及时刮除或以木槌击死卵粒。

2）药剂防治。对有新鲜虫粪排出的蛀孔，可用小棉球蘸敌敌畏煤油合剂（煤油1000 g加入80%敌敌畏乳油50 g）塞入虫孔内，然后再用泥土封闭虫孔，或者注射80%敌敌畏原液少许，洞口敷以泥土，可熏杀幼虫。

3）保护和利用天敌昆虫，如管氏肿腿蜂。

3. 桑白蚧（图7-23）

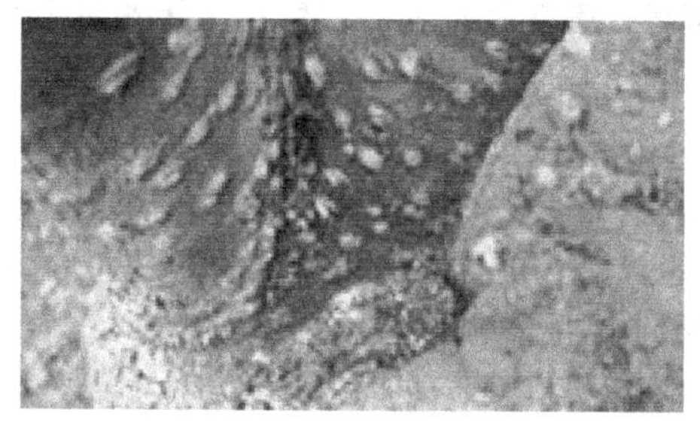

图7-23　桑白蚧

桑白蚧又称桑盾蚧、桃白蚧，分布遍及全国，是为害最普遍的一种介壳虫。桑白蚧除为害桃外，还有樱桃、山毛桃、李、杏、梨、核桃、桑、国槐等。

（1）田间诊断　以若虫和成虫群集于主干、枝条上，以口针刺入皮层吸食汁液，也有在叶脉或叶柄、芽的两侧寄生，造成叶片提早硬化。

（2）形态特征　雌虫介壳近圆形，背部隆起，白色或灰白色。蜕皮壳点为橙黄色，偏于一旁。雌成虫体呈椭圆形，扁平，橙黄色。雄虫的介壳呈长筒形，灰白色，壳点为橙黄色，偏于前方边缘上。雄成虫体为橙黄色，前翅1对，后翅退化。卵呈椭圆形，橙黄色。若虫呈椭圆形，橙黄色。

（3）发生规律　华北地区每年发生两代，以受精雌虫在枝干上越冬，4月下旬开始产卵，卵产于介壳下，产卵后干缩而死。若虫5月初开始孵化，自母体介壳下爬出后在枝干上到处乱爬，找到适当位置即固定不动，并开始分泌蜡丝，蜕皮后形成介壳，把口器刺入树皮下吸食汁液。雌虫第二次蜕皮后变为成虫，在介壳下不动吸食，雄虫第二次蜕皮后变为蛹，在枝干上密集成片。6月中旬成虫羽化，6月下旬产卵，第二代雌成虫发生在9月间，交配受精后，在枝干上越冬。桑白蚧有雌雄分群生活的习性。雄性多群集于主干根颈或枝条基部，以背阴面稍多，雌性一般较分散。

（4）防治方法　防治方法如下：

1）清除虫源。果树休眠期用硬毛刷或钢丝刷刷掉枝条上的越冬雌虫，剪除受害严重的枝条。

2）药剂防治。可喷洒石硫合剂，或者用95%机油乳剂50倍液喷布；在各代若虫孵化高峰期尚未分泌蜡粉介壳前，全树喷布40%乐思本（毒死蜱）1000～1200倍液或40%氧化乐果1500倍液，或40%水胺硫磷乳油2000倍液，或5%高效氯氰菊酯乳油2000倍液。在药剂中加入0.2%的中性洗衣粉，可提高防治效果。

4. 桃球坚介壳虫（图7-24）

桃球坚介壳虫又叫朝鲜球坚介壳虫、球形介壳虫、树虱子，我国南方、北方均有分布，主要为害桃、杏、李、梅等，是桃、杏树上普遍发生的害虫。

图7-24　桃球坚介壳虫

（1）田间诊断　主要以若虫和雌成虫集聚在枝干上吸食汁液，被害枝条发育不良，出现流胶现象，树势严重衰弱，树体不能正常生长和花芽分化，严重时枝条干枯，一经发生，常在一、二年内蔓延全园，如防治不利，会使整株植株死亡。

（2）形态特征　雌成虫没有真正的介

壳，其背面体壁膨大硬化，称“伪介壳”。成熟期的雌成虫近乎球形，直径4.5 mm，伪介壳初期硬化，呈红褐色至紫褐色，表面有较浅的皱纹。雄成虫较小，头胸部为赤褐色，介壳末端为长椭圆形，背面为白色。卵为浅黄色，椭圆形，附有一层白色蜡粉。若虫初期为杏黄色，后变为浅黄色。蛹为赤褐色，长1.8 mm。

（3）发生规律　每年发生一代，以2龄若虫在为害枝条原固着处越冬，越冬若虫多包于白色蜡堆里。第二年3月上中旬越冬若虫开始活动为害，4月上旬虫体开始膨大，4月中旬雌雄分化，雌虫体迅速膨大，外覆一层蜡质，并在蜡壳内化蛹。4月下旬至5月上旬雄虫羽化与雌虫交尾，5月上中旬雌虫产卵于母壳下面。5月中旬至6月初卵孵化，若虫自母壳内爬出，多寄生于二年生枝条。固着后不久的若虫便自虫体背面分泌出白色卷发状的蜡丝覆盖虫体，6月中旬后蜡丝经高温作用而溶成蜡堆将若虫包埋，至9月若虫体背形成一层污白色蜡壳，进入越冬状态。桃球坚介壳虫的重要天敌是黑缘红瓢虫，雌成虫被取食后，体背一侧具有圆孔，只剩空壳。

（4）防治方法　防治方法如下：

1）清除虫源，铲除越冬若虫，在春季雌成虫产卵以前，采用人工刮除的方法防治。

2）药剂防治。早春芽萌动期，用石硫合剂均匀喷布枝干，也可用95%机油乳剂50倍液混加5%高效氯氰菊酯乳油1500倍液喷布枝干。6月上旬卵进入孵化盛期时，全树喷布5%高效氯氰菊酯乳油2000倍液、20%速灭杀丁乳油3000倍液。

3）保护天敌。注意保护黑缘红瓢虫等天敌。

5. 桃蛀螟（图7-25）

桃蛀螟又叫桃蠹螟、桃实螟、桃蛀虫等，我国各地均有分布，长江以南为害桃果特别严重，主要为害桃、梨、李、苹果等多种果树及向日葵、玉米等农作物，为杂草性害虫。

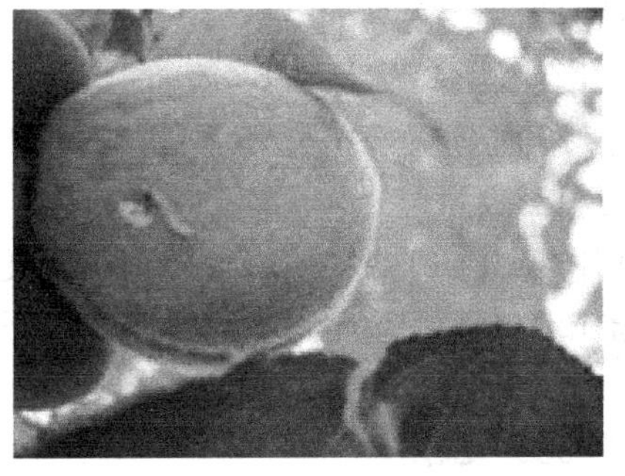

图7-25　桃蛀螟

（1）田间诊断　桃蛀螟主要为害果实，幼虫孵化后多从果蒂部或果与叶及果与果相接处蛀入，蛀入后直达果心。被害果内和果外都有大量虫粪和黄褐色胶液。幼虫老熟后多在果柄处或两果相接处化蛹。

（2）形态特征　成虫体长9～14 mm，前、后翅及胸腹部背面都具有黑斑。卵长0.6 mm，椭圆形，初产为乳白色，后由黄变为红褐色。老熟幼虫体长22～27 mm，体背多为暗紫红色。蛹长约13 mm，黄褐色。

（3）发生规律　我国北方每年发生2～3代。以老熟幼虫在树体粗皮裂缝、树洞、储果场、向日葵花盘、高粱秆、玉米秆等处结白色丝茧越冬。华北地区越冬代成虫在5月下旬至6月上旬发生，第一代成虫发生在7月下旬至8月上旬。第一代幼虫主要为害桃，第二代幼虫多为害晚玉米、晚熟桃、向日葵等。成虫喜在枝叶茂密的桃树果实表面上产卵，两果相连处产卵较多。幼虫孵化以后，在果面上做短距离爬行便蛀入果肉，有转果为害习性。成虫白天静伏于树冠内膛或叶背，夜间活动。成虫对黑光灯有强烈趋性，对花蜜、糖醋液也有趋性。

（4）防治方法　防治方法如下：

1）清除虫源。冬季或早春及时处理向日葵、玉米等秸秆，并刮除桃树老皮，清除越冬茧。生长季及时摘除被害果，集中处理。

2）诱杀处理。秋季采果前在树干上绑草把诱集越冬幼虫集中杀灭或利用黑光灯、糖醋液诱杀成虫。

3）药剂处理。在第一、二代卵高峰期树上喷布20%速灭杀丁乳油2000~3000倍液或5%高效氯氰菊酯乳油2000倍液、2.5%敌杀死乳油3000~4000倍液以保护桃果。每个产卵高峰期喷两次药，间隔期7~10天。

三、桃周年病虫害防治混合用药建议方案

1. 清园

惊蛰后5~8天，用80%代森锌可湿性粉剂500倍液+50%毒死蜱800~1000倍液进行混合喷雾，也可单用5°Bé石硫合剂进行清园。注意石硫合剂对桃、葡萄、梨等果树的幼嫩组织易发生药害，使用时要慎重。

2. 花露红期

开花前5~3天，用10%苯醚甲环唑2000倍液+1%甲维盐2000~2500倍液+2%阿维菌素2500倍液+5%吡虫啉800~1000倍液+0.2%硼砂（开水化开）进行混合喷雾。

3. 花后第一次用药

谢花后5~8天，用60%多·锰锌500~800倍液+10%吡虫啉1500倍液+20%甲维·氟铃脲1250倍液+0.3%~0.5%苦参碱1500倍液+钙800~1000倍液进行混合喷雾。

4. 花后第二次用药

距上次用药8~10天，用10%苯醚甲环唑2500倍液+2.5%高效氯氟氰菊酯1500倍液+32%甲维盐2500倍液+20%的除虫脲4000~6000倍液+钙800~1000倍液进行混合喷雾。

5. 花后第三次用药

距上次用药10~12天，用50%纯白多菌灵500倍液+25%丁硫克百威1500~2000倍液+10%吡虫啉1500倍液+20%甲维·氟铃脲1250倍液+钙800~1000倍液进行混合喷雾。

注：套袋桃品种喷药6~12 h后进行套袋。

6. 套袋后第一次用药

距上次用药12~15天，用10%苯醚甲环唑2500倍液+10%啶虫脒1500倍液+35%硫丹1500倍液+1%甲维盐2500倍液+钙800~1000倍液进行混合喷雾。

7. 套袋后第二次用药

距上次用药12~15天，用20%甲维·氟铃脲1250倍液+0.5%苦参碱水剂1500倍液+钙800~1000倍液进行混合喷雾。

8. 套袋后第三次用药

距上次用药15~20天，用2.5%高效氯氟氰菊酯1500~2000倍液+1%甲维盐乳油2500倍液+钙800~1000倍液进行混合喷雾。

9. 其他

于7月中旬可视情况喷一次杀虫剂；7月底至8月初，桑白蚧为害严重的桃园可用40%乐斯本（毒死蜱）1000~1200倍液+2%阿维菌素2500倍液杀一次第三代幼蚧。

任务6 葡萄主要病虫害及其防治

【知识目标】

了解葡萄主要有哪些病害及虫害；掌握葡萄病虫害的防治技术。

【能力目标】

能根据当地的葡萄生产情况制订出切实可行的葡萄周年病虫害防治混合用药建议方案。

【基本知识】

一、葡萄主要病害及其防治

1. 葡萄黑痘病（图7-26和图7-27）

葡萄黑痘病又名疮痂病，俗称“鸟眼病”，是葡萄的主要病害之一。

（1）田间诊断　黑痘病主要为害葡萄的绿色幼嫩部分，如果实、果梗、叶片、叶柄、新梢和卷须等。感病部位产生褐色斑点，叶片、嫩梢、卷须等扭曲、皱缩，幼果畸形。

（2）发病规律　病菌以菌丝体随病残体越冬，翌年4～5月在葡萄发芽前后及开花后病菌借风雨传播。孢子萌芽后，病菌直接侵入寄主，引起初侵染；分生孢子产生后可进行再侵染。

（3）发病条件　葡萄黑痘病于早春葡萄发芽前后及开花后发生，多雨年份、果园排水不良、管理粗放、树势衰弱则发病较重。

（4）防治方法　防治方法如下：

1）苗木消毒。由于黑痘病的无距离传播主要通过带病菌的苗木或插条，因此，葡萄园定植时应选择无病的苗木，或者先进行苗木消毒处理。常用的苗木消毒剂有10%～15%的硫酸铵溶液或3%～5%的硫酸铜溶液或硫酸亚铁硫酸液（10%硫酸亚铁+1%的粗硫酸）或3～5°Bé石硫合剂等。方法是将苗木或插条在上述任一种药液中浸泡3～5 min取出即可定植或育苗。

2）选育抗病品种。

3）清除病原。晚秋将葡萄园落叶枯枝、病枝、病果等彻底清除烧毁。剪枝时将病枝彻底剪除，剪枝后喷5°Bé石硫合剂或硫酸铜200倍液。

4）喷药防治。喷药应抓早期防治，开花前、落花后、幼果期连喷三次可以控制病害，可喷石灰半量式波尔多液［1：0.5：（180～200）］或50%多菌灵500～600倍液或70%甲基硫菌灵800～1000倍液。也可选用吡唑醚菌酯2000倍液或百泰（5%吡唑醚菌酯+55%代森联）1500倍液进行防治。

图 7-26　葡萄黑痘病（病穗）

图 7-27　葡萄黑痘病（病果）

2. 葡萄白腐病（图 7-28 和图 7-29）

葡萄白腐病俗称“水烂”或“穗烂”，是华北黄河流域及陕西关中等地经常发生的一种主要病害，在多雨年份常和炭疽病并发流行，造成很大损失。

图 7-28　葡萄白腐病（病穗）

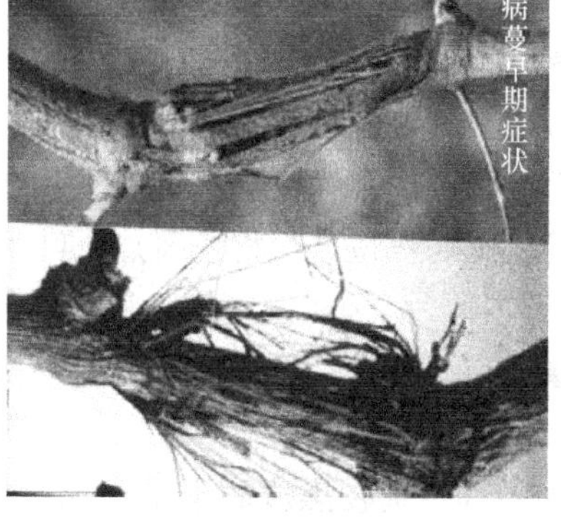

图 7-29　葡萄白腐病（病枝）

（1）田间诊断　葡萄白腐病主要为害果穗，病果呈褐色，水渍状，后期变软腐，容易脱落。葡萄叶片感病产生近圆形浅褐色病斑，呈不明显的同心轮纹状，后期叶片干枯脱落。枝蔓易在损伤处发病，皮层与木质部分离、纵裂，纤维乱如麻，枝体生理受阻，枝叶渐枯死。

（2）发病规律　病菌主要以分生孢子器及分生孢子随病果、病枝等病残组织散落在土壤中越冬，成为第二年初侵染的主要来源。病菌借昆虫、风雨传播，自穗轴、小果梗及枝蔓伤口处入侵，植株下部近地面的果实易感病。

（3）发病条件　夏季高温多雨，地势低洼、管理粗放、通风透光不良的果园发病严重。

（4）防治方法　防治方法如下：

1）因地制宜选用抗病品种。

2）做好清园工作，冬季结合修剪彻底剪除病枝蔓和挂在枝蔓上的干病穗，扫净地面的枯枝落叶，集中烧毁或深埋，减少第二年的侵染源。

3）生长季节摘除病果、病蔓、病叶，冬剪时把病组织剪除干净。搞好排水工作以降低

园内湿度，适当提高果穗离地表距离，可减少病菌侵染，减轻发病。

4）加强栽培管理。改善通风透光条件，降低小气候湿度，及时除草、及时摘心，剪副梢，提高结果部位，减少离地面很近的果穗。

5）药剂防治。在发病严重地区的多雨年份，在6~8月每隔10~15天喷一次700~800倍50%多菌灵或50%托布津或75%百菌清，也可喷200倍半量式波尔多液（1∶0.5∶200）。还可选用氟硅唑2000倍液、吡唑醚菌酯2000倍液和拜耳拿敌稳75%水分散粒剂（25%肟菌酯+50%戊唑醇）3000倍液中的任意一种进行防治。

6）地面撒药。在发病前地面可喷施50%多菌灵500倍液，每亩施药0.5 kg；也可用福美双1份、硫黄粉1份、碳酸钙1份，三者混合均匀，于葡萄架下撒施，每亩施药1.5~2 kg，施药后用耙荡平。

3. 葡萄炭疽病（图7-30和图7-31）

葡萄炭疽病又名晚腐病，在我国各葡萄产区发生较为普遍，为害果实较严重；在南方高温多雨的地区，早春也可引起葡萄花穗腐烂。

图7-30 葡萄炭疽病（果穗）

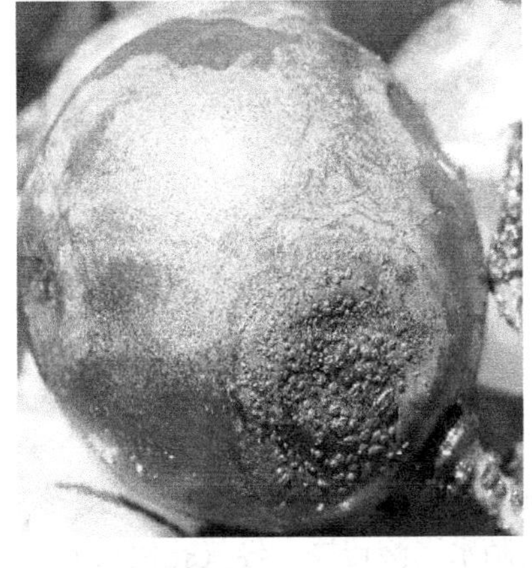

图7-31 葡萄炭疽病（果实）

（1）田间诊断 葡萄炭疽病主要为害着色或接近成熟的果实。果实受害表面产生豆粒大的褐色圆形斑点，后凹陷产生轮纹状排列的小黑点，严重时果粒软腐，逐渐失水干缩或成僵果。

（2）发病规律 葡萄炭疽病以分生孢子和菌丝在病组织处过冬，以分生孢子借风雨传播。分生孢子可从皮孔、气孔、伤口侵入，也可直接从果皮上侵入，病菌侵入后10~20天即可发病，果实着色期发病加重，直至采收。一般自6月可以侵入发病，7~8月为发病盛期，近成熟期发病日渐加重。

（3）发病条件 多雨年份或在果园排水不良和棚架过低、枝蔓过密、树龄增加等条件下，薄皮品种、晚熟品种和优良品种病情较重；早熟品种轻。

（4）防治方法 防治方法如下：

1）选用抗病品种。

2）清除病原。结合葡萄冬剪彻底清园，将植株上剪下的枝蔓、穗柄、僵果、卷须及地上落叶、铁丝与绑绳等全部清除出园，并焚烧或深埋以清除病原。

3）加强栽培管理。在葡萄生长期内要及时摘心、合理夏剪、适度负载，随时清除剪下的副梢、卷须，提高园中通透性；注意排水、中耕，尽可能降低园中湿度；科学施肥，特别注意氮、磷、钾肥的比例，切忌氮肥过多，还要注意增施微肥，以提高植株的抗逆能力。

4）药剂防治。初见发病开始（6月中旬）每10～15天喷药一次直至采收。可用50%多菌灵500～600倍液或70%甲基硫菌灵800～1000倍液或75%百菌清800～1000倍液交替使用，连喷4～6次即可控制其危害。也可选用巴斯夫百泰、巴斯夫健达（21.2%吡唑醚菌酯+21.2%氟唑菌酰胺）和拜耳露娜森（21.4%氟吡菌酰胺+21.4%肟菌脂）的任意一种进行防治。

4. 葡萄霜霉病（图7-32和图7-33）

（1）田间诊断　葡萄霜霉病是葡萄的大病害之一，葡萄霜霉病主要为害叶片，也能侵染嫩梢、花序、幼果等幼嫩组织。葡萄叶片正面产生浅黄色水浸状病斑，背面生有灰白色霜样霉状物，果粒、果梗发病均布满白霜，果梗褐变坏死，果粒肩部变褐凹陷甚至脱落。

图7-32　葡萄霜霉病（病叶）

图7-33　葡萄霜霉病（发病植株）

（2）发病规律　病原主要以卵孢子随落叶及病残体在土壤中越冬。翌年当气温达到11℃时，遇雨随水飞溅传播，经气孔侵染叶片。

（3）发病条件　葡萄霜霉病多发生在雨水较多的地区和年份，5～6月开始发生。低温多雨、雾露重、植株衰弱及排水不良的果园病害发生严重。

（4）防治方法　防治方法如下：

1）选用抗病品种。

2）清除越冬病原。晚秋剪除病枝，清除落叶落果和其他病组织，集中深埋或烧毁。

3）喷药防治。可根据不同年份降雨和发病早晚来决定喷药时期和次数，一般在开花前后即需要进行喷药防治，尤其对多雨年份和多雨季节，更应及早进行防治。药剂以选用50%烯酰吗啉可湿性粉剂或40%悬浮剂为主，使用倍数为1000倍液，再加上其他辅助药剂，如94%霜脲氰800～1000倍液或30%醚菌酯悬浮剂3000～4000倍液或50%异菌脲悬浮剂1000～2000倍液或50%嘧菌酯水分散粒剂2500倍液或25%甲霜灵可湿性粉剂1000～1500倍液或40%乙膦铝可湿性粉剂200～300倍液等。

5. 葡萄白粉病（图7-34和图7-35）

（1）田间诊断　白粉病能为害所有绿色组织。该病主要为害叶片、枝梢及果实等部位，以幼嫩组织最敏感。葡萄展叶期叶片正面产生大小不等的不规则形黄色或褪绿色小斑块，病斑正反面均可见一层白色粉状物，粉斑下叶表面有褐色花斑，严重时全叶枯焦。新梢、果梗

和穗轴初期表面产生不规则灰白色粉斑，后期粉斑下面形成雪花状或不规则的褐斑，可使穗轴、果梗变脆，枝梢生长受阻。幼果先出现褐绿色斑块，果面出现星芒状花纹，其上覆盖一层白粉状物，病果停止生长，有时变成畸形，果肉味酸；开始着色后果实在多雨时感病，病处裂开，之后腐烂。

图7-34　葡萄白粉病（病果）

图7-35　葡萄白粉病（病叶）

（2）发病规律　病菌以菌丝体在被害组织或芽的鳞片内越冬，次年形成分生孢子，由风雨传播。分生孢子飞落到寄主表面后，如条件适合，即萌发并直接穿透寄主表皮侵入。一般开花前后即有少数叶片发病，以后新梢和果实相继发病。

（3）发病条件　发病的轻重与气候关系密切，当气温在29～35℃时病害发展最快。由于该病的分生孢子在较低的湿度下即可萌发，因此，干旱的年份及干热的夏季有利于本病发生。栽培管理措施与发病轻重也有密切关系。例如，栽培过密、氮肥过多、留枝过密、摘心抹副梢不及时，造成通风透光不良时，也能促使病害的发展。

（4）防治方法　防治方法如下：

1）加强栽培管理，注意开沟排水，增施磷、钾肥，增强树势；冬季修剪时合理留枝，生长期间及时摘心、除副梢，保持良好的通风透光性，杜绝发病。

2）秋季清除病原，剪除病组织，清除枯枝落叶和落果。在发病初期摘除病组织。

3）发芽前喷5°Bé石硫合剂。发芽后喷1～2次0.3～0.5°Bé石硫合剂或硫悬乳剂400倍液，也可喷托布津700～800倍液或醚菌酯1000～1500倍液。

二、葡萄主要虫害及其防治

1. 葡萄二星叶蝉（图7-36）

葡萄二星叶蝉又叫葡萄小叶蝉、葡萄斑叶蝉、葡萄二星浮尘子，属同翅目，叶蝉科。它分布于辽宁、河南、河北、山东、山西、陕西、安徽、江苏、浙江、湖南、湖北、广西、台湾、天津、北京等地。受害叶片失绿变色，影响光合产物生成，降低果实品质和

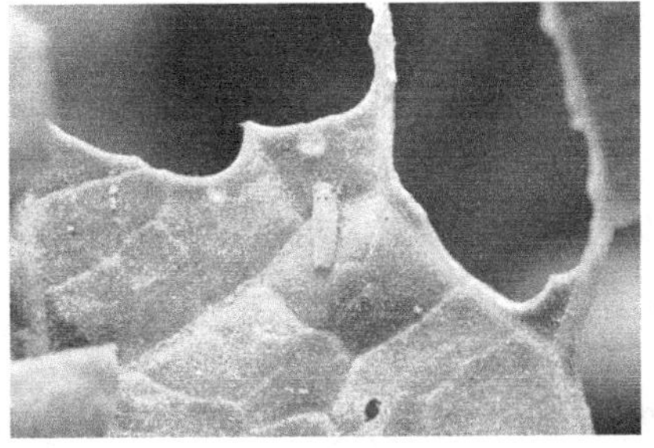

图7-36　葡萄二星叶蝉

枝条发育，造成叶片早期脱落。

（1）田间诊断　以成虫、若虫为害叶片，虫体在叶背面为害，失绿斑在叶面表现突出，被害处产生灰白色失绿斑；很多斑相连则叶面变灰白色，叶背面被害处为浅黄褐色枯斑。

（2）形态特征　体长2～2.5 mm，连同前翅达3～4 mm。虫体为浅黄白色，复眼为黑色，头顶有两个黑色圆斑。前胸背板前缘有3个圆形小黑点。小盾板两侧各有1个三角形黑斑。翅上或有浅褐色斑纹。

（3）发生规律　在河北北部一年发生两代，在山东、山西、河南、陕西一年发生3代。成虫在果园杂草丛、落叶下、土缝、石缝等处越冬。翌年3月末葡萄发芽时，气温高的晴天，成虫即开始活动。成虫先在小麦、毛叶苕子等绿色植物上为害，葡萄展叶后即转移到葡萄上为害。葡萄二星叶蝉喜在叶背面活动，产卵在叶背叶脉两侧表皮下或茸毛中。第一代若虫发生期在5月下旬至6月上旬，第一代成虫在6月上中旬。以后世代交叉，第二、三代若虫期大体在7月上旬至8月初，8月下旬至9月中旬。9月下旬出现第三代越冬成虫。

（4）防治方法　防治方法如下：

1）清除落叶及杂草，消灭越冬成虫。

2）夏季加强栽培管理，及时摘心、整枝、中耕、锄草、管理好副梢，保持良好的通风透光条件。

3）喷药防治。第一代若虫期喷敌杀死2000～3000倍液，防治效果95%以上，连喷两次，消灭第一代若虫可以控制全年虫害。也可喷敌敌畏1000倍液或功夫菊酯2000～3000倍液或90%敌百虫800倍液等。

2. 葡萄根瘤蚜（图7-37）

葡萄根瘤蚜属同翅目，瘤蚜科。它在辽宁、山东、陕西、台湾等地的局部葡萄园发生，其他地区尚未发现。葡萄园一旦发生，为害严重，所以已被列为国内外主要检疫对象。

图7-37　葡萄根瘤蚜

（1）田间诊断　葡萄根瘤蚜对美洲品种为害严重，既能为害根部又能为害叶片；对欧亚品种和欧美杂种，主要为害根部。根部受害，须根端部膨大，出现小米粒大的、略呈菱形的瘤状结，在粗根上形成较大的瘤状突起。叶上受害，叶背形成许多粒状虫瘿。因此，葡萄根瘤蚜有“根瘤型”和“叶瘿型”之分。受害植株树势衰弱，提前黄叶、落叶，产量大幅度降低，严重时全株枯死。

（2）形态特征　体呈卵圆形，长1.2～1.5 cm，鲜黄色、污黄色或略带绿色，触角及足为黑褐色，无翅、无腹管。体表粗糙，有明显的暗色鳞形或棱形纹，胸、腹各节背面各具一横的深色大瘤突，国外标本在头、胸、腹背面各节分别有4、6、4个灰黑色瘤突；各胸节腹面内侧有肉质小突起1对。复眼为红色，由3个小眼组成；触角3节，第3节端部具1个圆形感觉孔，末端有3～4根刺毛；喙7节。足跗节2节，末端有2根冠毛和1对爪。尾片末端呈圆形，有毛6～12根。

（3）发生规律　以初龄若蚜和少数卵在根杈缝隙处越冬。春季4月开始活动，先为害粗根，5月上旬开始产卵繁殖，全年以5月中旬至6月和9月的蚜量最多，7～8月雨季时被

害根腐烂，蚜量下降，并转移至表土层须根上造成新根瘤，7～10月有12%～35%成为有翅产性蚜，但仅少数出土活动。

（4）防治方法 防治方法如下：

1）严格检疫防治传播。严禁已发生区的苗木、枝条外运或引种。

2）苗木消毒。对苗木和枝条进行药剂处理时，可选用20%氰戊菊酯乳油1500～2000倍液或2.5%溴氰菊酯乳油3000倍液等菊酯类农药浸泡1 min，以杀死苗木上的虫体。

3）土壤处理。对有根瘤蚜的葡萄园或苗圃，可用二硫化碳灌注。方法：在葡萄茎周围距茎25 cm处，每平方米打孔8～9个，深10～15 cm，春季每孔注入药液6～8 g，夏季每孔注入4～6 g，效果较好。但在花期和采收期不能使用，以免产生药害。还可以用50%辛硫磷500 g拌入50 kg细土，每亩用药土25 kg，于15：00—16：00施药，随即翻入土内。

3. 葡萄透翅蛾（图7-38和图7-39）

葡萄透翅蛾又称葡萄透羽蛾，属鳞翅目，透翅蛾科。它在山东、河南、河北、陕西、吉林、内蒙古、江苏和浙江等地普遍发生，是葡萄产区主要害虫之一。

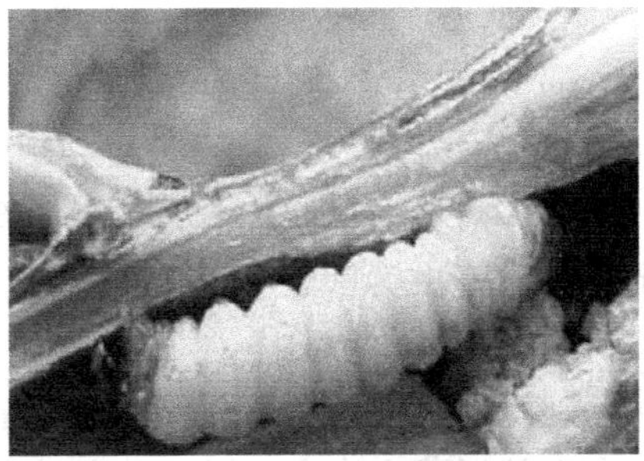

图7-38 葡萄透翅蛾幼虫

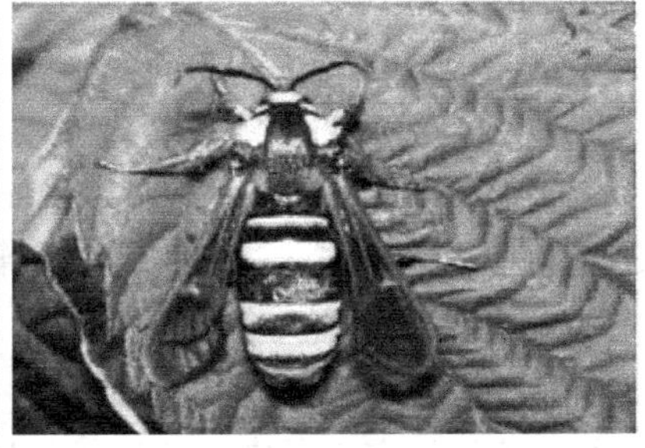

图7-39 葡萄透翅蛾

（1）田间诊断 葡萄透翅蛾主要为害葡萄枝蔓。幼虫蛀食新梢和老蔓，被害处逐渐膨大，蛀入孔有褐色虫粪，是该虫为害标志。幼虫蛀入枝蔓后，向嫩蔓方向进食，严重时，被害植物株上部枝叶枯死。

（2）形态特征 体长约20 mm，翅展30～36 mm，虫体为蓝黑色。头顶、颈部、后胸两侧及腹部各节连接处为橙黄色，前翅为红褐色，翅脉为黑色，后翅膜质透明，腹部有3条黄色横带。雄虫腹部末端有一束长毛。

（3）发生规律 一年发生一代，以老熟幼虫在葡萄枝蔓内越冬。翌年4月底至5月初，越冬幼虫开始化蛹。5～6月成虫羽化。在7月上旬之前，幼虫在当年生的枝蔓内为害；7月中旬至9月下旬，幼虫多在两年生以上的老蔓中为害。10月以后幼虫进入老熟阶段，继续向植株老蔓和主干集中，在其中短距离地往返蛀食髓部及木质部内层，使孔道加宽，并刺激为害处膨大成瘤，形成越冬室，之后老熟幼虫便进入越冬阶段。

（4）防治方法 防治方法如下：

1）剪除虫枝。因被害处常有黄叶出现或枝蔓膨大增粗，冬、夏季经常检查，发现被蛀蔓要及时剪除、烧毁或深埋。

2）挖幼虫或虫孔灌药。当发现大蔓被害又不能去掉时，可用刀将蛀孔剥开，找到虫道，将幼虫挖出并向虫道内注入敌敌畏100倍液或塞入浸敌敌畏原液的棉球，而后用塑料薄膜将孔包扎封死，以熏杀幼虫。此外，虫口密度大的果园在成虫发生期可选用20%氰戊菊酯乳油 1500～2000 倍液或 2.5%溴氰菊酯乳油 3000 倍液等菊酯类药交替使用，连喷 2～3 次。

4. 葡萄短须螨（图 7-40）

葡萄短须螨又称葡萄红蜘蛛属蜱螨目，细须螨科。此虫是我国葡萄产区主要的害虫之一，山东、河南、河北、辽宁、江苏、浙江等地发生较普遍。

（1）田间诊断　以幼虫、若虫、成虫为害新梢、叶柄、叶片、果梗、穗梗及果实。新梢基部受害时，表皮产生褐色颗粒状突起。叶柄被害状与新梢相同。叶片被害，叶脉两侧呈褐锈斑，严重时叶片失绿变黄，枯焦脱落。果梗、穗梗被害后由褐色变成黑色，脆而易落。果粒被害前期有浅褐色锈斑，果面粗糙硬化，有时从果蒂向下纵裂。后期受害时，成熟果实色泽和含糖量降低，对葡萄产量和质量有很大影响。

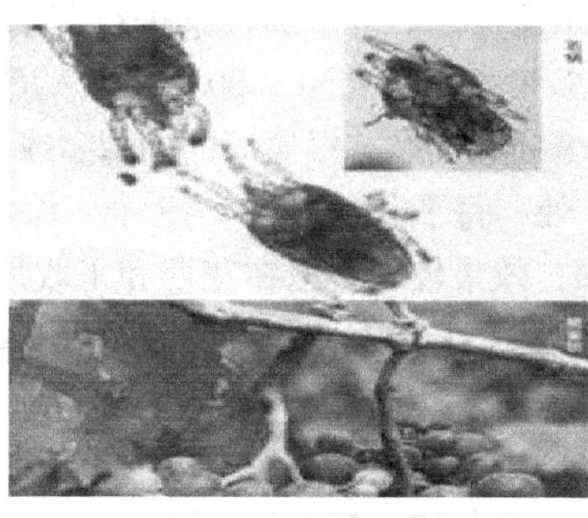

图 7-40　葡萄短须螨

（2）形态特征　雌成虫体长 0.3 mm，宽 0.1 mm，粽褐色。腹背中央为红色，背面有网纹。4 对足短粗有皱纹，各足胫节末端有 1 条长的刚毛。卵呈椭圆形，长约 0.04 mm，宽 0.028 mm，鲜红色、有光泽。幼虫长约 0.14 mm，足 3 对，白色。体两侧各有 4 条叶片状刚毛，其中第 3 对为针状长刚毛，其余 3 对为叶片状。若虫为浅红色或灰白色，长约 0.26 mm，足 4 对，腹部末端有 4 对叶片状刚毛。

（3）发生规律　雌成螨在老蔓裂皮下、叶痕缝隙、松散的芽鳞茸毛内，或者根颈土中群集越冬。春季萌芽后约在 4 月中下旬出蛰，先在干基根蘖上为害，温度升高以后，到近主蔓的嫩梢基部为害。4 月末至 5 月初行孤雌生殖，开始产卵。卵散产，个体产卵 20～30 粒。幼虫孵化后逐代向上部枝梢、叶柄、叶片蔓延。在叶片上多集中在叶背基部和叶脉两侧为害。成虫有拉丝习性，但丝量不大。幼虫有群集脱皮的习性。受害重时，6 月下部叶片开始脱落，7 月大量为害果穗，8 月虫口密度最大并达受害高峰，10 月转移到叶柄基部和叶腋间，11 月全部进入越冬部位。

（4）防治方法　防治方法如下：

1）剪除被害严重的枝条。

2）晚秋剪枝后喷 3～5°Bé 石硫合剂，喷药前去掉粗裂翘起的老皮。春季芽萌发前喷 3°Bé石硫合剂。

3）生长季节喷药防治。展叶后，一般在 5～6 月造成严重危害前喷灭扫利功夫菊酯 2000～3000 倍液或三氯杀螨醇 800 倍液及 0.3°Bé 石硫合剂等均有良好的防治效果，7～8 月可再喷一次。一般每年喷两次杀螨剂即可控制虫害。

5. 葡萄瘿螨（图 7-41 和图 7-42）

葡萄瘿螨又称葡萄锈壁虱、葡萄潜叶壁虱，属蜱螨目，瘿螨科。此虫分布较广，主要在辽宁、河北、山东、山西、陕西等地为害严重。

（1）田间诊断　葡萄瘿螨主要为害叶片，最初在叶片背面产生苍白色、不规则斑点，大小不等。随后叶片表面隆起，叶背凹陷，呈现白色茸毛毡，故称毛毡病。后期逐渐变为黄褐色至茶褐色，叶片皱缩且凹凸不平。严重时，此虫还可为害嫩梢、幼果，其上面也产生茸毛物。

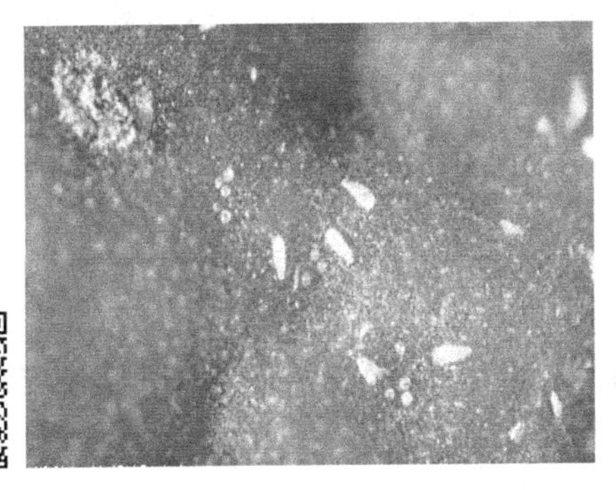

图7-41 葡萄瘿螨　　图7-42 葡萄叶片上的瘿螨

（2）形态特征 雌成螨体长0.1～0.3 mm，白色。圆锥形似胡萝卜，密生80余条环纹。近头部有足2对，腹部末端两侧各生1条细长刚毛。雄虫体形略小。

（3）发生规律 葡萄瘿螨一年发生多代，成螨群集在芽鳞片内茸毛处或枝蔓的皮孔内越冬。次年芽膨大时开始活动为害，展叶后爬到叶背茸毛下吸食汁液，产卵繁殖。严重时嫩梢、卷须、果穗均能受害。成虫喜在幼嫩叶片上为害。6、7月受害最重，9月以后成虫潜入芽内越冬。

（4）防治方法 防治方法如下：

1）剪除虫枝，生长季节结合整枝进行。

2）晚秋剪枝后喷5°Bé石硫合剂或萌发前喷3～5°Bé石硫合剂。

3）展叶期喷药防治，可喷0.3～0.5°Bé石硫合剂或三氯杀螨醇700～800倍液，也可喷灭扫利2000～3000倍液和功夫菊酯等或喷尼索朗3000～4000倍液。

6. 葡萄虎天牛（图7-43）

葡萄虎天牛又名葡萄枝天牛、葡萄脊虎天牛，属鞘翅目，天牛科。此虫在我国陕西、辽宁、山东、河北、湖北、浙江、广东、福建等省普遍发生，主要以幼虫蛀食枝、蔓。

（1）田间诊断 幼虫在枝内蛀食，虫粪不排出枝外，不易被发现；被害枝发育不良，衰弱易折断，被害处抽出的新梢易凋萎，在节的附近被害处表皮变黑易于识别。

图7-43 葡萄虎天牛

（2）形态特征 成虫体长16～28 mm，虫体为黑色。前胸为红褐色，略呈球形；翅鞘为黑色，两翅鞘合并时，基部有X形黄色斑纹，近翅末端又有一条黄色横纹。幼虫末龄体长约17 mm，浅黄白色。前胸背板为浅褐色。头较小，无足。

（3）发生规律 每年发生一代，以幼虫在葡萄枝蔓内越冬。翌年5～6月开始活动，继续在枝内为害，有时幼虫将枝横行啮切，使枝条折断。7月间幼虫老熟在枝条的咬折处化蛹。8月间羽化为成虫，将卵产于新梢基部芽腋间或芽的附近。幼虫孵化后，即蛀入新梢木质部内纵向为害，虫粪充满蛀道，不排出枝外，故从外表看不到堆粪情况，这是与葡萄透翅蛾的主要区别。落叶后，被害处的表皮变为黑色，易于辨别。虎天牛以为害一年生结果母枝为主，有时也为害多年生枝蔓。

（4）防治方法　防治方法如下：

1）剪虫枝，消灭幼虫。

2）发现虫枝可用铁丝刺孔掏出虫粪，塞入敌敌畏1倍液制成的棉球或注入敌敌畏100倍液。

3）虫口密度大的地区于成虫发生期喷药，可喷敌敌畏1000倍液或菊酯类农药2000倍液以杀死成虫。

7. 葡萄虎蛾（图7-44）

葡萄虎蛾又名葡萄修虎蛾、葡萄虎夜蛾、鸢色虎蛾、老虎虫等，属鳞翅目，虎蛾科。此虫主要分布于辽宁、黑龙江、河北、河南、山东、山西、湖北、江西、贵州等地，以幼虫为害叶片，严重时将叶片吃光。

（1）田间诊断　以幼虫取食叶肉，将叶片吃成缺刻或大小不同的窟窿，严重时将上部嫩叶吃光，仅留残叶柄和粗脉。

图7-44　葡萄虎蛾

（2）形态特征　体长18～20 mm，翅展44～47 mm，头胸部为紫棕色，腹部为杏黄色，背面中央有1纵列棕色毛簇达第7腹节后缘。前翅为灰黄色并带紫棕色散点，前缘色稍浓，后缘及外为线以外为暗紫色，其上带有银灰色细纹、外线以内的后缘部分色浓；外缘有灰细线，中部至臀角有4个黑斑；内、外线为灰色至灰黄色；肾纹、环纹为黑色，围有灰黑色边。后翅为杏黄色，外缘有2个紫黑色宽带，臀角处有1个橘黄色斑，中室有1个黑点，外缘有橘黄色细线。下唇须基部、体腹面及前、后翅反面均为橙黄色；前翅肾纹、环纹呈暗紫色点，外缘为浅暗紫色宽带。

（3）发生规律　北方每年发生两代，以蛹在根部及架下土内越冬，5月羽化为成虫，傍晚和夜间交尾并产卵，卵散产于叶片及叶柄等处。6月发生第一代幼虫，常将叶片啃成孔洞，老幼虫将叶片吃成大缺门或将叶片吃光。7～8月发生第二代成虫，8～9月发生第二代幼虫，9～10月以老幼虫入土作茧化蛹越冬。

（4）防治方法　防治方法如下：

1）挖蛹。架下土中和朽木处较多，挖出杀死以消灭越冬蛹。

2）喷药防治。幼虫发生期，虫口密度小时可人工捕捉，虫口密度大时可喷20%氰戊菊酯乳油1500～2000倍液或2.5%溴氰菊酯乳油3000倍液或20%甲氰菊酯乳油4000～6000倍液等菊酯类农药杀死幼虫。

三、葡萄周年病虫害防治混合用药建议方案

1. 清园（出土上架后）

3～5°Bé石硫合剂+0.3%洗衣粉或40%福美胂150～200倍液+48%毒死蜱乳油800～

1000倍液。

2. 新梢生长初期（距上次15～20天）

80%烯酰吗啉水分散粒剂1500倍液+10%苯醚甲环唑2000倍液+43%戊唑醇悬浮剂2500倍液+10%吡虫啉1000～1500倍液+2%阿维菌素2000～2500倍液+20%矮壮素500倍液。

3. 开花前（距开花3～5天）

80%烯酰吗啉水分散粒剂1500倍液+40%嘧霉胺悬浮剂600～1000倍液+25%嘧菌酯悬浮剂1500～2000倍液+2.5%高效氯氟氰菊酯1500倍液+20%阿维螺螨酯乳油4000～5000倍液+0.1%～0.2%硼砂（开水化开）。

4. 花后第一次（谢花后7～10天）

80%烯酰吗啉水分散粒剂1500倍液+30%醚菌酯悬浮剂2000～3000倍液+40%嘧霉胺悬浮剂600～1000倍液+10%吡虫啉2000～1500倍液+2.5%高效氯氟氰菊酯1500倍液+2%阿维菌素2000～2500倍液+钙800～1000倍液。

5. 花后第二次（距上次用药10天左右）

80%烯酰吗啉水分散粒剂1500倍液+40%嘧霉胺悬浮剂600～1000倍液+25%嘧菌酯悬浮剂1500～2000倍液+1%甲维盐2500倍液+10%吡虫啉1500倍液+钙800～1000倍液。

6. 花后第三次（距上次用药10天左右）

80%烯酰吗啉2000倍液+43%戊唑醇悬浮剂2500倍液+45%咪鲜胺水乳剂3000～4000倍液+2.5%高效氯氟氰菊酯1500倍液+20%啶虫脒微乳剂1500倍液+1%甲维盐2500倍液+钙800～1000倍液（注意：喷药后隔夜套袋）。

7. 套袋后第一次（距上次用药10天左右）

80%烯酰吗啉2000倍液+40%嘧霉胺悬浮剂600～1000倍液+30%醚菌酯悬浮剂2000～3000倍液+20%甲维·氟铃脲1500倍液+20%啶虫脒微乳剂1500倍液（注意：不套袋品种继续补钙800～1000倍液）。

8. 套袋后第二次（距上次用药10天左右）

70%烯酰·霜脲氰800～1000倍液+45%咪鲜胺水乳剂3000倍液+10%戊菌唑乳油1500～2000倍液+0.5%苦参碱水剂800～1000倍液+1%甲维盐2500倍液+钙800～1000倍液。

9. 套袋后第三次（距上次用药10～12天）

70%烯酰·霜脲氰800～1000倍液+30%醚菌酯悬浮剂2000～3000倍液+43%戊唑醇悬浮剂2500倍液+20%甲维·氟铃脲1500倍液+钙800～1000倍液。

注意：在九次用药后各地应根据品种的不同在果实发育后期再加喷2～4次药，并且在用药的种类和浓度上根据本地实际进行灵活调整。

任务7　枣主要病虫害及其防治

【知识目标】

了解枣树主要有哪些病虫害类型；掌握防治病虫害的方法。

【能力目标】

能根据当地枣树的主要病虫害类型制订出切实可行的病虫害防治方案。

【基本知识】

一、枣主要病害及其防治

1. 枣锈病（图 7-45）

引起枣锈病的病菌属担子菌纲，锈菌目。枣锈病别名串叶、雾烟病，在河北、河南、山东、山西、陕西、四川、云南、广西、湖北、江苏、浙江、台湾、福建等地的枣产区均有发生，常造成严重灾害，影响枣果产量和品质。

（1）田间诊断　枣锈病主要为害树叶。发病初期，叶片背面多在中脉两侧及叶片尖端和基部散生浅绿色小点，逐渐形成暗黄褐色突起，即锈病菌的夏孢子堆。夏孢子堆埋生在表皮下，后期破裂，产生黄色粉状物，即夏孢子。发展到后期，在叶正面与夏孢子堆相对的位置出现绿色小点，使叶面呈现花叶状。病叶逐渐变为灰黄色，失去光泽，干枯脱落。树冠下部先落叶，逐渐向树冠上部发展。在落叶上有时形成冬孢子堆，黑褐色，稍突起，但不突破表皮。

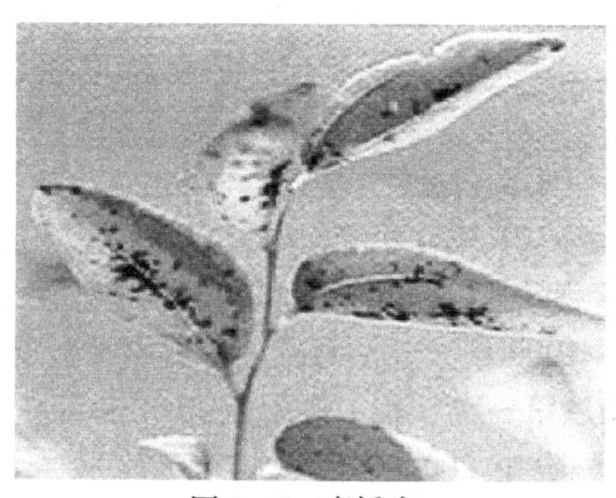

图 7-45　枣锈病

（2）发病规律　枣锈病在雨水多、湿度大的年份常大发生。一般在 6 ~7 月病菌侵入叶片，7 ~8 月大量发病，8 月下旬即大量落叶，9 月出现夏孢子堆。

（3）发病条件　多雨年份发病严重，干旱年份发病则轻。

（4）防治方法　防治方法如下：

1）栽培不易过密，疏去过密枝保持树冠通风透光。

2）及时排除枣园积水。

3）7 月中旬和 8 月中旬各喷一次 200 倍石灰倍量式波尔多液。

2. 枣疯病（图 7-46）

枣疯病是枣树的毁灭性病害，在河北、辽宁、河南、山东、陕西、山西、江苏、浙江、福建、台湾、四川、广西、云南、湖北等地的枣产区都有发生，有些地区发病株率高达 20% ~30%，病株大多 3 ~5 年后死亡。

（1）田间诊断　田间诊断如下：

1）花变叶或枝。花器退化，花柄延长，萼片、花瓣、雄蕊均变成小叶，雌蕊转化为小枝。

2）丛枝状。芽不正常萌发，病株一年生发育枝的主芽和多年生发育枝上的隐芽均萌发

图7-46　枣疯病

成发育枝，其上的芽又大部分萌发成小枝，如此逐级生枝。病枝纤细，节间缩短，呈丛状，叶片小而萎黄。

3）花叶。叶片病变，先是叶肉变黄，叶脉仍绿，以后整个叶片黄化，叶的边缘向上反卷，暗淡无光，叶片变硬、变脆，有的叶尖边缘焦枯，严重时病叶脱落。花后长出的叶片比较狭小，具明脉，翠绿色，易焦枯。有时在叶背面主脉上再长出一片小的明脉叶片，呈鼠耳状。

4）病果。病花一般不能结果。病株上的健枝仍可结果，果实大小不一，果面着色不匀，凸凹不平，凸起处为红色，凹处为绿色，果肉组织松软，不堪食用。

5）病根。疯树主根由于不定芽的大量萌发，往往长出一丛丛的短疯根，同一条根上可出现多丛疯根。后期病根皮层腐烂，严重者全株死亡。

（2）发病规律　枣疯病可通过嫁接和分根传播。经嫁接传播，病害潜育期在25天至1年以上。

（3）发病条件　土壤干旱、瘠薄及管理粗放的枣园发病严重。

（4）防治方法　防治方法如下：

1）及时刨除病株，清除病原。

2）育无毒苗，繁殖发展新果园。

3）消灭传播昆虫。

3. 枣炭疽病（图7-47）

枣炭疽病又称焦叶病。北方各枣区均有发生，以山西梨枣和新郑灰枣最易感病。该病多在果实近成熟期发生，导致产品品质降低，病果常提前脱落，严重者造成枣园绝产，失去经济价值。

（1）田间诊断　枣炭疽病主要侵害果实，也可侵染各种营养器官，如枣吊、叶片、枣股等。受害叶片多为黄绿色，也有的呈黑褐色焦枯状悬挂在枣吊上；果实受害初期在果肩或果腰处会出现浅黄色水渍状斑点，并进一步扩大为不规则的黄褐色

图7-47　枣炭疽病

斑块，病斑中间呈圆形凹陷状，连片病斑呈红褐色。病果着色稍早，在空气相对湿度较高时，病斑上常产生许多黄褐色小突起，并分泌粉红色黏液。

（2）发病规律及条件　枣炭疽病菌多在枣头、枣股、残留枣吊、僵果及落叶上越冬。春季、夏季靠风雨传播侵染，器官受害后并不立即表现症状，当枣果白熟后方开始表现症状。病菌潜伏期的长短与气候条件相关，在多雨、空气相对湿度大的年份和季节发病早且重。

（3）防治方法　防治方法如下：

1）早春清除枣园树体及地面上的枯枝、落叶和病果，园外烧毁或深埋。

2）枣树发芽前喷5°Bé的石硫合剂进行清园。

3）当果实进入白熟期前15天左右开始喷药防治，药剂可选用25%嘧菌酯悬浮剂1500～2000倍液或60%百泰（5%吡唑醚菌酯+55%代森联）1500倍液或30%醚菌酯悬浮剂2000～3000倍液等交替使用。

4. 枣褐斑病（图7-48和图7-49）

枣褐斑点病也称黑斑病、斑点病，是枣果实的主要病害之一，在北方枣区均有发生。

（1）田间诊断　当枣果豆粒大便可受到侵染。初期幼果表面会出现针尖状大小的浅白色至白色突起，并迅速扩大，挤压破裂后会流出带菌的脓汁，病斑发展后期在果面上会产生形状不一的褐色病斑，导致果面溃烂，果实提早脱落。

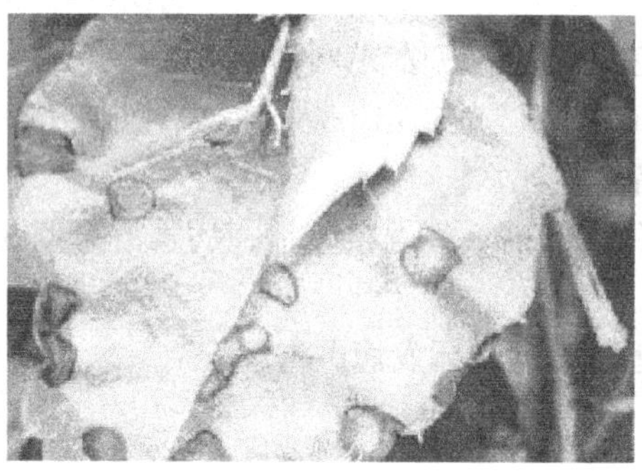

图7-48　枣褐斑病（叶片）

图7-49　枣褐斑病（果实）

（2）发病规律及条件　枣褐斑病近年来在某些枣区发生十分严重。据观察，首先，此病发病轻重与刺吸式害虫发生轻重呈正相关，如绿盲蝽等。在发芽至幼果期（5月中旬至6月）且雨水偏多的年份，若绿盲蝽发生严重，便会造成此病大发生；其次，树势、枝势的强弱也是决定此病发病轻重的关键因素之一，一般情况下，树势、枝势弱的发病则重，反之则轻；再次，剥口能否及时愈合也会影响到此病发生的轻重。

（3）防治方法　防治方法如下：

1）搞好早春清园。清扫枯枝、落叶、病果，园外烧毁。

2）萌芽前树体喷施3～5°Bé的石硫合剂一次。

3）6～8月进行药剂防治，参考枣炭疽病。

二、枣主要虫害及其防治

1. 枣黏虫（图7-50）

枣黏虫属鳞翅目，卷蛾科，又叫镰翅小卷蛾，在河北、河南、陕西、山西、山东、湖南、江苏等枣产区普遍发生，有的地区为害成灾，主要为害枣和酸枣。

(1) 田间诊断　以幼虫为害叶片，常将枣吊或叶片吐丝缠卷成团或小包，将叶吃成缺刻和孔洞，串食花蕾并啃食幼果，幼果被啃食成坑坑洼洼的。

(2) 形态特征　枣黏虫成虫体长5～7 mm，翅展达13～15 mm，体为黄褐色，触角呈丝状，前翅前缘有黑色短斜纹10余条，翅中部有两条褐色纵线纹，翅顶角突出并向下呈镰刀状弯曲，后翅暗灰色，缘毛较长。

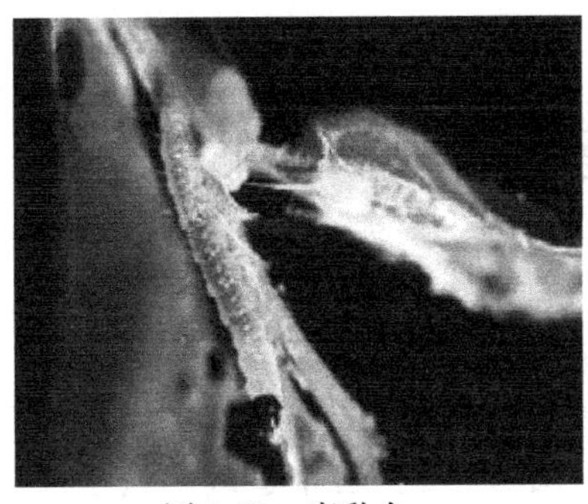

图7-50　枣黏虫

(3) 发生规律　枣黏虫以蛹在枝干皮缝内过冬，在河北、山西、山东、北京、天津等每年三代，在河南、江苏一年发生四代，在河北3月中旬开始越冬蛹羽化为成虫。4月上旬为羽化盛期并开始产卵，卵期约15天，4～5月发生第一代幼虫。5月下旬至6月下旬出现第一代成虫。成虫产卵在枣叶上，每头雌虫产卵约60粒，多者130多粒，卵期约13天。第二代幼虫发生期在6月中旬，正值开花期，为害叶片、花蕾和幼果。第二代成虫发生期在7月间。第三代幼虫发生期在8～9月，正值枣果着色期，为害叶片和果实。到10月，老熟虫爬到树皮缝内结茧在蛹内过冬。此虫于干旱年份造成严重危害。

(4) 防治方法　防治方法如下：

1) 刮树皮消灭越冬蛹。

2) 诱杀成虫。利用灯光或性诱剂诱杀成虫。9月树干绑草，诱集准备越冬的幼虫去化蛹，早春解除烧毁。

3) 抓第一代幼虫发生期喷药防治，可喷二溴磷800倍液，也可喷敌敌畏800倍液或敌杀死2000倍液或喷功夫菊酯2000倍液及天王星等。集中发生期的前期和盛期各喷一次可控制此虫全年为害。密度大时第二代幼虫期再喷一次。成虫集中发生期可用20%氰戊菊酯乳油2000倍液或20%甲氰菊酯乳油4000～6000倍液或2.5%溴氰菊酯乳油3000倍液等菊酯类农药交替使用，间隔10～15天，连喷2～4次以杀死幼虫。

2. 枣粉蚧

枣粉蚧属同翅目，粉蚧科，在河北、河南、山西、山东等枣产区普遍发生，在河北保定、石家庄大枣产区及沧州小枣产区常造成严重危害。此虫可造成叶片枯黄、枣果蔫萎、树势衰弱。

(1) 田间诊断　枣粉蚧的成虫、若虫和幼虫均可爬行为害，受害叶片枯黄，受害果实萎蔫，枝条衰弱，被害枝上常可看到披有白粉的虫体活动。此虫分泌白色透明的蜡质胶黏物招生黑霉，污染叶面和果面变黑。

(2) 形态特征　枣粉蚧成虫呈扁椭圆形，体长约2.5 cm，背部稍隆起，密布白色蜡粉，体缘具针状蜡质物，尾部有一对特长 的蜡质尾毛。若虫体扁且呈椭圆形，足发达，腿为褐色。卵呈椭圆形，由白色蜡质絮状物组成。

(3) 发生规律　枣粉蚧一年发生三代，若虫在树皮缝中越冬，4月开始活动，5月上旬产卵，卵期为9～10天，各代若虫发生盛期分别为6月上旬、7月中旬、9月中旬。10月上旬开始大量越冬。

（4）防治方法　防治方法如下：

1）发芽前刮树皮消灭越冬幼虫。

2）第一代幼虫期喷药防治，可参照枣黏虫的防治用药。

3. 枣步曲（图7-51）

枣步曲又叫枣尺蠖，俗名“顶门吃”，属鳞翅目，尺蛾科，以幼虫为害枣芽、叶片、枣吊、花蕾和新梢等绿色组织部分。幼虫在爬行时身体一曲一伸，故名“步曲”。此虫在北方各枣产区均有发生，在河北、河南、山东、山西等枣产区常造成严重危害。枣树刚发芽时，幼虫啃吃幼芽；密度大时可将全部幼芽吃光，也可将叶片吃光造成绝产或严重减产，而且影响下年产量，是枣树大害虫之一。

图7-51　枣步曲（幼虫行走状）

（1）田间诊断　虫口密度小时将叶片吃成缺刻，芽被咬成孔洞。虫口密度大时，嫩芽被吃光，甚至将芽基部啃成小坑。后期幼虫将叶片吃光并啃食花蕾，只留下没叶片的枣吊。

（2）形态特征　雌成虫无翅，暗灰色，体长17～20 mm，头小触角呈丝状，尾端有黑色茸毛丛。雄成虫体长10～15 mm，翅展约30 mm。全体为灰褐色，触角呈羽毛状，前翅有内外两条黑色弯曲的横线；后翅有一条黑色弯曲横线，此横线内侧有一个较明显的黑灰色斑。

（3）发生规律　一年多发生一代，以蛹在树下5～15 cm深处的土层中越冬，翌年4月上旬成虫开始羽化，羽化率在50%以上，4月下旬为羽化盛期。成虫一般在16：00—20：00出土，当晚或次日晚上交配产卵。卵呈块状，产于主干粗皮的裂缝中，4月中旬开始孵化，5月下旬至6月，老熟幼虫从树上往下爬入土中，6月下旬入土的老熟幼虫开始化蛹。

（4）防治方法　防治方法如下：

1）早春或晚秋挖越冬蛹，将树干周围1 m范围内的土壤、深10 cm的土层内的蛹挖出杀死。

2）树干距地15 cm处，缠塑料裙阻止雌蛾上树，每天捕捉雌蛾杀死。树干基部10～15 cm处涂粘虫环杀死上树雌蛾。可用蓖麻油1 kg、松香1 kg、石蜡10 g，将蓖麻油熬开加入石蜡，停火后放入松香，溶化即可。杀虫环宽10 cm。

3）幼虫发生期，即枣萌芽期喷药防治。可喷甲胺磷2000倍液、敌杀死5000倍液各一次即可控制此虫为害。

4. 枣瘿蚊（图7-52和图7-53）

枣瘿蚊俗名“卷叶蛆”，属双翅目，瘿蚊科，在河北、河南、山东、山西等枣产区均有发生，有的年份可造成严重危害，引起落叶而减产。此虫主要为害各种枣和酸枣。

（1）田间诊断　以幼虫为害叶片，主要为害嫩叶，叶受害后红肿，从叶面两侧向叶正面纵卷呈筒状，并变为紫红色，而后逐渐变黑枯萎脱落。

（2）形态特征　雌成虫体长1.4～2 mm，复眼为黑色，呈肾形。触角细长，念珠状，

图7-52　枣瘿蚊为害状

各节上着生环状刚毛。胸部色深，腹部、胸背有3块黑斑。足3对，腹部细长，共8节，末端具有明显管状产卵器。前翅透明，后翅转化成平衡棒。雄虫腹部小，足3对，细长，疏生细毛。

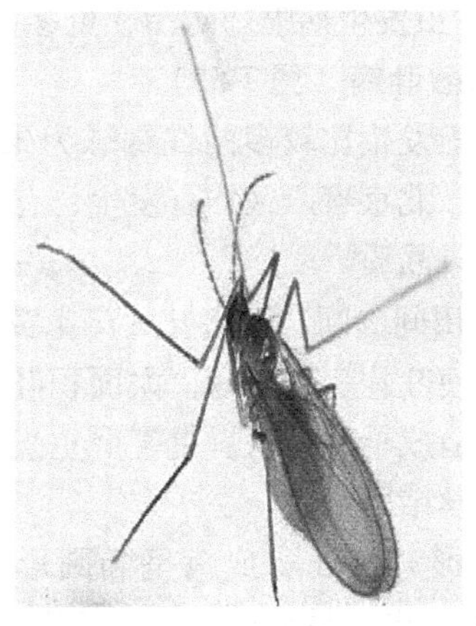

图7-53　枣瘿蚊（成虫）

（3）发生规律　以幼虫在树下土壤结茧越冬。第二年4月下旬枣树发芽展叶前，幼虫即在嫩叶内为害，造成卷叶。5月中旬幼虫老熟，先后从被害卷叶内脱出落地，在土中化蛹。5月下旬成虫羽化，6月初第二代幼虫为害花蕾及嫩叶，为害花蕾的幼虫在花蕾内化蛹，羽化时空蛹壳多露在花蕾外。由于这代幼虫为害树器官不同，成虫发生不整齐，形成世代重叠。第三代幼虫一部分仍为害嫩叶，7月初至7月中旬，幼虫在果内蛀食，老熟后在果内化蛹，然后再发生第四代，这代幼虫老熟后即落地结茧越冬。

（4）防治方法　防治方法如下：

1）地面喷药消灭越冬幼虫。在发生严重的枣园，于5～6月树下喷洒1000倍辛硫磷、敌杀死等。

2）枣树萌芽期展叶前喷药防治，可参照枣黏虫的防治用药。

5. 枣小尺蠖（图7-54）

枣小尺蠖又名小步曲，属鳞翅目，尺蛾科，在河北大枣产区均有发生，以幼虫为害枣树及酸枣树的叶片。

（1）田间诊断　以幼虫将叶片咬成孔洞或缺刻。

图7-54　枣小尺蠖

（2）形态特征　幼虫共分5龄，要经4次脱皮。1龄和5龄各10天左右，2～4龄共10天。1龄幼虫为黑色，有5条白色横环纹；2龄幼虫为绿色，有7条白色纵条纹；3龄幼虫为灰绿色，有13条白色纵条纹；4龄幼虫纵条纹变为黄色与灰白色相间；5龄幼虫（老龄幼虫）

为灰褐色或青灰色，有25条灰白色纵条纹。胸足3对，腹足1对，臀足1对。

(3) 发生规律　一年发生一代，有少数个体两年完成一代，以蛹在树冠下3～20 cm深的土中越冬，近树干基部越冬蛹较多。翌年2月中旬至4月上旬为成虫羽化期，羽化盛期在2月下旬至3月中旬。雌蛾羽化后于傍晚大量出土爬行上树；雄蛾趋光性强，多在下午羽化，出土后爬到树干、主枝阴面静伏，晚间飞翔寻找雌蛾交尾。雌蛾交尾后3日内大量产卵，每头雌蛾产卵量1000～1200粒，卵多产在枝杈粗皮裂缝内，卵期10～25天。枣芽萌发时幼虫开始孵化，3月下旬至4月上旬为孵化盛期。3～6月为幼虫为害期，以4月为害最重。4月中下旬至6月中旬老熟幼虫入土化蛹。

(4) 防治方法　防治方法如下：

1) 冬春剪枝时剪掉有虫枝，集中烧毁。

2) 幼虫发生期喷药防治，可参照枣黏虫的防治用药。

6. 朱砂叶螨（图7-55）

枣树上发生比较多的红蜘蛛为朱砂叶螨，也叫棉花红蜘蛛，在河北、河南、山东、山西、天津、北京枣产区均有发生，有的年份为害非常严重，可造成大面积落叶、落果，降低产量和枣果品质。

(1) 田间诊断　被害叶片产生黄色失绿斑，很多黄斑相连使叶片变黄失绿，大面积叶片变黄并早期脱落，同时造成早期落果。虫害严重发生时，被害叶或枝上有拉丝结网状。

图7-55　朱砂叶螨

(2) 形态特征　成螨呈椭圆形，锈红色或深红色，背毛26根，足4对。雌成螨长约0.48 mm，体两侧有黑斑2对。雄成螨长约0.35 mm。

(3) 发生规律　成螨、若螨均在叶片背面刺吸汁液为害。6～8月为该虫发生高峰期，高温、干旱和刮风利于该虫的发生和传播，气温高于35 ℃时，停止繁殖。强降雨对其繁殖有抑制作用。10月中下旬开始越冬。

(4) 防治方法　防治方法如下：

1) 刮树皮消灭越冬成虫，将根际表土在晚秋或早春扬开，使越冬成螨失水而死亡。

2) 抓越冬成虫出蛰期喷0.5°Bé石硫合剂以杀死越冬成螨。

3) 喷药防治。在发生严重的枣区于麦收前后各喷药一次，可用25%三唑锡1500～2000倍液或2%阿维菌素2000～2500倍液或20%阿维螺螨酯乳油4000～5000倍液等杀螨剂交替使用。

7. 绿盲蝽（图7-56）

绿盲蝽也称牧草盲蝽、小臭虫、破头疯，属半翅目、盲蝽科，可为害各种果树，以枣树、葡萄受害较为严重。近年来，随着枣树种植面积的扩大，绿盲蝽在枣产区大面积发生，严重为害枣幼芽、嫩叶及幼果，导致果实品质下降，提早落果，甚至造成枣园绝产。

图7-56　绿盲蝽

(1) 田间诊断　当枣树的幼叶被绿盲蝽的若虫和

成虫刺吸后，受害部位先出现失绿斑点，并随着叶片的生长，产生众多不规则的小孔洞，俗称“破叶病”“破叶疯”“破天窗”；枣树萌芽期若受害严重则表现出芽迟迟不能萌发，树体光秃；花蕾受害后，会停止发育，枯死脱落，重者花蕾几乎全部脱落；幼果受害后，果面上会出现黑色坏死小斑或出现隆起的小疱，其内果肉组织坏死，大部分受害果会提早脱落，严重影响到枣园的产量和经济效益。

（2）形态特征　成虫体长 5 mm，宽 2.2 mm，绿色，密被短毛。头部呈三角形，黄绿色，复眼为黑色且突出，无单眼。触角有 4 节，呈丝状，较短，约为体长的 2/3，第 2 节长等于第 3、4 节之和，向端部颜色渐深，第 1 节为黄绿色，第 4 节为黑褐色。前胸背板为深绿色且有许多小黑点，前缘宽。小盾片呈三角形且微突，黄绿色，中央具有一条浅纵纹。前翅膜片为半透明且暗灰色，其余为绿色。足为黄绿色，后足腿节末端具褐色环斑，雌虫后足腿节较雄虫短，不超腹部末端，跗节 3 节，末端为黑色。

（3）发生规律　绿盲蝽在黄河故道地区一年发生 4 ~5 代，以卵在枣树芽鳞内、树皮缝隙、地表缝隙及草丛根部越冬，翌年 3 月下旬至 4 月初，当日平均气温达 10 ℃以上，空气相对湿度达 70% 左右时，越冬卵开始孵化（萌芽期）。整个 4 月至 5 月上旬是第一次为害盛期，主要为害枣芽和幼芽。第二代发生盛期在 6 月上中旬至 7 月上旬，主要为害枣花及幼果，是影响枣树产量最为严重的一代。第三、四、五代发生盛期分别为 7 月中旬、8 月中旬、9 月中旬。除第一代外，其余各代虫态世代重叠，难以防治。由于绿盲蝽成虫飞翔力较强，并且白天潜伏，夜间才活动取食，故不易被发现。

（4）防治方法　防治方法如下：

1）秋末早春清园。冬前或早春清扫枣园内的落叶、烂果、杂草，并将主干、主枝上老翘皮彻底刮除，集中销毁，然后对树干涂白。

2）萌芽前和整个生长期，对园内地表土壤经常进行清耕，防止杂草滋生，并于 3 月中下旬结合刮树皮，喷一次 3 ~5°Bé 的石硫合剂，杀死部分越冬虫卵。

3）生长季的药剂防治。详见枣周年病虫害防治混合用药建议方案。

三、枣周年病虫害防治混合用药建议方案

1. 芽膨大至展叶期

如能每隔 5 天左右喷药一次，速喷 5 ~7 次，即可基本保证叶片顺利展开。防治病虫有：枣锈病、干腐病、枯枝病、绿盲蝽、枣瘿蚊、食蚜象甲、枣黏虫、枣步曲、飞虱、蓟马等。

第一次：40% 福美胂 100 ~200 倍液 +50% 毒死蜱 800 ~1000 倍液。

第二次：40% 毒死蜱乳油 800 ~1000 倍液 +10% 吡虫啉 800 ~1000 倍液。

第三次：高氯 · 毒死蜱 800 ~1000 倍液 +10% 吡虫啉 800 ~1000 倍液。

第四次：50% 毒死蜱微乳剂 1000 倍液 +43% 戊唑醇 1000 ~1500 倍液。

第五次：20% 马拉硫磷 800 ~1000 倍液 +10% 吡虫啉 800 ~1000 倍液。

第六次：50% 毒死蜱微乳剂 2000 倍液。

2. 花期（花蕾期至盛花末期）

第七次：2.5% 高效氯氟氰菊酯水乳剂 2500 倍液 +0.2% 硼砂（开水化开） +0.3% 石化尿素 +3.2% 甲维盐水乳剂 3500 倍液。

第八次：3.2% 阿维菌素微乳剂 2500 倍液 +0.2% 硼砂（开水化开） +4% 赤霉酸 1500

倍液+10%联苯菊酯1500~2000倍液。花期环剥和用50%毒死蜱乳油300~400倍液封地面，可防止蚂蚁上树。

第九次：2.5%高效氯氟氰菊酯2500倍液+3.2%甲维盐水乳剂+98%复硝酸钠（每克兑水50~75kg）。

第十次：10%联苯菊酯1500~2000倍液+25%灭幼脲1500倍液+黄腐酸1500~1800倍液。

3. 幼果膨大至青熟期

第十一次：25%嘧菌酯悬浮剂1500~2000倍液+2.5%高效氯氟氰菊酯1500倍液+1%甲维盐乳油2500倍液+钙800~1000倍液。

第十二次：45%咪鲜胺1500倍液+10%联苯菊酯1500~1000倍液+72%农用链霉素2000~2500倍液+2%阿维菌素乳油2500倍液+钙800~1000倍液。

第十三次：25%嘧菌酯悬浮剂1500~2000倍液+1%甲维盐2500倍液+25%三唑锡1500~2000倍液+钙800~1000倍液。

第十四次：60%百泰（5%吡唑醚菌酯+55%代森联）1500~2000倍液+20%甲维·氟铃脲可湿性粉剂1500倍液+2%阿维菌素乳油2500倍液+钙800~1000倍液+5%萘乙酸（每瓶100 g兑水250 kg）。

第十五次：40%戊唑·醚菌酯1500~2000倍液+25%高氯·毒死蜱2000~2500倍液+钙800~1000倍液+5%萘乙酸（每瓶100 g兑水200 kg）。

注意：①以后视枣园情况可再喷或不喷药；②以上方案仅供参考，各地可根据实际生产情况灵活掌握用药时期、种类及浓度。

任务8　果树生理病害及其防治

【知识目标】

了解果树常见的生理病害类型；掌握各种生理病害的防治技术。

【能力目标】

能根据当地常见的果树生理病害制订出切实可行的防治技术及方案。

【基本知识】

果树生长发育既需要氮（N）、磷（P）、钾（K）、钙（Ca）等大量元素，又需要镁（Mg）、铁（Fe）、硼（B）、锌（Zn）等微量元素。果树生长需要均衡营养，平衡施肥，所有元素不缺乏，这样才能达到果树生长健壮、果实品质最好和产量最高的目的。果树在生长过程中缺少哪种营养元素都会表现出相应的症状。例如，缺铁出现黄叶；缺锌出现小叶；缺钙发生流胶、黑点、枯梢、裂果；缺硼出现畸形果、粗皮枝、果肉褐化等。所以说，果树营

养元素的平衡是果树正常发育和结果的重要条件，任何一种元素的缺乏都会对果树造成不同程度的生理病害。因此，生产上可以根据果树表现，判断缺乏的营养元素，及时补充，就能取得好的增产、增质效果。

一、大量元素缺乏症状及其防治

1. 氮、磷、钾、钙在果树生长发育中的作用

氮肥可以促进果树的营养生长，提高光合效能，减少落花落果，加速果实膨大，并能促进花芽分化，增进果实的品质和产量。磷能促进花芽分化，提早开花结果，促进果实、种子成熟，改进果实品质，促进根系生长，提高果树抗寒、抗旱、抗盐碱等方面的能力。钾充足时，能促进枝条加粗生长，提高抗旱、抗寒、耐高温和抗病虫的能力，特别能使果实肥大和成熟、着色良好、品质佳、裂果少、耐储藏，所以，有人把钾肥称作“果实肥”。钙有利于植物抗旱、抗热，在果树内起着平衡生理活性的作用。钙对土壤微生物的活动和杀虫灭菌也有较好的效果。

2. 大量元素缺乏症状及其防治

（1）缺氮　若氮素不足，则树体营养不良，叶片黄化，新梢细弱，落花落果严重，缩短寿命。长期缺氮，则导致树体衰弱，抗逆性降低。

防治方法：及时追施尿素、硝酸铵等氮素化肥。

（2）缺磷　磷素不足表现为果树萌芽、开花延迟，新梢和细根生长减弱，并影响果实的品质，抗寒和抗旱力降低。

防治方法：展叶后，叶面喷布0.5%～1%过磷酸钙；在根系分布层施磷肥颗粒。

（3）缺钾　缺钾果树叶小、果小，裂果严重，着色不良，含糖量低，味酸，落果早。

防治方法：6～7月追施草木灰、磷酸二氢钾、氯化钾、硫酸钾、硝酸钾等钾肥，叶面追施浓度为3%～10%的草木灰浸出液，以上其他钾肥浓度为0.5%～1%。并增施有机肥料，注意合理搭配氮、磷、钾比例。

（4）缺钙　缺钙果树的根系生长不良，枝条枯死，花朵萎缩，核果类果树易得流胶病和根癌病。果实腐烂和缺钙密切相关，含钙多的果实的耐储性明显提高。

防治方法：在生长季节叶面喷施氯化钙200倍液，连喷3～4遍，最后一次宜在采收前三周进行；干旱季节适时灌水，雨季及时排水；增施有机肥料，适期、适量使用氮肥，以增加钙的有效度。

二、微量元素缺乏症状及其防治

果树在生长发育过程中，除需要氮、磷、钾、钙等大量元素外，还需要镁、铁、锌、锰、硼等微量元素。在果树生产中，若果树缺少某种微量元素，则会出现小叶病、黄叶病、缩果皮硬病等生理病害，这就是缺少微量元素症。

1. 微量元素缺乏症状

（1）缺镁　镁是叶绿素的组成部分，缺镁时果树不能形成叶绿素，叶变黄而早落，首先在老叶中表现。

（2）缺铁　铁对叶绿素的形成起重要作用，缺铁的典型症状就是幼叶首先失绿，叶肉呈浅绿色或黄绿色，随病情加重，除中脉及少数叶脉外，全叶变黄甚至为白色，发生我们平时常说的黄化现象，即黄叶病。

(3) 缺锌　锌是许多酶类的组成成分，在缺锌的情况下，生长素少，植物细胞只分裂而不能伸长，又缺乏蛋白质，所以苹果、桃等果树常发生小叶病。典型症状是幼叶小，簇生，有杂色斑和失绿现象，枝条生长受阻。严重缺锌时，果树生长不均匀，缺锌的枝条上芽不萌发或早落，形成光秃的枝条，只在顶端有一丛簇叶。葡萄缺锌时，叶片靠近叶柄的裂片变宽，果穗疏松，颗粒大小不齐，但果形正常。核果类缺锌时，沿叶缘有不规则的失绿区，然后从叶脉到叶缘出现一条连续的黄色带，花芽少，果实也少，果实小且常成畸形果，其中桃和李的果实变得扁平。

(4) 缺硼　硼能促进开花结果，促进花粉管萌发，对子房发育也有一定作用，缺硼常引起输导组织的坏死，使苹果、梨、桃等果树发生缩果病，同时还发生枯梢及簇叶现象。果实发生症状往往在枝叶之前，不同树种或不同缺硼程度的表现有一定差异。苹果与梨的表现症状基本一致。早期缺硼果实不发育、畸形、果面凹凸不平似猴头，果皮上有水渍状坏死区，以后变硬呈褐色，果皮发生裂缝、皱缩，果肉内形成木栓；如果果实生长后期缺硼，则果实大小不变，但果肉内呈分散的木栓组织，有时则是大片溃疡。梨缺硼时，果实萼凹末端常有石细胞。李子缺硼时，果肉有褐色下陷区，或呈斑点状或布满整个果实，下陷部的果肉变硬，有时硬肉可达果心，受害果着色早、易早落、果肉内形成胶状物空穴。葡萄则因缺硼影响浆果的生长，以致果实呈扁球形。桃树缺硼后在果实近核处发生褐色木栓区，常会沿缝线裂开。苹果缺硼，枝条的顶端韧皮部及形成层中呈现细小的坏死区，这种坏死区常发生在叶腋下面的组织。另外，葡萄缺硼时叶片皱缩，杏缺硼时叶片常发生卷曲现象。缺硼的果树，一般叶片上都有坏死斑或坏死区。

(5) 缺锰　锰在一定程度上影响叶绿素的形成，在代谢中通过酶的反应保持体内氧化还原电位平衡。缺锰时，果树也常常表现失绿。叶片沿主脉从边缘开始失绿，以后逐渐扩展到侧脉。症状首先在完全展开的叶片上发生，以后蔓延至全树，但顶梢的新生叶仍为绿色。苹果、梨、桃严重缺锰时，生长受阻；葡萄缺锰时，叶片靠近叶柄的裂片不变宽。

2. 果树缺素症的防治及补救

在果树生产中，如果发现果树患小叶病、黄叶病、缩果病等生理病害，应及时补施硫酸锌、硫酸亚铁、硼砂等微量元素，以恢复果树正常发育。

(1) 叶面喷施　叶面喷施是一种常规方法，把微量元素加水稀释后，在生长季节直接喷洒到叶面上（以叶片为主），从上至下让果树均匀挂液，微量元素可从叶表皮细胞和气孔进入树体内发挥效能。若发生黄叶病，每半月可喷一次0.3%～0.5%的硫酸亚铁溶液；若发生小叶病，可喷0.1%～0.4%的硫酸锌溶液；当果实出现畸形、果皮变硬、皱缩时，可用0.1%～0.5%的硼砂溶液或0.1%～0.5%的硼酸溶液喷洒树冠；如果叶变黄、早落，应及时喷洒15%的硫酸镁溶液治疗；缺锰的果树也表现为失绿，可用0.3%～0.5%的氧化锰溶液喷洒。

(2) 土壤施入　将硫酸亚铁、硼砂、氧化锰、硫酸镁等与有机肥料混合，于早秋果实采收后与基肥一起施入根系分布区。盛果期的果树每棵施硼砂150～250 g、硫酸亚铁240～260 g、氧化锰15～18 g。

(3) 树干引注法　先取两个50 mL的玻璃瓶，内装待补微量元素溶液，在距地面20 cm高的树干两侧钻孔，深至形成层，并在每个孔附近各挂一个瓶，然后用棉花捻成棉芯，将其一端插在树干孔内，另一端放入瓶内，让其慢慢吸收。注射0.2%的硫酸亚铁溶液可防治黄

叶病，注射0.25%的硼砂溶液可防治缩果。

（4）树根吸湿法 选择容积100 mL的玻璃瓶，内盛待补的微量元素营养液，在距果树根1 m处挖坑，当露出树根后，挑选一个粗0.5～1 cm的树根，剪去根梢，把连接树根的那段根插入瓶内，瓶口用塑料布包裹，把树根连同瓶子一起埋入地下，让其缓慢吸收。

（5）涂枝法 在果树发芽后，对于病枝，可把配好的待补微量元素溶液用刷子或毛笔蘸液抹刷1～2年生枝条，隔10～15天再抹一次，能使果树较快地恢复生机。

任务9 果树自然灾害及其防治

【知识目标】

了解果树常见的自然灾害的类型；掌握各种自然灾害的防治技术。

【能力目标】

能根据当地常见的自然灾害制订出切实可行的防治技术及方案。

【基本知识】

我国地域辽阔，自然条件复杂，各地均有其特殊的灾害，如冻害、抽条、冰雹和霜害等。这些自然灾害会给果树生产带来难以弥补的损失。因此，采取积极有效的防御措施是保证果树产量和品质的重要途径之一。

一、冻害及其防治

冻害是指果树受零度以下低温所造成的伤害。冻害在整个冬季均可发生，但每个具体时期所受害的部位及表现又有差别。

1. 冻害类型

（1）树干冻害 树干冻害部位大致是距地表15 cm以上至1.5 m以下处。表现为皮层的形成层变黑色，严重时木质部、髓部都变成黑色；受冻后有时形成纵裂，沿缝隙脱离木质部。核果类果树多半有流胶现象，轻者可随温度的升高而逐渐愈合；严重时裂皮外翘不易愈合，植株死亡。

（2）枝条冻害 一年生枝以先端成熟不良部分最易受冻，表现为自上而下地脱水和干枯。多年生枝，特别是大骨干枝，其基角内部、分枝角度小的分支处或有伤口的部位，很易遭受积雪冻害或一般性冻害。枝条冻害常表现为树皮局部冻伤，最初微变色下陷，皮部变黑、裂开和脱落，逐渐干枯死亡；如受害较轻，形成层没有受伤，则可逐渐恢复。枝干受冻后极易感染腐烂病和干腐病，应注意预防。

（3）根颈冻害 根颈冻害指地上部与地下部交界的部位受冻。根颈受冻后，表现为皮层变黑，易剥离。轻则只在局部发生，引起树势衰弱；重则形成黑色，环绕根颈一圈后全树死亡。

（4）根系冻害　各种果树的根系均较其地上部耐寒力弱。根系受冻后变褐，根韧皮部与木质部易分离。地上部表现为发芽晚、生长弱。

（5）花芽冻害　花芽冻害多出现在冬末春初，另外，深冬季节如果气温短暂升高，也会降低花芽的抗寒力，导致花芽被冻害。花芽活动与萌发越早，遇早春回寒就越易受冻。花芽受冻后，表现为芽鳞松散，髓部及鳞片基部变黑。严重时，花芽干枯死亡，俗称“僵芽”。花芽前期受冻是花原基整体或其一部分受冻，后期为雌蕊受冻，柱头变黑并干枯，有时幼胚或花托也受冻。

2. 冻害的主要防治方法

（1）选择抗寒品种，利用抗寒砧木　根据当地的气象条件，因地制宜，选择抗寒品种。利用抗寒砧木是预防冻害最为有效而可靠的途径。而对于成龄果园，如所栽植品种抗寒能力差，则应考虑高接，换成抗寒能力强的品种。

（2）适时保护树干　在土壤结冻前，对果树主干和主枝涂白、干基培土、主干包草和灌足封冻水。在多雪易成灾的地区，雪后应及时震落树上的积雪，并扫除树干周围的积雪，防止因融雪期融冻交替，冷热不均而引起冻害。

（3）阻挡冷气入园　新建果园应避开风口处、阴坡地和易遭冷气袭击的低洼地。已建成的果园，应在果园上风口栽植防风林或挡风墙，减弱冷气侵入果园的强度。

（4）保护受冻果树　对已遭受冻害的果树，应及时去除被冻死的枝干，并对较大的伤口进行消毒保护，以防止腐烂病菌侵入。

（5）加强综合管理，提高树体储藏营养的水平，增强树体抗冻性　主要包括：做好疏花疏果工作，合理调节负载量；适时采收，减少营养消耗；秋季早施基肥，利用秋季根系生长高峰期，以提高树体储藏营养水平；树体生长后期，叶面多次喷施磷酸二氢钾等速效性肥料，提高叶片光合能力，提高树体的抗冻性。

二、抽条及其防治

果树抽条是指冬末春初果树枝条失水后皱条、抽干，一般多在一年生枝上发生，随着枝条年龄的增加，抽条率会下降。抽条的发生是因为枝条水分平衡失调所致，即初春气温升高，空气干燥度增大，幼枝解除休眠早，水分蒸腾量猛增，而地温回升慢，温度低，根系吸水力弱，导致枝条失水抽干。

1. 抽条发生的原因

1）冬春期间由于土壤水分冻结或地温过低，根系不能或极少吸收水分，而地上部枝条蒸腾强烈，这是造成抽条的根本原因。

2）晚秋树体贪青旺长，落叶推迟，枝条组织疏松幼嫩，病虫害较重等均会引起严重抽条，相反则抽条较轻或不抽条。

2. 抽条的主要防治方法

（1）适地建园　根据各地区的气象条件，因地制宜地发展适宜的树种和品种。小面积栽植时，可选择小气候好、背风向阳、地下水位低、土层深厚、疏松的地段建园，避开阴坡、高水位和瘠薄地建园。

（2）创造良好的根际小气候，提高地温　于土壤结冻前，在树干西北侧距树干 50 cm

左右的地方，培高40 cm左右的半月形土埂，为植株根际创造一个背风向阳的小气候环境，从而使地温回升早，结冻提前。有条件的果园，若能在土埂内覆盖地膜，则可显著提高土壤温度，防止抽条效果更佳。

（3）对树体进行保护　埋土防寒是防止树枝抽条最可靠的保护措施。在土壤结冻前，在树干基部有害风向（一般是西北方向）处先垫好枕土，将幼树主干适当软化后使其缓慢弯曲，压倒在枕土上，然后培土压实，枝条应全部盖严不外露、不透风。翌春萌芽前挖出幼树并扶直。此法可有效地防止幼树抽条，但仅适用于1～2年生小树，主干较粗时则难以操作。而针对较大的植株防止抽条时，则多用扎草把、缠塑料薄膜条、喷聚乙烯醇或羧甲基纤维素等措施。具体方法是：用塑料膜条缠树干时可选用较宽的塑料膜条，缠枝时可用较窄的塑料膜条，操作时要缠绕严、紧，不得留空隙。另外，扎草把时，要将草把扎到主枝分枝处，在其底部堆土培严即可。无论缠塑料条、扎草把均应在春季土壤解冻后、萌芽前及时去除根颈培土和绑缚物。

（4）加强综合管理，提高树体储藏营养的水平，提高树体抗寒性　方法同冻害防治技术。

（5）保护抽条树　对已发生抽条的幼树，在萌芽后，剪除已抽干枯死部分，促其下部潜伏芽抽生枝条，并从中选择位置好、方向合适的留下，培养成骨干枝，以尽快恢复树冠。

三、日灼及其防治

果树日灼病，又名日烧病，简称灼伤或灼害，是由于强烈的阳光长时间直射在树干、树叶和果实上，破坏了照射部位的细胞和组织，使其不能再生长发育。受害的苹果表现为阳面失水焦枯，产生红褐色近圆形斑点，斑点逐渐扩大，最后形成黑褐色病斑，周围有浅黄色晕圈，严重影响苹果商品价值。7～8月是预防日灼病的关键时期，应采取有效措施减少该病的发生。灼伤部常因病菌侵染而引发其他病害，对此应积极预防。

1. 发生原因

1）受树体病害影响（腐烂病、根腐病、干腐病）。

2）受果园土壤水分含量低影响。高温下蒸腾量猛增，根部吸收水分远不能满足蒸腾损失，严重破坏了果树体内水分平衡，使干旱果园出现严重的叶片烫伤，套袋果实袋内温度比自然界温度高出10%以上，一般在48 ℃以上，发生日灼。

日灼病对套袋苹果和树势弱的梨树叶片危害极为严重，常使部分果园出现严重烫伤。经调查，苹果树病果率一般在5%～20%，梨树病叶率一般在5%～15%，严重的高达30%左右。

2. 预防措施

（1）灌水法　在高温期前全园浇水，提高土壤含水量。据试验，未灌水区日烧果率为14%，而灌水区日烧果率只有5%，并且单果较大。

（2）施肥法　加强果园管理，增施有机肥，多施磷肥，促进根系向深层生长，使果树生长根健壮，或者间种绿肥作物，掩青沤肥，增加土壤有机质，提高土壤持水力。并且多注意病虫害的防治，增强树体抗御高温的能力。

（3）覆盖法　在高温、干旱来临之前，在树盘上覆一层20 cm厚的秸秆、草或麦糠等，既可保墒，又能降低地温，可以防止日灼病的发生。一般覆盖区比裸露区土壤含水量高出2%～3%。此法尤其适用沙地果树。

(4) 果面遮盖　在易出现日灼病的果实阳面覆盖叶面积较大的桐树叶、蓖麻叶或阔叶草等，可减少烈日直射。

(5) 喷涂石灰乳　在苹果阳面涂抹一层石灰乳，既能反光，防止日烧，又能杀菌。

(6) 涂白法　用生石灰10~12份、石硫合剂2份、食盐1~2份、黏土2份、水36~40份，先将石灰用水化开，滤去渣砾，倒入已化开的食盐水，用刷子涂在树干及大枝上，利用白涂剂反射日光，使日光直射光折回一部分，减轻日灼的发生。

(7) 结合喷药傍晚喷清水　如果出现苹果日灼病可能发生的天气，应在太阳落山时或斜射时向树叶片和果面喷施0.2%~0.3%磷酸二氢钾，或者向树冠喷清水，以减轻日灼。

3. 套袋苹果日灼病的防治

未选用优质的果实袋、套袋果实未悬在袋内当空而是靠贴在袋上，以及一次性除去套袋或在高温且强日照天气时除去套袋，套袋苹果也会引发日灼。此外，树势衰弱、挂果部位不好、果树管理较差，都会使套袋苹果发生日灼。

防治套袋苹果发生日灼，首先要选择优质袋，套袋的技术操作要规范。套袋时间以8：00—10：00和14：00—16：00为宜。除袋要分次进行，不要在中午高温天气时去袋，上午除去树冠西、北两侧的套袋，下午除去东、南两侧的套袋。如果天气干旱，套袋前或除去套袋前3~5天要各浇水一次。

四、霜冻及其防治

1. 霜冻的类型

霜冻是指果树在生长期夜晚土壤和植株表面温度暂时降至零度或零度以下，引起果树幼嫩部分遭受伤害的现象。而霜冻又有早霜和晚霜之分。在秋末发生的霜冻，称为早霜。早霜只对一些生长结果较晚的品种和植株形成危害，常使叶片和枝梢枯死，果实不能充分成熟，进而影响果实品质和产量。早霜发生越早，危害越重。在春季发生的霜冻，称为晚霜。它于自萌芽至幼果期发生，并且发病越晚则造成的危害越重。

2. 霜害的防治技术

(1) 选择适地建园　霜冻是冷空气集聚的结果，如空气流通不畅的低洼地、闭合的山谷地容易形成霜穴，使霜害加重，这就是果农常说的“风刮岗、霜打洼”。因此，新建果园时，应避开霜穴地段，可减轻霜冻危害。

(2) 选择抗冻品种　选择花期较晚的品种躲避霜害或花期虽早但抗冻力较强的树种和品种。

(3) 果园熏烟防霜　熏烟防霜是指利用浓密烟雾防止土壤热量的辐射散发，烟粒吸收湿气，使水汽凝成液体而放出热量，提高地温。这种方法只能在最低温度为-2℃的情况下才有明显的效果。当果园内气温降到2℃时，及时点燃放烟。防霜烟雾剂的常用配方是：硝酸铵20%~30%，锯末50%~60%，废柴油10%，细煤粉10%，将其搅拌均匀装入容器内备用，每亩地设置3~4个发烟器即可。

(4) 延迟萌芽期，避开霜灾　有灌溉条件的果园，在花开前灌水，可显著降低地温，推迟花期2~3天。将枝干涂白，通过反射阳光，减缓树体温度升高的速度，延迟花期3~5天。树体萌芽初期，全树喷布氯化钙200倍液，可延迟花期3~5天。

(5) 保护受霜害的果园　对花期遭受霜害的果树加强人工授粉，树体喷施氨基酸微肥，

增强树体营养，喷施硼砂或硼酸等提高坐果率，降低减产幅度。

【实训23】常用农药理化性状与检测

一、实训目标

学习阅读农药标签和使用说明书，明确常用农药的理化性状特点和质量的检测方法。

二、仪器与药品

仪器用具：天平、牛角匙、试管、量筒、烧杯和玻璃棒等。

实验药品：

杀虫剂：80%敌敌畏乳油、50%辛硫磷乳油、40.7%乐斯本乳油、10%吡虫啉可湿性粉剂、1.8%阿维菌素乳油、90%敌百虫可溶性粉剂、杀虫剂双水剂、3%呋喃丹颗粒剂、25%灭幼脲3号悬浮剂、磷化铝片剂、Bt乳剂、白僵菌粉剂、73%克螨特乳油、25%三唑锡可湿性粉剂。

杀菌剂：50%乙烯菌核利（农利灵）可湿性粉剂、25%粉锈宁乳油、40%氟硅唑（福星）乳油、25%敌力脱乳油、72.2%丙酰胺（霜霉威、普力克）水剂、45%百菌清烟剂、56%靠山水分散颗粒剂、72%克露可湿性粉剂和42%噻菌灵悬浮剂等。

三、实训内容

1. 农药标签和说明书

（1）农药名称　农药名称包含的内容有农药有效成分及含量、名称、剂型等。农药名称通常有中（英）文通用名称和商品名两种，中（英）文通用名称引用国家标准《农药中文通用名称》（GB 4839—1998）中的名称，英文通用名称引用国际标准组织（ISO）推荐的名称。商品名应经国家批准才可以使用，不同生产厂家有效成分相同的农药，即通用名称相同的农药，其商品名可以不同。

（2）农药三证　农药三证是指农药登记证、生产许可证和产品标准证，国家批准生产的农药必须三证齐全，缺一不可。

（3）净重或净容量　净重或净容量是指农药的净质量或净体积。

（4）使用说明　按照国家批准的作物和防治对象简述使用时期、用药量或稀释倍数、使用方法及限用浓度。

（5）注意事项　注意事项包括中毒症状和急救治疗措施、安全间隔期（最后一次施药距收获时的天数）、储藏运输的特殊要求、对天敌和环境的影响等。

（6）质量保证期　不同厂家的农药质量保证期标明方法有所差异。一是注明生产日期和质量保质期。二是注明产品批号和有效日期。三是注明产品批号和失效日期。一般农药的质量保质期是2~3年，应在质量保质期内使用，这样才能保证作物的安全和防治效果。

（7）农药毒性和标志　农药的毒性不同，其标志也有所差别。毒性的标志和文字描述皆用红字，十分醒目。使用时注意鉴别。

（8）农药种类标识色带　农药标签下部有一条与底边平行的色带，用以表明农药的类别。其中，红色表示杀虫剂（昆虫生长调节剂、杀螨剂、杀软体动物剂），黑色表示杀菌剂（杀线虫剂），绿色表示除草剂，蓝色表示杀鼠剂，深黄色表示植物生长调节剂。

2. 农药性状的简易辨别方法

常见的农药类别有粉剂、可湿性粉剂、乳油、颗粒剂、水剂、烟雾剂和悬浮剂等。辨别方法如下：

（1）粉剂、可湿性粉剂的鉴别及其质量的简易鉴别　取少量药粉轻轻洒在水面上，长时间浮在水面的为粉剂；在 1 min 内粉粒吸湿下沉，搅动时可产生大量泡沫的为可湿性粉剂。另取少量可湿性粉剂倒入盛有 200 mL 水的量筒内，轻轻搅动放置 30 min，观察药液的悬浮情况。沉淀越少，可湿性药粉的质量越好。如有 3/4 的粉剂颗粒沉淀，表示可湿性粉剂的质量较差。在上述药液中加入 0.2 ~0.5 g 合成洗衣粉，充分搅拌，比较观察药液的悬浮性是否改善。

（2）乳油质量的简易测定　将 2 ~3 滴乳油滴入盛有清水的试管中，轻轻振荡，观察油水融合是否良好，稀释液中有无油层漂浮或沉淀。稀释后，油水融合良好，呈半透明或乳白色稳定的乳状液，表明乳油的乳化性能好；若出现少许油层，表明乳化性尚好；若出现大量油层，乳油被破坏，则不能使用。

四、实训作业

列表叙述主要农药的理化性质及使用特点。

【实训 24】石硫合剂的熬制

一、实训目标

掌握石硫合剂的熬制方法及原液浓度的测定方法。

二、仪器与药品

仪器用具：酒精灯、牛角匙、试管、天平、量筒、烧杯、试管架、盛水容器、研钵、试管刷、小铁刀、石蕊试纸、台秤、玻璃棒、铁锅或1000 mL 烧杯、电炉、木棒、水桶和波美比重计等。

实验药品：生石灰、水、硫黄粉。

三、实训内容

1. 原料配比

硫黄粉：生石灰：水 =2：1：8，硫黄粉：生石灰：水 =2：1：10，硫黄粉：生石灰：水 =1：1：10（以上皆为质量比），熬出的原液分别为 28 ~30°Bé，26 ~28°Bé，18 ~21°Bé。目前，多采用 2：1：10 的质量配比。

2. 熬制方法

称取硫黄粉 100 g、生石灰 50 g、水 500 g。先将硫黄粉研细，然后用少量热水搅成糊状，再用少量热水将生石灰化开，倒入锅中，加入剩余的水，煮沸后慢慢倒入硫黄糊，大火

煮至沸腾时再继续熬煮45～60 min，直至溶液被熬成暗红褐色（老酱油色）时停火，静置冷却，过滤即成原液。观察原液色泽、气味和对石蕊试纸的反应。熬制过程中应注意火力要强而匀，使药液保持沸腾而不外溢；熬制时应先将药液深度做一标记，然后用热水随时补入蒸发的水量，切忌加冷水或一次加水过多，以免因降低温度而影响原液的质量，大量熬制时可根据经验事先将蒸发的水量一次加足，中途不再补水。

3. 原液浓度测定

将冷却的原液倒入量筒，用波美比重计测定浓度，注意药液的浓度数值应大于比重计之长度，使比重计能漂浮在药液中。观察比重计的刻度时，应以下面一层药液所对应的度数为准。

四、实训作业

简述石硫合剂的熬制方法及注意事项。

【实训25】果树主要生理病害发生及防治情况调查

通过对当地果树主要生理病害的调查，了解和掌握当地果树生理病害的发生、发展规律，为制订科学、合理、规范的生理病害综合防治措施奠定基础。将调查结果填入表7-1。

表7-1 主要生理病害调查表

地点　　　　　　年　　月　　日　　　　　　　　　　　　调查人

果树种类	调查日期	病害名称	果树物候期	调查总株（叶片）数	病菌株（叶片）数	发病率（%）	严重度（发病级数）					病情指数	防治措施	防治效果	备注
							0	1	2	3	4				

注：可根据果园实际情况对调查项目进行修改。

【实训26】果树主要自然灾害发生及预防情况调查

通过对当地果树主要自然灾害的调查，了解和掌握当地果树自然灾害的发生规律，为制订科学、合理、规范的自然灾害综合预防措施奠定基础。将调查结果填入表7-2。

表7-2 自然灾害调查表

地点　　　　　　年　　月　　日　　　　　　　　　　　　调查人

果树种类	调查日期	自然灾害种类	果树物候期	调查总株（叶片）数	病菌株（叶片）数	发病率（%）	严重度（发病级数）					病情指数	预防措施	预防效果	备注
							0	1	2	3	4				

注：可根据果园实际情况对调查项目进行修改。

【实训 27】果树主要病虫害的识别

一、实训目标

1）通过观察地下害虫金龟子、地老虎、蝼蛄、象鼻虫、叩头虫及苹果腐烂病、苹果花叶病、白粉病、苹果黑星病、桃缩叶病、病菌性穿孔病、葡萄霜霉病及梨小食心虫、桃蚜、果蚜，掌握其主要症状和形态特征。

2）认识当地果树病虫害的症状特点及病原形态。

二、材料与用具

材料：地老虎、蝼蛄、叩头虫、象鼻虫、金龟子等针插或浸渍的成虫、幼虫标本和挂图；苹果腐烂病、苹果花叶病、白粉病、苹果黑星病、桃缩叶病、病菌性穿孔病、葡萄霜霉病病株及梨小食心虫、桃蚜、果蚜等材料及切片。

用具：显微镜、放大镜、培养皿、镊子、挑针。

三、实训内容

先从挂图和标本初步识别主要病虫害，再根据当地常见的病虫害在现场识别。

四、实训提示

1）选择病虫害发生的集中时间进行。

2）在教师指导下，将全班同学分为几个调查小组进行观察并绘图。

五、实训作业

调查当地果树某一树种病虫害发生特点。

果树设施生产

任务 1　设施生产基本知识

【知识目标】

了解果树设施生产中的主要设施类型和基本技术原理；掌握设施果树生长发育特点及栽培管理技术要点。

【能力目标】

能根据设施果树生长发育特点、设施类型和生产技术原理，进行相应树种的设施生产管理。

【基本知识】

果树设施生产又叫“果树保护地栽培”，是指利用各种设施来创造和调控适宜果树生长发育的小气候，并采取特殊的栽培技术，使在不适宜果树生长的季节和地区实现预定生产目标的一种生产形式。根据果树设施生产目的的不同，设施生产可分为避雨栽培、促成栽培、半促成栽培、延迟栽培等不同形式。目前，我国北方地区主要以促成栽培为主，约占设施栽培总面积的 90% 以上。

我国果树设施栽培起步于 20 世纪 50 年代，北京、天津、辽宁、黑龙江、河北等地首先开始进行设施栽培的初步尝试与理论探索。直到 1978 年改革开放以后，果树设施栽培技术的研究与应用才活跃起来。1978 年，黑龙江省利用塑料薄膜日光温室进行葡萄促成栽培试验获得成功。1981 年，辽宁省二年生设施葡萄亩产达 4019 kg。规模性生产出现在 20 世纪 80 年代末至 90 年代初。1995 年前后，山东省各地区和单位在樱桃、油桃、李、杏上进行设施栽培试验均获得成功，并积累了丰富经验。到 2008 年，据不完全统计，全国设施果树栽培面积已达 10 万 hm^2，占全国果树总面积的 0.19%，主要分布在山东、辽宁、河北、北京、河南、吉林、黑龙江、江苏等地。其中，山东省果树设施栽培涉及的树种、品种较多，技术起点较高，已成为全国果树设施栽培的中心。目前，我国果树设施栽培取得成功的种类有草莓、葡萄、桃、杏、樱桃、李、柑橘等，其中以草莓面积最大，占设施栽培总面积的

85%左右，葡萄、桃次之，梨、无花果、猕猴桃、石榴等其他树种也有少量栽培。目前，我国设施栽培生产的特点表现为面积较小、分散、规模化程度低，并在生产技术、配套设施方面与先进国家相比存在较大差距。

由于果树设施生产具有鲜果供应期延长、经济效益高、栽培区域大、利于生产绿色果品等优点，眼下已成为北方果树生产中新的效益增长点。经过多年的研究开发，各地已经筛选出适合设施生产的许多树种品种，并掌握了其需冷量，对不同树种的苗木培育、栽植方式、整形修剪、化控技术也进行了深入研究。纵观设施果树今后发展趋势，主要以研制新型设施和材料为主，并在优化树种、品种结构，制订高效栽培管理模式，加强高新技术推广，适地适栽形成规模，以及建立产业化配套体系等方面进一步得到完善。

一、设施果树生产类型及休眠期调控技术

1. 设施果树生产类型

北方设施果树生产类型主要可分为两大类：一是提早果树的生长发育期，达到果实在冬末春初即成熟上市；二是延后果树的生长发育期，达到果实在秋末冬初方成熟上市供应市场。另外，也有以消除不良环境条件，防止裂果及防治病虫害等为栽培目的的防护栽培。具体类型有：

（1）促成栽培　促成栽培是指在果树尚未进入休眠或未结束自然休眠的状态下，采取措施以达到人为控制提早休眠或打破休眠的目的，使果树提前进入生长季阶段，达到果实提早成熟上市的目的。此种生产方式目前在草莓、葡萄、甜樱桃上应用较多。

（2）半促成栽培　半促成栽培是指在自然或人为创造的低温条件下，尽快满足果树自然休眠期对低温量的需求后，并提供适宜的生长条件，促使果树提早进入生长期，达到果实提早成熟上市的目的。当前，在桃、枣等树种的设施生产上应用较多。

（3）延迟栽培　延迟栽培是指通过抑制果树生长速度或选用晚熟品种的措施，使果树达到延迟生长和果实成熟，实现果实在晚秋或初冬上市的目的。延迟栽培在葡萄、桃上均有应用。生产上也有对晚熟葡萄园后期扣棚可延迟采摘时期一个月的报道。

（4）促成兼延迟栽培　促成兼延迟栽培是指在日光温室内，利用葡萄本身具有的一年中可多次结果的习性，采取既促成又延迟的一年两熟制的栽培形式。采取此方法的前提是所选品种必须具有一年内可多次结果且结果良好的习性。

（5）抗灾栽培　抗灾栽培是指利用设施坚固的特点来抗击自然灾害，使树体免受或减少自然灾害造成的危害，并利用设施的微环境容易控制的特点达到使果实适当提早成熟的目的。近年来，各地由于气候的异常变化（如风、霜、雨、雪、旱、雹、低温、日灼等），往往给果树生产带来严重的经济损失。例如，我国东南沿海台风较频繁地区，防风抗灾设施栽培便利用较多。此外，北方各地在7～8月葡萄成熟期多雨时选用拱形的避雨棚设施便可有效地减少病果和裂果。

2. 设施果树休眠期调控

（1）设施栽培果树通过自然休眠的需冷量　生产上通常仍以落叶果树经历0～7.2℃低温的累计时数来计算，具体标准可查阅相关资料获得。树种的自然休眠需冷量差别很大，一般以葡萄、甜樱桃的需冷量较高，而李、杏居中，桃、草莓则较低。如不能满足，贸然提前加温将导致果树萌芽晚、开花不整齐，甚至会出现枯死现象。

（2）人工促进休眠技术措施　生产上通常采用人工低温暗光促眠技术，即在自然环境稳定出现低于7.2 ℃温度时扣棚，同时加盖保温材料，达到棚室内白天不见光，降低棚内温度，夜间则打开通风口和前底脚覆盖，使冷空气进入棚内降低温度，尽可能使棚内处于0～7.2 ℃的低温条件。此种方法简单、有效、成本低，在生产上应用较多。有条件时，还可在设施内采用人工制冷的措施。而采用容器栽培的果树也可先将其置于冷库中处理，待满足需冷量后再移回设施内进行促成栽培。目前，采用低温短日照处理促进草莓自然休眠的效果较好，生产上已广泛应用，具体做法是在草莓苗花芽分化后将秧苗挖出，捆好后放入0～3 ℃的冷库中并保持80%的湿度，处理20～30天即可完成休眠。

（3）人工打破休眠技术　人工打破休眠技术，即在果树自然休眠尚未结束前，欲使其提前萌芽开花而需要采取的措施。目前，生产上应用比较成功的是用赤霉素来打破草莓休眠和用石灰氮来打破葡萄休眠。在草莓上应用赤霉素处理具有打破休眠以弥补低温不足、促使提早现蕾开花和促进叶柄、果柄伸长的作用。具体做法是用10 mg/L赤霉素进行喷雾，并尽量喷在苗心上，每株喷5 mL左右，处理时的适宜温度以25～30 ℃为宜，低于20 ℃则效果不明显，而高于30 ℃易造成植株徒长，故应在阴天或傍晚时进行。具体时间一般在保温开始后3～4天进行。如果配合人工补光措施则喷一次即可。而没有补光处理或深度休眠的品种可在第一次处理后10天左右再处理一次。当苗木出现叶柄伸长、叶面积扩大后便应停止喷施。而采用人工补光创造长日照和高温条件的传统方法是在棚内安装100 W白炽灯，每亩以安装40～50个为宜，灯具安装高度应距地面1.5 m，或者每亩安装70W的高压钠灯110个作为光源每天早晚各补光2.5 h左右，保持棚内每天光照时间在13 h以上。现在专用的紫蓝色LED光源正在普及应用，50W功率的每亩只需配置12个左右。

葡萄用石灰氮处理的具体做法是：在自然休眠进入后期时，时间大约在11月下旬至12月上旬，采用小刷子蘸5倍石灰氮澄清液（1 kg石灰氮中加50 ℃温水4 kg即成5倍液。配制过程要进行多次搅拌，以防凝结，静置沉淀2～3 h后，用纱布过滤出上清液，加展着剂或豆浆）涂抹休眠芽。具体时间通常在自然休眠结束前15～20天左右，涂抹后便可升温催芽。对一年一栽制和一年一更新制的结果母枝，除距地面30 cm以内的芽和顶端最上部的1～2个芽不涂抹外，其余的芽也要隔一个涂一个，不可全涂，以免造成萌芽过多消耗营养及顶端两芽萌发后生长不良的后果。

二、设施果树的生长发育特点

果树保护地内环境条件明显区别于露地自然环境条件，从而会发生果树的某些生物学习性的改变，而了解这些生物学习性的改变是对设施果树进行各项合理管理的基础。

1. 地上、下部的协调性差异

设施果树地上、下部的协调性差。根系生长发育一般滞后于梢叶生长，从而会加剧花果与梢叶的营养竞争。

2. 物候期差异

由于设施果树的花期提前或延迟，果实成熟期超前或延后。设施果树会在物候期发生的时间上与外界差异较大，如有些果树促成栽培的花期可比露天提前2～4个月，成熟期也大大提前。

3. 发育期差异

设施内果树发育期的差异主要表现为以下三点：

1）单花花期变短。一般比露天短 24 ~ 37 h。

2）开花期延长，开花不整齐。例如，凯特杏在日光温室内的花期为 11 天，而对照的花期通常仅为 5 ~ 7 天。

3）果实发育期延长。例如，油桃果实在日光温室内的生育期通常延长 10 ~ 15 天。

4. 器官生长发育差异

与露地相比，设施内果树器官生产发育主要表现为以下几点：

1）花器发育不全，完全花比例下降。花粉生活力降低。

2）果个普遍变大。主要原因是果实生长 I 期设施内夜温较低，促进了果肉细胞的分裂。

3）品质下降。这是因为设施栽培下加剧了新梢生长和果实生长对光合产物的竞争，从而导致果实含糖量降低、含酸量增加及可溶性固形物和维生素 C 含量均低于露地果实，品质下降。此外，果实畸形率也较露地果实高。

4）枝梢生长旺盛，叶片质量变差。由于设施内的高温高湿环境，枝条的萌芽率和成枝力提高，导致新梢生长变旺，节奏性不明显，节间加长。尤其是核果类果树在夏天揭棚后容易发生新梢徒长，表现为叶片变大、变薄，以及叶绿素含量降低。设施栽培果树叶片对弱光的功能利用率提高，光饱和点和补偿点均降低，平均净光合速率（Pn）降低，最大 Pn 提前，光合午休现象不明显等。

5）花芽分化方面的变化。例如，桃的花芽分化属于夏秋分化型，而设施栽培桃在果实采收前的花芽分化量很小。据观察，辽宁温室栽培早醒艳桃，在果实发育期内（1 月 25 日—4 月 13日）未见花芽分化。采收修剪后的新梢花芽分化是从 6 月下旬开始到 9 月末为止，分化集中于 8、9 月。所以，桃的设施栽培多采用结果梢在果实采收后进行重短截，重新发出结果枝的方法。设施栽培葡萄花芽分化也不良。

6）裂果率增加。例如，温室栽培油桃在采收前 20 天以内会普遍发生裂果现象，而以采收前 6 ~ 8 天为裂果高发期。尤其是树冠外围果、大型果裂果较重，而内膛果、小型果则裂果较轻。

任务 2　设施类型与建造

【知识目标】

掌握塑料大棚和日光温室的类型和特点；了解其配套设备的类型和性能。

【能力目标】

能把设施建造理论知识应用到棚室建造实践中去。

【基本知识】

果树设施生产的保护设施有日光温室及塑料大、中、小棚。其中，落叶果树类适合日光温室和大棚栽培，草莓则可适用于上述任何一种。

一、日光温室

1. 果树日光温室的类型及特点

最适合采用日光温室进行果树反季节生产的地区为北纬38°～42°地区。建造时，各地可根据当地的气候条件来确定总体尺寸，并进行科学的采光设计和保温设计。

近年来，果树日光温室生产的实践证明，在北纬34°以北地区要想获得较好的采光及保温效果，温室建造时必须要注意以下结构参数：温室跨度7～9 m，距前底脚1 m处的前屋面高度在1.5 m以上；温室脊高（矢高）3.3～4 m；后坡厚0.5～0.8 m（含保温层），后坡水平投影为温室跨度的1/5；后墙高1.6～2.6 m，厚0.4～0.8 m，墙外所培防寒土应为当地最大冻土层厚度；温室长度80～100 m，每栋温室占地面积为1亩左右。如果温室过小，则室内温度变化会很剧烈，不易控制，对果树的生长发育不利。如果温室过大，也存在相似问题，如中午温度过高，很难在短时间内降下来。同时，室内作业也有许多不便。

生产上常见温室类型根据建造材料的不同可分为竹木骨架温室和钢骨架温室两类（图8-1、图8-2）。前者具有造价低、一次性投资少、保温效果较好等特点。而后者的墙体则为砖石结构，由于前屋面骨架为镀锌管和圆钢焊接成拱架，故具有温室内无立柱、空间大、光照好、便于通风、作业方便等优点，缺点是造价高，故适宜在经济条件好的地区发展。

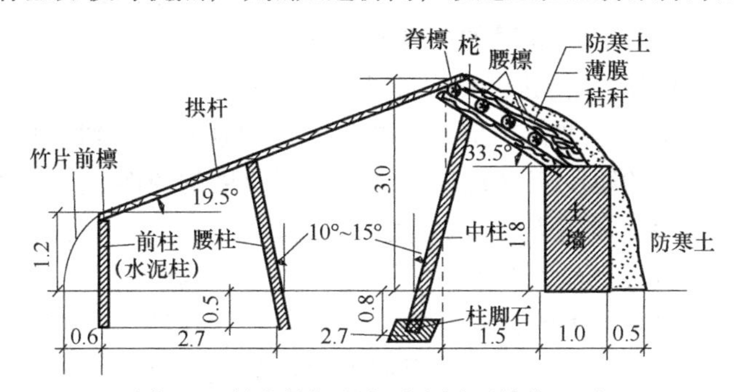

图8-1　竹木骨架温室示意图（单位：m）

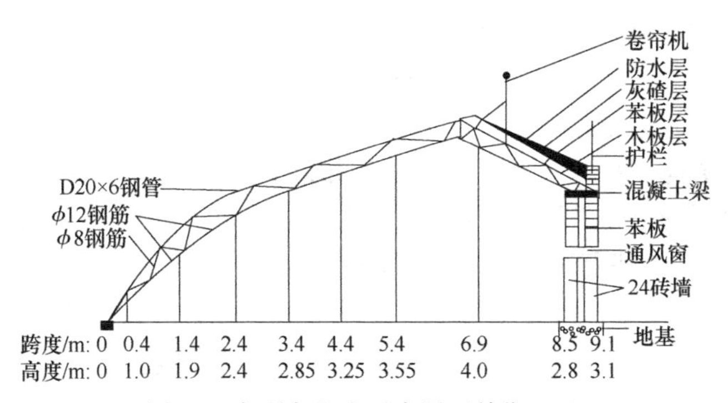

图8-2　钢骨架温室示意图（单位：m）

综上所述，日光温室由于具有保温的墙体及覆盖材料，所以在冬季能形成满足果树生长发育的室内环境条件，可进行促成或延迟栽培，是目前北方地区果树设施生产的主要设施类型。这里特别需要强调的一点是日光温室建造时可单栋建造，也可连栋建造。

2. 果树日光温室的选址

温室地址应选在向阳地段上，要求周围没有高大的树木及建筑物，还要求必须避开山口、河谷等风口处，以免造成风害。此外，温室还应避开水泥厂、砖厂及交通要塞，避免烟尘和机动车尾气等有害气体污染薄膜及果实。同时为了节省投资及便于管理，温室还应选在交通方便、水源充足和有电源的地方建造。形成一定面积的生产规模，可有利于集中组织销售及提高经济效益。

3. 果树日光温室的建造

（1）方位角的确定　日光温室应顺东西方向延伸，坐北朝南。在北纬39°以南且冬季外界温度不太低的地区，以采取南偏东5°的方位角为宜；在北纬40°地区可采用正南方位角；而在北纬41°以北则采取南偏西5°的方位角较好。但以上方位角不论南偏东还是南偏西，均不宜超过10°。

（2）日光温室前屋面采光角的确定　日光温室前屋面与地平面的夹角称为前屋面采光角，简称“屋面角”。适宜的“屋面角”应确保室内在冬至前后的一段时间内，每天10时至14时阳光入射角必须小于40°，如此方可称为“合理采光时段屋面角”。其简便计算方法为用当地纬度减去6.5°。例如，以北纬35°地区为例，合理采光时段屋面角为35° - 6.5° =28.5°。

（3）前后排温室间距离的确定　在规划建设温室群时，为避免前后排温室间互相遮光，二者之间必须保持一定的距离。生产实践证明：在北纬38°以南地区的这一间隔距离应以前排温室高度（含保温覆盖材料卷起时的高度）的2倍为宜，而北纬40°～43°的地区则应达到2～2.3倍。具体测量时应从前排温室后墙外皮处测起。

（4）筑墙技术　日光温室两侧山墙、后墙的厚度及使用材料对其保温效果和牢固性影响很大。因此，土筑墙体的厚度应以超过当地冻土层厚度的30%为宜，特别是后承重墙由于某负担力很大（如卷帘、风雪等），最好先用红砖砌成空心墙，两边厚度均为24 cm，然后回填入土壤或其他材料（如聚乙烯苯板等隔热材料）。目前，生产上使用的墙体多为异质复合结构，即内墙以吸热系数大的材料为主（如石头），可增加墙体的载热能力，对提高温室内夜间温度效果较好；外墙则以隔热效果好的材料为主（如空心砖），尽量减少热损耗。后墙高度与温室脊高和后屋面仰角有关。生产上多采用在脊高3.3 m、后屋面水平投影1.5 m、后屋面仰角31°时，确定2.15 m的后墙高度。

（5）拱架安装技术　屋面拱架是由钢管和圆钢焊接而成且带上、下弦的结构，上端固定于后墙顶部，下端固定在地梁上，间距80 cm左右，各拱架之间用拉筋连接固定牢固。

（6）后屋面的结构　温室后屋面一般先在骨架上铺木板，然后在骨架顶部木板上固定一根4 cm×5 cm木棱来固定薄膜，同时在木棱和女儿墙间的三角区填充珍珠岩或炉渣后，上面抹水泥砂浆找平，并进行两毡三油防水处理即可。

二、塑料大棚

1. 塑料大棚的特点及类型

塑料大棚虽然投资成本比日光温室低，但其保温效果明显不如日光温室。此外，由于其具有白天升温快、夜晚降温也快的特点，故在密闭的条件下，覆膜升温时间应以春季外界最低气温稳定高于 -3 ℃后，大棚内的最低气温一般不会低于0 ℃时为宜。其类型主要有竹木结构悬梁吊柱大棚和钢架无柱大棚（图8-3）两类。生产上凡具有不透明保温覆盖材料的大棚称为改良式大棚或春暖棚，由于其保温效果明显增强，故可使果实成熟期较冷棚提前多日，因而应用较为广泛，特别是在冬季不太寒冷的地区进行果树的促成栽培效果良好。

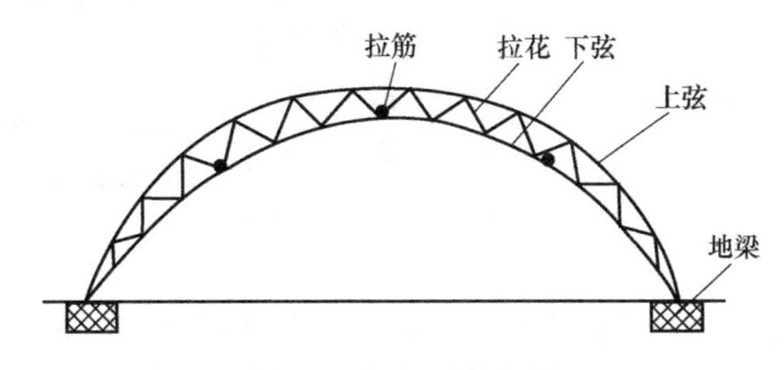

图8-3 钢架无柱大棚

2. 塑料大棚的设计

塑料大棚多顺南北方向延伸，为便于运输和灌溉，应根据灌溉水道、地形和道路的方向进行适当调整。每栋大棚的面积为1亩左右，通常以跨度10～12 m，长度60 m以上为宜。此外，在规划大棚群时，为了有利于通风、运输和机械通行，棚间距应达到2～2.5 m，棚头间的主干道路要达到5～6 m宽。

为增强大棚的抗风能力，其外形以流线型为好。以达到减弱风速、压膜线牢固的目的，防止出现薄膜摔打现象。大棚的高跨比以0.25～0.3为宜，具体可根据合理轴线公式进行设计。

$$Y=\frac{4F\cdot X}{L^2}(L-X) \tag{8-1}$$

式中，Y为弧线点高；F为矢高（最高点距拱底的高度）；L为跨度；X为水平距离。

按照式（8-1）计算的弧面两侧偏低，应适当加以调整，如图8-4所示。

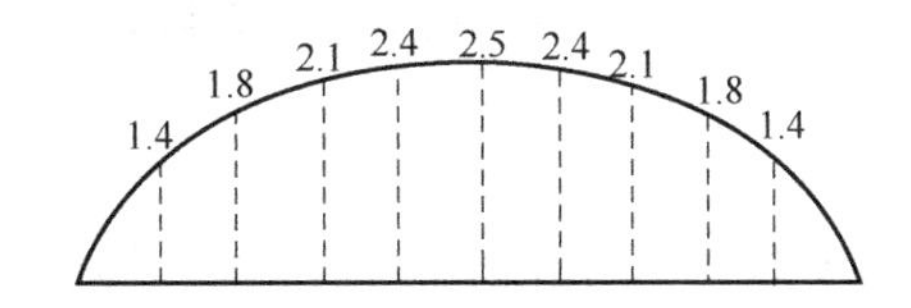

图8-4 调整后的无柱大棚示意图（单位：m）

3. 塑料大棚的建造

（1）竹木结构悬梁吊柱大棚（图8-5） 竹木结构悬梁吊柱大棚建造过程如下：

1）放线、整地。于秋季上冻前把建棚的场地整平并用测绳拉出四周边线。

2）埋立柱。封冻前将硬木一端削尖，打入地下25～30 cm深作为立柱，为防立柱下沉

或上拔，可在柱脚处钉上 20 cm 长的横木。横向每排埋6 根立柱（中柱、腰柱、边柱各 2 根），根据棚的宽度做到分布均匀。纵向一般每隔 3 m 设一排立柱。

3）上拉杆和吊柱。对每排立柱，用直径 5 ~ 6 cm 粗的硬杂拉杆在距立柱顶端 20 ~ 30 cm 处进行纵向连接固定，使整个大棚连成一体。同时，在相邻两根立柱中间处的拉杆上安装吊柱（长度为 20 ~ 30 cm），准备支撑此处拱杆。

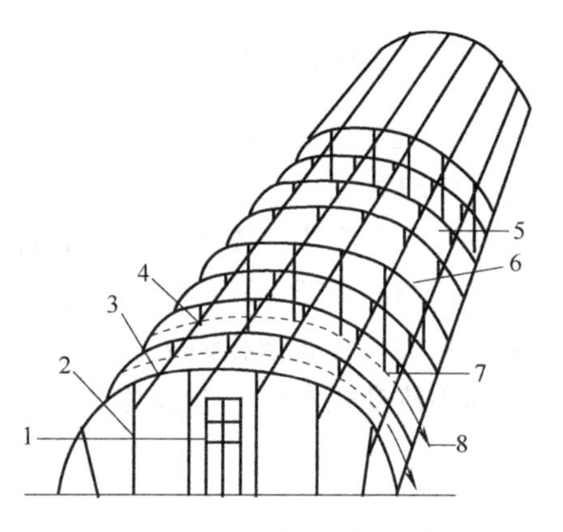

图 8-5　竹木结构悬梁吊柱大棚

1—门　2—立柱　3—拉杆　4—吊柱　5—棚膜　6—拱杆　7—压杆　8—地锚

4）安装拱杆。根据大棚弧形长度先将 3 根粗约 5 cm 的竹竿连接在一起，然后将两端竹竿在先端向上 1.25 m 左右处用火烘烤成弧形，并立即浸入冷水中定型。最后，从两侧将拱杆插入边线土中 30 cm 深进行固定后向上拉，将拱杆固定于各立柱顶端或吊柱顶端，拱杆间距 1.5 m 左右。

5）埋地锚。在大棚两侧距边线 50 cm 处两排拱架之间挖 50 cm 左右的深坑，将多块红砖或石块（5 kg 以上）拧上铁丝后埋入踩实，地表处铁丝呈环状，以备用来固定压膜线。

（2）钢架无柱大棚　钢架无柱大棚建造如下：

1）拱架焊制。在大棚的高度、跨度确定后，便可按设计图来焊制好拱架模具并在模具上焊制拱架。也可在水平的水泥地面上先用粉笔画出骨架图形，然后用钢管做成胎具，在其上焊接加强桁架。

2）设置地锚。在大棚两侧的边线上先灌注 10 cm × 10 cm 的地梁，并按一定间距预埋好铁块，以备将来焊接拱架。

3）焊接拱架。先将大棚两端的拱架用木杆架起，再依次架好中间的各道拱架。然后，在拱架下弦处焊上 3 道Φ14 钢筋作为横向拉筋。最后，逐一把各拱架焊牢在地梁的预埋铁块上，并用钢筋在拱架两侧呈三角形将拱架固定在横向拉筋上，以增加其稳定性。

三、棚室的配套设备

1. 自动卷帘机

北方寒冷地区多采用双层草帘覆盖，一般一个长度为 80 m 的大棚要用 110 个长 9 m、宽 1.5 m 的草帘。人工卷帘约需要两个工时；机械卷帘既降低了劳动强度，又节省了大量时间，可起到使温室内快速升温的效果。

2. 灌溉系统设置

当前，设施内灌水方式绝大多数仍采用传统的沟畦灌，导致水的利用率较低，不仅需水量大，造成水资源的浪费，而且棚室内的空气湿度也大，难以调控，对生产极为不利。故应提倡采用管道输水或膜下灌溉的方法，最好采用滴灌技术。近年来，我国已改进和研制出了内镶式滴灌管、压力补偿式滴头、薄壁式孔口滴灌带、折射式和旋转式微喷头、过滤器、施肥罐及各种规格的滴、微喷灌主支管等新的滴灌设备，达到了灌水和施肥双管齐下的完美结合。

3. 保温覆盖材料

保温覆盖材料依其功能可分为采光材料、内覆盖材料和外覆盖材料三大类别。选择标准应首先考虑到其保温性，其余依次为采光性、流滴性、使用寿命、强度和低成本等。

(1) 采光材料　采光材料主要包括玻璃、塑料薄膜、EVA 树脂（乙烯—醋酸乙烯共聚物）和 PV 薄膜等。北方设施生产上多选择无滴保温多功能膜，其厚度为 0.08 ~0.12 mm。

1）聚氯乙烯（PVC）长寿无滴膜。流滴的均匀性和持久性都好于聚乙烯长寿无滴膜，保温性能好，最适合在寒冷地区使用。缺点是经过高温季节后其透光率会下降 50%，密度加大，其成本也高。

2）聚乙烯（PE）长寿无滴膜。聚乙烯长寿无滴膜具有无毒、防老化、寿命长的特点，并且具有良好的流滴性和耐酸、碱、盐性，是设施生产上比较理想的覆盖材料。缺点是不适宜在寒冷地区使用。

除以上两种外，其他材料在生产上很少应用。

(2) 内覆盖材料　内覆盖材料主要包括遮阳网、无纺布和塑料薄膜等。

1）遮阳网。遮阳网由聚乙烯树脂加入耐老化助剂拉伸后编织而成，分为灰色或黑色等不同颜色，具有遮阳降温、防雨、防虫等效果，多作为临时性保温防寒材料。

2）无纺布、塑料薄膜。无纺布又称不织布，是由聚丙烯、尼龙、粘胶纤维等材料通过机械、热粘或化学等工艺而不是纺织而成的新一代环保材料，具防潮、透气、柔韧、质轻、不助燃、易分解、无毒、无刺激性、价格低、可循环利用等特点。多用于设施内双层保温帘或浮面覆盖栽培。而生产上常采用农用地膜进行地面覆盖以保温保墒。

(3) 外覆盖材料　外覆盖材料主要包括草帘、草苫、纸被、棉被、保温毯和化纤保温被等。

1）草帘、草苫。保温效果可达 5 ~6 ℃，具有取材方便、成本低、制造简单的优点。

2）纸被。在某些寒冷地区和季节，果农为进一步提高设施内的防寒保温效果，多在草苫上增盖纸被，可使温室室内温度比单独使用草苫提高 7 ~8℃。纸被是由 4 层旧水泥纸袋或 6 层牛皮纸缝制而成的，其宽度与草苫相同。

3）棉被。棉被具有质轻、蓄热保温性能好的优点，在高寒地区保温效果可达 10 ℃以上，但在冬、春季节多雨、雪的地区不宜大面积使用，以防浸水后重量增大而产生不利影响。

4）保温毯和化纤保温被。此类保温材料具有质轻、保温、耐寒、防雨雪、使用方便等优点，但一次性投入成本相对较大。一般由 3 ~5 层不同材料组成，由外至内分别为防雨布、无纺布、棉毯、镀铝转光膜和防雨布。

4. 棚室设计文件

温室和大棚设计文件包括设计图、说明书和结构计算书等，是指导施工和签订施工合同的主要依据。

(1) 设计图　设计图包括总平面图、平面图、立面图、断面图、屋面、基础图及连接处、梁等详图和采暖、换气、排灌、电气等的详图。

(2) 说明书　说明书中应指定使用建筑材料的种类、规格、加工和施工方法等。此外，在签订合同前与施工单位到现场商定的有关道路、供电、供水等临时工程及设计书的约定也要写成书面材料，以便施工单位能很好地理解设计意图，避免出错。

（3）结构计算书　结构计算书中应包括荷载（风载、雪载、地震力等自然荷载和吊重、检修等人为荷载）计算、应力计算、供热和通风计算、各规格建筑材料用量及成本计算等。

任务3　果树设施生产概述

【知识目标】

了解设施果树生产中树种、品种规划、育苗、栽植及设施环境调控知识。

【能力目标】

能结合本地生产实际进行设施果树的树种、品种的选择、育苗及栽植，会对设施环境采取正确的调控措施。

【基本知识】

一、树种、品种的选择

树种、品种是果树设施栽培的内因，栽培技术只能对树种品种的特性进行优化，而不能从根本上发生改变，故树种、品种选择的正确与否直接关系到保护地栽培的成败。果树保护地栽培不仅要考虑树种、品种对当地气候和立地条件的适应性，还应考虑到树种、品种的经济性和社会需求性及设施栽培的特殊性。加之设施栽培果树主要以鲜食为栽培目的，故设施生产中在树种、品种的选择上应考虑到以下三方面的因素：

1. 果实品质

果树必须具有果实色泽艳丽、风味纯正、鲜食品质好、市场认可且需求量大等特点，以满足消费者的需求。

2. 栽培性状

果树必须具有树冠矮小、适于矮化栽培、早果性、丰产性好、适应性强、抗病虫性强、自花结实率高、耐低温、耐弱光等特点，以满足设施内特殊环境的需要。

3. 栽培类型

采用促成或半促成栽培以选择早熟、果实生育期较短及自然休眠期也短、需冷量低的树种、品种为宜。而延迟栽培则以晚熟、果实生育期长的树种、品种为主。

二、大苗培育和栽植

1. 大苗培育

生产上，除桃、葡萄等早果、易成花的树种可在设施内直接定植一年生苗外，樱桃、杏、李等结果稍晚的树种要在设施内定植带有花芽的大苗，以达到尽早结果，降低结果前管理成本的栽培目的。

（1）培育方式 生产上主要有以下三种方式：一是对露地栽培的盛果期树，就地建造保护设施；二是先栽树，待果树成花后再建设施；三是移栽结果树，即将4～5年生大树移植到温室内，此法简便、见效快。

（2）培育方法 应选择土层较深厚、背风向阳、距离栽培设施较近的地块作为苗圃地。先按1 m×1 m株行距挖好栽植坑，规格为40 cm×50 cm。再将空编织袋放入坑内，装入1/2高度的用园田土与腐熟的有机肥混合均匀的基质（二者重量比3∶1）后，栽入苗木，覆土至根颈处，浇水沉实。苗木定植高度是根颈处与地面持平。为避免雨季发生内涝，在多雨地区或较低洼地，应采用高畦栽植，畦高20～30 cm，并覆盖地膜，有利提高地温。栽后要及时定干。定干高度一般为35～45 cm，剪口下要有3～5个饱满芽，以利整形，最后用塑料袋将苗干套上，以提高成活率。

待苗木成活后要及时去掉塑料袋，并加强田间管理，按照既定的树形进行整形修剪，培养良好的树形结构。通常设施栽培中要求树干较低，特别是温室前两排树，干高达30 cm左右即可，后几排可依次适当提高树干高度。树高则应根据设施的高度来确定，即树高（m）=设施高度(m)－(0.3～0.5 m)。对树形的要求是温室前两排多采用开心形，后几排则采用纺锤形或圆柱形。

甜樱桃在冬季气温低于－20 ℃的地区露地培育大苗时，必须在土壤封冻前将植株带坨移入储藏窖或室内，处于0～7 ℃的温度条件下储存，待来年春季再移植到室外。如此经过3～4年的树形培养，即可定植到温室或大棚里。

2. 栽植技术

（1）栽植行向与方式 除草莓外，其他乔木果树宜多采用南北行向、长方形或带状栽植。生产实践证明，日光温室以高畦带状栽植和砖槽台式栽植方式效益较高。高畦带状栽植是在温室内先做好20～30 cm的高畦，再将果树双行带状定植于高畦中，如此既有利于提高地温，又可缓解设施栽培高密度下的光照不良等问题。而砖槽台式栽植则是先向下挖深50 cm、宽100 cm的条状沟，并砌成砖槽，将果树定植在槽内，定植高度与地平面一致，如此，除具有前者的作用外，还兼有扩大空间、方便管理及限根栽培（还可在沟底设隔离层）等作用。

（2）栽植时期 设施内栽植时期可分为以下三种情况：一是秋栽，多用于大苗带土坨移栽。栽植当年，待需冷量满足后，冬季便可以升温。果苗从1月初开始生长，可比露地提前2～3个月时间，表现为生长量大、花芽多、产量高。此外，行间还可间作矮茎蔬菜、花卉、草莓等果菜作物，以增加经济收入。二是春栽，建造大棚前，先在棚室内的适宜位置上定植果苗。三是在设施内腾空后随即将袋装苗木移植入内，其定植时期没有严格的时间要求。

（3）栽植密度的确定 首先，设施栽培密度应根据树种、品种的长势强弱及设施的宽度来确定株行距。桃树株行距应以（1～1.5）m×（2～2.5）m为宜，如温室宽度为7 m，可一行栽5株，温室前后各留1 m，株距为1.25 m；如温室宽度为8 m，可一行栽6株，株距为1.2 m。李树株行距以2 m×3 m为宜，平均产量可达到最高。杏树和甜樱桃树由于树体比较高大，株行距应以（2～3）m×（3～4）m为宜。如采用矮化砧，株行距则可适当减小。其次，还应考虑品种特性及土肥水条件等因素，土壤肥沃或长势较强的品种的株行距应大些，而土壤肥力较低或长势较中庸的品种的株行距则可小些。

（4）配置授粉树和人工辅助授粉技术

1）配置授粉树。设施栽培中以采用自花授粉结实的品种较好，但杏、李和樱桃等自花授粉坐果率较低的树种则必须配置授粉树，选择授粉品种的条件除与露地相同外，还应考虑到其是否与主栽品种需冷量相近及开花物候期相同，以确保授粉质量。主栽品种与授粉品种栽植株数的比例一般为（3～4）∶1。

2）人工辅助授粉。由于设施与露地物候期不同，故没有昆虫传粉，加之设施内通风不良，所以对自花结实率低的树种、品种，必须进行人工辅助授粉。其过程如下：选树→采花→取花药→取花粉→加填充剂→授粉→人工点授。

人工授粉时以花开放当天效果最好，具体时间以上午9～10时到下午3～4时进行。

3）应用植物生长调节剂和微量元素。开花期喷0.3%的硼砂和0.2%硫酸锌，既可提高坐果率，又可防治缩果病和小叶病。

4）昆虫传粉。同露地果树一样，设施生产中借助蜂类传粉是提高坐果率的有效方法，常用的有蜜蜂和壁蜂。放养密度一般为每亩蜜蜂1～2箱或壁蜂100～200头。由于壁蜂比一般蜜蜂授粉能力要高70～80倍，并且管理简便、不需人工饲喂，故应在生产中大力推广。具体时间应于开花前5天左右放入棚室，让蜂类有一个适应过程，方可收到良好的授粉效果。

（5）控旺技术　由于设施内栽植密度大，加上棚室内空间狭小及高温、高湿的环境条件易导致树体旺长，因此，如何控制树体旺长便成为果树设施栽培的一项重要管理内容。目前，适于设施栽培的各树种的矮化砧木及短枝型品种的应用才刚刚起步，没有较为成熟的经验，故生产中还多采用人工控制措施来进行简单调节。例如，起垄栽培，浅栽，根系修剪，容器栽培法、底层限制法，以及化学药剂限制（一些铜或钴制剂，如硫酸铜、硫酸钴、碳酸铜）等。

三、设施内的环境条件调控

1. 光照

因为光照是日光温室热量及光合作用的主要能量来源，所以在一定范围内，透入棚室内的光照越多，其温度便越高，叶片的光合作用也越旺盛。设施果树生产大多是在一年中光照时间最短、光照强度最弱的季节进行的，加上设施内的光强只有自然光强的70%～80%，因此，改善设施内的光照条件便成为提高设施果树产量和质量的主要措施之一。

设施内的光照强度依空间垂直分布的不同而不同，一般规律是越靠近薄膜光照强度越大，向下依次递减。例如，靠近薄膜处相对光照强度为80%，在距地面0.5～1 m处便减弱为60%，在距地面20 cm处则减弱为55%。而光照的水平分布特点是：在南北延长的大棚内，一天中以上午东侧光强高、西侧光强低，而下午则相反，全天平均下来东西两侧差异不大；而在东西延长的大棚内，一天中的平均光强比南北延长的要高，并且升温快。但棚内南部光强要明显高于北部，最大相差可达20%左右，表现光照水平分布的不均匀性。此外，在东西延长的日光温室中，南北两侧也存在一定的差异，以距地面1.5 m处为例，一般每向北延长2 m，光照强度平均要减弱15%左右。光照条件最差处为在东西山墙内侧各2 m左右的空间。

生产实践中，除进行合理的采光设计外，其他改善棚室内光照的措施有：选用透光率高的薄膜；在温度允许的前提下，适当早揭晚盖保温覆盖物；人工补光，铺、挂反光膜等。

2. 温度

设施内一天中温度变化规律是：在日出后气温开始上升，中午11时前升温最快，在密闭条件下每1 h最多可上升6～10 ℃，最高气温时间段出现在13时左右，14时以后气温便开始下降，15时以后下降速度加快，以日落前下降最快，直到覆盖保温物为止。此后温室内气温在回升1～3 ℃后平缓下降，在第二天早晨揭开保温覆盖材料之前，出现最低气温时间段。

而温室内的气温在南北方向上，以中部气温最高，向北、向南则依次递减。在南北两侧，白天南部高于北部，夜间北部高于南部。在东西方向上差异不大，以靠近出口处气温最低。设施内的地温一般从地表到50 cm深的土层里都会表现出明显的增温效应，但以10 cm以上浅层土壤内增温较为显著，这种效应称为"热岛现象"。

生产中常用的保温措施：一是减少缝隙放热，如及时修补棚膜破洞、设工作间和缓冲带、密闭门窗或挂棉门帘等；二是采用多层覆盖，如设置二层幕、在温室和大棚内加设小拱棚等；三是采取临时加温，如利用热风炉、液化气罐、炭火等。

降温措施则以将塑料薄膜扒缝自然放风为主，分为放底脚风、放腰风和放顶风三种，其中以放顶风效果最好。扣棚膜时上部用两块棚膜，在其边缘处黏合一条尼龙绳，重叠压紧，必要时便可开闭放风，多通过扒缝大小来调整通风量。此外，还可采取筒状放风降温方式，即在前屋面的高处每隔1.5～2 m开一个直径为30～40 cm的圆形孔，其上黏合一个直径比开口稍大、长50～60 cm的塑料筒，筒顶用环状铁丝圈固定，不用时将筒口扭起用材料盖严，需要通风时将筒口扒开即可，这种放风方法在冬季生产中排湿降温效果较好。筒口下部如安装排风扇进行强制通风则效果更好。

3. 湿度

由于设施处于密闭状态下，空气湿度相对较大，增加了各种病害的防治难度，故必须对棚室内的湿度加以控制。生产中常用的措施有：一是通风换气；二是在温度较低无法放风的情况下，则需加温降湿；三是地面覆盖地膜，既可控制土壤水分蒸发，又可提高地温，是冬季设施生产必须采用的措施。设施内灌水应采用管道膜下暗灌方式。此外，有条件时还可采用除湿机除湿或放置生石灰吸湿，也可起到较好的效果。

4. 气体

在设施密闭状态下，对果树生长发育影响较大的气体主要是CO_2及各种有害气体。

温室气体内的CO_2浓度在早上揭开保温覆盖物时达到最大值，一般可达1%～1.5%，通风后浓度迅速下降，在不通风时到上午10时左右达到最低，可达0.01%，远低于外界大气中的CO_2浓度（0.03%），会影响到叶片的光合作用，很少或无法合成光合产物，使树体"生理饥饿"而导致产量下降。生产实践中，改善设施内CO_2浓度的措施除通风换气、增施有机肥外，应用较多的措施是利用CO_2发生器来产生CO_2气体，具体做法是采用硫酸和碳酸氢铵（用前把浓硫酸配成30%左右的稀硫酸，每1.5～2 kg浓硫酸大约消耗碳酸氢铵2.4～3 kg，碳酸氢铵每次投200～400 g，连投数次）反应来制造CO_2气体。此措施宜在晴天的上午进行，并且应持续进行，间隔时间以不超过一周为宜，阴天、雨天、雪天和温度低时不宜进行。

此外设施生产中如管理不当，还会产生多种有害气体，从而对树体造成伤害。这些有害气体主要来自化肥和塑料棚膜的挥发气体、有机肥分解过程中释放的气体及燃烧加温产生的气体，如氨气、亚硝酸气体（二氧化氮）、二氧化硫、一氧化碳、乙烯和氯气等。

任务4　葡萄设施生产

【知识目标】

了解葡萄设施栽培品种选择和整形修剪知识；掌握葡萄设施栽培周年管理技术。

【能力目标】

应用葡萄设施栽培周年管理技术指导生产实践。

【基本知识】

一、品种的选择与栽植制度的确定

1. 品种的选择

由于设施内种植葡萄投入成本较高，故在品种的选择上一定要慎重，这是因为设施内空气湿度相对较大，光照不良，所以病害发生比露地要严重得多。生产中必须以选择抗病、耐阴、耐湿、耐高温、休眠期较短、品质优良、生长势中庸、容易管理及穗大、粒大、两性花、丰产、色艳的品种为主，如若进行促成兼延迟生产，还要考虑到品种的多次结实能力。目前，生产上应用较多的品种主要有里查马特、京秀、乍娜、京亚、无核白鸡心、金星无核、红脸无核、康太、凤凰51、矢富罗沙、87-1、牛奶、泽香、早艳等。近年来，晚红等晚熟品种由于果实品质好，市场认可度高，也具有一定的设施延迟栽培面积。

2. 栽植制度

在葡萄设施生产中，栽植制度可分为一年一栽制和多年一栽制两种。生产实践经验证明，巨峰系葡萄品种在进行温室栽培时，以采用栽植一年生苗木，第二年采果后即更新的方式较好，此为一年一栽制。此制度具有果实质量好、丰产、适于密植等优点，缺点是育苗成本大。多年一栽制指的是在苗木定植后，采用单枝或双枝更新方法修剪，每株保留1~2个健壮结果母枝连年结果，在生产上应用较为普遍。

二、葡萄设施生产的架式与整形修剪

在葡萄设施生产中，其栽植方式、架式、树形和修剪方式需进行合理搭配才能确保获得优质丰产。常用的栽植方式有单行栽植和双行栽植两种，以后者居多。温室内架式有篱架和棚架两种，但在大棚内多以篱架为主。现介绍葡萄设施生产中常用的架式及整形技术。

1. 双篱架水平式整形（图8-6）

双篱架水平式整形多采用南北行向，进行双行带状栽植。株行距（1~1.5）m×（2~

2.5）m，壁间距 0.8～1 m，每株留两条 0.5～0.6 m 长蔓；也可采用计划密植株行距(0.5～0.75)m×(2～2.5）m，每株保留一条主蔓，在翌年结果后进行隔株间伐。主蔓呈水平状绑缚于第一道铁丝上，其上着生的结果蔓在架上呈倾斜生长状，下宽 0.5～0.8 m，上宽 1.5～2 m。具体整形过程如下：在苗木定植后，当年每株先培养两个直立壮梢，梢长达 1 m 时摘心并将其水平引缚于第一道铁线上，对其上再发生的副梢斜生向上引缚于第 2～4 道铁线上，间隔 15～20 cm 保留一个，冬剪时疏除副梢后培养成结果母蔓。第二年春季萌芽后，对母枝基部拐弯处发生的第一个直立强壮新梢，可疏去花序留作预备母蔓，其余水平部分萌发的结果蔓斜生向上引缚，进行结果。冬剪时除预备母蔓外其余疏除。第三年春季，再将预备母蔓水平压倒引缚于第一道铁线上，如此重复更新。

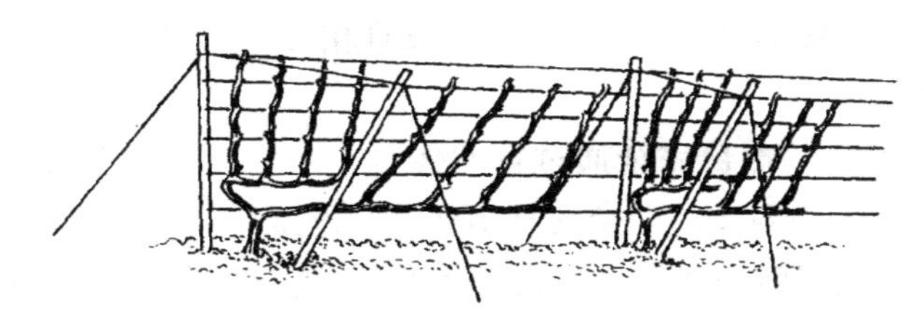

图 8-6　双篱架水平式整形

2. 单篱架直立式整形（图 8-7）

栽植株行距为 1 m×1 m，在定植当年每株保留两条新梢，并直立引缚于架面上，当梢长 2m 左右时摘心，副梢萌发后除保留顶端 1～2 个副梢长至 0.5 m 时摘心外，对其余副梢及顶端再发副梢均只留 1～2 片叶进行反复摘心。冬剪时，母蔓剪留 2 m 左右，其上副梢要全部疏除。翌年萌芽后，除将母蔓直立绑缚于架面上进行结果外，还需在第一道铁丝上下留壮梢，培养预备母蔓。冬剪时，除预备母蔓外，其余疏除，进行更新。

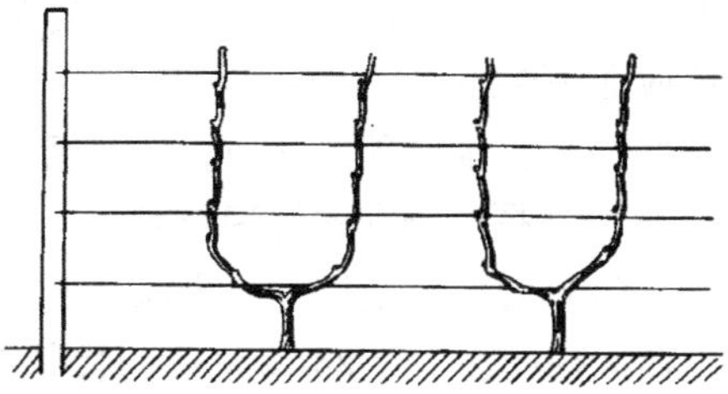

图 8-7　单篱架直立式整形

3. 单篱架水平式整形（图 8-8）

株行距为（1～1.5）m×2m，栽植当年每株只培养一个直立新梢，梢长超过 1 m 时摘心，随后将其水平引缚于第一道铁丝上，并加强肥水管理以促进夏芽萌发。利用夏芽副梢培养成结果母蔓，一般每隔 15～20 cm 保留一个，直立引缚促长，一定高度后摘心。冬剪时，各截留 2～4 节，用于来年。此形缺点是蔓粗不够，花芽分化不良，产量和品质低下，加强管理可改善。

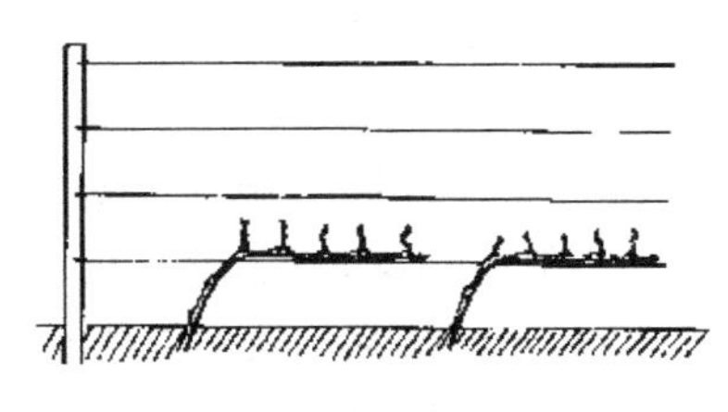

图 8-8　单篱架水平式整形

4. 小棚架独龙干整形长梢修剪

生产中多采用南北行向，进行双行带状栽植，株距为 0.5 m，小行距为 0.5 m，大行距为 2.5 m。栽植当年每株葡萄只培养一个单蔓，当其生长到 1.5～1.8 m 时，分别水平引向大行距的两侧生长，直至相接。然后对水平架面上的蔓每隔 20 cm 左右留一个结果蔓使其均匀布满架面结果。同时，每年还要在棚篱架转折处附近选留出一个预备蔓进行长梢修剪以更新老蔓。篱架部分则不留结果蔓，以保持良好的通风透光条件（即篱架部分保持多年生不动，而棚架部分每年更新一次)。此种整形方式具有结果蔓长势缓和、光照条件好等优点。

三、设施葡萄周年生产

1. 休眠期的管理技术

设施葡萄修剪多在落叶后进行，篱架的结果母蔓剪留长度1~1.5 m，棚架则根据行间架面宽度来确定结果母蔓的剪留长度。剪后便可进行温室清理及灌越冬透水等工作，待地面略干后即可扣棚。据辽宁南部地区经验：日光温室一般在10月下旬扣棚并覆盖保温材料，然后采用人工降温暗光促眠技术，棚室内保持0~7 ℃的恒温，以尽早满足葡萄休眠对需冷量的要求，使其顺利通过自然休眠。同时，还要保持棚室内土壤基本不冻结，以利在升温后地温的较快回升。塑料大棚的管理方法则与露地管理相似。

2. 催芽期的管理技术

(1) 升温日期的确定　葡萄完全通过自然休眠一般需要日均温度低于7.2 ℃ 1200~1500 h的需冷量。生产上一般按欧美杂交种1000 h、欧亚种1500 h来进行估算。例如，无核白鸡心属于欧亚种，辽宁南部多在1月初开始升温。在采用石灰氮处理后，则可提前20天左右。而塑料大棚的升温时间应因各地气候条件灵活掌握，如在辽宁南部一般多在3月中下旬开始升温，改良式大棚则可适当提前。再如，在北京地区加温温室升温时间可从12月上旬开始，不加温的日光温室则多在1月上旬才开始揭草苫升温。

(2) 棚室内温、湿度调控　升温的第一周白天的温度应控制在15~20 ℃，夜间温度应保持在6~10 ℃，以后白天以控制在20~25 ℃且夜间保持在10~15 ℃为宜。升温催芽后，还应灌一次透水，以增加棚室内的土壤和空气湿度，使相对湿度保持在80%~90%较好。

(3) 其他管理　其他管理包括进行病虫害防治、覆地膜等。

3. 新梢生长期的管理技术

(1) 温、湿度调控　为保证花芽分化质量，此期应以控制新梢徒长为主，如温度条件以白天控制在25~28 ℃且夜间保持在10~15 ℃为宜，而空气相对湿度应严格控制在60%左右。

(2) 树体管理　管理内容与露地基本相同，具体有以下几点：

1) 抹芽定梢。采用篱架栽培的，对距地面50 cm以内的新梢应及时抹除。在蔓上每20 cm左右留一个结果新梢，每株树留5~6个。而采用棚架栽培的，水平架面上每条母蔓也是隔20~25 cm留一个新梢。对弱树早抹早定可节省营养，而对强树则适当晚抹晚定以缓和长势，一般在开花前将新梢长度控制在40~50 cm为佳。

2) 引缚。采用篱架栽培的应及时对新梢进行直立引缚，使其均匀分布在架面上，避免交叉，以保证通风透光，达到立体结果。而采用棚架栽培的，则需将一部分新梢斜向引往有空间的部位，保证结果新梢在架面上分布均匀且互不遮光。

3) 摘心和副梢处理。结果枝主梢摘心一般在开花前进行，摘心部位以花序上4~6片叶处为准。其上的副梢应及早抹除，但需在顶端保留1~2个副梢并留2~4片叶反复摘心。

4) 疏穗、掐穗尖和去副穗。凡单穗重在250~500 g的品种均按一个结果梢留一穗果的标准来确定留穗数量，其余多余的花序要及早疏掉。对留下的花序同样要及时疏去副穗和掐除1/5~1/4穗尖，以利于提高坐果率、保持果穗的紧密度和果粒的整齐度。

(3) 肥水管理　一般于开花前1~2周，每株应施入50 g左右的三元复合肥，以保证开

花坐果对肥水的需求，而对生长旺的品种可推迟到坐果后再追肥以起到防止新梢旺长导致坐果率低的作用。追肥后要适量进行一次灌水，以保证新梢生长和开花对水分的需求。此时宜采用管道膜下灌水，以免温室内湿度过大，导致病害高发。

（4）病虫害防治 开花前需施一次农药，防止灰霉病和穗轴褐枯病等病害的发生。注意棚室内不宜喷施波尔多液，以免造成棚膜污染。药剂具体使用浓度详见各产品说明。

4. 花期的管理技术

（1）温、湿度调控 葡萄花期对温度条件要求较为严格，低温时不利于授粉受精，如巨峰葡萄花粉发芽需要30 ℃左右的较高温度，当低于25 ℃时，则授粉不良。故此，花期白天温度控制在28 ℃以上，而不低于25 ℃；夜间保持在16~18 ℃，而不低于10 ℃。空气相对湿度控制在50%左右时，授粉受精最好，非常有利于坐果率的提高。

（2）负载量的确定 一般篱架一个健壮新梢上保留1个花序，弱梢则不留。而棚架则需根据品种果穗大小每1 m^2有效架面上保留5~8个花序，这样才能保证将来每亩负载量控制在1500~2000 kg。

（3）其他 一般在开花前或开花初期喷0.1%的硼砂水溶液，可明显提高葡萄花粉的发芽力，促进受精和坐果。

5. 果实发育期的管理技术

（1）温、湿度调控 设施葡萄的果实发育前、中期，白天应将温度控制在25~28 ℃，夜间温度则控制在16~18 ℃为佳，而进入果实着色期后，白天温度控制在28 ℃左右，夜间温度控制在18 ℃左右，控制昼夜温差大于10 ℃时非常有利于果实着色。为减少病害的发生，空气相对湿度应控制在50%~60%较好。

（2）副梢处理 本期仍需及时处理副梢、卷须，方法同前，并需在果实着色前剪除果穗上下的少量遮光叶片，以促进果实着色及成熟。此外，在浆果开始着色时，采取对主蔓或结果蔓基部环割的措施，也可起到促进浆果着色和成熟的作用。同时，还应对已采果的部分结果蔓进行疏除，改善树体光照条件，促进其他枝蔓上的果实成熟。

（3）果穗管理 同露地葡萄一样，此期需进行穗形修整、理顺及疏粒等措施，以求达到果穗齐正、大小一致的目的。大穗形品种每穗以留50~60粒为佳。对无核品种必须在花后20天左右采用赤霉素处理以增大果粒。赤霉素的使用浓度为50 mg/L，具体做法是待果粒长到小指甲盖大小（横径5~6 mm）时，用雾化效果较好的喷雾器（实践中发现小喷壶刚喷出液体时效果不好），距果穗30 cm左右，一侧喷一下即可。操作时要避免重复喷。时间宜在早晚气温较低时进行。

（4）肥水管理

1）土壤肥水管理。在幼果膨大期应追一次复合肥（N∶P_2O_5∶K_2O的比例为2∶1∶1），每株50 g左右。在果实第二次生长高峰初期（采收前30天）还应追一次以磷、钾为主的复合肥（30~50 g/株）或草木灰（500~1000 g/株）。每次追肥后应及时灌水。对易出现裂果的品种，第二次生长高峰期应禁施氮肥。同时，进入果实着色期后，要控肥控水，如采收前15天应停止灌水等。

2）叶面喷肥。在果实发育期内，一般每隔10~15天进行一次叶面喷肥，前期应喷0.2%的尿素，后期则喷0.2%~0.3%的磷酸二氢钾。此外，葡萄设施栽培条件下易出现镁元素缺乏症，症状表现为老叶的叶脉间明显失绿，可在叶面喷0.5%~2.0%硫酸镁进行防治。如果出现其他元素缺乏症时，也应及时进行对应补充。

（5）病虫害防治　此期为害果实和叶片的主要病害有白腐病、黑痘病、炭疽病、霜霉病、穗轴褐枯病等。可于坐果后1～2周喷一次50%多·锰锌600～800倍液或10%苯醚甲环唑2000倍液或80%代森锰锌800～1000倍液或40%醚菌酯1500～2000倍液或80%烯酰吗啉1000～1500倍液等药剂来进行防治。使用时应注意各药剂的交替使用，以免产生抗药性。而对葡萄瘿螨、叶甲、透翅蛾等虫害的防治上可交替使用1%甲维盐2000～2500倍液或2.5%高效氯氟氰菊酯1500倍液或25%灭幼脲1000～1500倍液或1.8%阿维菌素2000倍液或10%吡虫啉1500～2000倍液等药剂。此外，为了降低温室内湿度，也可用百菌清烟雾剂进行熏蒸，10天左右熏蒸一次。

（6）果实采收　由于葡萄果穗的成熟期不大一致，故应进行分期分批的采收方式。采果宜在早晚温度较低时进行，可减少果实携带的田间热以利保鲜。采后分级时应根据果穗大小、果粒整齐度和着色等要求进行，然后包装销售或储藏。

6. 采果后的管理技术

采果后，即可将棚膜撤除，进行露地管理，具体措施如下：

（1）修剪　篱架葡萄在采果后及时对主蔓在距地面30～50 cm处进行缩剪，以促使潜伏芽萌发，培养新的结果母蔓。留有预备蔓的可缩剪到预备蔓处。修剪最好在6月上旬完成，最迟在6月下旬完成。棚架葡萄修剪时多采用长梢修剪，即将结果后的母蔓直接回缩到棚篱架相接的转弯处，最好用预备蔓来培养新的结果母蔓。

（2）剪后的新梢管理　母蔓缩剪后20天左右，对新发出的新梢除选留一个壮梢按露地要求进行管理外，其余疏除，对其上的副梢留1片叶反复摘心并及时去除卷须，当其长度达1.8 m左右时或在8月上中旬及时进行摘心处理，促进枝梢成熟。

（3）肥水管理　生产上，在修剪后每株应及时追施50 g尿素或施100～150 g复合肥一次，施肥后灌水。待9月上中旬再追施1次腐熟有机肥，每亩施肥量5000 kg左右或约5 kg/株。同时，在新梢生长过程中还应进行叶面喷肥3～5次，以保证新梢健壮生长和花芽分化的需要。

（4）病虫害防治　对更新后的新梢，病虫害防治上应以保叶为主，为降低投资成本，在前期可喷布石灰半量式波尔多液200倍液，其后再喷等量式波尔多液，共喷2～3次，间隔10～15天。或者交替使用甲基硫菌灵、烯酰吗啉、醚菌酯、（杜邦）易保等杀菌剂，可起到较好效果。而虫害防治上可参考前面果实发育期的防治措施。

任务5　桃设施生产

【知识目标】

了解桃设施生产中品种、树形及周年生产技术措施等知识。

【能力目标】

通过参与基地的生产实践管理过程，掌握桃温室生产的相关技术。

【基本知识】

一、品种的选择与树形的选择

1. 品种的选择

（1）选择原则　桃树设施栽培对主栽品种的选择应遵循以下原则：三短（进入丰产期短，休眠期短，升温至盛花期时间短）；一优（果实综合性状优异）；一强（对弱光、多湿及变温的环境适应性要强）。具体来讲，要求以选择植株矮小、容易成花、花粉多、自花结实率高、丰产抗病、休眠期短、果实生育期也短的早熟和极早熟品种为主。而延后栽培则要以选择极晚熟、个大、质优、耐储运、丰产性好的品种为主。

（2）适宜促成栽培的桃早熟和极早熟品种

1）油桃品种：中油4号、曙光、艳光、瑞光、早红宝石、丽春、早红2号、NJN 76、早红珠、早美光、华光、12-6等。

2）水蜜桃品种：千姬、千丸、春华、春艳、春蕾、安农水蜜、早醒艳、京春、日川白凤、八幡白凤、早凤王等。

3）蟠桃品种：早露蟠桃、新红早蟠桃、早蜜蟠桃等。

（3）适宜延迟栽培的极晚熟品种　适宜延迟栽培的极晚熟品种包括中华寿桃、青州蜜桃、白雪红桃等。

2. 树形的选择

选择适宜的树形，可使树体合理充分地利用设施内的空间、阳光，有利于进行田间管理及适应品种的生长发育习性，达到迅速成形、尽早结果，最大限度地提高经济效益的生产目的。目前，生产上常用的丰产树形有自然开心形、丛状形、纺锤形、主干形等。一般来讲，日光温室内由于南面低、北面高，故南边多采用二主枝开心形或三主枝开心形，中后侧树体则多采用纺锤形、圆柱形等，以便于有效利用空间和光照，获得最大经济效益。现简单介绍三种丰产树形。

（1）主干形　整形要点是：栽植后，对中央主梢不摘心，并使其保持一定的生长优势，其上着生的侧生枝按自然状态在主梢上呈水平状错落排列，当中央主梢长至理想高度（即靠边1～3排主梢高度长至距棚膜30～60 cm，中后部几排主梢长至距棚膜70～100 cm）时进行摘心。整形时应注意侧生枝粗度应比中心干粗度细2/3左右，过粗则应疏除或进行台剪，侧生枝角度要保持在80°～90°，并在树冠下部（距地面30～50 cm）培养3个邻接着生的大、中型枝组，以控制中后期中心干的长势。这种树形的特点是无主枝，结果枝或枝组直接着生在中心干上，早果、丰产、优质。

（2）主枝自然开心形　干高30～50 cm，在主干顶端均匀邻接着生3个小主枝，各主枝以45°～60°向外延伸。每主枝上培养两个小侧枝或大型结果枝组，开张角度为60°～80°，具体要求详见桃露地栽培的相关内容。

（3）二主枝自然开心形（“Y”字形）　该树形是日本设施栽培桃采用的主要树形。干高30～50 cm，在主干顶端邻接着生两个小主枝，以45°～60°向行间延伸，每主枝上培养2～4个小侧枝或直接培养成大型结果枝组，开张角度为70°～80°，特别适于栽植密度较大的设施内采用。

除上述三种树形外，目前生产上还采用有“一边倒”形（具体技术标准详见相关资料）、圆柱形、纺锤形等，各地应根据本地情况进行灵活选择。

二、周年生产

1. 休眠期的管理技术

（1）通过自然休眠的条件及调控措施　桃通过自然休眠的条件是：绝大多数品种在0～7.2 ℃的低温条件下经500～1200 h才能通过。此时期内，即使给予适合其生长的环境条件，也不能进行正常的发育，故在设施栽培时需要采取一定措施来满足桃树休眠对低温量的需要，这样才能完成树体内营养物质的系列转化，为萌芽生长奠定基础。如果尚未通过自然休眠就盲目升温，会出现发芽迟缓、发芽不整齐、花期过长或芽体枯萎脱落的现象。设施栽培中多采取提前扣棚的低温处理措施，即白天覆盖草帘遮光，晚间通风降温来创造桃树休眠所需的低温环境，使桃树在人为控制棚室低温的措施下早日结束自然休眠，提早采取升温措施。辽宁桃农的具体做法是：在11月上旬进行扣膜后，在下边留出50～70 cm的通风带。并打开设施后墙、室顶等处的通风口，白天覆盖草帘进行遮阴，夜间卷开草帘通风，保持设施内温度在7.2 ℃以下，确保桃树尽早顺利地通过休眠。经过30天（即12月上旬），大多数品种的桃树就可以通过自然休眠，此后便可采取升温措施打破休眠，使桃树尽早转入生长阶段。

需要注意的是，此期既要保证桃树通过休眠的低温量，又要注意温度不可过低，以免发生冻害。例如，桃一般品种可耐－25～－22 ℃的低温，但低于－25 ℃就会发生冻害。再如，桃树各器官中以花芽的耐寒能力最弱，若低于－15 ℃，某些品种花芽就会受冻。因此，桃树休眠期间应使设施内的温度保持在－10～－7.2 ℃最好。光照调控上主要是采取昼盖晚揭草帘的方法来控制光照强度和保持室温在一定范围内。

（2）休眠期修剪　设施桃树修剪多在秋季落叶后到扣棚前进行，具体技术详见整形修剪项目的相关内容，但需要说明的是由于设施内栽植密度大于露地，故修剪上必须注意设施内群体结构的调整。同一行树修剪后要做到前低后高、前稀后密，开心树形要做到中间低两侧高，达到通风透光良好。此外，要不断进行枝组的更新复壮，控制枝组的体积大小，结果枝修剪上一般对短果枝不进行处理，而中、长果枝多采用缓放或短截至一定长度两种方法处理。此外，也可将修剪推迟至升温后进行，其准确性将更高。

（3）催芽技术　设施桃树在通过自然休眠期后，便可将棚膜盖严，并关闭通风口，采取升温催芽措施，具体做法是早8时以后打开草帘、纸被进行升温，下午日落时盖好草帘纸被进行保温。使设施内保持在日平均温度8～10 ℃。尤其是夜间温度必须控制在2 ℃以上，室内空气相对湿度控制在70%～80%时有利于萌芽。此外，揭帘升温后，温室内温度要逐步提高。一般前10天白天温度15～20 ℃，夜间温度5 ℃，以后白天温度应控制在20～25 ℃，夜温控制在7 ℃，最低不宜低于0 ℃的范围之内，以免造成棚室内气温高、地温低，出现萌芽过早，先叶后花的非正常物候期现象。此外，也可采用发枝素处理芽体，促其萌发。这样，一般在升温后40天左右桃树即可进入萌芽阶段。

（4）其他　萌芽前应检查棚室内土壤水分含量，如墒情不足，应足量灌水，并于灌水后覆盖地膜来提高地温。当遇到阴天或雪天，棚室内白天光照不足时应采取人工增温措施，

如进行生火、增加照明设施或于温室后墙面挂反光膜进行增光、增温等措施。此外，病虫害防治应于升温后1周左右喷一次3~5°Bé石硫合剂。

2. 萌芽至开花期的管理技术

（1）温、湿度调控　在桃设施栽培中萌芽至开花期的温、湿度的调控至关重要，不可过高或过低，否则将会影响到生长发育的正常进行。桃从萌芽至开花期，对日平均温度要求是10~15℃，适宜温度为12~14℃。在此期间，最低温度不能低于6℃。当温度降至0~1℃时，花器便会发生冻害。具体标准如下：萌芽期适宜温度，白天保持在5~25℃，夜间不低于5℃；初花期白天14~17℃，不超过25℃，夜间不低于5℃；盛花期白天不超过22℃，夜间应保持在5℃以上。对空气相对湿度的要求是：萌芽期70%~80%，其他各期均为50%~60%。故生产中要适时放风，降低温室内的温、湿度，以保证树体生长健壮、坐果率提高。此外，为确保湿度不至过高，花前灌水后还应在地面加盖地膜，以起到提温、降湿、减少蒸发的作用。

（2）土肥水管理　桃在萌芽后每亩应及时追施氮、磷、钾复合肥40 kg，并适量灌水一次。待地面稍干后及时进行中耕松土（深度5 cm左右）和除草1~2次，保持棚室内地面疏松及无草的洁净状态。追肥时应控制氮肥的施入量，以防止造成花期授粉受精不良及生理落果严重。

（3）光照调控　桃属于喜光的树种，生长季需要良好的光照条件。若棚室内光照充足时，非常有利于地温和气温的提高，能促进树体早萌芽，并且新梢长势良好和授粉受精良好，坐果率也高。但由于温室内光照强度通常只有室外的70%~80%，再加上棚膜上易沾有水滴或遭到灰尘污染，光照强度会进一步降低。此外，如果在萌芽及开花期遭遇到连续的阴天或雪天，导致光照条件进一步恶化时，就必须采取人为补充光照的措施。传统做法是将白炽灯或日光灯悬挂在温室内离地面1.5 m的高处，依然可采取温室后墙面悬挂反光膜的方法，来增加光照强度和棚室内的温度。此外，要选用透性好的无滴膜并人工随时清除棚膜上的灰尘，以确保棚、室内透光良好。

（4）人工授粉和花期放蜂　由于设施栽培缺乏自然条件下的授粉受精条件，故应进行人工授粉和花期放蜂来提高坐果率。具体技术详见其他项目的相关内容，需要说明的是花期放蜂前应对蜂类进行环境适应锻炼。

3. 果实发育期的管理技术

（1）温、湿度调控　幼果期最高温度应控制在20~25℃，夜温保持在5℃以上，硬核期和果实膨大期白天温度应控制在25℃左右，夜温保持在10℃以上。果实着色期白天温度应控制在28~30℃，夜温应保持在15℃以上。空气相对湿度应控制在60%左右。温、湿度调控的途径是通过开关通风口和揭盖草帘的早晚来进行。为防止湿度降低的同时导致温度不能保证的现象出现，草帘和纸被要晚揭、早盖，并适当缩短放风时间，放风口尺度也应适当减小。而当温室温度较高时，则采取早揭、晚盖草帘和纸被的方法来适当加大通风量和延长放风时间。最好在每天中午前后放风，既可降湿，又可保持适宜温度。特别是阴天放风时间要短。当果实接近成熟采收前4~5周，更要注意防止棚室内夜温过高，应在夜晚棚室内温度降到12~15℃时再覆盖草帘。将昼夜温差控制在15~18℃，既可以促进果实提早成熟，又可提高果实品质。

（2）疏花疏果技术　疏花疏果的具体技术详见前面项目的相关内容。需要说明的是，由于棚室内环境条件不如露地好，故留果量应稍低于露地的标准。

（3）枝梢的修剪

1）抹芽。设施桃树进入萌芽期后，应及时抹除着生位置不当和过多的萌芽。对剪锯口处萌发的芽也应及时抹除。

2）摘心、扭梢。对于骨干枝上延长梢和有生存空间位置的新梢，当其长至20 cm左右时应采取摘心处理，以促发分枝，促进树冠迅速扩大成形。当新梢长到10～15 cm时，进行扭梢处理，如此既可提高长果枝的坐果率，也可防止因枝梢生长过旺而使生理落果现象加重。

3）疏枝、缩剪和短截。对于冠内生长过旺、过密没有坐果的枝条及背上直立枝要随时进行疏除或缩剪，或者采取压弯、拉平并适当短截等措施处理。对骨干枝的延长枝除保留一个方位合适的新梢外，其余的疏除。以调节树体营养的分配状态，使更多的养分流入果实。进入着色期后，对着生有果实的新梢也可进行适度短截，以促进着色。同时，还要适量保留部分枝叶，维系地上与地下部之间的营养交流。

（4）病虫害防治　设施中树体由于处于高温多湿的环境条件中，各种病虫害发生频繁，防治难度较大。其中，主要病害有桃细菌性穿孔病、花腐病、桃树灰霉病、桃树炭疽病等。而发生的主要虫害有桃潜叶蛾、蚜虫、食心虫、红蜘蛛等。具体防治技术可参考露地管理的有关内容，但在用药浓度上应适度减少，以防药害的发生。

（5）土肥水管理

1）土壤管理。鉴于设施内空间限制，故土壤管理采用清耕制较为合理，即经常进行中耕松土、除草以保持地表疏松。特别是在每次追肥灌水后更需及时进行，若结合覆盖地膜则更为合理。

2）土壤追肥。在桃设施栽培中，一个生长季应控制氮肥用量（如尿素每亩为10～20 kg），并且多数集中在幼果期使用（即坐果肥，具体时间在落花后10天左右），不可施入过多，防止枝梢旺长。在施氮肥的同时还要配合施入适量的磷、钾肥。第二次追肥在硬核末期进行（即催果肥），每株施高钾型果树专用复合肥250～350 g，以促进果实膨大和着色，提高商品果率。

3）叶面喷肥。生产上一般在坐果后结合喷药叶面喷施0.2%～0.3%尿素液1～2次；果实膨大期喷0.3%磷酸二氢钾1～2次。每次间隔时间应保持在10天左右，至采果前20天结束。

4）灌水。一般要求在每次土壤追肥后及时灌水一次，最好采用管道滴灌的方式进行，并控制好水量。其他灌水时间应根据土壤墒情灵活掌握，但采果前15天左右应停止灌水，以免发生裂果和品质下降。也可采用水肥一体化技术进行肥水管理。

（6）果实采收　棚室内由于不同位置光照条件的差异，导致果实成熟期也不同，应进行分期分批采收。采果要在清晨或傍晚低温时进行。采果时要轻拿轻放，带上果柄，也可带梢叶剪下，这样既可以增加销售时的新鲜度以吸引顾客，又为下部果实打开了光路，促其尽快着色成熟上市。

4. 采后落叶期的管理技术

桃树设施栽培在果实采收后要及时撤除棚膜，并立即进行冬前预剪。此时正值4～5月份，桃树枝叶生长繁盛，有空间时对新梢进行短截或摘心，促进树冠扩大；无空间时进行缩

剪，对直立枝、过密枝、病虫枝进行疏除，达到空间的合理使用。修剪后每株沟施高氮型复合肥 200 ~ 250 g，并及时灌水一次，促发新梢，当其长到 20 ~ 25 cm 时进行摘心，促使副梢发生，至 8 月初树冠便可基本恢复。其间，自 7 月上中旬开始，便应采取控长措施以确保大多数新梢在 7 月底前封顶停长，顺利转入花芽分化期。其他如病虫害防治、秋施基肥等管理措施可参考本书相关内容进行。

任务6　枣设施生产

【知识目标】

了解枣树设施栽培中的品种、树形及周年生产技术措施等知识。

【能力目标】

通过参与基地的生产实践管理过程，掌握枣树设施生产的相关技术。

【基本知识】

枣树设施栽培具有成熟早、产量高、质量好、耐储运、污染少和效益高等特点。

例如，某些产区露地栽植的苹果枣、沾化冬枣等晚熟品种，因采收期大多恰逢绵绵秋雨，裂果率高达 50% 以上，为预防裂果，枣农只好早采早卖，这样就达不到各品种应有的品质，从而影响了鲜食枣的形象，而采用设施栽培后，成功解决了这些问题。

再如，某些产区选择树体矮小、修剪反应不敏感、早果性强、丰产、果实个大优质、成熟期较早的鲜食品种，如早酥芽枣、早脆王、泾渭鲜枣、金丝新 4 号、七月鲜、蜜罐新 1 号、垦鲜 1 号、营州贡枣、伏脆蜜、国光枣等。进行设施栽培后，大大拉长了鲜食枣的市场供应期。

一、品种的选择与树形的选择

1. 品种的选择

适宜设施栽培的枣树品种必须具备以下六大特点：一是品种本身具有早熟性；二是品种需冷量较低，可以提前扣棚；三是品质优良，果实个大匀称，着色好，味甜；四是花粉多，自花结实率高，丰产性好；五是品种生长势较弱，树冠矮小紧凑；六是品种有较强的适应性和抗逆性。目前，适宜大棚栽培的品种有伏脆蜜枣、六月鲜、冬枣、梨枣、特大蜜枣王、泾渭鲜枣、七月酥、早脆蜜等。

2. 树形的选择

设施内栽培的枣树，由于长势强、年生长量大，故极易造成树冠郁闭，导致光照和通风条件变差。为此，生产中多采用矮冠树形中的主干形与开心形两种，现将两者的树形结构特点做简单介绍。

（1）主干形　干高控制在60 cm左右，中心干直立，其上水平状着生3～10个枣头二次枝（枣拐），长度8～15节。枣拐数量以其在棚室内的栽植位置不同而异，前部3～4个，中部4～6个，后部6～10个。树高一般控制在1～1.6 m，最高不超过2 m。

（2）开心形　干高控制在30 cm左右，顶端着生2～5个小主枝（枣头），开张角度为30°～45°，主枝上每隔10～20 cm着生一个长度4～8节的健壮枣拐。主枝数量也因在棚室内栽植位置不同而异，自前往后依次增多，树高也控制在与主干形相同的高度范围之内。

二、周年生产（以山西运城日光温室冬枣栽培为例）

1. 建园技术

目前，枣设施生产中的建园方式大致分为两种：一是先搭好棚室后再进行定植，栽植技术与露地大同小异（详见前相关内容）；二是选择符合条件的成年枣园搭建棚室，改为设施生产。不论选择何种方式，均以采用南北行向且株行距为（0.7～0.8）m×（1.2～1.5）m的栽植密度为佳。

2. 扣棚前的管理技术

（1）秋季管理　因设施栽培枣树开花结果早，对营养需求较高，故应在地上部开始休眠，而根系仍在生长的秋季早施基肥。肥料种类以鸡粪、猪粪、羊粪、牛粪、厩肥、圈肥、作物秸秆、杂草等腐熟的有机肥为主。每亩施2000～4000 kg，再配合施入氮磷钾复合肥40 kg左右。施肥方法可采用环状沟施、条沟施及全园撒施等，不论采用何种方法，均需做到肥土按1∶3的比例拌匀后施入，以防发生肥害。

秋施基肥后应及时灌水一次，以促进肥料分解与根系吸收，提高树体储藏营养水平，为来年的丰产丰收奠定基础。

扣棚前10～15天，为促进地温尽快上升，保证根系优先生长，应足量灌水一次，并及时覆盖黑色薄膜，防止出现扣棚后地上部生长早于地下部而表现出萌芽早、花芽弱等异常现象。果实采收后将地膜去除。

（2）休眠期修剪　休眠期整形修剪在落叶后至扣棚前进行。主要任务是调整树体结构，合理利用设施空间。常用的方法有：

1）缓放。对生长健壮、有发展空间的枣头缓放不剪，来年继续萌发新枣头，占据空间。

2）短截。对一年生一次枝和二次枝，从适当部位进行剪截，以培养结果枝组。

3）回缩。对多年生主枝或大型结果枝组进行缩剪以复壮。

4）疏枝。对交叉枝、竞争枝、受伤枝、病虫枝、纤弱枝及无发展空间的枝条均从基部去除。

5）落头开心。保护地枣不能过高，在中心干长到适当的高度时截去顶端一段，打开光路。

（3）病虫害防治　除清除枯枝落叶和烂果外，扣棚之前还需进行一次药剂清园。可对树体和地面均匀细致地喷一次5°Bé石硫合剂或其他药剂均可。

3. 扣棚后至萌芽前的管理技术

（1）扣棚时间及促眠措施　扣棚早晚是枣大棚栽培成败的关键因素之一。扣棚过早，需冷量不足，致使树体萌芽、开花不整齐；扣棚过晚达不到提前成熟的目标。具体时间可参

照枣的需冷量和当地具体情况而定，如采用人工促进休眠措施，一般可在11月中旬至12月中旬扣棚，扣棚约25天后，即可采取白天覆盖草苫遮光，夜间揭开草苫降温的促眠措施了。

生产上一般做法是先让树体在自然情况下通过自然休眠后再扣棚，据山西运城地区的经验，具体时间以1月中旬左右较好。覆膜应选在无风或微风的晴天进行。

(2) 升温促萌　树体通过自然休眠后就可以采取升温措施了。一般规律是，开始升温时间越早，果实成熟也早。山西运城地区开始升温时间一般选在1月中旬至2月中旬。应采用缓慢升温的方式，夜间加盖草帘，关闭通风口，白天先覆盖全部草帘，之后打开草帘1/3，然后打开2/3，直到全部打开，并打开通风口，进行逐渐升温。前3周内，升温标准分别为0～8 ℃，2～10 ℃，5～15 ℃。此外，一般萌芽前白天温度应控制在15～18 ℃，夜温应控制在7～8 ℃。如此经30～40天便可顺利进入萌芽阶段。

(3) 追肥灌水　萌芽前每株施平衡型果树专用复合肥0.5～1 kg，施肥后适量灌水。

(4) 拉枝、疏枝　扣棚后，为确保设施内空间的充分利用，应对小主枝或枝组进行拉枝调整占位，对其过密的要进行适当疏除。

4. 萌芽至花前的管理技术

(1) 温、湿度调控　枣为喜温树种，生长期中需要较高的温度条件，芽萌动期日平均气温要求13～16 ℃，气温要求13～16℃，白天温度15～18℃，夜间为7～8℃，相对湿度控制在70%～80%；萌芽后白天温度控制在17～22℃，夜间为10～13℃，相对湿度控制在50%～60%；抽枝展叶和花芽分化则需在17℃以上，故白天温度控制在18～25℃，夜间为10～15℃。此外，花芽分化要求空气相对湿度控制在70%～80%。

(2) 土肥水管理

1) 土壤管理。同其他树种一样，设施枣树生产中的土壤管理仍以采用清耕制为宜，即经常进行中耕、松土、除草，保持地表处于疏松清洁状态。

2) 追肥灌水。萌芽至花前，土壤追肥以追高氮高磷低钾型复合肥为主。在树体营养不足且长势较弱时，每株追施0.5～1 kg；若营养充足，则不必再追肥了。在灌水上应尽量控水不灌，因枣在枣吊生长的同时才开始进行花芽分化，适当干旱对分化有利，以土壤相对含水量保持在50%～60%为佳。叶面喷肥自芽萌动后便可进行，一般每隔10～15天进行一次，喷0.3%尿素+0.2%光合微肥+0.2%磷酸二氢钾的混合营养液较好。

3) 摘心、抹梢。此期修剪措施主要是对新枣头（留2～4个健壮二次枝）、枣头二次枝（留50～60 cm）和枣股上主芽进行摘心（掰芽），及时抹除枣头一次枝上主芽萌发的无用嫩梢，以确保枣吊的健壮生长和花芽分化的正常进行。此项工作在开花前需反复进行，不可松懈。

4) 病虫害防治。此期设施内发生的病虫害种类与露地基本相同，所以，防治措施也大同小异，可参考本书相关章节。但用药浓度应慎重，以免产生药害。

5) CO_2气体补充。棚室内CO_2气体主要来源于土壤微生物的活动、有机质的发酵、树体本身的呼吸作用及与棚室外大气的交换，生产上一般通过与棚室外的大气交换来保持平衡，但此期由于外界气温较低，通风时间短甚至不通风，棚室内CO_2浓度较低，会影响到光合作用的正常进行。其解决措施是进行人工补充。具体做法有：一是使用CO_2发生器，即在不易被腐蚀的容器中先放入浓盐酸，再加入少量碳酸氢铵，通过化学反应产生CO_2气体；二是有机质发酵释放，具体做法是在行间挖深40 cm、宽30 cm长度不一的穴，将人粪尿、杂草、落叶、畜禽粪、少量尿素及适量水混合均匀后填入，使其自然腐败释放出CO_2来，一般可持续释放20天左右。除本期外，幼果发育期也是CO_2补充的另一个关键时期。

6）补光措施。枣为喜光树种，在光照不足时，枣吊抽生少、长势弱、花量小且质量差，坐果率也差。其解决措施是除选用透光膜且经常清洗洁净外，还可在棚室内增设光源，地面与后墙铺挂反光膜来满足枣对光照的需求。

5. 开花坐果期的管理技术

（1）温、湿度调控　枣开花坐果期对温度最为敏感，日均温度上升到20 ℃以上开始开花，初花期白天20～26 ℃，夜间12～16 ℃；日均温度为22～25 ℃时，花朵才能坐果，进入盛花期。花粉发芽的适宜温度为27～32 ℃，故在设施栽培中，棚室内白天气温应控制在25～35 ℃，夜间应维持在15～18 ℃，空气相对湿度保持在75～80%，以确保授粉受精的正常进行。此期若土壤墒情不足，空气相对湿度不能满足要求，可适量灌水加以补充。

（2）提高坐果率的措施　由于设施内环境条件的特殊性，枣头生长被控制得较严格，枣花期较露地相对要短，故要及时采取措施促进受精坐果，主要措施如下：

1）加强叶面喷肥及使用生长调节剂。每隔10～15天喷一次0.3%尿素液或0.2%磷酸二氢钾液，同时加入0.1%～0.2%硼砂以促进授粉受精。在盛花期和坐果初期各喷一次10～25 mg/L的赤霉素液。

2）人工授粉及花期放蜂。由于保护地内缺乏露地自然传粉条件，可采用人工辅助授粉或放蜂的方法来提高坐果率。具体技术详见本书相关内容。

3）花期“开甲”。“开甲”的具体时间是在大多数枣吊开花5～8节时进行，环剥宽度以环剥处枝干直径的1/10～1/8为宜，最宽不超过1 cm，以25～30天能自动愈合为佳。具体操作时应根据树体强弱来决定宽度大小，壮树宜宽，弱树宜窄或不剥。此外，也可从初花期开始于主干距地面20 cm处，向上连续进行2～3次环割，各割口间隔3～5 cm，每周进行一次。

4）喷水。于盛花期早晚喷清水或用喷灌改变空气相对湿度。

（3）病虫害防治　此期病虫发生种类与露地大致相似，防治上同样需要强调两点：一是掌握好用药浓度；二是选择好剂型，尽量少用乳油制剂，避免药害产生。

（4）树体管理　此期主要是继续抓紧摘心处理（即对培养枝组的新枣头留35 cm左右进行摘心，对过长枣吊留8～15节进行摘心，对有发展空间的新枣头留60～80 cm进行摘心，同时对其上的健壮二次枝留3～8个枣股进行上短下长式摘心）和抹梢工作（方法同前）。另外，还要疏除过密过弱的新枣头和枣吊，以确保设施内通风透光良好。

6. 果实发育期的管理技术

（1）温、湿度调控　管理中主要在幼果期进行温度控制，一般不放风或短时间放风，夜间要加盖草帘，保持棚室内日均温度在24～25 ℃较好，白天一般控制在25～30 ℃，夜间控制在18 ℃左右，具体放风时间段多在早上9～10时至下午4～6时。而空气相对湿度则控制在60%～70%为佳。当外界夜间温度稳定在15 ℃以上时，即可于白天逐步加大放风口，夜晚不关，经1周左右的适应后逐步揭除棚膜，进入正常管理。

（2）土肥水管理

1）土壤管理。揭膜前仍以清耕制管理为主，保持地表疏松无草状态，揭膜后可适当减少中耕次数，待杂草长到一定高度后采用化学除草即可。

2）肥水管理。此期土壤追肥第一次一般在坐果后进行，根据坐果量大小每株穴施氮、磷、钾平衡型复合肥0.75～1.5 kg，施后足量灌水，以保证幼果膨大对养分的需求。第二次在8月上旬进行，结合浇水施高钾型复合肥（约1kg/株）。叶面喷施一般每隔10～15天进行一次，幼果期可选用0.3%尿素+0.3%氨基酸钙液叶喷，而果实发育中后期则以0.3%磷酸二氢钾+钙800～1200倍液叶喷为主，至采果前半个月停止，起到膨果着色和减少裂果的作用。

（3）疏果定果　疏果一般在坐果后到生理落果前进行，疏果前先对结果基枝反复轻轻摇摆，将部分没有坐牢或营养不足的劣质小果摇落，然后正式开始定果，疏除对象为畸形果、病虫果、伤残果、小个果及枣吊先端果，保留健壮枣吊基端和中端的好果，而弱枣吊一般不留果。由于设施内花期提前及其他因素影响，生理落果比露地要严重，故留果量比露地要多些。一般每个枣吊上应比露地多留1～3个果，生产实践中也有按枣吊数量来确定留果量的。据山西运城枣农的经验，一般壮树园平均每个枣吊留两个果，中庸园平均每个枣吊留1个果，弱树园平均每2～3个枣吊留1个果。此外，为防止采前落果，可在采收前45天和30天各喷一次70mg/kg的萘乙酸液。

（4）树体管理　此期树体管理的措施以平衡营养生长和结果的矛盾为目的。主要措施有：一是当结果量仍过大，可再次进行适量疏果；二是对中后期萌发的新枣头多以疏除为主；三是当局部出现郁闭、通风不良时，可疏除部分无果枣吊；四是在雨前或高温日期来临前及时覆盖顶部棚膜遮阳挡雨；五是为促进枣果提早成熟，再次进行刻剥或于采前5天喷一次300 mg/kg乙烯利催熟。

（5）病虫害防治　此期病虫害发生的种类已与露地无差异，故除撤膜前在用药浓度和剂型选择上稍有不同外，其他时期防治措施均可参照露地园。

（6）果实采收　枣保护地栽培多以生产鲜食枣为栽培目的，采摘时的具体做法是在枣果达到半红时，用左手轻轻托起枣吊，用右手将枣果带果柄一起摘下，由于树体不同部位的成熟期不一致，故应分期分批进行。采摘一定要及时进行，否则，会导致部分枣果变软，失去商品价值。

【实训28】设施类型及结构的调查

一、目的和要求

通过对不同园艺栽培设施的实地调查、测量、分析，结合观看影像资料，了解各种设施的性能。掌握本地区主要园艺栽培设施的结构特点、规格、选用材料、造价等，学会园艺设施构件的识别及其合理性的评估。

二、材料和用具

选择当地有代表性的温室和大棚类型作为调查对象。

用具：皮尺、钢卷尺、测角仪（坡度仪）等测量用具及铅笔、直尺等记录用具；不同园艺栽培设施类型和结构的幻灯片、录像带、光盘等影象资料。

三、实训内容

每3~5人为一组，依次进行以下实训内容：

1）识别当地的温室、塑料大棚等类型。观测各种类型园艺栽培设施的场地选择、设施方位和设施群整体规划情况（设施间距、道路设置等）。

2）测量并记载不同类型园艺栽培设施的结构规格、配套型号、性能特点和应用。分析不同形式园艺栽培设施结构的异同，采光性能和保温性能的优劣等。

① 日光温室的方位，长、宽、高尺寸，透明屋面及后屋面的角度、长度，墙体厚度和高度，门的位置和规格，建筑材料和覆盖材料的种类和规格，配套设施、设备和配置方式等。

② 塑料大棚（装配式钢管大棚和竹木大棚）的方位，长、宽、高规格，用材种类与规格，各排立柱的高度与间距等。

③ 大型现代温室或连栋大棚的结构、型号、生产厂家、骨架材料、覆盖材料和方位，以及长、宽、肩高、顶高、跨度、间距与配套设备设施。

④ 遮阳网、防虫网、防雨棚的结构类型，覆盖材料和覆盖方式等。

3）调查并记载不同类型园艺栽培设施在本地区的主要栽培季节、栽培作物种类品种、周年利用情况。

4）观看录像、幻灯、多媒体等影像资料，了解国内外简易设施、地膜覆盖、大棚、中棚、日光温室、连栋大棚、大型温室、夏季保护设施等园艺栽培设施种类、结构特点和功能特性。

四、作业和思考题

1. 作业

每小组交1份调查报告，从本地区园艺栽培设施类型、结构、性能及其应用的角度，写出调查报告，并按比例绘制所测量主要设施类型的侧剖面结构图，注明各部位名称、尺寸及单位，并指出优缺点和改进意见。指出果树设施与其他园艺设施的结构差异。

2. 思考题

说明本地区主要园艺栽培设施结构的特点和形成原因。

【实训29】桃设施栽培采后修剪

一、实训目标

理解设施桃树采后修剪的理论基础，并能在实际生产中加以熟练应用。

二、材料与用具

设施内桃树、修枝锯、修枝剪、剪锯口涂抹剂等。

三、实训内容

实训内容见本项目任务5的相关内容。

四、实训作业

每 3 ~5 人为一组，修剪若干株桃树，观察其修剪效果，并调查每株数的结果枝组数和留梢数，每组写出一份实训报告。

参考文献

[1] 马骏，蒋锦标．果树生产技术：北方本［M］．北京：中国农业出版社，2006.
[2] 李道德．果树栽培［M］．北京：中国农业出版社，2001. 6.
[3] 李淑珍，等．图说保护地桃葡萄栽培技术［M］．北京：中国农业出版社，2000.
[4] 张玉星．果树栽培各论：北方本［M］．3 版．北京：中国农业出版社，2000.
[5] 冯社章，赵善陶．果树生产技术：北方本［M］．北京：化学工业出版社，2007.
[6] 高梅，潘自舒．果树生产技术：北方本［M］．北京：化学工业出版社，2009.
[7] 杨凌职业技术学院．果树栽培学各论：北方本［M］．北京：中国农业出版社，2001.
[8] 王爱兴．日本甜柿上柿蒂虫的发生与防治［J］．中国果树，2006（6）：66.
[9] 李良瀚．鲜食葡萄优良品种及无公害栽培技术［M］．北京：中国农业出版社，2004.
[10] 于泽源．果树栽培［M］．北京：高等教育出版社，2005.
[11] 李靖．优质高档桃生产技术［M］．郑州：中原农民出版社，2003.
[12] 朱更瑞．怎样提高桃栽培效益［M］．北京：金盾出版社，2006.
[13] 郭晓成，韩明玉，严潇，等．桃树树形及整形修剪技术［J］．北方园艺，2005（5）：29-31.
[14] 范双喜，李光晨．园艺植物栽培学［M］．北京：中国农业大学出版社，2001.
[15] 聂继云．果品标准化生产手册［M］．北京：中国标准出版社，2003.
[16] 刘凤之，聂继云．苹果无公害高效栽培［M］．北京：金盾出版社，2004.
[17] 陈东元，黄建民．猕猴桃无公害高效栽培［M］．北京：金盾出版社，2004.
[18] 张格成．果园农药使用指南［M］．北京：金盾出版社，1993.
[19] 汪景彦，朱奇．苹果树合理整形修剪图集［M］．北京：金盾出版社，1993.
[20] 汪景彦，朱奇．现代苹果整形修剪技术图解［M］．北京：中国林业出版社，1993.
[21] 王国英，王立国．北方果树整形修剪技术百问百答［M］．北京：中国农业出版社，2006.
[22] 张鹏，王年有，刘建霞．梨树整形修剪图解［M］．北京：金盾出版社，2005.
[23] 刘光生．十二种果树整形修剪图解［M］．北京：中国农业出版社，1995.
[24] 郭衍银，王相友．园艺产品保鲜与包装［M］．北京：中国环境科学出版社，2004.
[25] 解金斗，等．梨高效栽培教材［M］．北京：金盾出版社，2005.
[26] 马文哲，雷世俊．绿色果品生产技术：北方本［M］．北京：中国环境科学出版社，2006.
[27] 贾克功．果树修剪一月通［M］．北京：北京农业大学出版社，1993.
[28] 罗国光．葡萄整形修剪和设架［M］．2 版．北京：中国农业出版社，2004.
[29] 胡建芳，廖康．葡萄园艺工培训教材［M］．北京：金盾出版社，2008.
[30] 胡建芳．鲜食葡萄优质高产栽培技术［M］．北京：中国农业大学出版社，2002.
[31] 贺普超．葡萄学［M］．北京：中国农业出版社，2001.
[32] 张一萍．枣树整形修剪图解［M］．北京：金盾出版社，2010.
[33] 王跃进，杨晓盆．北方果树整形修剪与异常树改造［M］．北京：中国农业出版社，2002.
[34] 张传来，等．北方果树整形修剪技术［M］．北京：化学工业出版社，2012.
[35] 雷世俊．果树保护地栽培优秀指南［M］．北京：中国农业出版社，2012.
[36] 蒋锦标，吴国兴．果树反季节栽培技术指南［M］．北京：中国农业出版社，2000.
[37] 周慧文．桃树丰产栽培［M］．北京：金盾出版社，2013.
[38] 耿玉韬．北方果树修剪技术图解［M］．北京：中国农业出版社，1998.
[39] 王春良，李丙智．图说苹果郁闭园改造技术［M］．北京：金盾出版社，2014.
[40] 汪景彦，李敏．苹果树简化省工修剪法［M］．北京：金盾出版社，2013.